A GUIDE TO THE EMISSION COEFFICIENT
OF THE SECOND NATIONAL CENSUS OF
POLLUTION SOURCES

# 第二次
# 全国污染源普查产排污
# 系数手册

|农业源|

生态环境部第二次全国污染源普查工作办公室－编

中国环境出版集团 ○ 北京

**图书在版编目（CIP）数据**

第二次全国污染源普查产排污系数手册. 农业源/生态环境部第二次全国污染源普查工作办公室编. —北京：中国环境出版集团，2022.11
ISBN 978-7-5111-4380-8

Ⅰ. ①第… Ⅱ. ①生… Ⅲ. ①农业污染源－污染源调查－排污系数－中国 Ⅳ. ①X508.2

中国版本图书馆 CIP 数据核字（2020）第 135515 号

出 版 人　武德凯
责任编辑　曲　婷
责任校对　任　丽
封面设计　王春声

出版发行　中国环境出版集团
　　　　　（100062　北京市东城区广渠门内大街 16 号）
　　　　　网　　　址：http://www.cesp.com.cn
　　　　　电子邮箱：bjgl@cesp.com.cn
　　　　　联系电话：010-67112765（编辑管理部）
　　　　　发行热线：010-67125803，010-67113405（传真）
印　　刷　北京中科印刷有限公司
经　　销　各地新华书店
版　　次　2022 年 11 月第 1 版
印　　次　2022 年 11 月第 1 次印刷
开　　本　880×1230　1/16
印　　张　16.25
字　　数　400 千字
定　　价　120.00 元

# 组织领导和工作机构

## 国务院第二次全国污染源普查领导小组人员名单

国发〔2016〕59号文，2016年10月20日

### 组　长
张高丽　国务院副总理

### 副组长
陈吉宁　环境保护部部长
宁吉喆　国家统计局局长
丁向阳　国务院副秘书长

### 成　员
郭卫民　国务院新闻办副主任
张　勇　国家发展改革委副主任
辛国斌　工业和信息化部副部长
黄　明　公安部副部长
刘　昆　财政部副部长
汪　民　国土资源部副部长
翟　青　环境保护部副部长
倪　虹　住房城乡建设部副部长
戴东昌　交通运输部副部长
陆桂华　水利部副部长
张桃林　农业部副部长
孙瑞标　税务总局副局长
刘玉亭　工商总局副局长
田世宏　质检总局党组成员、国家标准委主任
钱毅平　中央军委后勤保障部副部长

＊领导小组办公室主任由环境保护部副部长翟青兼任

# 国务院第二次全国污染源普查
# 领导小组人员名单

国办函〔2018〕74号文，2018年11月5日

**组　长**

韩　正　国务院副总理

**副组长**

丁学东　国务院副秘书长
李干杰　生态环境部部长
宁吉喆　统计局局长

**成　员**

郭卫民　中央宣传部部务会议成员、新闻办副主任
张　勇　发展改革委副主任
辛国斌　工业和信息化部副部长
杜航伟　公安部副部长
刘　伟　财政部副部长
王春峰　自然资源部党组成员
赵英民　生态环境部副部长
倪　虹　住房城乡建设部副部长
戴东昌　交通运输部副部长
魏山忠　水利部副部长
张桃林　农业农村部副部长
孙瑞标　税务总局副局长
马正其　市场监管总局副局长
钱毅平　中央军委后勤保障部副部长

★领导小组办公室设在生态环境部，办公室主任由生态环境部副部长赵英民兼任

# 序 言

## 掌握生态环境保护底数
## 助力打赢污染防治攻坚战

第二次全国污染源普查是中国特色社会主义进入新时代的一次重大国情调查，是在决胜全面建成小康社会关键阶段、坚决打赢打好污染防治攻坚战的大背景下实施的一项系统工程，是为全面摸清建设"美丽中国"生态环境底数、加快补齐生态环境短板采取的一项重大举措。在以习近平同志为核心的党中央坚强领导下，按照国务院和国务院第二次全国污染源普查领导小组的部署，各地区、各部门和各级普查机构深入贯彻习近平新时代中国特色社会主义思想和习近平生态文明思想，精心组织、奋力作为，广大普查人员无私奉献、辛勤付出，广大普查对象积极支持、大力配合，第二次全国污染源普查取得重大成果，达到了"治污先治本、治本先清源"的目的，为依法治污、科学治污、精准治污和制定决策规划提供了真实可靠的数据基础，集中反映了十年来中国经济社会健康稳步发展和生态环境保护不断深化优化的新成就，昭示着生态文明建设迈向高质量发展的新图景。

## 一、第二次全国污染源普查高质量完成

第二次全国污染源普查对象为中华人民共和国境内有污染源的单位和个体经营户，范围包括：工业污染源，农业污染源，生活污染源，集中式污染治理设施，移动源及其他产生、排放污染物的设施。普查标准时点为 2017 年 12 月 31 日，时期资料为 2017 年度。这次污染源普查历时 3 年时间，经过前期准备、全面调查和总结发布三个阶段，对全国 357.97 万个产业活动单位和个体经营户进行入户调查和产排污核算工作，摸清了全国各类污染源数量、结构和分布情况，掌握了各类污染物产生、排放和处理情况，建立了重点污染源档案和污染源信息数据库，高标准、高质量完成了既定的目标任务。这次污染源普查的主要特点有：

**党中央、国务院高度重视，凝聚工作合力。**张高丽、韩正副总理先后担任国务院第二次全国污染源普查领导小组组长，领导小组办公室设在生态环境部。按照"全国统一领导、部门分工协作、地方分级负责、各方共同参与"的原则，县以上各级政府和相关部门组建了普查机构。各级生态环境部门重视普查工作中党的建设，着力打造一支生态环境保护铁军，做到组织到位、人员到位、措施到位、经费到位，为普查顺利实施提供了有力保障。全国（不含港、澳、台）共成立普查机构9321个，投入普查经费90亿元，动员50万人参与，确保了普查顺利实施。

**科学设计，普查方案执行有力。**依据相关法律法规，加强顶层设计，制定《第二次全国污染源普查方案》，提高普查的科学性和规范性。坚持目标引领、问题导向，经过12个省（区、市）普查综合试点、10个省（区、市）普查专项试点检验，完善涵盖工业源41个行业大类的污染源产排污核算方法体系。采取"地毯式"全面清查和全面入户调查相结合的方式，了解掌握"污染源在哪里、排什么、如何排和排多少"四个关键问题，全面摸清生态环境底数。31个省（区、市）和新疆生产建设兵团以"钉钉子"精神推进污染源普查工作"全国一盘棋"。

**运用现代信息技术，推动实践创新。**积极推进政务信息大数据共享应用，有效减轻调查对象负担和普查成本。共有17个部门作为国务院第二次全国污染源普查领导小组成员单位和联络员单位参与普查，累计提供行政记录和业务资料近1亿条，通过比对、合并形成普查清查底册和污染源基本单位名录。首次运用全国环保云资源，建立完善联网直报系统。全面采用电子化手段进行普查小区划分和空间信息采集，使用手持移动终端（PDA）采集和传输数据，提高普查效率。

**聚焦数据质量，强化全过程控制。**严格"真实、准确、全面"要求，建立细化的数据质量标准，完善数据质量溯源机制，严格普查质量管理和工作纪律。组建普查专家咨询和技术支持团队，开展分类指导和专项督办，引入4692个第三方机构参与普查工作，发挥公众监督作用，推动普查公正透明。国务院第二次全国污染源普查领导小组办公室先后对普查各个阶段组织开展工作督导，对全国31个省（区、市）和新疆生产建设兵团普查调研指导全覆盖、质量核查全覆盖，确保普查数据质量。

**广泛开展宣传培训，营造良好社会氛围。**加强普查新闻宣传矩阵平台建设，采取通俗易懂、喜闻乐见的形式，推进普查宣传进基层、进乡镇、进社区、进企业，推广工作中的好经验好方法，营造全社会关注、支持和参与普查的舆论氛围。创新培训方式，统一培训与分级培训相结合，现场培训与网络远程培训相结合，理论传授与案例讲解相结合，由国家负责省级和试点地区、省级负责地市和区县，全方位提高各级普查人员工作能力和技术水平。专题为新疆、西藏等西部地区培训普查业务骨干，深化对口援疆、援藏、援青工作。总的看，第二次全国污染源普查为生态环境保护做了一次高质量"体检"，获得了极其宝贵的海量数据，为加强生态文明建设、推动经济社会高质量发展、推进生态环境领域国家治理体系和治理能力现代化提供了丰富详实的数据支撑。

## 二、十年来我国生态环境保护取得重大成就

对比第二次全国污染源普查与第一次全国污染源普查结果，可以发现，十年来特别是党的十八大以来，我国在经济规模、结构调整、产业升级、创新动力、区域协调、环境治理等方面呈现诸多积极变化，高质量发展迈出了稳健步伐，生态文明建设取得积极成效，生态环境质量显著改善。

**十年来，我国经济社会发展状况以及生态环境保护领域重大改革措施取得重大成果。** 从十年间两次普查的变化来看：2017年，化学需氧量、二氧化硫、氮氧化物等污染物排放量较2007年分别下降46%、72%、34%。工业企业废水处理、脱硫和除尘等设施数量，分别是2007年的2.35倍、3.27倍和5.02倍。城镇污水处理厂数量增加5.4倍，设计处理能力增加1.7倍，实际污水处理量增加3倍；城镇生活污水化学需氧量去除率由2007年的28%提高至2017年的67%。生活垃圾处置厂数量增加86%，其中垃圾焚烧厂数量增加303%，焚烧处理量增加577%，焚烧处理量比例由8%提高到27%。危险废物集中利用处置厂数量增加8.22倍，设计处理能力增加4279万吨/年，提高10.4倍，集中处置利用量增加1467万吨，提高12.5倍。这些变化充分体现了生态文明建设战略实施的成就。

**十年来，我国经济结构优化升级、协调发展取得新进展。** 我国正处在转变发展方式、优化经济结构、转换增长动能的攻关期。两次普查数据相比，十年间，工业结构持续改善，制造业转型升级表现突出。工业源普查对象涵盖国民经济行业分类41个工业大类行业产业活动单位，数量由157.55万个增加到247.74万个，增加90.19万个，增幅达57.24%。重点行业生产规模集中，造纸制浆、皮革鞣制、铜铅锌冶炼、炼铁炼钢、水泥制造、炼焦行业的普查对象数量分别减少24%、36%、51%、50%、37%和62%，产品产量分别增加61%、7%、89%、50%、71%和30%。农业源普查对象中，畜禽规模程度明显提高，养殖结构得到优化，生猪规模养殖场（500头及以上）养殖量占比由22%上升为41%。同时，生猪规模养殖场采用干清粪方式养殖量占比从55%提高到81%。这些深刻反映了我国经济结构的重大变化，表明重点行业产业集中度提高，产业优化升级、淘汰落后产能、严格环境准入等结构调整政策取得积极成效。重点行

业产业结构调整既获得了规模效益和经济效益，同时取得了好的环境成效。

**十年来，我国工业企业节能减排成效显著。**两次普查相比，在工业源方面，废气、废水污染治理快速发展，治理水平大幅提升。2017 年废水治理设施套数比 2007 年提高了 135.47%，废水治理能力提高了 26.88%。脱硫设施数和除尘设施数分别提高了 226.88%、401.72%。十年间，总量控制重点关注行业排放量占比明显下降，化学需氧量、氨氮、二氧化硫、氮氧化物等四项主要污染物排放量分别下降 83.89%、77.56%、75.05%、45.65%。电力、热力生产和供应业二氧化硫、氮氧化物，造纸和纸制品业化学需氧量分别下降 86.54%、76.93%、84.44%。铜铅锌冶炼行业二氧化硫减少 78%。炼铁炼钢行业二氧化硫减少 54%。水泥制造行业氮氧化物减少 23%。表明全国各领域生态环境基础设施建设的均等化水平提升，污染治理能力大幅提高，污染治理效果显著。

另外，普查结果也显示当前生态环境保护工作仍然存在薄弱环节，全国污染物排放量总体处于较高水平。第二次全国污染源普查数据为下一步精准施策、科学治污奠定了坚实基础。

## 三、贯彻落实新发展理念　推动生态环境质量持续改善

习近平总书记强调，小康全面不全面，生态环境很关键。普查结果显示，在党中央、国务院的坚强领导下，经济高质量发展和生态环境高水平保护协同推动，依法治污、科学治污、精准治污方向不变、力度不减，扎实推进蓝天、碧水、净土保卫战，污染防治攻坚战取得关键进展，生态环境质量持续明显改善。从普查数据中也发现，当前污染防治攻坚战面临的困难、问题和挑战还很大，形势仍然严峻，不容乐观。我们既要看到发展的有利条件，也要清醒认识到内外挑战相互交织、生态文明建设"三期叠加"影响持续深化、经济下行压力加大的复杂形势。要以习近平新时代中国特色社会主义思想为指导，紧紧围绕统筹推进"五位一体"总体布局和协调推进"四个全面"战略布局，紧密围绕污染防治攻坚战阶段性目标任务，持续改善生态环境质量，构建生态环境治理体系，为推动生态环境根本好转、建设生态文明和美丽中国、开启全面建设社会主义现代化国家新征程奠定坚实基础。

**深入贯彻落实新发展理念。**深入贯彻落实习近平生态文明思想，增强各方面践行新发展理念的思想自觉、政治自觉、行动自觉。充分发挥生态环境保护的引导、优化和促进作用，支持服务重大国家战略实施。落实生态环境监管服务、推动经济高质量发展、支持服务民营企业绿色发展各项举措，继续推进"放管服"改革，主动加强环境治理服务，推动环保产业发展。

**坚定不移推进污染治理。**用好第二次全国污染源普查成果，推进数据开放共享，以改善生态环境质量为核心，制定国民经济和社会发展"十四五"规划和重大发展战略。全面完成《打赢蓝天保卫战三年行动计划》目标任务，狠抓重点区域秋冬季大气污染综合治理攻坚，积极稳妥推进北方地区清洁取暖，持续整治"散乱污"企业，深入推进柴油货车污染治理，继续实施重污染天气应急减排按企业环保绩效分级管控。深入实施《水污染防治行动计划》，巩固饮用水水源地环境整治成效，持续开展城市黑臭水体整治，加强入海入河排污口治理，推进农村环境综合整治。全面实施《土壤污染防治行动计划》，推进农用地污染综合整治，强化建设用地土壤污染风险管控和修复，组织开展危险废物专项排查整治，深入推进"无废城市"建设试点，基本实现固体废物零进口。

**加强生态系统保护和修复。**协调推进生态保护红线评估优化和勘界定标。对各地排查违法违规挤占生态空间、破坏自然遗迹等行为情况进行检查。持续开展"绿盾"自然保护地强化监督。全力推动《生物多样性公约》第十五次缔约方大会圆满成功。开展国家生态文明建设示范市县和"绿水青山就是金山银山"实践创新基地评选工作。

**着力构建生态环境治理体系。**推动落实关于构建现代环境治理体系的指导意见、中央和国家机关有关部门生态环境保护责任清单。基本建立生态环境保护综合行政执法体制。构建以排污许可制为核心的固定污染源监管制度体系。健全生态环境监测和评价制度、生态环境损害赔偿制度。夯实生态环境科技支撑。强化生态环境保护宣传引导。加强国际交流和履约能力建设。妥善应对突发环境事件。

**加强生态环境保护督察帮扶指导。**持续开展中央生态环境保护督察。持续开展蓝天保卫战重点区域强化监督定点帮扶，聚焦污染防治攻坚战其他重点领域，开展统筹强化监督工作。精准分析影响生态环境质量的突出问题，分流域区域、分行业企业对症下药，实施精细化管理。充分发挥国家生态环境科技成果转化综合平台作用，切实提高环境治理措施的系统性、针对性、有效性。坚持依法行政、依法推进，规范自由裁量权，严格禁止"一刀切"，避免处置措施简单粗暴。

**充分发挥党建引领作用。**牢固树立"抓好党建是本职、不抓党建是失职、抓不好党建是渎职"的管党治党意识，始终把党的政治建设摆在首位，巩固深化"不忘初心、牢记使命"主题教育成果，着力解决形式主义突出问题，严格落实中央八项规定及其实施细则精神，进一步发挥巡视利剑作用，一体推进不敢腐、不能腐、不想腐，营造风清气正的政治生态，加快打造生态环境保护铁军。

# 编制说明

　　《第二次全国污染源普查产排污系数手册　农业源》包括畜禽养殖业源产排污系数、水产养殖业产排污系数、农田地膜残留系数、秸秆产生量和利用量系数、种植业氮磷流失系数五部分。各部分均包括系数适用范围、主要术语与解释、系数测算方法、系数手册使用方法及计算示例等内容。

　　本手册的编纂工作主要由生态环境部第二次全国污染源普查工作办公室的同志完成，由刘晨峰、赵兴征统稿，毛玉如审核。各章主要编写人员为：

　　第一篇：董红敏、朱志平、黄宏坤、尚斌、陈永杏、魏　莎、尹福斌、张万钦、郑云昊；

　　第二篇：穆希岩、李绪兴、李应仁、罗建波、张健、丛旭日、黄瑛；

　　第三篇：何文清、薛颖昊、居学海、李真、靳拓；

　　第四篇：田宜水、王亚静、孙仁华；

　　第五篇：翟丽梅、王洪媛、习斌、郭树芳、刘宏斌。

# 目 录

第一篇

畜禽养殖业源产排污系数

# 概　述

为保证第二次全国污染源普查工作顺利实施，确保普查数据质量和普查结果的科学性，根据农业农村部办公厅印发的《全国农业污染源普查方案》要求，在农业农村部科技教育司和生态环境部第二次全国污染源普查工作办公室直接指导下，由中国农业科学院农业环境与可持续发展研究所牵头主持，会同相关农业大学、科研院所、地方农业环保站、畜牧技术推广站等单位，共同开展了"畜禽养殖业源产排污系数"监测与核算工作，在全国建立了214个定位监测点，开展了定位监测，历时一年多的辛勤工作，在地方农业和生态环境部门、科研机构、检测中心、相关企业的支持下，上述单位完成了这一核算项目，并以此为基础编写了本篇，为第二次全国污染源普查畜禽养殖业源产排污量的核算打下了坚实的基础。

# 1 适用范围

本手册给出了全国范围*内规模化和规模以下两种饲养方式下的猪、奶牛、肉牛、蛋鸡、肉鸡等 5 种畜禽在不同区域饲养周期的粪便和尿液产生量、主要污染物产生和排放系数，应用于第二次全国污染源普查中畜禽养殖业污染物产生量、排放量的计算，也可供畜禽养殖产业发展规划和产业政策制定工作参考，相关养殖企业也可依据本手册系数建设畜禽粪污处理设施。本手册给出的畜禽养殖业产污系数和排污系数涉及粪便、尿液产生量，化学需氧量、总氮、氨氮和总磷产生量和排放量。

# 2 主要术语与解释

## 2.1 产污系数

产污系数是指在典型的正常生产和管理条件下，一定时间内单个畜禽所排泄的粪便量和尿液量，以及粪便尿液中所含的各种污染物量。

由于不同动物在不同饲养阶段的粪尿产生量与污染物特性存在较大差异，为便于各地直接应用，本手册按照生长期给出其污染物产生量，其中生猪和肉鸡饲养小于 1 年，按照不同饲养期特性乘以饲养天数累积求和获得；对于奶牛、肉牛和蛋鸡饲养期超过 365 天的畜种，以年为单位给出单个动物的污染物产生系数。

## 2.2 排污系数

排污系数是指养殖场在正常生产和管理条件下，单个畜禽产生的原始污染物未资源化利用的部分经处理设施消减或未经处理利用而直接排放到环境中的污染物量。

在排污系数计算过程中，分为三个部分：①对于液体部分场内生产液体有机肥、异位发酵床、鱼塘养殖、场区循环利用、委托处理，对于固体部分场内生产有机肥、生产牛床垫料、作为栽培基质、作为燃料、鱼塘养殖、委托处理等方式都归类为资源化利用，不纳入排污系数计算，体现资源化利用对减排的贡献；②对于液体部分肥水利用、沼液还田和固体部分进行农家肥、沼渣还田 4 种利用方式，要根据其配套农田和种植作物情况，基于《畜禽粪污土地承载力测算技术指南》，根据粪便氮养分供给量是否超载进行计算，如果超载，测算超载部分的氮磷流失量，但不测算 COD 的流失量；③排污系数测算只涉及污水达标排放、直接排放和固体粪便场外丢弃三种方式；重点考虑不同污水处理工艺对各种污染物的去除效率，包括固液分离、厌氧发酵、好氧处理、肥水贮存、氧化塘、膜处理和人工湿地等。

---

\* 本书统计数据不包括港、澳、台地区数据。

# 3   系数测算方法

## 3.1   产污系数计算

### 3.1.1   产污系数核算方法

（1）单头动物生长周期的粪便产生量，公式如下：

$$QM = \sum QF_i \times T_i \tag{1-3-1}$$

式中，QM —— 某种动物第 $i$ 饲养阶段粪便产生总量，千克/头；

QF$_i$ —— 该种动物第 $i$ 饲养阶段粪便日产生量，千克/（头·天）；

$T_i$ —— 该种动物第 $i$ 饲养阶段的饲养天数，天。

（2）单头动物生长周期的尿液产生量，公式如下：

$$QU = \sum QN_i \times T_i \tag{1-3-2}$$

式中，QU —— 某种动物第 $i$ 饲养阶段尿液产生总量，升/头；

QN$_i$ —— 该种动物第 $i$ 饲养阶段尿液日产生量，升/（头·天）；

$T_i$ —— 该种动物第 $i$ 饲养阶段的饲养天数，天。

（3）单头动物各饲养阶段某特性污染物日产生系数，公式如下：

$$FP_{i,j} = QF_i \times CF_{i,j} + QU_i \times CU_{i,j} \tag{1-3-3}$$

式中，FP$_{i,j}$ —— 某种动物第 $i$ 饲养阶段粪便和尿液中第 $j$ 种特性污染物每天产生量，毫克/（头·天）；

QF$_i$ —— 该种动物第 $i$ 饲养阶段日产粪量，千克/（头·天）；

CF$_{i,j}$ —— 该种动物第 $i$ 饲养阶段粪便中第 $j$ 种特性污染物的浓度，毫克/千克；

QU$_i$ —— 该种动物第 $i$ 饲养阶段日产尿液量，升/（头·天）；

CU$_{i,j}$ —— 该种动物第 $i$ 饲养阶段尿中第 $j$ 种特性污染物的浓度，毫克/升。

（4）单头动物饲养期粪尿特性污染物产生量，公式如下：

$$QFP_j = \sum_i FP_{i,j} \times T_i \tag{1-3-4}$$

式中，QFP$_j$ —— 某种动物整个饲养期间粪尿中第 $j$ 种特性污染物产生量，毫克/头；

FP$_{i,j}$ —— 该种动物第 $i$ 饲养阶段粪便和尿液中第 $j$ 种特性污染物每天产生系数，毫克/（头·天）；

$T_i$ —— 该种动物第 $i$ 饲养阶段的天数，天。

### 3.1.2   饲养期产污系数计算

为了配合第二次全国污染源普查产排污量的核算要求，在原位监测点分畜种、分阶段监测畜禽的粪便和尿液产生量、粪尿中特性污染物产生量的基础上，按照不同动物的养殖方式给出了饲养期的产污系数。

（1）生猪按照出栏统计数据，饲养期按出栏 1 头育肥猪的饲养期计算，分别基于不同饲养期的产污系数乘以对应的饲养期。本手册基于 71 个生猪原位监测点中提供的保育猪和育肥猪的饲养期进行综合平均，确定保育期为 45 天，育肥期为 120 天。需要说明的是，上述系数适用于育肥猪场，对于自繁自养的养殖场，需要基于繁殖母猪的产污系数乘以 365 天获得繁殖母猪饲养期的产污系数。

（2）奶牛按照存栏统计数据，饲养期按照 365 天计算，规模化养殖场由于犊牛、育成牛和泌乳牛同时饲养，需要基于不同养殖量占比进行加权获得存栏 1 头奶牛 1 年的污染物产生系数。本手册基于监测点三种饲养阶段动物存栏量进行综合平均，确定按泌乳牛占比 55%、育成牛占比 30%、犊牛占比 15%进行测算。

（3）肉牛按照出栏统计数据，但是由于肉牛饲养期超过 1 年，本手册也是以 1 年为周期进行计算，同时基于肉牛场也同时会存在繁殖母畜、育成育肥牛和犊牛，本手册根据监测点各饲养阶段动物存栏数据进行综合平均，确定繁殖母畜占比 40%、育成育肥牛占比 40%、犊牛占比 20%。

（4）蛋鸡按照存栏统计数据，饲养期按照 365 天计，基于各规模化养殖场育雏育成鸡和产蛋鸡的比例。本手册根据监测点各饲养阶段动物存栏数据进行综合平均，确定育雏育成鸡占比 20%、产蛋鸡占比80%。

（5）肉鸡按照出栏统计数据，由于饲养期少于 1 年，饲养期按照饲养天数计算。本手册根据监测点各饲养阶段动物存栏数据进行综合平均，确定肉鸡的平均饲养期为 60 天，对于单个养殖场，如果有确切的饲养期，也可以按照实际的饲养期进行折算。

## 3.2 排污系数计算

### 3.2.1 排污系数核算方法

（1）单头动物水污染物日排放系数，公式如下：

$$
\mathrm{FD}_{i,j} = \left\{ \left[ \mathrm{QF}_i \times \mathrm{CF}_{i,j} \times (1-\eta_F) + \mathrm{QU}_i \times \mathrm{CU}_{i,j} \right] \times \left( \frac{100 - \sum T_k}{100} \right) \times \prod_t \frac{(100 - R_{t,j})}{100} + \mathrm{QF}_i \times \mathrm{CF}_{i,j} \times \eta_F \times (1-\eta_U) \right\}
$$

$$(1\text{-}3\text{-}5)$$

式中，$\mathrm{FD}_{i,j}$——某种动物第 $i$ 饲养阶段第 $j$ 种污染物的排污系数，毫克/（头·天）；

$\mathrm{QF}_i$——该种动物第 $i$ 饲养阶段日产粪量，千克/（头·天）；

$\mathrm{CF}_{i,j}$——该种动物第 $i$ 饲养阶段粪便中第 $j$ 种污染物的浓度，毫克/千克；

$\eta_F$——粪便收集率，%；

$\mathrm{QU}_i$——该种动物第 $i$ 饲养阶段日产尿液量，升/（头·天）；

$\mathrm{CU}_{i,j}$——该种动物第 $i$ 饲养阶段尿中第 $j$ 种污染物的浓度，毫克/升；

$T_k$——污水第 $k$ 种资源化利用方式所占比例，%；

$R_{t,j}$ —— 该养殖场第 $t$ 种污水处理工艺条件对 $j$ 种污染物处理效率，%；

$\eta_U$ —— 固体粪便资源化利用所占比例之和，%。

（2）单头动物饲养期间水污染物排放量，公式如下：

$$QFD_j = \sum_i FD_{i,j} \times T_i \div 1000000 \qquad (1\text{-}3\text{-}6)$$

式中，$QFD_j$ —— 某种动物饲养期间第 $j$ 种污染物的排放总量，千克/头；

　　　$FD_{i,j}$ —— 该种动物第 $i$ 饲养阶段第 $j$ 种污染物排放系数，毫克/（头·天）；

　　　$T_i$ —— 该种动物第 $i$ 饲养阶段的饲养天数，天。

### 3.2.2　污水达标排放系数

在达标排放处理工艺的排污系数计算过程中，重点考虑不同污水处理工艺对各种污染物的去除效率，包括固液分离、厌氧发酵、好氧处理、肥水贮存、氧化塘、膜处理和人工湿地等。本手册基于原位监测点对每种污水处理工艺的进水和出水的污水水质特性进行检测，获得每种处理工艺对每种污染物的去除效率，并给出了每种清粪工艺进入污水的 4 种污染物量，7 种典型处理工艺的污染物去除效率，见表 1-7-4；同时为了便于系数在养殖场的使用，本手册基于清粪工艺，给出了 4 种典型处理工艺达标排放工艺组合，包括：①固液分离-厌氧发酵-好氧处理。②固液分离-厌氧发酵-氧化塘；③固液分离-厌氧发酵-人工湿地；④固液分离-厌氧发酵-膜处理；对于不同畜种的人工干清粪、机械干清粪、水泡粪和水冲粪分别给出 4 种典型工艺的排污系数，对于垫料和高床养殖等污水产生量较小的清粪工艺只给出"固液分离-厌氧发酵-好氧处理"一种典型工艺的排污系数，见表 1-7-5。

### 3.2.3　污水直接排放排污系数

污水直接排放排污系数基于不同清粪工艺进入污水中的系数值，不考虑其过程中的去除效率。

### 3.2.4　固体粪便场外丢弃排污系数

固体粪便场外丢弃排污系数基于不同清粪方式下固体粪便的收集率，不考虑收集过程中的去除效率。

### 3.2.5　不同作物粪肥氮养分需要量推荐值

根据核算方法，对于固体和液体粪污就地还田利用的养殖场，参照《畜禽粪污土地承载力测算技术指南》，本手册给出了主要类型的作物粪污中氮肥养分需要量推荐值，其中：小麦为 11 千克/亩[*]，玉米为 10.1 千克/亩，水稻为 9.4 千克/亩，谷子为 15.5 千克/亩，其他作物为 12.7 千克/亩，蔬菜为 12.5 千克/亩，经济作物为 17.2 千克/亩，果园为 11.3 千克/亩，草地为 4.7 千克/亩，林地为 5.0 千克/亩。

---

[*] 1 亩=1/15 公顷。

# 4　排放量核算方法

## 4.1　畜禽规模养殖场排污量核算方法

规模养殖场排污量计算方法分三部分内容，主要基于养殖场的清粪工艺、固体粪便处理利用方式和污水处理利用方式来确定。

### 4.1.1　粪水还田过载部分氮磷流失量计算

如果某个养殖场固体粪便利用方式填写了农家肥、沼渣还田中的 1 种或者 2 种，尿液废水处理利用方式中填写了废水利用或沼液还田中的 1 种或 2 种，或者填写了这 4 种处理利用方式中的 1～4 种，就需要根据配套农田种植的作物类型和面积，判断粪肥还田是否超载，并基于超载系数测算氮磷流失量，如果养殖场没有上述 4 种处理利用方式，就不需要测算本部分排放量。以生猪养殖场为例，具体测算步骤如下：

养殖场农田利用养分（以氮计）超载量 $A$（千克）=生猪全年出栏量×［固体粪便氮产生量×（农家肥比例+沼渣还田比例）/100+尿液氮产生量×（肥水利用比例+沼液还田比例）/100］－［小麦面积亩数×小麦粪肥氮需求量（千克/亩）+玉米面积亩数×玉米粪肥氮需求量（千克/亩）+水稻面积亩数×水稻粪肥氮需求量（千克/亩）+谷子面积亩数×谷子粪肥氮需求量（千克/亩）+其他作物面积亩数×其他作物粪肥氮需求量（千克/亩）+蔬菜面积亩数×蔬菜粪肥氮需求量（千克/亩）+经济作物面积亩数×经济作物粪肥氮需求量（千克/亩）+果园面积亩数×果园粪肥氮需求量（千克/亩）+草地面积亩数×草地粪肥氮需求量（千克/亩）+林地面积亩数×林地粪肥氮需求量（千克/亩）］

如果 $A<0$，说明养殖量不超载，则过量养分比例系数（$P$，%）=0

如果 $A>0$，说明养殖量超载，则过量养分比例系数（$P$，%）=$A$/（生猪全年出栏量×猪的粪尿氮产生量）

单个动物农田利用排放系数（FD）=过量养分比例系数（$P$）×该种动物污染物产生系数×养分流失修正系数。

基于第一次全国污染源普查农田氮磷流失修正系数，选择总氮和氨氮的流失修正系数为 1%，磷流失修正系数为 0.5%。

超载部分排放量（$B$）=生猪全年出栏量×FD

### 4.1.2　污水直接排放和固体粪便场外丢弃排放量计算

（1）污水直接排放排污量计算。

$D$（千克）（液体部分）=生猪全年出栏量×（100-肥水利用比例-沼液还田比例-场内生产液体有机

肥比例-异位发酵床比例-鱼塘养殖比例-场区循环利用比例-委托处理比例-达标排放比例）×直接排放排污系数/100

污水直接排放排污系数见表 1-7-6。

（2）固体粪便场外丢弃排污量计算。

$C$（千克）（固体部分）=生猪全年出栏量×〔（100-农家肥比例-沼渣还田比例-场内生产有机肥比例-生产牛床垫料比例-作为栽培基质比例-作为燃料比例-鱼塘养殖比例-委托处理比例-场外丢弃比例）×0.49+场外丢弃比例〕×场外丢弃排污系数/100

场外丢弃排污系数见表 1-7-7。

### 4.1.3    养殖场污水采用达标排放工艺的污染物排放量计算

$E$（千克）（液体部分）= 生猪全年出栏量×达标排放比例/100×进入污水系统的 TN 量×（100-固液分离 TN 去除效率）/100×（100-肥水贮存 TN 去除效率）/100×（100-厌氧发酵 TN 去除效率）/100×（100-好氧处理 TN 去除效率）/100×（100-氧化塘处理 TN 去除效率）/100×（100-人工湿地 TN 去除效率）/100×（100-膜处理 TN 去除效率）/100

上述计算过程包含了所有的 7 种工艺，各个养殖场应该根据其实际采用的组合工艺进行计算，可以是其中 1～7 种组合工艺的任意组合。

进入污水系统的 TN 量见表 1-7-3。同时为了便于养殖场测算，本手册还给出了典型组合工艺的排污系数（表 1-7-5），如果直接选择典型组合工艺系数，该部分排污量计算方法如下：

$E$（千克）（液体部分）= 生猪全年出栏量×达标排放比例/100×典型组合工艺的排污系数

### 4.1.4    规模化猪场的排污量

养殖场生猪总氮排放量（千克）=$B$（千克）+$C$（千克）+$D$（千克）+$E$（千克）

上述公式适用于总氮、氨氮和总磷的排污量计算，COD 计算如下：

养殖场生猪 COD 排放量（千克）=$C$（千克）+$D$（千克）+$E$（千克）

## 4.2    规模以下养殖排污量核算方法

规模以下养殖只给出了单个动物的排放系数，无须考虑其处理利用工艺，通过各种动物的存出栏量乘以对应的系数即可获得排污量。

# 5    系数手册使用方法

## 5.1    产污系数的使用

首先，确定需要查找的区域，然后在相应区域内查到相应畜种（猪、奶牛、肉牛、蛋鸡、肉鸡），在相应畜种下查到相对应的饲养阶段，并仔细阅读相应注意事项，确定产污系数。见表 1-7-1、表 1-7-2。

## 5.2　排污系数的使用

首先，需要确定畜禽的饲养方式（规模化养殖、规模以下养殖）；

其次，确定需要查找的区域，在相应区域内查到相应畜种（猪、奶牛、肉牛、蛋鸡、肉鸡）；

最后，根据不同畜种的清粪工艺、达标排放系数确定其典型的污水处理工艺后选择排污系数值，污水直接排放和固体粪便场外丢弃选择不同清粪工艺下的排污系数值。

# 6　排放量计算示例

## 6.1　规模化养殖场排污量核算

### 6.1.1　案例 1

选择华东区某规模化生猪养殖场，年出栏生猪 26000 头，清粪方式为人工干清粪，固体粪便利用去向有两种，一是粪便处理作为栽培基质，占比 85%，二是场外丢弃，占比 15%；液体粪污利用方式只有 1 种，即沼液还田，占比 100%，基于此，配套的农田面积 660 亩，其中：水稻面积 40 亩，蔬菜面积 20 亩，果园面积 600 亩。

基于上述基础信息，需要获得系数手册相关的信息包括：华东区生猪固体粪便和尿液中的总氮产生量分别为 2.1 千克/头和 3.5 千克/头；氨氮产生量分别为 0.4 千克/头和 1.1 千克/头；总磷产生量分别为 1.1 千克/头和 0.2 千克/头；配套种植的作物粪肥氮养分需求量，水稻为 9.4 千克/亩；蔬菜为 12.5 千克/亩；果园为 11.3 千克/亩；华东区生猪人工干清粪下的固体粪便场外丢弃系数，COD 为 55.3 千克/头；总氮为 1.9 千克/头；氨氮为 0.4 千克/头；总磷为 1.0 千克/头。基于上述数据计算该养殖场的排污量。

（1）粪肥还田超载量测算。

养殖场农田利用养分（以氮计）超载量 $A$（千克）=生猪全年出栏量×［尿液氮产生量×（肥水利用比例+沼液还田比例）/100］－［水稻面积亩数×水稻粪肥氮需求量（千克/亩）+蔬菜面积亩数×蔬菜粪肥氮需求量（千克/亩）+果园面积亩数×果园粪肥氮需求量（千克/亩）］=26000×（3.5×100/100）－（40×9.4+20×12.5+600×11.3）=91000－7406=83594 千克，说明这个养殖场配套的农田不能满足粪肥还田的面积需求，养分超载。

过量养分比例系数（$P$）=$A$/（生猪全年出栏量×猪的粪尿氮产生量）=83594/［26000×（2.1+3.5）］=0.57

TN 流失量=26000×（2.1+3.5）×0.57×1%=829.9 千克

$NH_3$-N 流失量=26000×（0.4+1.1）×0.57×1%=222.3 千克

TP 流失量=26000×（1.1+0.2）×0.57×0.5%=96.3 千克

（2）固体粪便场外丢弃排污量计算。

$C$（千克）（固体部分）=生猪全年出栏量×［（100−农家肥比例−沼渣还田比例−场内生产有机肥比例−生产牛床垫料比例−作为栽培基质比例−作为燃料比例−鱼塘养殖比例−委托处理比例−场外丢弃比例）×0.49+场外丢弃比例］×场外丢弃排污系数/100=26000×15/100×场外丢弃排污系数

COD 场外丢弃量=26000×15/100×55.3=215670 千克

TN 场外丢弃量=26000×15/100×1.9=7410 千克

NH₃-N 场外丢弃量=26000×15/100×0.4=1560 千克

TP 场外丢弃量=26000×15/100×1.0=3900 千克

（3）养殖场总的排放量。

COD 为 215670 千克，TN 为 8239.9 千克，NH₃-N 为 1782.3 千克，TP 为 3996.3 千克。

上述计算结果可能与系统中的计算结果有一定的出入，主要原因是产排污系数取值保留位数不同。

### 6.1.2　案例 2

选择华东区某规模化生猪养殖场，年出栏生猪 18000 头，清粪方式为机械干清粪，固体粪便利用去向只有 1 种，即场内生产有机肥，占比 100%；液体粪污利用方式也只有 1 种，即达标排放，占比 100%，采用的组合工艺为固液分离+厌氧发酵+好氧处理的典型处理工艺。

基于上述基础信息，需要获得系数手册相关的信息包括：华东区生猪固体粪便和尿液中的总氮产生量分别为 2.1 千克/头和 3.5 千克/头；氨氮产生量分别为 0.4 千克/头和 1.1 千克/头；总磷产生量分别为 1.1 千克/头和 0.2 千克/头；华东区机械干清粪方式下进入污水中的 COD、TN、NH₃-N 和 TP 的系数分别是 12.62 千克/头、3.65 千克/头、1.17 千克/头和 0.28 千克/头，3 种典型工艺的污水处理工艺的各种处理效率数据见表为 1-7-3，基于上述数据计算该养殖场的排污量。

由于本养殖场固体粪便全部生产有机肥进行资源化利用，固体部分无污染物排放，污水部分全部为达标排放，故只需计算达标排放的排放量，计算过程如下：

COD（千克）= 生猪全年出栏量×达标排放比例/100×进入污水系统的 COD 量×（100−固液分离 COD 去除效率）/100×（100−厌氧发酵 COD 去除效率）/100×（100−好氧处理 COD 去除效率）/100=18000×12.62×（100−41.1）/100×（100−48.6）/100×（100−57.5）/100=29228.0 千克

TN（千克）= 生猪全年出栏量×达标排放比例/100×进入污水系统的 TN 量×（100−固液分离 TN 去除效率）/100×（100−厌氧发酵 TN 去除效率）/100×（100−好氧处理 TN 去除效率）/100=18000×3.65×（100−42.7）/100×（100−35.3）/100×（100−67.3）/100=7964.7 千克

NH₃-N（千克）= 生猪全年出栏量×达标排放比例/100×进入污水系统的 NH₃-N 量×（100−固液分离 NH₃-N 去除效率）/100×（100−厌氧发酵 NH₃-N 去除效率）/100×（100−好氧处理 NH₃-N 去除效率）/100=18000×1.17×（100−31.0）/100×（100−33.6）/100×（100−71.4）/100=2759.6 千克

TP（千克）= 生猪全年出栏量×达标排放比例/100×进入污水系统的 TP 量×（100−固液分离 TP 去除效率）/100×（100−厌氧发酵 TP 去除效率）/100×（100−好氧处理 TP 去除效率）/100=18000×0.28×

（100−29.5）/100×（100−40.4）/100×（100−70.3）/100=629.0 千克

该养殖场 COD 排放量为 29228.0 千克，TN 排放量为 7964.7 千克，NH₃-N 排放量为 2759.6 千克，TP 排放量为 629.0 千克。

为了简化计算，本手册还给出了污水达标排放典型工艺下的排放系数，养殖场直接选择系数（表 1-7-5）乘以出栏量即可获得，如本案例养殖场可以选择表 1-7-5 中华东区生猪机械干清粪工艺下"固液分离-厌氧发酵-好氧处理"典型处理工艺下的排污系数，其 COD、TN、NH₃-N 和 TP 的排污系数分别是：1.62 千克/头、0.44 千克/头、0.15 千克/头和 0.03 千克/头，基于出栏量和排污系数，计算的排污量如下：

COD=18000×1.62=29160 千克

TN=18000×0.44=7920 千克

NH₃-N=18000×0.15=2700 千克

TP=18000×0.03=540 千克

由于系数小数点取值原因，与上述计算结果基本一致，但计算过程大大简化。

## 6.2　规模以下（养殖户）排污量核算

以江苏省南通市海安县为例，该县行政区划代码为 320621。在表 1-7-8"畜禽规模以下（养殖户）排污系数"中查得华东区各种畜禽的 COD 排放系数如表 1-6-1 所示。

表 1-6-1　畜禽 COD 排放系数

| 畜种 | 排放系数/（千克/头） |
| --- | --- |
| 生猪 | 7.6 |
| 蛋鸡 | 0.7 |
| 肉鸡 | 0.2 |

根据第二次全国污染源普查结果，该县各种畜禽的养殖量如表 1-6-2 所示。

表 1-6-2　畜禽养殖量

| 畜种 | 出栏量/万只 |
| --- | --- |
| 生猪 | 6.3 |
| 蛋鸡 | 181.4 |
| 肉鸡 | 122.04 |

生猪 COD 排放量（吨）=6.3×7.6×10000/1000= 478.8

蛋鸡 COD 排放量（吨）=181.4×0.7×10000/1000= 1269.8

肉鸡 COD 排放量（吨）=122.04×0.2×10000/1000= 244.08

该县总 COD 排放量（吨）=生猪 COD 排放量+蛋鸡 COD 排放量+肉鸡 COD 排放量=1992.68

# 7 系数表

## 7.1 产污系数表

表 1-7-1　畜禽规模养殖产污系数——饲养期系数

| 区域 | 动物种类 | 污染物指标 | 单位 | 产污系数 | | |
| --- | --- | --- | --- | --- | --- | --- |
| | | | | 粪便 | 尿液 | 合计 |
| 华北区 | 生猪 | 粪尿产生量 | 千克/头 | 164.7 | 312.1 | 476.8 |
| | | 化学需氧量 | 千克/头 | 45.6 | 4.4 | 50 |
| | | 总氮 | 千克/头 | 1.3 | 1.7 | 3 |
| | | 氨氮 | 千克/头 | 0.3 | 0.4 | 0.7 |
| | | 总磷 | 千克/头 | 0.6 | 0.1 | 0.7 |
| | 奶牛 | 粪尿产生量 | 千克/头 | 7360.7 | 5139.1 | 12499.8 |
| | | 化学需氧量 | 千克/头 | 1416.1 | 119.1 | 1535.2 |
| | | 总氮 | 千克/头 | 29.5 | 43.6 | 73.1 |
| | | 氨氮 | 千克/头 | 4.7 | 8.4 | 13.1 |
| | | 总磷 | 千克/头 | 9.1 | 0.4 | 9.5 |
| | 肉牛 | 粪尿产生量 | 千克/头 | 5082.9 | 1983.1 | 7066.0 |
| | | 化学需氧量 | 千克/头 | 1188.9 | 49.6 | 1238.5 |
| | | 总氮 | 千克/头 | 20.1 | 10.5 | 30.6 |
| | | 氨氮 | 千克/头 | 1.4 | 5.4 | 6.8 |
| | | 总磷 | 千克/头 | 5.7 | 0.4 | 6.1 |
| | 蛋鸡 | 粪尿产生量 | 千克/只 | 51.4 | — | 51.4 |
| | | 化学需氧量 | 千克/只 | 11.2 | — | 11.2 |
| | | 总氮 | 千克/只 | 0.6 | — | 0.6 |
| | | 氨氮 | 千克/只 | 0.1 | — | 0.1 |
| | | 总磷 | 千克/只 | 0.2 | — | 0.2 |
| | 肉鸡 | 粪尿产生量 | 千克/只 | 12.1 | — | 12.1 |
| | | 化学需氧量 | 千克/只 | 2.48 | — | 2.48 |
| | | 总氮 | 千克/只 | 0.1 | — | 0.1 |
| | | 氨氮 | 千克/只 | 0.01 | — | 0.01 |
| | | 总磷 | 千克/只 | 0.03 | — | 0.03 |

| 区域 | 动物种类 | 污染物指标 | 单位 | 产污系数 | | |
|---|---|---|---|---|---|---|
| | | | | 粪便 | 尿液 | 合计 |
| 东北区 | 生猪 | 粪尿产生量 | 千克/头 | 137.6 | 397.9 | 535.5 |
| | | 化学需氧量 | 千克/头 | 44.5 | 5.3 | 49.8 |
| | | 总氮 | 千克/头 | 1.4 | 1.9 | 3.3 |
| | | 氨氮 | 千克/头 | 0.4 | 0.2 | 0.6 |
| | | 总磷 | 千克/头 | 0.7 | 0.04 | 0.8 |
| | 奶牛 | 粪尿产生量 | 千克/头 | 7475.6 | 3857.5 | 11333.1 |
| | | 化学需氧量 | 千克/头 | 1374.4 | 113.8 | 1488.2 |
| | | 总氮 | 千克/头 | 29.9 | 31.5 | 61.4 |
| | | 氨氮 | 千克/头 | 5.6 | 1.5 | 7.1 |
| | | 总磷 | 千克/头 | 10.6 | 0.3 | 10.9 |
| | 肉牛 | 粪尿产生量 | 千克/头 | 5510.7 | 1719.3 | 7230 |
| | | 化学需氧量 | 千克/头 | 1048.7 | 41.8 | 1090.5 |
| | | 总氮 | 千克/头 | 17.8 | 11.4 | 29.2 |
| | | 氨氮 | 千克/头 | 1.6 | 0.2 | 1.8 |
| | | 总磷 | 千克/头 | 4.8 | 0.3 | 5.1 |
| | 蛋鸡 | 粪尿产生量 | 千克/只 | 39.6 | — | 39.6 |
| | | 化学需氧量 | 千克/只 | 8.5 | — | 8.5 |
| | | 总氮 | 千克/只 | 0.5 | — | 0.5 |
| | | 氨氮 | 千克/只 | 0.04 | — | 0.04 |
| | | 总磷 | 千克/只 | 0.2 | — | 0.2 |
| | 肉鸡 | 粪尿产生量 | 千克/只 | 7.6 | — | 7.6 |
| | | 化学需氧量 | 千克/只 | 1.9 | — | 1.9 |
| | | 总氮 | 千克/只 | 0.1 | — | 0.1 |
| | | 氨氮 | 千克/只 | 0.01 | — | 0.01 |
| | | 总磷 | 千克/只 | 0.02 | — | 0.02 |

| 区域 | 动物种类 | 污染物指标 | 单位 | 产污系数 | | |
|---|---|---|---|---|---|---|
| | | | | 粪便 | 尿液 | 合计 |
| 华东区 | 生猪 | 粪尿产生量 | 千克/头 | 214.4 | 518.8 | 733.2 |
| | | 化学需氧量 | 千克/头 | 61.4 | 7.7 | 69.1 |
| | | 总氮 | 千克/头 | 2.1 | 3.5 | 5.6 |
| | | 氨氮 | 千克/头 | 0.4 | 1.1 | 1.5 |
| | | 总磷 | 千克/头 | 1.1 | 0.2 | 1.3 |
| | 奶牛 | 粪尿产生量 | 千克/头 | 7446.6 | 5587.9 | 13034.5 |
| | | 化学需氧量 | 千克/头 | 1575.2 | 120.8 | 1696.0 |
| | | 总氮 | 千克/头 | 29.4 | 33.1 | 62.5 |
| | | 氨氮 | 千克/头 | 1.4 | 2.6 | 4.0 |
| | | 总磷 | 千克/头 | 8.8 | 0.6 | 9.4 |
| | 肉牛 | 粪尿产生量 | 千克/头 | 5387.1 | 3141.9 | 8529.0 |
| | | 化学需氧量 | 千克/头 | 1240.8 | 47.4 | 1288.2 |
| | | 总氮 | 千克/头 | 20.8 | 11.4 | 32.2 |
| | | 氨氮 | 千克/头 | 3.4 | 4.3 | 7.7 |
| | | 总磷 | 千克/头 | 4.4 | 0.8 | 5.2 |
| | 蛋鸡 | 粪尿产生量 | 千克/只 | 62.2 | — | 62.2 |
| | | 化学需氧量 | 千克/只 | 12.4 | — | 12.4 |
| | | 总氮 | 千克/只 | 0.6 | — | 0.6 |
| | | 氨氮 | 千克/只 | 0.1 | — | 0.1 |
| | | 总磷 | 千克/只 | 0.2 | — | 0.2 |
| | 肉鸡 | 粪尿产生量 | 千克/只 | 9.3 | — | 9.3 |
| | | 化学需氧量 | 千克/只 | 2.6 | — | 2.6 |
| | | 总氮 | 千克/只 | 0.1 | — | 0.1 |
| | | 氨氮 | 千克/只 | 0.04 | — | 0.04 |
| | | 总磷 | 千克/只 | 0.02 | — | 0.02 |

| 区域 | 动物种类 | 污染物指标 | 单位 | 产污系数 | | |
|---|---|---|---|---|---|---|
| | | | | 粪便 | 尿液 | 合计 |
| 中南区 | 生猪 | 粪尿产生量 | 千克/头 | 183.9 | 366.5 | 550.4 |
| | | 化学需氧量 | 千克/头 | 63.6 | 5.5 | 69.1 |
| | | 总氮 | 千克/头 | 1.9 | 2.3 | 4.2 |
| | | 氨氮 | 千克/头 | 0.2 | 0.5 | 0.7 |
| | | 总磷 | 千克/头 | 1.1 | 0.1 | 1.2 |
| | 奶牛 | 粪尿产生量 | 千克/头 | 9129.3 | 4211.8 | 13341.1 |
| | | 化学需氧量 | 千克/头 | 1691.1 | 97.8 | 1788.9 |
| | | 总氮 | 千克/头 | 31.9 | 17.1 | 49.0 |
| | | 氨氮 | 千克/头 | 0.1 | 2.9 | 3.0 |
| | | 总磷 | 千克/头 | 15.8 | 0.3 | 16.1 |
| | 肉牛 | 粪尿产生量 | 千克/头 | 3757.8 | 1919.3 | 5677.1 |
| | | 化学需氧量 | 千克/头 | 942.2 | 31.9 | 974.1 |
| | | 总氮 | 千克/头 | 15.1 | 8.9 | 24 |
| | | 氨氮 | 千克/头 | 3.0 | 2.8 | 5.8 |
| | | 总磷 | 千克/头 | 3.7 | 0.3 | 4 |
| | 蛋鸡 | 粪尿产生量 | 千克/只 | 45.6 | — | 45.6 |
| | | 化学需氧量 | 千克/只 | 8.6 | — | 8.6 |
| | | 总氮 | 千克/只 | 0.5 | — | 0.5 |
| | | 氨氮 | 千克/只 | 0.3 | — | 0.3 |
| | | 总磷 | 千克/只 | 0.1 | — | 0.1 |
| | 肉鸡 | 粪尿产生量 | 千克/只 | 7.7 | — | 7.7 |
| | | 化学需氧量 | 千克/只 | 1.7 | — | 1.7 |
| | | 总氮 | 千克/只 | 0.1 | — | 0.1 |
| | | 氨氮 | 千克/只 | 0.001 | — | 0.001 |
| | | 总磷 | 千克/只 | 0.02 | — | 0.02 |

| 区域 | 动物种类 | 污染物指标 | 单位 | 产污系数 | | |
|---|---|---|---|---|---|---|
| | | | | 粪便 | 尿液 | 合计 |
| 西南区 | 生猪 | 粪尿产生量 | 千克/头 | 134.8 | 444.9 | 579.7 |
| | | 化学需氧量 | 千克/头 | 42.8 | 6.6 | 49.4 |
| | | 总氮 | 千克/头 | 1.3 | 3.3 | 4.6 |
| | | 氨氮 | 千克/头 | 0.2 | 0.5 | 0.7 |
| | | 总磷 | 千克/头 | 0.6 | 0.1 | 0.7 |
| | 奶牛 | 粪尿产生量 | 千克/头 | 7170.2 | 3007.1 | 10177.3 |
| | | 化学需氧量 | 千克/头 | 1592.5 | 98.8 | 1691.3 |
| | | 总氮 | 千克/头 | 28.5 | 30.5 | 59 |
| | | 氨氮 | 千克/头 | 2.2 | 10.3 | 12.5 |
| | | 总磷 | 千克/头 | 13.0 | 0.4 | 13.4 |
| | 肉牛 | 粪尿产生量 | 千克/头 | 3488.0 | 1637.3 | 5125.3 |
| | | 化学需氧量 | 千克/头 | 1000.2 | 33.5 | 1033.7 |
| | | 总氮 | 千克/头 | 20.4 | 7.0 | 27.4 |
| | | 氨氮 | 千克/头 | 1.2 | 0.6 | 1.8 |
| | | 总磷 | 千克/头 | 5.2 | 0.3 | 5.5 |
| | 蛋鸡 | 粪尿产生量 | 千克/只 | 42.7 | — | 42.7 |
| | | 化学需氧量 | 千克/只 | 11.5 | — | 11.5 |
| | | 总氮 | 千克/只 | 0.5 | — | 0.5 |
| | | 氨氮 | 千克/只 | 0.05 | — | 0.05 |
| | | 总磷 | 千克/只 | 0.2 | — | 0.2 |
| | 肉鸡 | 粪尿产生量 | 千克/只 | 8.0 | — | 8.0 |
| | | 化学需氧量 | 千克/只 | 2.5 | — | 2.5 |
| | | 总氮 | 千克/只 | 0.1 | — | 0.1 |
| | | 氨氮 | 千克/只 | 0.01 | — | 0.01 |
| | | 总磷 | 千克/只 | 0.03 | — | 0.03 |

| 区域 | 动物种类 | 污染物指标 | 单位 | 产污系数 | | |
|---|---|---|---|---|---|---|
| | | | | 粪便 | 尿液 | 合计 |
| 西北区 | 生猪 | 粪尿产生量 | 千克/头 | 153.5 | 333.0 | 486.5 |
| | | 化学需氧量 | 千克/头 | 44.5 | 8.2 | 52.7 |
| | | 总氮 | 千克/头 | 1.4 | 2.5 | 3.9 |
| | | 氨氮 | 千克/头 | 0.1 | 0.8 | 0.9 |
| | | 总磷 | 千克/头 | 0.9 | 0.1 | 1 |
| | 奶牛 | 粪尿产生量 | 千克/头 | 8502.9 | 4341.1 | 12844.0 |
| | | 化学需氧量 | 千克/头 | 1986.4 | 54.2 | 2040.6 |
| | | 总氮 | 千克/头 | 49.5 | 27.6 | 77.1 |
| | | 氨氮 | 千克/头 | 2.5 | 12.4 | 14.9 |
| | | 总磷 | 千克/头 | 21.6 | 1.4 | 23.0 |
| | 肉牛 | 粪尿产生量 | 千克/头 | 4117.7 | 2170.7 | 6288.4 |
| | | 化学需氧量 | 千克/头 | 1098.3 | 30.8 | 1129.1 |
| | | 总氮 | 千克/头 | 25.5 | 11.9 | 37.4 |
| | | 氨氮 | 千克/头 | 3.1 | 0.5 | 3.6 |
| | | 总磷 | 千克/头 | 3.7 | 0.2 | 3.9 |
| | 蛋鸡 | 粪尿产生量 | 千克/只 | 41.4 | — | 41.4 |
| | | 化学需氧量 | 千克/只 | 10.1 | — | 10.1 |
| | | 总氮 | 千克/只 | 0.6 | — | 0.6 |
| | | 氨氮 | 千克/只 | 0.1 | — | 0.1 |
| | | 总磷 | 千克/只 | 0.1 | — | 0.1 |
| | 肉鸡 | 粪尿产生量 | 千克/只 | 8.6 | — | 8.6 |
| | | 化学需氧量 | 千克/只 | 2.0 | — | 2.0 |
| | | 总氮 | 千克/只 | 0.1 | — | 0.1 |
| | | 氨氮 | 千克/只 | 0.01 | — | 0.01 |
| | | 总磷 | 千克/只 | 0.02 | — | 0.02 |

表 1-7-2　畜禽规模以下养殖产污系数——饲养期系数

| 区域 | 动物种类 | 污染物指标 | 单位 | 产污系数 | | |
|---|---|---|---|---|---|---|
| | | | | 粪便 | 尿液 | 合计 |
| 华北区 | 生猪 | 粪尿产生量 | 千克/头 | 168.4 | 217.0 | 385.4 |
| | | 化学需氧量 | 千克/头 | 46.5 | 4.0 | 50.5 |
| | | 总氮 | 千克/头 | 1.7 | 1.3 | 3.0 |
| | | 氨氮 | 千克/头 | 0.2 | 0.8 | 1.0 |
| | | 总磷 | 千克/头 | 0.6 | 0.01 | 0.61 |
| | 奶牛 | 粪尿产生量 | 千克/头 | 7360.7 | 5139.1 | 12499.8 |
| | | 化学需氧量 | 千克/头 | 1416.0 | 119.1 | 1535.1 |
| | | 总氮 | 千克/头 | 29.5 | 43.6 | 73.1 |
| | | 氨氮 | 千克/头 | 4.7 | 8.4 | 13.1 |
| | | 总磷 | 千克/头 | 9.1 | 0.4 | 9.5 |
| | 肉牛 | 粪尿产生量 | 千克/头 | 4408.2 | 2177.0 | 6585.2 |
| | | 化学需氧量 | 千克/头 | 851.7 | 55.2 | 906.9 |
| | | 总氮 | 千克/头 | 19.3 | 14.3 | 33.6 |
| | | 氨氮 | 千克/头 | 1.2 | 7.5 | 8.7 |
| | | 总磷 | 千克/头 | 2.2 | 0.1 | 2.3 |
| | 蛋鸡 | 粪尿产生量 | 千克/只 | 49.0 | — | 49.0 |
| | | 化学需氧量 | 千克/只 | 10.9 | — | 10.9 |
| | | 总氮 | 千克/只 | 0.5 | — | 0.5 |
| | | 氨氮 | 千克/只 | 0.4 | — | 0.4 |
| | | 总磷 | 千克/只 | 0.1 | — | 0.1 |
| | 肉鸡 | 粪尿产生量 | 千克/只 | 4.4 | — | 4.4 |
| | | 化学需氧量 | 千克/只 | 1.1 | — | 1.1 |
| | | 总氮 | 千克/只 | 0.1 | — | 0.1 |
| | | 氨氮 | 千克/只 | 0.04 | — | 0.04 |
| | | 总磷 | 千克/只 | 0.01 | — | 0.01 |

| 区域 | 动物种类 | 污染物指标 | 单位 | 产污系数 | | |
|---|---|---|---|---|---|---|
| | | | | 粪便 | 尿液 | 合计 |
| 东北区 | 生猪 | 粪尿产生量 | 千克/头 | 274.1 | 365.3 | 639.4 |
| | | 化学需氧量 | 千克/头 | 91.3 | 8.6 | 99.9 |
| | | 总氮 | 千克/头 | 2.4 | 2.4 | 4.8 |
| | | 氨氮 | 千克/头 | 0.4 | 0.4 | 0.8 |
| | | 总磷 | 千克/头 | 0.6 | 0.3 | 0.9 |
| | 奶牛 | 粪尿产生量 | 千克/头 | 7475.6 | 3857.5 | 11333.1 |
| | | 化学需氧量 | 千克/头 | 1374.4 | 113.8 | 1488.2 |
| | | 总氮 | 千克/头 | 29.9 | 31.5 | 61.4 |
| | | 氨氮 | 千克/头 | 5.6 | 1.5 | 7.1 |
| | | 总磷 | 千克/头 | 10.6 | 0.3 | 10.9 |
| | 肉牛 | 粪尿产生量 | 千克/头 | 4073.4 | 2524.3 | 6597.7 |
| | | 化学需氧量 | 千克/头 | 913.5 | 62.0 | 975.5 |
| | | 总氮 | 千克/头 | 14.7 | 11.4 | 26.1 |
| | | 氨氮 | 千克/头 | 2.0 | 1.4 | 3.4 |
| | | 总磷 | 千克/头 | 1.7 | 0.3 | 2.0 |
| | 蛋鸡 | 粪尿产生量 | 千克/只 | 53.2 | — | 53.2 |
| | | 化学需氧量 | 千克/只 | 10.1 | — | 10.1 |
| | | 总氮 | 千克/只 | 0.6 | — | 0.6 |
| | | 氨氮 | 千克/只 | 0.04 | — | 0.04 |
| | | 总磷 | 千克/只 | 0.1 | — | 0.1 |
| | 肉鸡 | 粪尿产生量 | 千克/只 | 9.1 | — | 9.1 |
| | | 化学需氧量 | 千克/只 | 1.9 | — | 1.9 |
| | | 总氮 | 千克/只 | 0.1 | — | 0.1 |
| | | 氨氮 | 千克/只 | 0.01 | — | 0.01 |
| | | 总磷 | 千克/只 | 0.03 | — | 0.03 |

| 区域 | 动物种类 | 污染物指标 | 单位 | 产污系数 | | |
|---|---|---|---|---|---|---|
| | | | | 粪便 | 尿液 | 合计 |
| 华东区 | 生猪 | 粪尿产生量 | 千克/头 | 192.1 | 224.9 | 417 |
| | | 化学需氧量 | 千克/头 | 72.4 | 3.1 | 75.5 |
| | | 总氮 | 千克/头 | 1.7 | 1.8 | 3.5 |
| | | 氨氮 | 千克/头 | 0.3 | 0.1 | 0.4 |
| | | 总磷 | 千克/头 | 1.0 | 0.2 | 1.2 |
| | 奶牛 | 粪尿产生量 | 千克/头 | 7395.4 | 5669.5 | 13064.9 |
| | | 化学需氧量 | 千克/头 | 2003.0 | 167.9 | 2170.9 |
| | | 总氮 | 千克/头 | 28.1 | 44.3 | 72.4 |
| | | 氨氮 | 千克/头 | 2.1 | 1.2 | 3.3 |
| | | 总磷 | 千克/头 | 7.9 | 0.4 | 8.3 |
| | 肉牛 | 粪尿产生量 | 千克/头 | 6654.7 | 5355.5 | 12010.2 |
| | | 化学需氧量 | 千克/头 | 1785.0 | 75.4 | 1860.4 |
| | | 总氮 | 千克/头 | 28.3 | 17.3 | 45.6 |
| | | 氨氮 | 千克/头 | 2.5 | 0.7 | 3.2 |
| | | 总磷 | 千克/头 | 6.5 | 1.0 | 7.5 |
| | 蛋鸡 | 粪尿产生量 | 千克/只 | 39.9 | — | 39.9 |
| | | 化学需氧量 | 千克/只 | 10.4 | — | 10.4 |
| | | 总氮 | 千克/只 | 0.7 | — | 0.7 |
| | | 氨氮 | 千克/只 | 0.1 | — | 0.1 |
| | | 总磷 | 千克/只 | 0.2 | — | 0.2 |
| | 肉鸡 | 粪尿产生量 | 千克/只 | 8.4 | — | 8.4 |
| | | 化学需氧量 | 千克/只 | 2.2 | — | 2.2 |
| | | 总氮 | 千克/只 | 0.1 | — | 0.1 |
| | | 氨氮 | 千克/只 | 0.01 | — | 0.01 |
| | | 总磷 | 千克/只 | 0.02 | — | 0.02 |

| 区域 | 动物种类 | 污染物指标 | 单位 | 产污系数 | | |
|---|---|---|---|---|---|---|
| | | | | 粪便 | 尿液 | 合计 |
| 中南区 | 生猪 | 粪尿产生量 | 千克/头 | 183.9 | 366.5 | 550.4 |
| | | 化学需氧量 | 千克/头 | 63.6 | 5.5 | 69.1 |
| | | 总氮 | 千克/头 | 1.9 | 2.3 | 4.2 |
| | | 氨氮 | 千克/头 | 0.2 | 0.5 | 0.7 |
| | | 总磷 | 千克/头 | 1.1 | 0.1 | 1.2 |
| | 奶牛 | 粪尿产生量 | 千克/头 | 9355.8 | 4455.8 | 13811.6 |
| | | 化学需氧量 | 千克/头 | 1983.8 | 131.0 | 2114.8 |
| | | 总氮 | 千克/头 | 29.4 | 15.0 | 44.4 |
| | | 氨氮 | 千克/头 | 0.2 | 0.9 | 1.1 |
| | | 总磷 | 千克/头 | 28.9 | 0.5 | 29.4 |
| | 肉牛 | 粪尿产生量 | 千克/头 | 7348.8 | 4937.3 | 12286.1 |
| | | 化学需氧量 | 千克/头 | 1720.1 | 149.1 | 1869.2 |
| | | 总氮 | 千克/头 | 26.6 | 23.7 | 50.3 |
| | | 氨氮 | 千克/头 | 1.6 | 0.5 | 2.1 |
| | | 总磷 | 千克/头 | 13.0 | 0.4 | 13.4 |
| | 蛋鸡 | 粪尿产生量 | 千克/只 | 42.8 | — | 42.8 |
| | | 化学需氧量 | 千克/只 | 9.6 | — | 9.6 |
| | | 总氮 | 千克/只 | 0.5 | — | 0.5 |
| | | 氨氮 | 千克/只 | 0.02 | — | 0.02 |
| | | 总磷 | 千克/只 | 0.1 | — | 0.1 |
| | 肉鸡 | 粪尿产生量 | 千克/只 | 4.4 | — | 4.4 |
| | | 化学需氧量 | 千克/只 | 1.5 | — | 1.5 |
| | | 总氮 | 千克/只 | 0.1 | — | 0.1 |
| | | 氨氮 | 千克/只 | 0.003 | — | 0.003 |
| | | 总磷 | 千克/只 | 0.02 | — | 0.02 |

| 区域 | 动物种类 | 污染物指标 | 单位 | 产污系数 | | |
| --- | --- | --- | --- | --- | --- | --- |
| | | | | 粪便 | 尿液 | 合计 |
| 西南区 | 生猪 | 粪尿产生量 | 千克/头 | 134.8 | 444.9 | 579.7 |
| | | 化学需氧量 | 千克/头 | 42.8 | 6.6 | 49.4 |
| | | 总氮 | 千克/头 | 1.3 | 3.3 | 4.6 |
| | | 氨氮 | 千克/头 | 0.2 | 0.5 | 0.7 |
| | | 总磷 | 千克/头 | 0.6 | 0.1 | 0.7 |
| | 奶牛 | 粪尿产生量 | 千克/头 | 4728.8 | 2930.4 | 7659.2 |
| | | 化学需氧量 | 千克/头 | 1115.5 | 116.2 | 1231.7 |
| | | 总氮 | 千克/头 | 17.6 | 24.3 | 41.9 |
| | | 氨氮 | 千克/头 | 2.1 | 4.9 | 7.0 |
| | | 总磷 | 千克/头 | 18.0 | 0.2 | 18.2 |
| | 肉牛 | 粪尿产生量 | 千克/头 | 4843.5 | 3443.2 | 8286.7 |
| | | 化学需氧量 | 千克/头 | 1323.3 | 65.3 | 1388.6 |
| | | 总氮 | 千克/头 | 27.6 | 23.9 | 51.5 |
| | | 氨氮 | 千克/头 | 0.7 | 0.7 | 1.4 |
| | | 总磷 | 千克/头 | 7.5 | 1.4 | 8.9 |
| | 蛋鸡 | 粪尿产生量 | 千克/只 | 33.9 | — | 33.9 |
| | | 化学需氧量 | 千克/只 | 9.1 | — | 9.1 |
| | | 总氮 | 千克/只 | 0.4 | — | 0.4 |
| | | 氨氮 | 千克/只 | 0.1 | — | 0.1 |
| | | 总磷 | 千克/只 | 0.1 | — | 0.1 |
| | 肉鸡 | 粪尿产生量 | 千克/只 | 9.0 | — | 9.0 |
| | | 化学需氧量 | 千克/只 | 2.4 | — | 2.4 |
| | | 总氮 | 千克/只 | 0.1 | — | 0.1 |
| | | 氨氮 | 千克/只 | 0.01 | — | 0.01 |
| | | 总磷 | 千克/只 | 0.03 | — | 0.03 |

| 区域 | 动物种类 | 污染物指标 | 单位 | 产污系数 | | |
| --- | --- | --- | --- | --- | --- | --- |
| | | | | 粪便 | 尿液 | 合计 |
| 西北区 | 生猪 | 粪尿产生量 | 千克/头 | 258.0 | 496.5 | 754.5 |
| | | 化学需氧量 | 千克/头 | 78.3 | 8.4 | 86.7 |
| | | 总氮 | 千克/头 | 2.2 | 2.6 | 4.8 |
| | | 氨氮 | 千克/头 | 0.2 | 0.9 | 1.1 |
| | | 总磷 | 千克/头 | 1.0 | 0.2 | 1.2 |
| | 奶牛 | 粪尿产生量 | 千克/头 | 8502.9 | 4341.1 | 12844 |
| | | 化学需氧量 | 千克/头 | 1986.4 | 54.2 | 2040.6 |
| | | 总氮 | 千克/头 | 49.5 | 27.6 | 77.1 |
| | | 氨氮 | 千克/头 | 2.5 | 12.4 | 14.9 |
| | | 总磷 | 千克/头 | 21.6 | 1.4 | 23.0 |
| | 肉牛 | 粪尿产生量 | 千克/头 | 4117.7 | 2170.7 | 6288.4 |
| | | 化学需氧量 | 千克/头 | 1098.4 | 30.8 | 1129.2 |
| | | 总氮 | 千克/头 | 25.5 | 11.9 | 37.4 |
| | | 氨氮 | 千克/头 | 3.1 | 0.5 | 3.6 |
| | | 总磷 | 千克/头 | 3.7 | 0.2 | 3.9 |
| | 蛋鸡 | 粪尿产生量 | 千克/只 | 41.4 | — | 41.4 |
| | | 化学需氧量 | 千克/只 | 10.1 | — | 10.1 |
| | | 总氮 | 千克/只 | 0.6 | — | 0.6 |
| | | 氨氮 | 千克/只 | 0.1 | — | 0.1 |
| | | 总磷 | 千克/只 | 0.1 | — | 0.1 |
| | 肉鸡 | 粪尿产生量 | 千克/只 | 10.4 | — | 10.4 |
| | | 化学需氧量 | 千克/只 | 1.6 | — | 1.6 |
| | | 总氮 | 千克/只 | 0.1 | — | 0.1 |
| | | 氨氮 | 千克/只 | 0.01 | — | 0.01 |
| | | 总磷 | 千克/只 | 0.02 | — | 0.02 |

## 7.2　排污系数表

表 1-7-3　不同清粪工艺下进入污水中的污染物系数

| 区域 | 畜种 | 清粪工艺 | 进入污水系统的污染物量/［千克/头（只）］ | | | |
|---|---|---|---|---|---|---|
| | | | COD | TN | NH₃-N | TP |
| 华北区 | 生猪 | 人工干清粪 | 8.99 | 1.86 | 0.45 | 0.15 |
| | | 机械干清粪 | 8.08 | 1.83 | 0.44 | 0.14 |
| | | 垫草垫料 | 6.71 | 1.79 | 0.43 | 0.12 |
| | | 高床养殖 | 6.71 | 1.79 | 0.43 | 0.12 |
| | | 水冲粪 | 49.94 | 3.03 | 0.75 | 0.73 |
| | | 水泡粪 | 49.94 | 3.03 | 0.75 | 0.73 |
| | 奶牛 | 人工干清粪 | 260.69 | 46.57 | 8.83 | 1.30 |
| | | 机械干清粪 | 232.37 | 45.99 | 8.74 | 1.12 |
| | | 垫草垫料 | 189.89 | 45.10 | 8.60 | 0.85 |
| | | 高床养殖 | 189.89 | 45.10 | 8.60 | 0.85 |
| | | 水冲粪 | 1535.10 | 73.09 | 13.06 | 9.45 |
| | | 水泡粪 | 1535.10 | 73.09 | 13.06 | 9.45 |
| | 肉牛 | 人工干清粪 | 146.63 | 13.16 | 0.39 | 0.74 |
| | | 机械干清粪 | 125.66 | 12.81 | 0.36 | 0.64 |
| | | 垫草垫料 | 94.19 | 12.28 | 0.31 | 0.50 |
| | | 高床养殖 | 94.19 | 12.28 | 0.31 | 0.50 |
| | | 水冲粪 | 1090.45 | 29.16 | 1.85 | 5.10 |
| | | 水泡粪 | 1090.45 | 29.16 | 1.85 | 5.10 |
| | 蛋鸡 | 人工干清粪 | 1.12 | 0.06 | 0.01 | 0.02 |
| | | 机械干清粪 | 0.89 | 0.05 | 0.01 | 0.01 |
| | | 垫草垫料 | 0.56 | 0.03 | 0.01 | 0.01 |
| | | 高床养殖 | 0.56 | 0.03 | 0.01 | 0.01 |
| | | 水冲粪 | 11.18 | 0.59 | 0.13 | 0.18 |
| | | 水泡粪 | 11.18 | 0.59 | 0.13 | 0.18 |
| | 肉鸡 | 人工干清粪 | 0.25 | 0.01 | 0.001 | 0.003 |
| | | 机械干清粪 | 0.20 | 0.01 | 0.0004 | 0.003 |
| | | 垫草垫料 | 0.13 | 0.01 | 0.0003 | 0.002 |
| | | 高床养殖 | 0.13 | 0.01 | 0.0003 | 0.002 |
| | | 水冲粪 | 2.53 | 0.11 | 0.01 | 0.03 |
| | | 水泡粪 | 2.53 | 0.11 | 0.01 | 0.03 |

| 区域 | 畜种 | 清粪工艺 | 进入污水系统的污染物量/[千克/头(只)] | | | |
|---|---|---|---|---|---|---|
| | | | COD | TN | NH₃-N | TP |
| 东北区 | 生猪 | 人工干清粪 | 9.79 | 2.06 | 0.25 | 0.11 |
| | | 机械干清粪 | 8.90 | 2.03 | 0.25 | 0.10 |
| | | 垫草垫料 | 7.56 | 1.99 | 0.23 | 0.08 |
| | | 高床养殖 | 7.56 | 1.99 | 0.23 | 0.08 |
| | | 水冲粪 | 49.88 | 3.28 | 0.60 | 0.79 |
| | | 水泡粪 | 49.88 | 3.28 | 0.60 | 0.79 |
| | 奶牛 | 人工干清粪 | 251.22 | 34.50 | 2.06 | 1.36 |
| | | 机械干清粪 | 223.73 | 33.90 | 1.95 | 1.14 |
| | | 垫草垫料 | 182.50 | 33.00 | 1.78 | 0.83 |
| | | 高床养殖 | 182.50 | 33.00 | 1.78 | 0.83 |
| | | 水冲粪 | 1488.17 | 61.45 | 7.11 | 10.94 |
| | | 水泡粪 | 1488.17 | 61.45 | 7.11 | 10.94 |
| | 肉牛 | 人工干清粪 | 168.43 | 12.48 | 5.52 | 1.02 |
| | | 机械干清粪 | 144.66 | 12.08 | 5.49 | 0.90 |
| | | 垫草垫料 | 108.99 | 11.48 | 5.45 | 0.73 |
| | | 高床养殖 | 108.99 | 11.48 | 5.45 | 0.73 |
| | | 水冲粪 | 1238.34 | 30.61 | 6.80 | 6.14 |
| | | 水泡粪 | 1238.34 | 30.61 | 6.80 | 6.14 |
| | 蛋鸡 | 人工干清粪 | 0.85 | 0.05 | 0.004 | 0.02 |
| | | 机械干清粪 | 0.68 | 0.04 | 0.003 | 0.02 |
| | | 垫草垫料 | 0.42 | 0.02 | 0.002 | 0.01 |
| | | 高床养殖 | 0.42 | 0.02 | 0.002 | 0.01 |
| | | 水冲粪 | 8.48 | 0.48 | 0.04 | 0.20 |
| | | 水泡粪 | 8.48 | 0.48 | 0.04 | 0.20 |
| | 肉鸡 | 人工干清粪 | 0.19 | 0.01 | 0.001 | 0.002 |
| | | 机械干清粪 | 0.15 | 0.01 | 0.001 | 0.002 |
| | | 垫草垫料 | 0.09 | 0.004 | 0.0003 | 0.001 |
| | | 高床养殖 | 0.09 | 0.004 | 0.0003 | 0.001 |
| | | 水冲粪 | 1.86 | 0.08 | 0.01 | 0.02 |
| | | 水泡粪 | 1.86 | 0.08 | 0.01 | 0.02 |

| 区域 | 畜种 | 清粪工艺 | 进入污水系统的污染物量/［千克/头（只）］ | | | |
|---|---|---|---|---|---|---|
| | | | COD | TN | NH₃-N | TP |
| 华东区 | 生猪 | 人工干清粪 | 13.85 | 3.70 | 1.18 | 0.30 |
| | | 机械干清粪 | 12.62 | 3.65 | 1.17 | 0.28 |
| | | 垫草垫料 | 10.78 | 3.59 | 1.16 | 0.25 |
| | | 高床养殖 | 10.78 | 3.59 | 1.16 | 0.25 |
| | | 水冲粪 | 69.11 | 5.55 | 1.54 | 1.33 |
| | | 水泡粪 | 69.11 | 5.55 | 1.54 | 1.33 |
| | 奶牛 | 人工干清粪 | 278.30 | 36.05 | 2.79 | 1.49 |
| | | 机械干清粪 | 246.80 | 35.46 | 2.76 | 1.31 |
| | | 垫草垫料 | 199.54 | 34.58 | 2.72 | 1.05 |
| | | 高床养殖 | 199.54 | 34.58 | 2.72 | 1.05 |
| | | 水冲粪 | 1696.00 | 62.47 | 4.06 | 9.41 |
| | | 水泡粪 | 1696.00 | 62.47 | 4.06 | 9.41 |
| | 肉牛 | 人工干清粪 | 171.44 | 13.44 | 4.62 | 1.24 |
| | | 机械干清粪 | 146.63 | 13.02 | 4.55 | 1.15 |
| | | 垫草垫料 | 109.40 | 12.40 | 4.45 | 1.02 |
| | | 高床养殖 | 109.40 | 12.40 | 4.45 | 1.02 |
| | | 水冲粪 | 1288.15 | 32.19 | 7.65 | 5.20 |
| | | 水泡粪 | 1288.15 | 32.19 | 7.65 | 5.20 |
| | 蛋鸡 | 人工干清粪 | 1.24 | 0.06 | 0.005 | 0.02 |
| | | 机械干清粪 | 0.99 | 0.05 | 0.004 | 0.01 |
| | | 垫草垫料 | 0.62 | 0.03 | 0.002 | 0.01 |
| | | 高床养殖 | 0.62 | 0.03 | 0.002 | 0.01 |
| | | 水冲粪 | 12.40 | 0.61 | 0.05 | 0.17 |
| | | 水泡粪 | 12.40 | 0.61 | 0.05 | 0.17 |
| | 肉鸡 | 人工干清粪 | 0.27 | 0.01 | 0.004 | 0.002 |
| | | 机械干清粪 | 0.22 | 0.01 | 0.003 | 0.002 |
| | | 垫草垫料 | 0.13 | 0.01 | 0.002 | 0.001 |
| | | 高床养殖 | 0.13 | 0.01 | 0.002 | 0.001 |
| | | 水冲粪 | 2.70 | 0.10 | 0.04 | 0.02 |
| | | 水泡粪 | 2.70 | 0.10 | 0.04 | 0.02 |

| 区域 | 畜种 | 清粪工艺 | 进入污水系统的污染物量/ [千克/头（只）] | | | |
|---|---|---|---|---|---|---|
| | | | COD | TN | NH₃-N | TP |
| 中南区 | 生猪 | 人工干清粪 | 11.90 | 2.46 | 0.49 | 0.22 |
| | | 机械干清粪 | 10.63 | 2.42 | 0.49 | 0.20 |
| | | 垫草垫料 | 8.73 | 2.36 | 0.48 | 0.17 |
| | | 高床养殖 | 8.73 | 2.36 | 0.48 | 0.17 |
| | | 水冲粪 | 69.09 | 4.14 | 0.71 | 1.20 |
| | | 水泡粪 | 69.09 | 4.14 | 0.71 | 1.20 |
| | 奶牛 | 人工干清粪 | 266.88 | 20.31 | 2.96 | 1.90 |
| | | 机械干清粪 | 233.06 | 19.67 | 2.96 | 1.58 |
| | | 垫草垫料 | 182.32 | 18.71 | 2.95 | 1.10 |
| | | 高床养殖 | 182.32 | 18.71 | 2.95 | 1.10 |
| | | 水冲粪 | 1788.82 | 48.98 | 3.07 | 16.12 |
| | | 水泡粪 | 1788.82 | 48.98 | 3.07 | 16.12 |
| | 肉牛 | 人工干清粪 | 126.09 | 10.38 | 3.06 | 0.63 |
| | | 机械干清粪 | 107.25 | 10.08 | 3.00 | 0.56 |
| | | 垫草垫料 | 78.98 | 9.62 | 2.91 | 0.45 |
| | | 高床养殖 | 78.98 | 9.62 | 2.91 | 0.45 |
| | | 水冲粪 | 974.15 | 23.94 | 5.73 | 3.96 |
| | | 水泡粪 | 974.15 | 23.94 | 5.73 | 3.96 |
| | 蛋鸡 | 人工干清粪 | 0.86 | 0.05 | 0.03 | 0.01 |
| | | 机械干清粪 | 0.69 | 0.04 | 0.02 | 0.01 |
| | | 垫草垫料 | 0.43 | 0.02 | 0.01 | 0.01 |
| | | 高床养殖 | 0.43 | 0.02 | 0.01 | 0.01 |
| | | 水冲粪 | 8.59 | 0.46 | 0.25 | 0.11 |
| | | 水泡粪 | 8.59 | 0.46 | 0.25 | 0.11 |
| | 肉鸡 | 人工干清粪 | 0.17 | 0.01 | 0.0001 | 0.002 |
| | | 机械干清粪 | 0.14 | 0.01 | 0.0001 | 0.001 |
| | | 垫草垫料 | 0.09 | 0.004 | 0.00004 | 0.001 |
| | | 高床养殖 | 0.09 | 0.004 | 0.00004 | 0.001 |
| | | 水冲粪 | 1.75 | 0.08 | 0.001 | 0.02 |
| | | 水泡粪 | 1.75 | 0.08 | 0.001 | 0.02 |

| 区域 | 畜种 | 清粪工艺 | 进入污水系统的污染物量/［千克/头（只）］ | | | |
| --- | --- | --- | --- | --- | --- | --- |
| | | | COD | TN | NH₃-N | TP |
| 西南区 | 生猪 | 人工干清粪 | 10.84 | 3.47 | 0.47 | 0.17 |
| | | 机械干清粪 | 9.98 | 3.44 | 0.47 | 0.16 |
| | | 垫草垫料 | 8.70 | 3.40 | 0.46 | 0.14 |
| | | 高床养殖 | 8.70 | 3.40 | 0.46 | 0.14 |
| | | 水冲粪 | 49.39 | 4.62 | 0.63 | 0.72 |
| | | 水泡粪 | 49.39 | 4.62 | 0.63 | 0.72 |
| | 奶牛 | 人工干清粪 | 258.05 | 33.37 | 10.49 | 1.68 |
| | | 机械干清粪 | 226.20 | 32.80 | 10.45 | 1.42 |
| | | 垫草垫料 | 178.43 | 31.95 | 10.38 | 1.03 |
| | | 高床养殖 | 178.43 | 31.95 | 10.38 | 1.03 |
| | | 水冲粪 | 1691.27 | 59.03 | 12.44 | 13.35 |
| | | 水泡粪 | 1691.27 | 59.03 | 12.44 | 13.35 |
| | 肉牛 | 人工干清粪 | 133.51 | 9.06 | 0.74 | 0.83 |
| | | 机械干清粪 | 113.51 | 8.65 | 0.71 | 0.73 |
| | | 垫草垫料 | 83.50 | 8.03 | 0.67 | 0.57 |
| | | 高床养殖 | 83.50 | 8.03 | 0.67 | 0.57 |
| | | 水冲粪 | 1033.66 | 27.45 | 1.82 | 5.53 |
| | | 水泡粪 | 1033.66 | 27.45 | 1.82 | 5.53 |
| | 蛋鸡 | 人工干清粪 | 1.15 | 0.05 | 0.005 | 0.02 |
| | | 机械干清粪 | 0.92 | 0.04 | 0.004 | 0.01 |
| | | 垫草垫料 | 0.58 | 0.03 | 0.002 | 0.01 |
| | | 高床养殖 | 0.58 | 0.03 | 0.002 | 0.01 |
| | | 水冲粪 | 11.52 | 0.53 | 0.05 | 0.17 |
| | | 水泡粪 | 11.52 | 0.53 | 0.05 | 0.17 |
| | 肉鸡 | 人工干清粪 | 0.25 | 0.01 | 0.0005 | 0.003 |
| | | 机械干清粪 | 0.20 | 0.01 | 0.0004 | 0.003 |
| | | 垫草垫料 | 0.13 | 0.005 | 0.0002 | 0.002 |
| | | 高床养殖 | 0.13 | 0.005 | 0.0002 | 0.002 |
| | | 水冲粪 | 2.54 | 0.10 | 0.005 | 0.03 |
| | | 水泡粪 | 2.54 | 0.10 | 0.005 | 0.03 |

| 区域 | 畜种 | 清粪工艺 | 进入污水系统的污染物量/[千克/头（只）] | | | |
|---|---|---|---|---|---|---|
| | | | COD | TN | NH₃-N | TP |
| 西北区 | 生猪 | 人工干清粪 | 12.64 | 2.60 | 0.78 | 0.19 |
| | | 机械干清粪 | 11.75 | 2.57 | 0.78 | 0.17 |
| | | 垫草垫料 | 10.42 | 2.53 | 0.77 | 0.15 |
| | | 高床养殖 | 10.42 | 2.53 | 0.77 | 0.15 |
| | | 水冲粪 | 52.70 | 3.84 | 0.91 | 1.00 |
| | | 水泡粪 | 52.70 | 3.84 | 0.91 | 1.00 |
| | 奶牛 | 人工干清粪 | 252.86 | 32.58 | 12.68 | 3.54 |
| | | 机械干清粪 | 213.14 | 31.59 | 12.63 | 3.11 |
| | | 垫草垫料 | 153.55 | 30.10 | 12.55 | 2.46 |
| | | 高床养殖 | 153.55 | 30.10 | 12.55 | 2.46 |
| | | 水冲粪 | 2040.61 | 77.14 | 14.93 | 22.99 |
| | | 水泡粪 | 2040.61 | 77.14 | 14.93 | 22.99 |
| | 肉牛 | 人工干清粪 | 140.68 | 14.42 | 0.84 | 0.53 |
| | | 机械干清粪 | 118.71 | 13.91 | 0.78 | 0.46 |
| | | 垫草垫料 | 85.76 | 13.14 | 0.69 | 0.35 |
| | | 高床养殖 | 85.76 | 13.14 | 0.69 | 0.35 |
| | | 水冲粪 | 1129.22 | 37.38 | 3.66 | 3.85 |
| | | 水泡粪 | 1129.22 | 37.38 | 3.66 | 3.85 |
| | 蛋鸡 | 人工干清粪 | 1.01 | 0.06 | 0.01 | 0.01 |
| | | 机械干清粪 | 0.80 | 0.05 | 0.005 | 0.01 |
| | | 垫草垫料 | 0.50 | 0.03 | 0.003 | 0.01 |
| | | 高床养殖 | 0.50 | 0.03 | 0.003 | 0.01 |
| | | 水冲粪 | 10.05 | 0.56 | 0.06 | 0.12 |
| | | 水泡粪 | 10.05 | 0.56 | 0.06 | 0.12 |
| | 肉鸡 | 人工干清粪 | 0.21 | 0.01 | 0.001 | 0.002 |
| | | 机械干清粪 | 0.17 | 0.01 | 0.001 | 0.002 |
| | | 垫草垫料 | 0.10 | 0.005 | 0.0004 | 0.001 |
| | | 高床养殖 | 0.10 | 0.005 | 0.0004 | 0.001 |
| | | 水冲粪 | 2.08 | 0.09 | 0.01 | 0.02 |
| | | 水泡粪 | 2.08 | 0.09 | 0.01 | 0.02 |

表 1-7-4　污水典型处理工艺污染物去除效率

| 典型工艺 | 污染物去除效率/% | | | |
| --- | --- | --- | --- | --- |
| | COD | NH$_3$-N | TN | TP |
| 固液分离 | 41.1 | 31.0 | 42.7 | 29.5 |
| 肥水贮存 | 48.8 | 39.4 | 41.7 | 40.4 |
| 厌氧发酵 | 48.6 | 33.6 | 35.3 | 40.4 |
| 好氧处理 | 57.5 | 71.4 | 67.3 | 70.3 |
| 氧化塘处理 | 63.9 | 58.5 | 49.3 | 55.5 |
| 人工湿地 | 73.0 | 61.0 | 60.0 | 70.3 |
| 膜处理 | 77.5 | 75.5 | 71.2 | 66.7 |

表 1-7-5　典型畜禽规模养殖场污水达标排放处理排污系数

| 区域 | 畜种 | 清粪工艺 | 典型处理工艺 | 排污系数/（千克/头） | | | |
|---|---|---|---|---|---|---|---|
| | | | | COD | TN | NH₃-N | TP |
| 华北区 | 生猪 | 人工干清粪 | 固液分离-厌氧发酵-好氧处理 | 1.16 | 0.23 | 0.06 | 0.02 |
| | | | 固液分离-厌氧发酵-氧化塘 | 0.98 | 0.35 | 0.09 | 0.03 |
| | | | 固液分离-厌氧发酵-膜处理 | 0.61 | 0.20 | 0.05 | 0.02 |
| | | | 固液分离-厌氧发酵-人工湿地 | 0.73 | 0.28 | 0.08 | 0.02 |
| | | 机械干清粪 | 固液分离-厌氧发酵-好氧处理 | 1.04 | 0.22 | 0.06 | 0.02 |
| | | | 固液分离-厌氧发酵-氧化塘 | 0.88 | 0.34 | 0.08 | 0.03 |
| | | | 固液分离-厌氧发酵-膜处理 | 0.55 | 0.20 | 0.05 | 0.02 |
| | | | 固液分离-厌氧发酵-人工湿地 | 0.66 | 0.27 | 0.08 | 0.02 |
| | | 垫草垫料 | 固液分离-厌氧发酵-好氧处理 | 0.86 | 0.22 | 0.06 | 0.01 |
| | | 高床养殖 | 固液分离-厌氧发酵-好氧处理 | 0.86 | 0.22 | 0.06 | 0.01 |
| | | 水冲粪 | 固液分离-厌氧发酵-好氧处理 | 6.42 | 0.37 | 0.10 | 0.09 |
| | | | 固液分离-厌氧发酵-氧化塘 | 5.45 | 0.57 | 0.14 | 0.14 |
| | | | 固液分离-厌氧发酵-膜处理 | 3.40 | 0.32 | 0.08 | 0.10 |
| | | | 固液分离-厌氧发酵-人工湿地 | 4.07 | 0.45 | 0.13 | 0.09 |
| | | 水泡粪 | 固液分离-厌氧发酵-好氧处理 | 6.42 | 0.37 | 0.10 | 0.09 |
| | | | 固液分离-厌氧发酵-氧化塘 | 5.45 | 0.57 | 0.14 | 0.14 |
| | | | 固液分离-厌氧发酵-膜处理 | 3.40 | 0.32 | 0.08 | 0.10 |
| | | | 固液分离-厌氧发酵-人工湿地 | 4.07 | 0.45 | 0.13 | 0.09 |
| | 奶牛 | 人工干清粪 | 固液分离-厌氧发酵-好氧处理 | 33.53 | 5.65 | 1.16 | 0.16 |
| | | | 固液分离-厌氧发酵-氧化塘 | 28.44 | 8.75 | 1.68 | 0.24 |
| | | | 固液分离-厌氧发酵-膜处理 | 17.75 | 4.97 | 0.99 | 0.18 |
| | | | 固液分离-厌氧发酵-人工湿地 | 21.27 | 6.91 | 1.58 | 0.16 |
| | | 机械干清粪 | 固液分离-厌氧发酵-好氧处理 | 29.89 | 5.58 | 1.14 | 0.14 |
| | | | 固液分离-厌氧发酵-氧化塘 | 25.35 | 8.64 | 1.66 | 0.21 |
| | | | 固液分离-厌氧发酵-膜处理 | 15.82 | 4.91 | 0.98 | 0.16 |
| | | | 固液分离-厌氧发酵-人工湿地 | 18.96 | 6.82 | 1.57 | 0.14 |
| | | 垫草垫料 | 固液分离-厌氧发酵-好氧处理 | 24.42 | 5.47 | 1.13 | 0.11 |
| | | 高床养殖 | 固液分离-厌氧发酵-好氧处理 | 24.42 | 5.47 | 1.13 | 0.11 |

| 区域 | 畜种 | 清粪工艺 | 典型处理工艺 | 排污系数/（千克/头） | | | |
|---|---|---|---|---|---|---|---|
| | | | | COD | TN | NH₃-N | TP |
| 华北区 | 奶牛 | 水冲粪 | 固液分离-厌氧发酵-好氧处理 | 197.43 | 8.86 | 1.71 | 1.18 |
| | | | 固液分离-厌氧发酵-氧化塘 | 167.50 | 13.73 | 2.49 | 1.77 |
| | | | 固液分离-厌氧发酵-膜处理 | 104.53 | 7.80 | 1.47 | 1.32 |
| | | | 固液分离-厌氧发酵-人工湿地 | 125.24 | 10.84 | 2.34 | 1.18 |
| | | 水泡粪 | 固液分离-厌氧发酵-好氧处理 | 197.43 | 8.86 | 1.71 | 1.18 |
| | | | 固液分离-厌氧发酵-氧化塘 | 167.50 | 13.73 | 2.49 | 1.77 |
| | | | 固液分离-厌氧发酵-膜处理 | 104.53 | 7.80 | 1.47 | 1.32 |
| | | | 固液分离-厌氧发酵-人工湿地 | 125.24 | 10.84 | 2.34 | 1.18 |
| | 肉牛 | 人工干清粪 | 固液分离-厌氧发酵-好氧处理 | 21.66 | 1.51 | 0.72 | 0.13 |
| | | | 固液分离-厌氧发酵-氧化塘 | 18.38 | 2.35 | 1.05 | 0.19 |
| | | | 固液分离-厌氧发酵-膜处理 | 11.47 | 1.33 | 0.62 | 0.14 |
| | | | 固液分离-厌氧发酵-人工湿地 | 13.74 | 1.85 | 0.99 | 0.13 |
| | | 机械干清粪 | 固液分离-厌氧发酵-好氧处理 | 18.60 | 1.46 | 0.72 | 0.11 |
| | | | 固液分离-厌氧发酵-氧化塘 | 15.78 | 2.27 | 1.05 | 0.17 |
| | | | 固液分离-厌氧发酵-膜处理 | 9.85 | 1.29 | 0.62 | 0.13 |
| | | | 固液分离-厌氧发酵-人工湿地 | 11.80 | 1.79 | 0.98 | 0.11 |
| | | 垫草垫料 | 固液分离-厌氧发酵-好氧处理 | 14.02 | 1.39 | 0.71 | 0.09 |
| | | 高床养殖 | 固液分离-厌氧发酵-好氧处理 | 14.02 | 1.39 | 0.71 | 0.09 |
| | | 水冲粪 | 固液分离-厌氧发酵-好氧处理 | 159.26 | 3.71 | 0.89 | 0.76 |
| | | | 固液分离-厌氧发酵-氧化塘 | 135.12 | 5.75 | 1.30 | 1.15 |
| | | | 固液分离-厌氧发酵-膜处理 | 84.32 | 3.27 | 0.76 | 0.86 |
| | | | 固液分离-厌氧发酵-人工湿地 | 101.03 | 4.54 | 1.22 | 0.77 |
| | | 水泡粪 | 固液分离-厌氧发酵-好氧处理 | 159.26 | 3.71 | 0.89 | 0.76 |
| | | | 固液分离-厌氧发酵-氧化塘 | 135.12 | 5.75 | 1.30 | 1.15 |
| | | | 固液分离-厌氧发酵-膜处理 | 84.32 | 3.27 | 0.76 | 0.86 |
| | | | 固液分离-厌氧发酵-人工湿地 | 101.03 | 4.54 | 1.22 | 0.77 |
| | 蛋鸡 | 人工干清粪 | 固液分离-厌氧发酵-好氧处理 | 0.14 | 0.01 | 0.002 | 0.002 |
| | | | 固液分离-厌氧发酵-氧化塘 | 0.12 | 0.01 | 0.003 | 0.003 |
| | | | 固液分离-厌氧发酵-膜处理 | 0.08 | 0.01 | 0.002 | 0.003 |
| | | | 固液分离-厌氧发酵-人工湿地 | 0.09 | 0.01 | 0.002 | 0.002 |

| 区域 | 畜种 | 清粪工艺 | 典型处理工艺 | 排污系数/（千克/头） | | | |
|---|---|---|---|---|---|---|---|
| | | | | COD | TN | NH$_3$-N | TP |
| 华北区 | 蛋鸡 | 机械干清粪 | 固液分离-厌氧发酵-好氧处理 | 0.11 | 0.01 | 0.001 | 0.002 |
| | | | 固液分离-厌氧发酵-氧化塘 | 0.10 | 0.01 | 0.002 | 0.003 |
| | | | 固液分离-厌氧发酵-膜处理 | 0.06 | 0.01 | 0.001 | 0.002 |
| | | | 固液分离-厌氧发酵-人工湿地 | 0.07 | 0.01 | 0.002 | 0.002 |
| | | 垫草垫料 | 固液分离-厌氧发酵-好氧处理 | 0.07 | 0.004 | 0.001 | 0.001 |
| | | 高床养殖 | 固液分离-厌氧发酵-好氧处理 | 0.07 | 0.004 | 0.001 | 0.001 |
| | | 水冲粪 | 固液分离-厌氧发酵-好氧处理 | 1.44 | 0.07 | 0.02 | 0.02 |
| | | | 固液分离-厌氧发酵-氧化塘 | 1.22 | 0.11 | 0.03 | 0.03 |
| | | | 固液分离-厌氧发酵-膜处理 | 0.76 | 0.06 | 0.02 | 0.03 |
| | | | 固液分离-厌氧发酵-人工湿地 | 0.91 | 0.09 | 0.02 | 0.02 |
| | 肉鸡 | 人工干清粪 | 固液分离-厌氧发酵-好氧处理 | 0.03 | 0.0013 | 0.0001 | 0.0004 |
| | | | 固液分离-厌氧发酵-氧化塘 | 0.03 | 0.002 | 0.0001 | 0.001 |
| | | | 固液分离-厌氧发酵-膜处理 | 0.02 | 0.001 | 0.0001 | 0.0004 |
| | | | 固液分离-厌氧发酵-人工湿地 | 0.02 | 0.002 | 0.0001 | 0.0004 |
| | | 机械干清粪 | 固液分离-厌氧发酵-好氧处理 | 0.03 | 0.0011 | 0.0001 | 0.0003 |
| | | | 固液分离-厌氧发酵-氧化塘 | 0.02 | 0.002 | 0.0001 | 0.0005 |
| | | | 固液分离-厌氧发酵-膜处理 | 0.01 | 0.001 | 0.00005 | 0.0004 |
| | | | 固液分离-厌氧发酵-人工湿地 | 0.02 | 0.001 | 0.0001 | 0.0003 |
| | | 垫草垫料 | 固液分离-厌氧发酵-好氧处理 | 0.02 | 0.0007 | 0.00003 | 0.0002 |
| | | 高床养殖 | 固液分离-厌氧发酵-好氧处理 | 0.02 | 0.0007 | 0.00003 | 0.0002 |
| | | 水冲粪 | 固液分离-厌氧发酵-好氧处理 | 0.33 | 0.01 | 0.001 | 0.004 |
| | | | 固液分离-厌氧发酵-氧化塘 | 0.28 | 0.02 | 0.001 | 0.01 |
| | | | 固液分离-厌氧发酵-膜处理 | 0.17 | 0.01 | 0.001 | 0.004 |
| | | | 固液分离-厌氧发酵-人工湿地 | 0.21 | 0.02 | 0.001 | 0.004 |

| 区域 | 畜种 | 清粪工艺 | 典型处理工艺 | 排污系数/（千克/头） | | | |
|---|---|---|---|---|---|---|---|
| | | | | COD | TN | NH<sub>3</sub>-N | TP |
| 东北区 | 生猪 | 人工干清粪 | 固液分离-厌氧发酵-好氧处理 | 1.26 | 0.25 | 0.03 | 0.01 |
| | | | 固液分离-厌氧发酵-氧化塘 | 1.07 | 0.39 | 0.05 | 0.02 |
| | | | 固液分离-厌氧发酵-膜处理 | 0.67 | 0.22 | 0.03 | 0.02 |
| | | | 固液分离-厌氧发酵-人工湿地 | 0.80 | 0.30 | 0.05 | 0.01 |
| | | 机械干清粪 | 固液分离-厌氧发酵-好氧处理 | 1.14 | 0.25 | 0.03 | 0.01 |
| | | | 固液分离-厌氧发酵-氧化塘 | 0.97 | 0.38 | 0.05 | 0.02 |
| | | | 固液分离-厌氧发酵-膜处理 | 0.61 | 0.22 | 0.03 | 0.01 |
| | | | 固液分离-厌氧发酵-人工湿地 | 0.73 | 0.30 | 0.04 | 0.01 |
| | | 垫草垫料 | 固液分离-厌氧发酵-好氧处理 | 0.97 | 0.24 | 0.03 | 0.01 |
| | | 高床养殖 | 固液分离-厌氧发酵-好氧处理 | 0.97 | 0.24 | 0.03 | 0.01 |
| | | 水冲粪 | 固液分离-厌氧发酵-好氧处理 | 6.42 | 0.40 | 0.08 | 0.10 |
| | | | 固液分离-厌氧发酵-氧化塘 | 5.44 | 0.62 | 0.11 | 0.15 |
| | | | 固液分离-厌氧发酵-膜处理 | 3.40 | 0.35 | 0.07 | 0.11 |
| | | | 固液分离-厌氧发酵-人工湿地 | 4.07 | 0.49 | 0.11 | 0.10 |
| | | 水泡粪 | 固液分离-厌氧发酵-好氧处理 | 6.42 | 0.40 | 0.08 | 0.10 |
| | | | 固液分离-厌氧发酵-氧化塘 | 5.44 | 0.62 | 0.11 | 0.15 |
| | | | 固液分离-厌氧发酵-膜处理 | 3.40 | 0.35 | 0.07 | 0.11 |
| | | | 固液分离-厌氧发酵-人工湿地 | 4.07 | 0.49 | 0.11 | 0.10 |
| | 奶牛 | 人工干清粪 | 固液分离-厌氧发酵-好氧处理 | 32.31 | 4.18 | 0.27 | 0.17 |
| | | | 固液分离-厌氧发酵-氧化塘 | 27.41 | 6.48 | 0.39 | 0.25 |
| | | | 固液分离-厌氧发酵-膜处理 | 17.11 | 3.68 | 0.23 | 0.19 |
| | | | 固液分离-厌氧发酵-人工湿地 | 20.50 | 5.12 | 0.37 | 0.17 |
| | | 机械干清粪 | 固液分离-厌氧发酵-好氧处理 | 28.77 | 4.11 | 0.25 | 0.14 |
| | | | 固液分离-厌氧发酵-氧化塘 | 24.41 | 6.37 | 0.37 | 0.21 |
| | | | 固液分离-厌氧发酵-膜处理 | 15.23 | 3.62 | 0.22 | 0.16 |
| | | | 固液分离-厌氧发酵-人工湿地 | 18.25 | 5.03 | 0.35 | 0.14 |
| | | 垫草垫料 | 固液分离-厌氧发酵-好氧处理 | 23.47 | 4.00 | 0.23 | 0.10 |
| | | 高床养殖 | 固液分离-厌氧发酵-好氧处理 | 23.47 | 4.00 | 0.23 | 0.10 |

| 区域 | 畜种 | 清粪工艺 | 典型处理工艺 | 排污系数/（千克/头） | | | |
|---|---|---|---|---|---|---|---|
| | | | | COD | TN | NH₃-N | TP |
| 东北区 | 奶牛 | 水冲粪 | 固液分离-厌氧发酵-好氧处理 | 191.39 | 7.45 | 0.93 | 1.36 |
| | | | 固液分离-厌氧发酵-氧化塘 | 162.38 | 11.55 | 1.35 | 2.05 |
| | | | 固液分离-厌氧发酵-膜处理 | 101.33 | 6.56 | 0.80 | 1.53 |
| | | | 固液分离-厌氧发酵-人工湿地 | 121.41 | 9.11 | 1.27 | 1.37 |
| | | 水泡粪 | 固液分离-厌氧发酵-好氧处理 | 191.39 | 7.45 | 0.93 | 1.36 |
| | | | 固液分离-厌氧发酵-氧化塘 | 162.38 | 11.55 | 1.35 | 2.05 |
| | | | 固液分离-厌氧发酵-膜处理 | 101.33 | 6.56 | 0.80 | 1.53 |
| | | | 固液分离-厌氧发酵-人工湿地 | 121.41 | 9.11 | 1.27 | 1.37 |
| | 肉牛 | 人工干清粪 | 固液分离-厌氧发酵-好氧处理 | 18.86 | 1.60 | 0.05 | 0.09 |
| | | | 固液分离-厌氧发酵-氧化塘 | 16.00 | 2.47 | 0.07 | 0.14 |
| | | | 固液分离-厌氧发酵-膜处理 | 9.98 | 1.40 | 0.04 | 0.10 |
| | | | 固液分离-厌氧发酵-人工湿地 | 11.96 | 1.95 | 0.07 | 0.09 |
| | | 机械干清粪 | 固液分离-厌氧发酵-好氧处理 | 16.16 | 1.55 | 0.05 | 0.08 |
| | | | 固液分离-厌氧发酵-氧化塘 | 13.71 | 2.41 | 0.07 | 0.12 |
| | | | 固液分离-厌氧发酵-膜处理 | 8.56 | 1.37 | 0.04 | 0.09 |
| | | | 固液分离-厌氧发酵-人工湿地 | 10.25 | 1.90 | 0.06 | 0.08 |
| | | 垫草垫料 | 固液分离-厌氧发酵-好氧处理 | 12.11 | 1.49 | 0.04 | 0.06 |
| | | 高床养殖 | 固液分离-厌氧发酵-好氧处理 | 12.11 | 1.49 | 0.04 | 0.06 |
| | | 水冲粪 | 固液分离-厌氧发酵-好氧处理 | 140.24 | 3.54 | 0.24 | 0.64 |
| | | | 固液分离-厌氧发酵-氧化塘 | 118.98 | 5.48 | 0.35 | 0.95 |
| | | | 固液分离-厌氧发酵-膜处理 | 74.25 | 3.11 | 0.21 | 0.71 |
| | | | 固液分离-厌氧发酵-人工湿地 | 88.96 | 4.33 | 0.33 | 0.64 |
| | | 水泡粪 | 固液分离-厌氧发酵-好氧处理 | 140.24 | 3.54 | 0.24 | 0.64 |
| | | | 固液分离-厌氧发酵-氧化塘 | 118.98 | 5.48 | 0.35 | 0.95 |
| | | | 固液分离-厌氧发酵-膜处理 | 74.25 | 3.11 | 0.21 | 0.71 |
| | | | 固液分离-厌氧发酵-人工湿地 | 88.96 | 4.33 | 0.33 | 0.64 |
| | 蛋鸡 | 人工干清粪 | 固液分离-厌氧发酵-好氧处理 | 0.11 | 0.01 | 0.001 | 0.002 |
| | | | 固液分离-厌氧发酵-氧化塘 | 0.09 | 0.01 | 0.001 | 0.004 |
| | | | 固液分离-厌氧发酵-膜处理 | 0.06 | 0.01 | 0.0005 | 0.003 |
| | | | 固液分离-厌氧发酵-人工湿地 | 0.07 | 0.01 | 0.001 | 0.002 |

| 区域 | 畜种 | 清粪工艺 | 典型处理工艺 | 排污系数/（千克/头） | | | |
|---|---|---|---|---|---|---|---|
| | | | | COD | TN | NH₃-N | TP |
| 东北区 | 蛋鸡 | 机械干清粪 | 固液分离-厌氧发酵-好氧处理 | 0.09 | 0.005 | 0.0004 | 0.002 |
| | | | 固液分离-厌氧发酵-氧化塘 | 0.07 | 0.01 | 0.001 | 0.003 |
| | | | 固液分离-厌氧发酵-膜处理 | 0.05 | 0.004 | 0.0004 | 0.002 |
| | | | 固液分离-厌氧发酵-人工湿地 | 0.06 | 0.01 | 0.001 | 0.002 |
| | | 垫草垫料 | 固液分离-厌氧发酵-好氧处理 | 0.05 | 0.003 | 0.0003 | 0.001 |
| | | 高床养殖 | 固液分离-厌氧发酵-好氧处理 | 0.05 | 0.003 | 0.0003 | 0.001 |
| | | 水冲粪 | 固液分离-厌氧发酵-好氧处理 | 1.09 | 0.06 | 0.01 | 0.02 |
| | | | 固液分离-厌氧发酵-氧化塘 | 0.93 | 0.09 | 0.01 | 0.04 |
| | | | 固液分离-厌氧发酵-膜处理 | 0.58 | 0.05 | 0.005 | 0.03 |
| | | | 固液分离-厌氧发酵-人工湿地 | 0.69 | 0.07 | 0.01 | 0.02 |
| | 肉鸡 | 人工干清粪 | 固液分离-厌氧发酵-好氧处理 | 0.02 | 0.001 | 0.0001 | 0.0002 |
| | | | 固液分离-厌氧发酵-氧化塘 | 0.02 | 0.001 | 0.0001 | 0.0004 |
| | | | 固液分离-厌氧发酵-膜处理 | 0.01 | 0.001 | 0.0001 | 0.0003 |
| | | | 固液分离-厌氧发酵-人工湿地 | 0.02 | 0.001 | 0.0001 | 0.0002 |
| | | 机械干清粪 | 固液分离-厌氧发酵-好氧处理 | 0.02 | 0.001 | 0.0001 | 0.0002 |
| | | | 固液分离-厌氧发酵-氧化塘 | 0.02 | 0.001 | 0.0001 | 0.0003 |
| | | | 固液分离-厌氧发酵-膜处理 | 0.01 | 0.001 | 0.0001 | 0.0002 |
| | | | 固液分离-厌氧发酵-人工湿地 | 0.01 | 0.001 | 0.0001 | 0.0002 |
| | | 垫草垫料 | 固液分离-厌氧发酵-好氧处理 | 0.01 | 0.0005 | 0.00004 | 0.0001 |
| | | 高床养殖 | 固液分离-厌氧发酵-好氧处理 | 0.01 | 0.0005 | 0.00004 | 0.0001 |
| | | 水冲粪 | 固液分离-厌氧发酵-好氧处理 | 0.24 | 0.01 | 0.001 | 0.002 |
| | | | 固液分离-厌氧发酵-氧化塘 | 0.20 | 0.01 | 0.001 | 0.004 |
| | | | 固液分离-厌氧发酵-膜处理 | 0.13 | 0.01 | 0.001 | 0.003 |
| | | | 固液分离-厌氧发酵-人工湿地 | 0.15 | 0.01 | 0.001 | 0.002 |

| 区域 | 畜种 | 清粪工艺 | 典型处理工艺 | 排污系数/（千克/头） | | | |
|---|---|---|---|---|---|---|---|
| | | | | COD | TN | NH₃-N | TP |
| 华东区 | 生猪 | 人工干清粪 | 固液分离-厌氧发酵-好氧处理 | 1.78 | 0.45 | 0.15 | 0.04 |
| | | | 固液分离-厌氧发酵-氧化塘 | 1.51 | 0.69 | 0.22 | 0.06 |
| | | | 固液分离-厌氧发酵-膜处理 | 0.94 | 0.39 | 0.13 | 0.04 |
| | | | 固液分离-厌氧发酵-人工湿地 | 1.13 | 0.55 | 0.21 | 0.04 |
| | | 机械干清粪 | 固液分离-厌氧发酵-好氧处理 | 1.62 | 0.44 | 0.15 | 0.03 |
| | | | 固液分离-厌氧发酵-氧化塘 | 1.38 | 0.69 | 0.22 | 0.05 |
| | | | 固液分离-厌氧发酵-膜处理 | 0.86 | 0.39 | 0.13 | 0.04 |
| | | | 固液分离-厌氧发酵-人工湿地 | 1.03 | 0.54 | 0.21 | 0.03 |
| | | 垫草垫料 | 固液分离-厌氧发酵-好氧处理 | 1.39 | 0.44 | 0.15 | 0.03 |
| | | 高床养殖 | 固液分离-厌氧发酵-好氧处理 | 1.39 | 0.44 | 0.15 | 0.03 |
| | | 水冲粪 | 固液分离-厌氧发酵-好氧处理 | 8.89 | 0.67 | 0.20 | 0.17 |
| | | | 固液分离-厌氧发酵-氧化塘 | 7.54 | 1.04 | 0.29 | 0.25 |
| | | | 固液分离-厌氧发酵-膜处理 | 4.71 | 0.59 | 0.17 | 0.19 |
| | | | 固液分离-厌氧发酵-人工湿地 | 5.64 | 0.82 | 0.28 | 0.17 |
| | | 水泡粪 | 固液分离-厌氧发酵-好氧处理 | 8.89 | 0.67 | 0.20 | 0.17 |
| | | | 固液分离-厌氧发酵-氧化塘 | 7.54 | 1.04 | 0.29 | 0.25 |
| | | | 固液分离-厌氧发酵-膜处理 | 4.71 | 0.59 | 0.17 | 0.19 |
| | | | 固液分离-厌氧发酵-人工湿地 | 5.64 | 0.82 | 0.28 | 0.17 |
| | 奶牛 | 人工干清粪 | 固液分离-厌氧发酵-好氧处理 | 35.79 | 4.37 | 0.37 | 0.19 |
| | | | 固液分离-厌氧发酵-氧化塘 | 30.37 | 6.77 | 0.53 | 0.28 |
| | | | 固液分离-厌氧发酵-膜处理 | 18.95 | 3.85 | 0.31 | 0.21 |
| | | | 固液分离-厌氧发酵-人工湿地 | 22.70 | 5.35 | 0.50 | 0.19 |
| | | 机械干清粪 | 固液分离-厌氧发酵-好氧处理 | 31.74 | 4.30 | 0.36 | 0.16 |
| | | | 固液分离-厌氧发酵-氧化塘 | 26.93 | 6.66 | 0.53 | 0.24 |
| | | | 固液分离-厌氧发酵-膜处理 | 16.80 | 3.78 | 0.31 | 0.18 |
| | | | 固液分离-厌氧发酵-人工湿地 | 20.13 | 5.26 | 0.49 | 0.16 |
| | | 垫草垫料 | 固液分离-厌氧发酵-好氧处理 | 25.66 | 4.19 | 0.36 | 0.13 |
| | | 高床养殖 | 固液分离-厌氧发酵-好氧处理 | 25.66 | 4.19 | 0.36 | 0.13 |

| 区域 | 畜种 | 清粪工艺 | 典型处理工艺 | 排污系数/（千克/头） | | | |
|---|---|---|---|---|---|---|---|
| | | | | COD | TN | NH₃-N | TP |
| 华东区 | 奶牛 | 水冲粪 | 固液分离-厌氧发酵-好氧处理 | 218.12 | 7.57 | 0.53 | 1.17 |
| | | | 固液分离-厌氧发酵-氧化塘 | 185.06 | 11.74 | 0.77 | 1.76 |
| | | | 固液分离-厌氧发酵-膜处理 | 115.48 | 6.67 | 0.46 | 1.32 |
| | | | 固液分离-厌氧发酵-人工湿地 | 138.37 | 9.27 | 0.73 | 1.18 |
| | | 水泡粪 | 固液分离-厌氧发酵-好氧处理 | 218.12 | 7.57 | 0.53 | 1.17 |
| | | | 固液分离-厌氧发酵-氧化塘 | 185.06 | 11.74 | 0.77 | 1.76 |
| | | | 固液分离-厌氧发酵-膜处理 | 115.48 | 6.67 | 0.46 | 1.32 |
| | | | 固液分离-厌氧发酵-人工湿地 | 138.37 | 9.27 | 0.73 | 1.18 |
| | 肉牛 | 人工干清粪 | 固液分离-厌氧发酵-好氧处理 | 22.05 | 1.63 | 0.61 | 0.15 |
| | | | 固液分离-厌氧发酵-氧化塘 | 18.71 | 2.52 | 0.88 | 0.23 |
| | | | 固液分离-厌氧发酵-膜处理 | 11.67 | 1.43 | 0.52 | 0.17 |
| | | | 固液分离-厌氧发酵-人工湿地 | 13.99 | 1.99 | 0.83 | 0.16 |
| | | 机械干清粪 | 固液分离-厌氧发酵-好氧处理 | 18.86 | 1.58 | 0.60 | 0.14 |
| | | | 固液分离-厌氧发酵-氧化塘 | 16.00 | 2.45 | 0.87 | 0.22 |
| | | | 固液分离-厌氧发酵-膜处理 | 9.98 | 1.39 | 0.51 | 0.16 |
| | | | 固液分离-厌氧发酵-人工湿地 | 11.96 | 1.93 | 0.82 | 0.14 |
| | | 垫草垫料 | 固液分离-厌氧发酵-好氧处理 | 14.07 | 1.50 | 0.58 | 0.13 |
| | | 高床养殖 | 固液分离-厌氧发酵-好氧处理 | 14.07 | 1.50 | 0.58 | 0.13 |
| | | 水冲粪 | 固液分离-厌氧发酵-好氧处理 | 165.67 | 3.90 | 1.00 | 0.65 |
| | | | 固液分离-厌氧发酵-氧化塘 | 140.55 | 6.05 | 1.46 | 0.97 |
| | | | 固液分离-厌氧发酵-膜处理 | 87.71 | 3.44 | 0.86 | 0.73 |
| | | | 固液分离-厌氧发酵-人工湿地 | 105.09 | 4.77 | 1.37 | 0.65 |
| | | 水泡粪 | 固液分离-厌氧发酵-好氧处理 | 165.67 | 3.90 | 1.00 | 0.65 |
| | | | 固液分离-厌氧发酵-氧化塘 | 140.55 | 6.05 | 1.46 | 0.97 |
| | | | 固液分离-厌氧发酵-膜处理 | 87.71 | 3.44 | 0.86 | 0.73 |
| | | | 固液分离-厌氧发酵-人工湿地 | 105.09 | 4.77 | 1.37 | 0.65 |
| | 蛋鸡 | 人工干清粪 | 固液分离-厌氧发酵-好氧处理 | 0.16 | 0.01 | 0.001 | 0.002 |
| | | | 固液分离-厌氧发酵-氧化塘 | 0.14 | 0.01 | 0.001 | 0.003 |
| | | | 固液分离-厌氧发酵-膜处理 | 0.08 | 0.01 | 0.001 | 0.002 |
| | | | 固液分离-厌氧发酵-人工湿地 | 0.07 | 0.01 | 0.001 | 0.002 |

| 区域 | 畜种 | 清粪工艺 | 典型处理工艺 | 排污系数/（千克/头） | | | |
|---|---|---|---|---|---|---|---|
| | | | | COD | TN | NH₃-N | TP |
| 华东区 | 蛋鸡 | 机械干清粪 | 固液分离-厌氧发酵-好氧处理 | 0.13 | 0.01 | 0.001 | 0.002 |
| | | | 固液分离-厌氧发酵-氧化塘 | 0.11 | 0.01 | 0.001 | 0.003 |
| | | | 固液分离-厌氧发酵-膜处理 | 0.07 | 0.01 | 0.0004 | 0.002 |
| | | | 固液分离-厌氧发酵-人工湿地 | 0.06 | 0.01 | 0.001 | 0.002 |
| | | 垫草垫料 | 固液分离-厌氧发酵-好氧处理 | 0.08 | 0.004 | 0.0003 | 0.001 |
| | | 高床养殖 | 固液分离-厌氧发酵-好氧处理 | 0.08 | 0.004 | 0.0003 | 0.001 |
| | | 水冲粪 | 固液分离-厌氧发酵-好氧处理 | 1.59 | 0.07 | 0.01 | 0.02 |
| | | | 固液分离-厌氧发酵-氧化塘 | 1.35 | 0.12 | 0.01 | 0.03 |
| | | | 固液分离-厌氧发酵-膜处理 | 0.84 | 0.07 | 0.01 | 0.02 |
| | | | 固液分离-厌氧发酵-人工湿地 | 0.69 | 0.07 | 0.01 | 0.02 |
| | 肉鸡 | 人工干清粪 | 固液分离-厌氧发酵-好氧处理 | 0.03 | 0.002 | 0.001 | 0.0004 |
| | | | 固液分离-厌氧发酵-氧化塘 | 0.03 | 0.003 | 0.001 | 0.001 |
| | | | 固液分离-厌氧发酵-膜处理 | 0.02 | 0.002 | 0.001 | 0.0005 |
| | | | 固液分离-厌氧发酵-人工湿地 | 0.02 | 0.002 | 0.001 | 0.0004 |
| | | 机械干清粪 | 固液分离-厌氧发酵-好氧处理 | 0.03 | 0.002 | 0.001 | 0.0003 |
| | | | 固液分离-厌氧发酵-氧化塘 | 0.02 | 0.002 | 0.001 | 0.001 |
| | | | 固液分离-厌氧发酵-膜处理 | 0.01 | 0.001 | 0.001 | 0.0004 |
| | | | 固液分离-厌氧发酵-人工湿地 | 0.02 | 0.002 | 0.001 | 0.0003 |
| | | 垫草垫料 | 固液分离-厌氧发酵-好氧处理 | 0.02 | 0.001 | 0.0004 | 0.0002 |
| | | 高床养殖 | 固液分离-厌氧发酵-好氧处理 | 0.02 | 0.001 | 0.0004 | 0.0002 |
| | | 水冲粪 | 固液分离-厌氧发酵-好氧处理 | 0.35 | 0.02 | 0.01 | 0.004 |
| | | | 固液分离-厌氧发酵-氧化塘 | 0.29 | 0.03 | 0.01 | 0.01 |
| | | | 固液分离-厌氧发酵-膜处理 | 0.18 | 0.02 | 0.01 | 0.005 |
| | | | 固液分离-厌氧发酵-人工湿地 | 0.22 | 0.02 | 0.01 | 0.004 |

| 区域 | 畜种 | 清粪工艺 | 典型处理工艺 | 排污系数/（千克/头） | | | |
|---|---|---|---|---|---|---|---|
| | | | | COD | TN | NH₃-N | TP |
| 中南区 | 生猪 | 人工干清粪 | 固液分离-厌氧发酵-好氧处理 | 1.53 | 0.30 | 0.06 | 0.03 |
| | | | 固液分离-厌氧发酵-氧化塘 | 1.30 | 0.46 | 0.09 | 0.04 |
| | | | 固液分离-厌氧发酵-膜处理 | 0.81 | 0.26 | 0.06 | 0.03 |
| | | | 固液分离-厌氧发酵-人工湿地 | 0.97 | 0.36 | 0.09 | 0.03 |
| | | 机械干清粪 | 固液分离-厌氧发酵-好氧处理 | 1.37 | 0.29 | 0.06 | 0.03 |
| | | | 固液分离-厌氧发酵-氧化塘 | 1.16 | 0.45 | 0.09 | 0.04 |
| | | | 固液分离-厌氧发酵-膜处理 | 0.72 | 0.26 | 0.05 | 0.03 |
| | | | 固液分离-厌氧发酵-人工湿地 | 0.87 | 0.36 | 0.09 | 0.03 |
| | | 垫草垫料 | 固液分离-厌氧发酵-好氧处理 | 1.12 | 0.29 | 0.06 | 0.02 |
| | | 高床养殖 | 固液分离-厌氧发酵-好氧处理 | 1.12 | 0.29 | 0.06 | 0.02 |
| | | 水冲粪 | 固液分离-厌氧发酵-好氧处理 | 8.89 | 0.50 | 0.09 | 0.15 |
| | | | 固液分离-厌氧发酵-氧化塘 | 7.54 | 0.78 | 0.14 | 0.22 |
| | | | 固液分离-厌氧发酵-膜处理 | 4.70 | 0.44 | 0.08 | 0.17 |
| | | | 固液分离-厌氧发酵-人工湿地 | 5.64 | 0.61 | 0.13 | 0.15 |
| | | 水泡粪 | 固液分离-厌氧发酵-好氧处理 | 8.89 | 0.50 | 0.09 | 0.15 |
| | | | 固液分离-厌氧发酵-氧化塘 | 7.54 | 0.78 | 0.14 | 0.22 |
| | | | 固液分离-厌氧发酵-膜处理 | 4.70 | 0.44 | 0.08 | 0.17 |
| | | | 固液分离-厌氧发酵-人工湿地 | 5.64 | 0.61 | 0.13 | 0.15 |
| | 奶牛 | 人工干清粪 | 固液分离-厌氧发酵-好氧处理 | 34.32 | 2.46 | 0.39 | 0.24 |
| | | | 固液分离-厌氧发酵-氧化塘 | 29.12 | 3.82 | 0.56 | 0.35 |
| | | | 固液分离-厌氧发酵-膜处理 | 18.17 | 2.17 | 0.33 | 0.27 |
| | | | 固液分离-厌氧发酵-人工湿地 | 21.77 | 3.01 | 0.53 | 0.24 |
| | | 机械干清粪 | 固液分离-厌氧发酵-好氧处理 | 29.97 | 2.38 | 0.39 | 0.20 |
| | | | 固液分离-厌氧发酵-氧化塘 | 25.43 | 3.70 | 0.56 | 0.30 |
| | | | 固液分离-厌氧发酵-膜处理 | 15.87 | 2.10 | 0.33 | 0.22 |
| | | | 固液分离-厌氧发酵-人工湿地 | 19.01 | 2.92 | 0.53 | 0.20 |
| | | 垫草垫料 | 固液分离-厌氧发酵-好氧处理 | 23.45 | 2.27 | 0.39 | 0.14 |
| | | 高床养殖 | 固液分离-厌氧发酵-好氧处理 | 23.45 | 2.27 | 0.39 | 0.14 |

| 区域 | 畜种 | 清粪工艺 | 典型处理工艺 | 排污系数/（千克/头） | | | |
|---|---|---|---|---|---|---|---|
| | | | | COD | TN | NH$_3$-N | TP |
| 中南区 | 奶牛 | 水冲粪 | 固液分离-厌氧发酵-好氧处理 | 230.06 | 5.94 | 0.40 | 2.01 |
| | | | 固液分离-厌氧发酵-氧化塘 | 195.18 | 9.20 | 0.58 | 3.02 |
| | | | 固液分离-厌氧发酵-膜处理 | 121.80 | 5.23 | 0.34 | 2.26 |
| | | | 固液分离-厌氧发酵-人工湿地 | 145.94 | 7.26 | 0.55 | 2.01 |
| | | 水泡粪 | 固液分离-厌氧发酵-好氧处理 | 230.06 | 5.94 | 0.40 | 2.01 |
| | | | 固液分离-厌氧发酵-氧化塘 | 195.18 | 9.20 | 0.58 | 3.02 |
| | | | 固液分离-厌氧发酵-膜处理 | 121.80 | 5.23 | 0.34 | 2.26 |
| | | | 固液分离-厌氧发酵-人工湿地 | 145.94 | 7.26 | 0.55 | 2.01 |
| | 肉牛 | 人工干清粪 | 固液分离-厌氧发酵-好氧处理 | 16.22 | 1.26 | 0.40 | 0.08 |
| | | | 固液分离-厌氧发酵-氧化塘 | 13.76 | 1.95 | 0.58 | 0.12 |
| | | | 固液分离-厌氧发酵-膜处理 | 8.59 | 1.11 | 0.34 | 0.09 |
| | | | 固液分离-厌氧发酵-人工湿地 | 10.29 | 1.54 | 0.55 | 0.08 |
| | | 机械干清粪 | 固液分离-厌氧发酵-好氧处理 | 13.79 | 1.22 | 0.39 | 0.07 |
| | | | 固液分离-厌氧发酵-氧化塘 | 11.70 | 1.89 | 0.57 | 0.10 |
| | | | 固液分离-厌氧发酵-膜处理 | 7.30 | 1.08 | 0.34 | 0.08 |
| | | | 固液分离-厌氧发酵-人工湿地 | 8.75 | 1.49 | 0.54 | 0.07 |
| | | 垫草垫料 | 固液分离-厌氧发酵-好氧处理 | 10.16 | 1.17 | 0.38 | 0.06 |
| | | 高床养殖 | 固液分离-厌氧发酵-好氧处理 | 10.16 | 1.17 | 0.38 | 0.06 |
| | | 水冲粪 | 固液分离-厌氧发酵-好氧处理 | 125.29 | 2.90 | 0.75 | 0.49 |
| | | | 固液分离-厌氧发酵-氧化塘 | 106.29 | 4.50 | 1.09 | 0.74 |
| | | | 固液分离-厌氧发酵-膜处理 | 66.33 | 2.56 | 0.64 | 0.55 |
| | | | 固液分离-厌氧发酵-人工湿地 | 79.47 | 3.55 | 1.03 | 0.49 |
| | | 水泡粪 | 固液分离-厌氧发酵-好氧处理 | 125.29 | 2.90 | 0.75 | 0.49 |
| | | | 固液分离-厌氧发酵-氧化塘 | 106.29 | 4.50 | 1.09 | 0.74 |
| | | | 固液分离-厌氧发酵-膜处理 | 66.33 | 2.56 | 0.64 | 0.55 |
| | | | 固液分离-厌氧发酵-人工湿地 | 79.47 | 3.55 | 1.03 | 0.49 |
| | 蛋鸡 | 人工干清粪 | 固液分离-厌氧发酵-好氧处理 | 0.11 | 0.01 | 0.01 | 0.002 |
| | | | 固液分离-厌氧发酵-氧化塘 | 0.09 | 0.01 | 0.01 | 0.003 |
| | | | 固液分离-厌氧发酵-膜处理 | 0.06 | 0.01 | 0.004 | 0.002 |
| | | | 固液分离-厌氧发酵-人工湿地 | 0.07 | 0.01 | 0.01 | 0.002 |

| 区域 | 畜种 | 清粪工艺 | 典型处理工艺 | 排污系数/（千克/头） | | | |
|---|---|---|---|---|---|---|---|
| | | | | COD | TN | NH$_3$-N | TP |
| 中南区 | 蛋鸡 | 机械干清粪 | 固液分离-厌氧发酵-好氧处理 | 0.09 | 0.01 | 0.004 | 0.002 |
| | | | 固液分离-厌氧发酵-氧化塘 | 0.07 | 0.01 | 0.01 | 0.003 |
| | | | 固液分离-厌氧发酵-膜处理 | 0.05 | 0.01 | 0.004 | 0.002 |
| | | | 固液分离-厌氧发酵-人工湿地 | 0.06 | 0.01 | 0.01 | 0.002 |
| | | 垫草垫料 | 固液分离-厌氧发酵-好氧处理 | 0.06 | 0.004 | 0.003 | 0.001 |
| | | 高床养殖 | 固液分离-厌氧发酵-好氧处理 | 0.06 | 0.004 | 0.003 | 0.001 |
| | | 水冲粪 | 固液分离-厌氧发酵-好氧处理 | 1.10 | 0.09 | 0.05 | 0.02 |
| | | | 固液分离-厌氧发酵-氧化塘 | 0.94 | 0.13 | 0.07 | 0.03 |
| | | | 固液分离-厌氧发酵-膜处理 | 0.58 | 0.08 | 0.04 | 0.02 |
| | | | 固液分离-厌氧发酵-人工湿地 | 0.70 | 0.10 | 0.07 | 0.02 |
| | 肉鸡 | 人工干清粪 | 固液分离-厌氧发酵-好氧处理 | 0.02 | 0.001 | 0.00002 | 0.0003 |
| | | | 固液分离-厌氧发酵-氧化塘 | 0.02 | 0.002 | 0.00002 | 0.0005 |
| | | | 固液分离-厌氧发酵-膜处理 | 0.01 | 0.001 | 0.00001 | 0.0003 |
| | | | 固液分离-厌氧发酵-人工湿地 | 0.01 | 0.002 | 0.00002 | 0.0003 |
| | | 机械干清粪 | 固液分离-厌氧发酵-好氧处理 | 0.02 | 0.001 | 0.00001 | 0.0002 |
| | | | 固液分离-厌氧发酵-氧化塘 | 0.02 | 0.002 | 0.00002 | 0.0004 |
| | | | 固液分离-厌氧发酵-膜处理 | 0.01 | 0.001 | 0.00001 | 0.0003 |
| | | | 固液分离-厌氧发酵-人工湿地 | 0.01 | 0.001 | 0.00002 | 0.0002 |
| | | 垫草垫料 | 固液分离-厌氧发酵-好氧处理 | 0.01 | 0.001 | 0.00001 | 0.0002 |
| | | 高床养殖 | 固液分离-厌氧发酵-好氧处理 | 0.01 | 0.001 | 0.00001 | 0.0002 |
| | | 水冲粪 | 固液分离-厌氧发酵-好氧处理 | 0.22 | 0.01 | 0.0002 | 0.003 |
| | | | 固液分离-厌氧发酵-氧化塘 | 0.19 | 0.02 | 0.0002 | 0.005 |
| | | | 固液分离-厌氧发酵-膜处理 | 0.12 | 0.01 | 0.0001 | 0.003 |
| | | | 固液分离-厌氧发酵-人工湿地 | 0.14 | 0.02 | 0.0002 | 0.003 |

| 区域 | 畜种 | 清粪工艺 | 典型处理工艺 | 排污系数/（千克/头） | | | |
|---|---|---|---|---|---|---|---|
| | | | | COD | TN | NH₃-N | TP |
| 西南区 | 生猪 | 人工干清粪 | 固液分离-厌氧发酵-好氧处理 | 1.39 | 0.42 | 0.06 | 0.02 |
| | | | 固液分离-厌氧发酵-氧化塘 | 1.18 | 0.65 | 0.09 | 0.03 |
| | | | 固液分离-厌氧发酵-膜处理 | 0.74 | 0.37 | 0.05 | 0.02 |
| | | | 固液分离-厌氧发酵-人工湿地 | 0.88 | 0.51 | 0.08 | 0.02 |
| | | 机械干清粪 | 固液分离-厌氧发酵-好氧处理 | 1.28 | 0.42 | 0.06 | 0.02 |
| | | | 固液分离-厌氧发酵-氧化塘 | 1.09 | 0.65 | 0.09 | 0.03 |
| | | | 固液分离-厌氧发酵-膜处理 | 0.68 | 0.37 | 0.05 | 0.02 |
| | | | 固液分离-厌氧发酵-人工湿地 | 0.81 | 0.51 | 0.08 | 0.02 |
| | | 垫草垫料 | 固液分离-厌氧发酵-好氧处理 | 1.12 | 0.41 | 0.06 | 0.02 |
| | | 高床养殖 | 固液分离-厌氧发酵-好氧处理 | 1.12 | 0.41 | 0.06 | 0.02 |
| | | 水冲粪 | 固液分离-厌氧发酵-好氧处理 | 6.35 | 0.56 | 0.08 | 0.09 |
| | | | 固液分离-厌氧发酵-氧化塘 | 5.39 | 0.87 | 0.12 | 0.13 |
| | | | 固液分离-厌氧发酵-膜处理 | 3.36 | 0.49 | 0.07 | 0.10 |
| | | | 固液分离-厌氧发酵-人工湿地 | 4.03 | 0.68 | 0.11 | 0.09 |
| | | 水泡粪 | 固液分离-厌氧发酵-好氧处理 | 6.35 | 0.56 | 0.08 | 0.09 |
| | | | 固液分离-厌氧发酵-氧化塘 | 5.39 | 0.87 | 0.12 | 0.13 |
| | | | 固液分离-厌氧发酵-膜处理 | 3.36 | 0.49 | 0.07 | 0.10 |
| | | | 固液分离-厌氧发酵-人工湿地 | 4.03 | 0.68 | 0.11 | 0.09 |
| | 奶牛 | 人工干清粪 | 固液分离-厌氧发酵-好氧处理 | 33.19 | 4.05 | 1.37 | 0.21 |
| | | | 固液分离-厌氧发酵-氧化塘 | 28.16 | 6.27 | 2.00 | 0.31 |
| | | | 固液分离-厌氧发酵-膜处理 | 17.57 | 3.56 | 1.18 | 0.23 |
| | | | 固液分离-厌氧发酵-人工湿地 | 21.05 | 4.95 | 1.88 | 0.21 |
| | | 机械干清粪 | 固液分离-厌氧发酵-好氧处理 | 29.09 | 3.98 | 1.37 | 0.18 |
| | | | 固液分离-厌氧发酵-氧化塘 | 24.68 | 6.16 | 1.99 | 0.27 |
| | | | 固液分离-厌氧发酵-膜处理 | 15.40 | 3.50 | 1.17 | 0.20 |
| | | | 固液分离-厌氧发酵-人工湿地 | 18.45 | 4.87 | 1.87 | 0.18 |
| | | 垫草垫料 | 固液分离-厌氧发酵-好氧处理 | 22.95 | 3.87 | 1.36 | 0.13 |
| | | 高床养殖 | 固液分离-厌氧发酵-好氧处理 | 22.95 | 3.87 | 1.36 | 0.13 |

| 区域 | 畜种 | 清粪工艺 | 典型处理工艺 | 排污系数/（千克/头） | | | |
|---|---|---|---|---|---|---|---|
| | | | | COD | TN | NH₃-N | TP |

| 区域 | 畜种 | 清粪工艺 | 典型处理工艺 | COD | TN | NH₃-N | TP |
|---|---|---|---|---|---|---|---|
| 西南区 | 奶牛 | 水冲粪 | 固液分离-厌氧发酵-好氧处理 | 217.52 | 7.16 | 1.63 | 1.66 |
| | | | 固液分离-厌氧发酵-氧化塘 | 184.54 | 11.09 | 2.37 | 2.50 |
| | | | 固液分离-厌氧发酵-膜处理 | 115.16 | 6.30 | 1.40 | 1.87 |
| | | | 固液分离-厌氧发酵-人工湿地 | 137.98 | 8.76 | 2.23 | 1.67 |
| | | 水泡粪 | 固液分离-厌氧发酵-好氧处理 | 217.52 | 7.16 | 1.63 | 1.66 |
| | | | 固液分离-厌氧发酵-氧化塘 | 184.54 | 11.09 | 2.37 | 2.50 |
| | | | 固液分离-厌氧发酵-膜处理 | 115.16 | 6.30 | 1.40 | 1.87 |
| | | | 固液分离-厌氧发酵-人工湿地 | 137.98 | 8.76 | 2.23 | 1.67 |
| | 肉牛 | 人工干清粪 | 固液分离-厌氧发酵-好氧处理 | 17.17 | 1.10 | 0.10 | 0.10 |
| | | | 固液分离-厌氧发酵-氧化塘 | 14.57 | 1.70 | 0.14 | 0.16 |
| | | | 固液分离-厌氧发酵-膜处理 | 9.09 | 0.97 | 0.08 | 0.12 |
| | | | 固液分离-厌氧发酵-人工湿地 | 10.89 | 1.34 | 0.13 | 0.10 |
| | | 机械干清粪 | 固液分离-厌氧发酵-好氧处理 | 14.60 | 1.05 | 0.09 | 0.09 |
| | | | 固液分离-厌氧发酵-氧化塘 | 12.39 | 1.62 | 0.14 | 0.14 |
| | | | 固液分离-厌氧发酵-膜处理 | 7.73 | 0.92 | 0.08 | 0.10 |
| | | | 固液分离-厌氧发酵-人工湿地 | 9.26 | 1.28 | 0.13 | 0.09 |
| | | 垫草垫料 | 固液分离-厌氧发酵-好氧处理 | 10.74 | 0.97 | 0.09 | 0.07 |
| | | 高床养殖 | 固液分离-厌氧发酵-好氧处理 | 10.74 | 0.97 | 0.09 | 0.07 |
| | | 水冲粪 | 固液分离-厌氧发酵-好氧处理 | 132.94 | 3.33 | 0.24 | 0.69 |
| | | | 固液分离-厌氧发酵-氧化塘 | 112.79 | 5.16 | 0.35 | 1.04 |
| | | | 固液分离-厌氧发酵-膜处理 | 70.38 | 2.93 | 0.20 | 0.77 |
| | | | 固液分离-厌氧发酵-人工湿地 | 84.33 | 4.07 | 0.33 | 0.69 |
| | | 水泡粪 | 固液分离-厌氧发酵-好氧处理 | 132.94 | 3.33 | 0.24 | 0.69 |
| | | | 固液分离-厌氧发酵-氧化塘 | 112.79 | 5.16 | 0.35 | 1.04 |
| | | | 固液分离-厌氧发酵-膜处理 | 70.38 | 2.93 | 0.20 | 0.77 |
| | | | 固液分离-厌氧发酵-人工湿地 | 84.33 | 4.07 | 0.33 | 0.69 |
| | 蛋鸡 | 人工干清粪 | 固液分离-厌氧发酵-好氧处理 | 0.15 | 0.01 | 0.001 | 0.002 |
| | | | 固液分离-厌氧发酵-氧化塘 | 0.13 | 0.01 | 0.001 | 0.003 |
| | | | 固液分离-厌氧发酵-膜处理 | 0.08 | 0.01 | 0.001 | 0.002 |
| | | | 固液分离-厌氧发酵-人工湿地 | 0.09 | 0.01 | 0.001 | 0.002 |

| 区域 | 畜种 | 清粪工艺 | 典型处理工艺 | 排污系数/（千克/头） | | | |
|---|---|---|---|---|---|---|---|
| | | | | COD | TN | NH$_3$-N | TP |
| 西南区 | 蛋鸡 | 机械干清粪 | 固液分离-厌氧发酵-好氧处理 | 0.12 | 0.01 | 0.0005 | 0.002 |
| | | | 固液分离-厌氧发酵-氧化塘 | 0.10 | 0.01 | 0.001 | 0.003 |
| | | | 固液分离-厌氧发酵-膜处理 | 0.06 | 0.005 | 0.0004 | 0.002 |
| | | | 固液分离-厌氧发酵-人工湿地 | 0.08 | 0.01 | 0.001 | 0.002 |
| | | 垫草垫料 | 固液分离-厌氧发酵-好氧处理 | 0.07 | 0.003 | 0.0003 | 0.001 |
| | | 高床养殖 | 固液分离-厌氧发酵-好氧处理 | 0.07 | 0.003 | 0.0003 | 0.001 |
| | | 水冲粪 | 固液分离-厌氧发酵-好氧处理 | 1.48 | 0.06 | 0.01 | 0.02 |
| | | | 固液分离-厌氧发酵-氧化塘 | 1.26 | 0.10 | 0.01 | 0.03 |
| | | | 固液分离-厌氧发酵-膜处理 | 0.78 | 0.06 | 0.01 | 0.02 |
| | | | 固液分离-厌氧发酵-人工湿地 | 0.94 | 0.08 | 0.01 | 0.02 |
| | 肉鸡 | 人工干清粪 | 固液分离-厌氧发酵-好氧处理 | 0.03 | 0.001 | 0.0001 | 0.0004 |
| | | | 固液分离-厌氧发酵-氧化塘 | 0.03 | 0.002 | 0.0001 | 0.001 |
| | | | 固液分离-厌氧发酵-膜处理 | 0.02 | 0.001 | 0.0001 | 0.0005 |
| | | | 固液分离-厌氧发酵-人工湿地 | 0.02 | 0.001 | 0.0001 | 0.0004 |
| | | 机械干清粪 | 固液分离-厌氧发酵-好氧处理 | 0.03 | 0.001 | 0.0001 | 0.0003 |
| | | | 固液分离-厌氧发酵-氧化塘 | 0.02 | 0.001 | 0.0001 | 0.001 |
| | | | 固液分离-厌氧发酵-膜处理 | 0.01 | 0.001 | 0.00004 | 0.0004 |
| | | | 固液分离-厌氧发酵-人工湿地 | 0.02 | 0.001 | 0.0001 | 0.0003 |
| | | 垫草垫料 | 固液分离-厌氧发酵-好氧处理 | 0.02 | 0.001 | 0.00003 | 0.0002 |
| | | 高床养殖 | 固液分离-厌氧发酵-好氧处理 | 0.02 | 0.001 | 0.00003 | 0.0002 |
| | | 水冲粪 | 固液分离-厌氧发酵-好氧处理 | 0.33 | 0.01 | 0.001 | 0.004 |
| | | | 固液分离-厌氧发酵-氧化塘 | 0.28 | 0.02 | 0.001 | 0.01 |
| | | | 固液分离-厌氧发酵-膜处理 | 0.17 | 0.01 | 0.001 | 0.005 |
| | | | 固液分离-厌氧发酵-人工湿地 | 0.21 | 0.01 | 0.001 | 0.004 |

| 区域 | 畜种 | 清粪工艺 | 典型处理工艺 | 排污系数/（千克/头） | | | |
|---|---|---|---|---|---|---|---|
| | | | | COD | TN | NH₃-N | TP |
| 西北区 | 生猪 | 人工干清粪 | 固液分离-厌氧发酵-好氧处理 | 1.63 | 0.32 | 0.10 | 0.02 |
| | | | 固液分离-厌氧发酵-氧化塘 | 1.38 | 0.49 | 0.15 | 0.04 |
| | | | 固液分离-厌氧发酵-膜处理 | 0.86 | 0.28 | 0.09 | 0.03 |
| | | | 固液分离-厌氧发酵-人工湿地 | 1.03 | 0.39 | 0.14 | 0.02 |
| | | 机械干清粪 | 固液分离-厌氧发酵-好氧处理 | 1.51 | 0.31 | 0.10 | 0.02 |
| | | | 固液分离-厌氧发酵-氧化塘 | 1.28 | 0.48 | 0.15 | 0.03 |
| | | | 固液分离-厌氧发酵-膜处理 | 0.80 | 0.27 | 0.09 | 0.02 |
| | | | 固液分离-厌氧发酵-人工湿地 | 0.96 | 0.38 | 0.14 | 0.02 |
| | | 垫草垫料 | 固液分离-厌氧发酵-好氧处理 | 1.34 | 0.31 | 0.10 | 0.02 |
| | | 高床养殖 | 固液分离-厌氧发酵-好氧处理 | 1.34 | 0.31 | 0.10 | 0.02 |
| | | 水冲粪 | 固液分离-厌氧发酵-好氧处理 | 6.78 | 0.47 | 0.12 | 0.12 |
| | | | 固液分离-厌氧发酵-氧化塘 | 5.75 | 0.72 | 0.17 | 0.19 |
| | | | 固液分离-厌氧发酵-膜处理 | 3.59 | 0.41 | 0.10 | 0.14 |
| | | | 固液分离-厌氧发酵-人工湿地 | 4.30 | 0.57 | 0.16 | 0.12 |
| | | 水泡粪 | 固液分离-厌氧发酵-好氧处理 | 6.78 | 0.47 | 0.12 | 0.12 |
| | | | 固液分离-厌氧发酵-氧化塘 | 5.75 | 0.72 | 0.17 | 0.19 |
| | | | 固液分离-厌氧发酵-膜处理 | 3.59 | 0.41 | 0.10 | 0.14 |
| | | | 固液分离-厌氧发酵-人工湿地 | 4.30 | 0.57 | 0.16 | 0.12 |
| | 奶牛 | 人工干清粪 | 固液分离-厌氧发酵-好氧处理 | 32.52 | 4.28 | 1.68 | 0.59 |
| | | | 固液分离-厌氧发酵-氧化塘 | 27.59 | 6.63 | 2.44 | 0.89 |
| | | | 固液分离-厌氧发酵-膜处理 | 17.22 | 3.77 | 1.44 | 0.66 |
| | | | 固液分离-厌氧发酵-人工湿地 | 20.63 | 5.24 | 2.30 | 0.59 |
| | | 机械干清粪 | 固液分离-厌氧发酵-好氧处理 | 27.41 | 4.09 | 1.67 | 0.51 |
| | | | 固液分离-厌氧发酵-氧化塘 | 23.26 | 6.34 | 2.43 | 0.76 |
| | | | 固液分离-厌氧发酵-膜处理 | 14.51 | 3.60 | 1.43 | 0.57 |
| | | | 固液分离-厌氧发酵-人工湿地 | 17.39 | 5.01 | 2.28 | 0.51 |
| | | 垫草垫料 | 固液分离-厌氧发酵-好氧处理 | 19.75 | 3.81 | 1.65 | 0.38 |
| | | 高床养殖 | 固液分离-厌氧发酵-好氧处理 | 19.75 | 3.81 | 1.65 | 0.38 |

| 区域 | 畜种 | 清粪工艺 | 典型处理工艺 | 排污系数/（千克/头） | | | |
|---|---|---|---|---|---|---|---|
| | | | | COD | TN | NH$_3$-N | TP |
| 西北区 | 奶牛 | 水冲粪 | 固液分离-厌氧发酵-好氧处理 | 262.44 | 12.65 | 2.14 | 4.35 |
| | | | 固液分离-厌氧发酵-氧化塘 | 222.66 | 19.61 | 3.11 | 6.52 |
| | | | 固液分离-厌氧发酵-膜处理 | 138.95 | 11.14 | 1.83 | 4.88 |
| | | | 固液分离-厌氧发酵-人工湿地 | 166.48 | 15.48 | 2.92 | 4.36 |
| | | 水泡粪 | 固液分离-厌氧发酵-好氧处理 | 262.44 | 12.65 | 2.14 | 4.35 |
| | | | 固液分离-厌氧发酵-氧化塘 | 222.66 | 19.61 | 3.11 | 6.52 |
| | | | 固液分离-厌氧发酵-膜处理 | 138.95 | 11.14 | 1.83 | 4.88 |
| | | | 固液分离-厌氧发酵-人工湿地 | 166.48 | 15.48 | 2.92 | 4.36 |
| | 肉牛 | 人工干清粪 | 固液分离-厌氧发酵-好氧处理 | 18.09 | 1.75 | 0.11 | 0.07 |
| | | | 固液分离-厌氧发酵-氧化塘 | 15.35 | 2.71 | 0.16 | 0.10 |
| | | | 固液分离-厌氧发酵-膜处理 | 9.58 | 1.54 | 0.09 | 0.07 |
| | | | 固液分离-厌氧发酵-人工湿地 | 11.48 | 2.14 | 0.15 | 0.07 |
| | | 机械干清粪 | 固液分离-厌氧发酵-好氧处理 | 15.27 | 1.69 | 0.10 | 0.06 |
| | | | 固液分离-厌氧发酵-氧化塘 | 12.95 | 2.61 | 0.15 | 0.09 |
| | | | 固液分离-厌氧发酵-膜处理 | 8.08 | 1.48 | 0.09 | 0.06 |
| | | | 固液分离-厌氧发酵-人工湿地 | 9.68 | 2.06 | 0.14 | 0.06 |
| | | 垫草垫料 | 固液分离-厌氧发酵-好氧处理 | 11.03 | 1.59 | 0.09 | 0.04 |
| | | 高床养殖 | 固液分离-厌氧发酵-好氧处理 | 11.03 | 1.59 | 0.09 | 0.04 |
| | | 水冲粪 | 固液分离-厌氧发酵-好氧处理 | 145.23 | 4.53 | 0.48 | 0.48 |
| | | | 固液分离-厌氧发酵-氧化塘 | 123.21 | 7.02 | 0.70 | 0.72 |
| | | | 固液分离-厌氧发酵-膜处理 | 76.89 | 3.99 | 0.41 | 0.54 |
| | | | 固液分离-厌氧发酵-人工湿地 | 92.13 | 5.55 | 0.65 | 0.48 |
| | | 水泡粪 | 固液分离-厌氧发酵-好氧处理 | 145.23 | 4.53 | 0.48 | 0.48 |
| | | | 固液分离-厌氧发酵-氧化塘 | 123.21 | 7.02 | 0.70 | 0.72 |
| | | | 固液分离-厌氧发酵-膜处理 | 76.89 | 3.99 | 0.41 | 0.54 |
| | | | 固液分离-厌氧发酵-人工湿地 | 92.13 | 5.55 | 0.65 | 0.48 |
| | 蛋鸡 | 人工干清粪 | 固液分离-厌氧发酵-好氧处理 | 0.13 | 0.01 | 0.001 | 0.001 |
| | | | 固液分离-厌氧发酵-氧化塘 | 0.11 | 0.01 | 0.001 | 0.002 |
| | | | 固液分离-厌氧发酵-膜处理 | 0.07 | 0.01 | 0.001 | 0.002 |
| | | | 固液分离-厌氧发酵-人工湿地 | 0.08 | 0.01 | 0.001 | 0.001 |

| 区域 | 畜种 | 清粪工艺 | 典型处理工艺 | 排污系数/（千克/头） | | | |
|---|---|---|---|---|---|---|---|
| | | | | COD | TN | NH$_3$-N | TP |
| 西北区 | 蛋鸡 | 机械干清粪 | 固液分离-厌氧发酵-好氧处理 | 0.10 | 0.01 | 0.001 | 0.001 |
| | | | 固液分离-厌氧发酵-氧化塘 | 0.09 | 0.01 | 0.001 | 0.002 |
| | | | 固液分离-厌氧发酵-膜处理 | 0.05 | 0.005 | 0.001 | 0.001 |
| | | | 固液分离-厌氧发酵-人工湿地 | 0.07 | 0.01 | 0.001 | 0.001 |
| | | 垫草垫料 | 固液分离-厌氧发酵-好氧处理 | 0.06 | 0.003 | 0.0004 | 0.001 |
| | | 高床养殖 | 固液分离-厌氧发酵-好氧处理 | 0.06 | 0.003 | 0.0004 | 0.001 |
| | | 水冲粪 | 固液分离-厌氧发酵-好氧处理 | 1.29 | 0.07 | 0.01 | 0.01 |
| | | | 固液分离-厌氧发酵-氧化塘 | 1.10 | 0.11 | 0.01 | 0.02 |
| | | | 固液分离-厌氧发酵-膜处理 | 0.68 | 0.06 | 0.01 | 0.02 |
| | | | 固液分离-厌氧发酵-人工湿地 | 0.82 | 0.08 | 0.01 | 0.01 |
| | 肉鸡 | 人工干清粪 | 固液分离-厌氧发酵-好氧处理 | 0.03 | 0.001 | 0.0001 | 0.0002 |
| | | | 固液分离-厌氧发酵-氧化塘 | 0.02 | 0.002 | 0.0001 | 0.0004 |
| | | | 固液分离-厌氧发酵-膜处理 | 0.01 | 0.001 | 0.0001 | 0.0003 |
| | | | 固液分离-厌氧发酵-人工湿地 | 0.02 | 0.001 | 0.0001 | 0.0002 |
| | | 机械干清粪 | 固液分离-厌氧发酵-好氧处理 | 0.02 | 0.001 | 0.0001 | 0.0002 |
| | | | 固液分离-厌氧发酵-氧化塘 | 0.02 | 0.001 | 0.0001 | 0.0003 |
| | | | 固液分离-厌氧发酵-膜处理 | 0.01 | 0.001 | 0.0001 | 0.0002 |
| | | | 固液分离-厌氧发酵-人工湿地 | 0.01 | 0.001 | 0.0001 | 0.0002 |
| | | 垫草垫料 | 固液分离-厌氧发酵-好氧处理 | 0.01 | 0.001 | 0.00005 | 0.0001 |
| | | 高床养殖 | 固液分离-厌氧发酵-好氧处理 | 0.01 | 0.001 | 0.00005 | 0.0001 |
| | | 水冲粪 | 固液分离-厌氧发酵-好氧处理 | 0.27 | 0.01 | 0.0009 | 0.002 |
| | | | 固液分离-厌氧发酵-氧化塘 | 0.23 | 0.02 | 0.001 | 0.004 |
| | | | 固液分离-厌氧发酵-膜处理 | 0.14 | 0.01 | 0.0008 | 0.003 |
| | | | 固液分离-厌氧发酵-人工湿地 | 0.17 | 0.01 | 0.001 | 0.002 |

表 1-7-6　畜禽规模养殖场污水直接排放排污系数

| 区域 | 畜种 | 清粪工艺 | 排污系数/（千克/头） | | | |
|------|------|----------|------|------|------|------|
| | | | COD | TN | NH₃-N | TP |
| 华北区 | 生猪 | 人工干清粪 | 9.0 | 1.9 | 0.5 | 0.2 |
| | | 机械干清粪 | 8.1 | 1.8 | 0.4 | 0.1 |
| | | 垫草垫料 | 6.7 | 1.8 | 0.4 | 0.1 |
| | | 高床养殖 | 6.7 | 1.8 | 0.4 | 0.1 |
| | | 水冲粪 | 49.9 | 3.0 | 0.7 | 0.7 |
| | | 水泡粪 | 49.9 | 3.0 | 0.7 | 0.7 |
| | 奶牛 | 人工干清粪 | 260.7 | 46.6 | 8.9 | 1.3 |
| | | 机械干清粪 | 232.4 | 46.0 | 8.8 | 1.2 |
| | | 垫草垫料 | 189.9 | 45.1 | 8.6 | 0.9 |
| | | 高床养殖 | 189.9 | 45.1 | 8.6 | 0.9 |
| | | 水冲粪 | 1535.1 | 73.1 | 13.1 | 9.5 |
| | | 水泡粪 | 1535.1 | 73.1 | 13.1 | 9.5 |
| | 肉牛 | 人工干清粪 | 146.6 | 13.2 | 0.4 | 0.7 |
| | | 机械干清粪 | 125.7 | 12.8 | 0.4 | 0.6 |
| | | 垫草垫料 | 94.2 | 12.3 | 0.3 | 0.5 |
| | | 高床养殖 | 94.2 | 12.3 | 0.3 | 0.5 |
| | | 水冲粪 | 1090.5 | 29.2 | 1.9 | 5.1 |
| | | 水泡粪 | 1090.5 | 29.2 | 1.9 | 5.1 |
| | 蛋鸡 | 人工干清粪 | 1.1 | 0.06 | 0.01 | 0.02 |
| | | 机械干清粪 | 0.9 | 0.05 | 0.01 | 0.01 |
| | | 垫草垫料 | 0.6 | 0.03 | 0.01 | 0.01 |
| | | 高床养殖 | 0.6 | 0.03 | 0.01 | 0.01 |
| | | 水冲粪 | 11.2 | 0.6 | 0.1 | 0.2 |
| | 肉鸡 | 人工干清粪 | 0.3 | 0.01 | 0.001 | 0.003 |
| | | 机械干清粪 | 0.2 | 0.01 | 0.0004 | 0.003 |
| | | 垫草垫料 | 0.1 | 0.01 | 0.0003 | 0.002 |
| | | 高床养殖 | 0.1 | 0.01 | 0.0003 | 0.002 |
| | | 水冲粪 | 2.5 | 0.11 | 0.01 | 0.032 |

| 区域 | 畜种 | 清粪工艺 | 排污系数/（千克/头） | | | |
| --- | --- | --- | --- | --- | --- | --- |
| | | | COD | TN | NH₃-N | TP |
| 东北区 | 生猪 | 人工干清粪 | 9.8 | 2.1 | 0.3 | 0.1 |
| | | 机械干清粪 | 8.9 | 2.0 | 0.2 | 0.1 |
| | | 垫草垫料 | 7.5 | 2.0 | 0.2 | 0.1 |
| | | 高床养殖 | 7.5 | 2.0 | 0.2 | 0.1 |
| | | 水冲粪 | 49.9 | 3.3 | 0.6 | 0.8 |
| | | 水泡粪 | 49.9 | 3.3 | 0.6 | 0.8 |
| | 奶牛 | 人工干清粪 | 251.2 | 34.5 | 2.0 | 1.3 |
| | | 机械干清粪 | 223.7 | 33.9 | 1.9 | 1.1 |
| | | 垫草垫料 | 182.5 | 33.0 | 1.8 | 0.8 |
| | | 高床养殖 | 182.5 | 33.0 | 1.8 | 0.8 |
| | | 水冲粪 | 1488.2 | 61.4 | 7.1 | 10.9 |
| | | 水泡粪 | 1488.2 | 61.4 | 7.1 | 10.9 |
| | 肉牛 | 人工干清粪 | 168.43 | 12.48 | 5.52 | 1.02 |
| | | 机械干清粪 | 144.66 | 12.08 | 5.49 | 0.90 |
| | | 垫草垫料 | 108.99 | 11.48 | 5.45 | 0.73 |
| | | 高床养殖 | 108.99 | 11.48 | 5.45 | 0.73 |
| | | 水冲粪 | 1238.34 | 30.61 | 6.80 | 6.14 |
| | | 水泡粪 | 1238.34 | 30.61 | 6.80 | 6.14 |
| | 蛋鸡 | 人工干清粪 | 0.9 | 0.05 | 0.004 | 0.02 |
| | | 机械干清粪 | 0.7 | 0.04 | 0.003 | 0.02 |
| | | 垫草垫料 | 0.4 | 0.02 | 0.002 | 0.01 |
| | | 高床养殖 | 0.4 | 0.02 | 0.002 | 0.01 |
| | | 水冲粪 | 8.5 | 0.5 | 0.04 | 0.2 |
| | 肉鸡 | 人工干清粪 | 0.2 | 0.01 | 0.001 | 0.002 |
| | | 机械干清粪 | 0.2 | 0.01 | 0.001 | 0.002 |
| | | 垫草垫料 | 0.1 | 0.004 | 0.0003 | 0.001 |
| | | 高床养殖 | 0.1 | 0.004 | 0.0003 | 0.001 |
| | | 水冲粪 | 1.9 | 0.1 | 0.01 | 0.02 |

| 区域 | 畜种 | 清粪工艺 | 排污系数/（千克/头） | | | |
|------|------|----------|------|------|------|------|
| | | | COD | TN | NH₃-N | TP |
| 华东区 | 生猪 | 人工干清粪 | 13.8 | 3.7 | 1.2 | 0.3 |
| | | 机械干清粪 | 12.6 | 3.7 | 1.2 | 0.3 |
| | | 垫草垫料 | 10.8 | 3.6 | 1.2 | 0.2 |
| | | 高床养殖 | 10.8 | 3.6 | 1.2 | 0.2 |
| | | 水冲粪 | 69.1 | 5.6 | 1.5 | 1.3 |
| | | 水泡粪 | 69.1 | 5.6 | 1.5 | 1.3 |
| | 奶牛 | 人工干清粪 | 278.3 | 36.0 | 2.8 | 1.5 |
| | | 机械干清粪 | 246.8 | 35.5 | 2.8 | 1.3 |
| | | 垫草垫料 | 199.5 | 34.6 | 2.8 | 1.0 |
| | | 高床养殖 | 199.5 | 34.6 | 2.8 | 1.0 |
| | | 水冲粪 | 1696.0 | 62.5 | 4.1 | 9.4 |
| | | 水泡粪 | 1696.0 | 62.5 | 4.1 | 9.4 |
| | 肉牛 | 人工干清粪 | 171.5 | 13.4 | 4.6 | 1.2 |
| | | 机械干清粪 | 146.7 | 13.0 | 4.6 | 1.2 |
| | | 垫草垫料 | 109.5 | 12.4 | 4.5 | 1.0 |
| | | 高床养殖 | 109.5 | 12.4 | 4.5 | 1.0 |
| | | 水冲粪 | 1288.2 | 32.2 | 7.7 | 5.2 |
| | | 水泡粪 | 1288.2 | 32.2 | 7.7 | 5.2 |
| | 蛋鸡 | 人工干清粪 | 1.2 | 0.06 | 0.005 | 0.02 |
| | | 机械干清粪 | 1.0 | 0.05 | 0.004 | 0.01 |
| | | 垫草垫料 | 0.6 | 0.03 | 0.002 | 0.01 |
| | | 高床养殖 | 0.6 | 0.03 | 0.002 | 0.01 |
| | | 水冲粪 | 12.4 | 0.6 | 0.05 | 0.17 |
| | 肉鸡 | 人工干清粪 | 0.3 | 0.02 | 0.01 | 0.003 |
| | | 机械干清粪 | 0.2 | 0.01 | 0.01 | 0.003 |
| | | 垫草垫料 | 0.1 | 0.01 | 0.003 | 0.002 |
| | | 高床养殖 | 0.1 | 0.01 | 0.003 | 0.002 |
| | | 水冲粪 | 2.7 | 0.2 | 0.04 | 0.02 |

| 区域 | 畜种 | 清粪工艺 | 排污系数/（千克/头） | | | |
|---|---|---|---|---|---|---|
| | | | COD | TN | NH₃-N | TP |
| 中南区 | 生猪 | 人工干清粪 | 11.9 | 2.5 | 0.5 | 0.2 |
| | | 机械干清粪 | 10.6 | 2.4 | 0.5 | 0.2 |
| | | 垫草垫料 | 8.7 | 2.4 | 0.5 | 0.2 |
| | | 高床养殖 | 8.7 | 2.4 | 0.5 | 0.2 |
| | | 水冲粪 | 69.1 | 4.1 | 0.7 | 1.2 |
| | | 水泡粪 | 69.1 | 4.1 | 0.7 | 1.2 |
| | 奶牛 | 人工干清粪 | 266.9 | 20.3 | 3.0 | 1.9 |
| | | 机械干清粪 | 233.1 | 19.7 | 3.0 | 1.6 |
| | | 垫草垫料 | 182.3 | 18.7 | 3.0 | 1.1 |
| | | 高床养殖 | 182.3 | 18.7 | 3.0 | 1.1 |
| | | 水冲粪 | 1788.8 | 49 | 3.1 | 16.1 |
| | | 水泡粪 | 1788.8 | 49 | 3.1 | 16.1 |
| | 肉牛 | 人工干清粪 | 126 | 10.4 | 3.1 | 0.7 |
| | | 机械干清粪 | 107.2 | 10.1 | 3.0 | 0.6 |
| | | 垫草垫料 | 78.9 | 9.7 | 2.9 | 0.4 |
| | | 高床养殖 | 78.9 | 9.7 | 2.9 | 0.4 |
| | | 水冲粪 | 974.1 | 24 | 5.8 | 4.0 |
| | | 水泡粪 | 974.1 | 24 | 5.8 | 4.0 |
| | 蛋鸡 | 人工干清粪 | 0.9 | 0.05 | 0.03 | 0.01 |
| | | 机械干清粪 | 0.7 | 0.04 | 0.02 | 0.01 |
| | | 垫草垫料 | 0.4 | 0.02 | 0.01 | 0.01 |
| | | 高床养殖 | 0.4 | 0.02 | 0.01 | 0.01 |
| | | 水冲粪 | 8.6 | 0.5 | 0.3 | 0.1 |
| | 肉鸡 | 人工干清粪 | 0.2 | 0.01 | 0.0001 | 0.002 |
| | | 机械干清粪 | 0.2 | 0.01 | 0.0001 | 0.002 |
| | | 垫草垫料 | 0.05 | 0.01 | 0.0001 | 0.001 |
| | | 高床养殖 | 0.05 | 0.01 | 0.0001 | 0.001 |
| | | 水冲粪 | 1.8 | 0.1 | 0.001 | 0.02 |

| 区域 | 畜种 | 清粪工艺 | 排污系数/（千克/头） | | | |
|---|---|---|---|---|---|---|
| | | | COD | TN | NH₃-N | TP |
| 西南区 | 生猪 | 人工干清粪 | 10.8 | 3.5 | 0.5 | 0.2 |
| | | 机械干清粪 | 10.0 | 3.4 | 0.5 | 0.2 |
| | | 垫草垫料 | 8.7 | 3.4 | 0.5 | 0.1 |
| | | 高床养殖 | 8.7 | 3.4 | 0.5 | 0.1 |
| | | 水冲粪 | 49.4 | 4.6 | 0.6 | 0.7 |
| | | 水泡粪 | 49.4 | 4.6 | 0.6 | 0.7 |
| | 奶牛 | 人工干清粪 | 258.1 | 33.3 | 10.6 | 1.7 |
| | | 机械干清粪 | 226.2 | 32.8 | 10.5 | 1.5 |
| | | 垫草垫料 | 178.4 | 31.9 | 10.4 | 1.1 |
| | | 高床养殖 | 178.4 | 31.9 | 10.4 | 1.1 |
| | | 水冲粪 | 1691.3 | 59 | 12.5 | 13.4 |
| | | 水泡粪 | 1691.3 | 59 | 12.5 | 13.4 |
| | 肉牛 | 人工干清粪 | 133.6 | 9 | 0.7 | 0.8 |
| | | 机械干清粪 | 113.5 | 8.6 | 0.7 | 0.7 |
| | | 垫草垫料 | 83.5 | 8 | 0.7 | 0.5 |
| | | 高床养殖 | 83.5 | 8 | 0.7 | 0.5 |
| | | 水冲粪 | 1033.7 | 27.4 | 1.8 | 5.5 |
| | | 水泡粪 | 1033.7 | 27.4 | 1.8 | 5.5 |
| | 蛋鸡 | 人工干清粪 | 1.2 | 0.05 | 0.005 | 0.02 |
| | | 机械干清粪 | 0.9 | 0.04 | 0.004 | 0.01 |
| | | 垫草垫料 | 0.6 | 0.03 | 0.002 | 0.01 |
| | | 高床养殖 | 0.6 | 0.03 | 0.002 | 0.01 |
| | | 水冲粪 | 11.5 | 0.5 | 0.05 | 0.2 |
| | 肉鸡 | 人工干清粪 | 0.2 | 0.01 | 0.0005 | 0.003 |
| | | 机械干清粪 | 0.2 | 0.01 | 0.0004 | 0.003 |
| | | 垫草垫料 | 0.1 | 0.005 | 0.0002 | 0.002 |
| | | 高床养殖 | 0.1 | 0.005 | 0.0002 | 0.002 |
| | | 水冲粪 | 2.5 | 0.1 | 0.01 | 0.03 |

| 区域 | 畜种 | 清粪工艺 | 排污系数/（千克/头） | | | |
|---|---|---|---|---|---|---|
| | | | COD | TN | NH$_3$-N | TP |
| 西北区 | 生猪 | 人工干清粪 | 12.6 | 2.6 | 0.8 | 0.2 |
| | | 机械干清粪 | 11.8 | 2.6 | 0.8 | 0.2 |
| | | 垫草垫料 | 10.4 | 2.5 | 0.8 | 0.1 |
| | | 高床养殖 | 10.4 | 2.5 | 0.8 | 0.1 |
| | | 水冲粪 | 52.7 | 3.8 | 0.9 | 1.0 |
| | | 水泡粪 | 52.7 | 3.8 | 0.9 | 1.0 |
| | 奶牛 | 人工干清粪 | 252.9 | 32.6 | 12.7 | 3.5 |
| | | 机械干清粪 | 213.1 | 31.6 | 12.6 | 3.1 |
| | | 垫草垫料 | 153.5 | 30.1 | 12.6 | 2.5 |
| | | 高床养殖 | 153.5 | 30.1 | 12.6 | 2.5 |
| | | 水冲粪 | 2040.6 | 77.1 | 14.9 | 23.0 |
| | | 水泡粪 | 2040.6 | 77.1 | 14.9 | 23.0 |
| | 肉牛 | 人工干清粪 | 140.7 | 14.4 | 0.8 | 0.5 |
| | | 机械干清粪 | 118.7 | 13.9 | 0.8 | 0.5 |
| | | 垫草垫料 | 85.8 | 13.1 | 0.7 | 0.3 |
| | | 高床养殖 | 85.8 | 13.1 | 0.7 | 0.3 |
| | | 水冲粪 | 1129.2 | 37.4 | 3.7 | 3.9 |
| | | 水泡粪 | 1129.2 | 37.4 | 3.7 | 3.9 |
| | 蛋鸡 | 人工干清粪 | 1.0 | 0.06 | 0.01 | 0.01 |
| | | 机械干清粪 | 0.8 | 0.05 | 0.005 | 0.01 |
| | | 垫草垫料 | 0.5 | 0.03 | 0.003 | 0.01 |
| | | 高床养殖 | 0.5 | 0.03 | 0.003 | 0.01 |
| | | 水冲粪 | 10.1 | 0.6 | 0.06 | 0.1 |
| | 肉鸡 | 人工干清粪 | 0.2 | 0.01 | 0.001 | 0.002 |
| | | 机械干清粪 | 0.2 | 0.01 | 0.001 | 0.002 |
| | | 垫草垫料 | 0.1 | 0.005 | 0.0004 | 0.001 |
| | | 高床养殖 | 0.1 | 0.005 | 0.0004 | 0.001 |
| | | 水冲粪 | 2.1 | 0.1 | 0.01 | 0.02 |

表 1-7-7　畜禽规模养殖场固体粪便场外丢弃排污系数

| 区域 | 畜种 | 清粪工艺 | 排污系数/（千克/头） | | | |
|---|---|---|---|---|---|---|
| | | | COD | TN | NH$_3$-N | TP |
| 华北区 | 生猪 | 人工干清粪 | 41.9 | 1.2 | 0.3 | 0.6 |
| | | 机械干清粪 | 41.9 | 1.2 | 0.3 | 0.6 |
| | | 垫草垫料 | 43.2 | 1.2 | 0.3 | 0.6 |
| | | 高床养殖 | 43.2 | 1.2 | 0.3 | 0.6 |
| | | 水冲粪 | 0.0 | 0.0 | 0.0 | 0.0 |
| | | 水泡粪 | 0.0 | 0.0 | 0.0 | 0.0 |
| | 奶牛 | 人工干清粪 | 1274.4 | 26.5 | 4.2 | 8.2 |
| | | 机械干清粪 | 1302.7 | 27.1 | 4.3 | 8.3 |
| | | 垫草垫料 | 1345.2 | 28 | 4.5 | 8.6 |
| | | 高床养殖 | 1345.2 | 28 | 4.5 | 8.6 |
| | | 水冲粪 | 0.0 | 0.0 | 0.0 | 0.0 |
| | | 水泡粪 | 0.0 | 0.0 | 0.0 | 0.0 |
| | 肉牛 | 人工干清粪 | 943.8 | 16 | 1.46 | 4.4 |
| | | 机械干清粪 | 964.8 | 16.4 | 1.49 | 4.5 |
| | | 垫草垫料 | 996.3 | 16.9 | 1.54 | 4.6 |
| | | 高床养殖 | 996.3 | 16.9 | 1.54 | 4.6 |
| | | 水冲粪 | 0.0 | 0.0 | 0.0 | 0.0 |
| | | 水泡粪 | 0.0 | 0.0 | 0.0 | 0.0 |
| | 蛋鸡 | 人工干清粪 | 10.1 | 0.5 | 0.1 | 0.2 |
| | | 机械干清粪 | 10.3 | 0.5 | 0.1 | 0.2 |
| | | 垫草垫料 | 10.6 | 0.6 | 0.1 | 0.2 |
| | | 高床养殖 | 10.6 | 0.6 | 0.1 | 0.2 |
| | | 水冲粪 | 0.0 | 0.0 | 0.0 | 0.0 |
| | 肉鸡 | 人工干清粪 | 2.3 | 0.1 | 0.005 | 0.029 |
| | | 机械干清粪 | 2.3 | 0.1 | 0.005 | 0.029 |
| | | 垫草垫料 | 2.4 | 0.1 | 0.005 | 0.03 |
| | | 高床养殖 | 2.4 | 0.1 | 0.005 | 0.03 |
| | | 水冲粪 | 0.0 | 0.0 | 0.0 | 0.0 |

| 区域 | 畜种 | 清粪工艺 | 排污系数/（千克/头） | | | |
|------|------|----------|------|------|------|------|
| | | | COD | TN | NH₃-N | TP |
| 东北区 | 生猪 | 人工干清粪 | 40.1 | 1.2 | 0.3 | 0.7 |
| | | 机械干清粪 | 41.0 | 1.3 | 0.4 | 0.7 |
| | | 垫草垫料 | 42.3 | 1.3 | 0.4 | 0.7 |
| | | 高床养殖 | 42.3 | 1.3 | 0.4 | 0.7 |
| | | 水冲粪 | 0.0 | 0.0 | 0.0 | 0.0 |
| | | 水泡粪 | 0.0 | 0.0 | 0.0 | 0.0 |
| | 奶牛 | 人工干清粪 | 1237 | 26.9 | 5.1 | 9.6 |
| | | 机械干清粪 | 1264.5 | 27.5 | 5.2 | 9.8 |
| | | 垫草垫料 | 1305.7 | 28.4 | 5.3 | 10.1 |
| | | 高床养殖 | 1305.7 | 28.4 | 5.3 | 10.1 |
| | | 水冲粪 | 0.0 | 0.0 | 0.0 | 0.0 |
| | | 水泡粪 | 0.0 | 0.0 | 0.0 | 0.0 |
| | 肉牛 | 人工干清粪 | 1069.9 | 18.1 | 1.3 | 5.1 |
| | | 机械干清粪 | 1093.7 | 18.5 | 1.3 | 5.2 |
| | | 垫草垫料 | 1129.3 | 19.1 | 1.4 | 5.4 |
| | | 高床养殖 | 1129.3 | 19.1 | 1.4 | 5.4 |
| | | 水冲粪 | 0.0 | 0.0 | 0.0 | 0.0 |
| | | 水泡粪 | 0.0 | 0.0 | 0.0 | 0.0 |
| | 蛋鸡 | 人工干清粪 | 7.6 | 0.4 | 0.04 | 0.2 |
| | | 机械干清粪 | 7.8 | 0.44 | 0.04 | 0.2 |
| | | 垫草垫料 | 8.1 | 0.5 | 0.04 | 0.2 |
| | | 高床养殖 | 8.1 | 0.5 | 0.04 | 0.2 |
| | | 水冲粪 | 0.0 | 0.0 | 0.0 | 0.0 |
| | 肉鸡 | 人工干清粪 | 1.7 | 0.09 | 0.009 | 0.02 |
| | | 机械干清粪 | 1.7 | 0.09 | 0.009 | 0.02 |
| | | 垫草垫料 | 1.8 | 0.1 | 0.01 | 0.02 |
| | | 高床养殖 | 1.8 | 0.1 | 0.01 | 0.02 |
| | | 水冲粪 | 0.0 | 0.0 | 0.0 | 0.0 |

| 区域 | 畜种 | 清粪工艺 | 排污系数/（千克/头） | | | |
|------|------|----------|------|------|------|------|
| | | | COD | TN | NH<sub>3</sub>-N | TP |
| 华东区 | 生猪 | 人工干清粪 | 55.3 | 1.9 | 0.4 | 1.0 |
| | | 机械干清粪 | 56.5 | 1.9 | 0.4 | 1.0 |
| | | 垫草垫料 | 58.3 | 2.0 | 0.4 | 1.1 |
| | | 高床养殖 | 58.3 | 2.0 | 0.4 | 1.1 |
| | | 水冲粪 | 0.0 | 0.0 | 0.0 | 0.0 |
| | | 水泡粪 | 0.0 | 0.0 | 0.0 | 0.0 |
| | 奶牛 | 人工干清粪 | 1417.7 | 26.4 | 1.3 | 7.9 |
| | | 机械干清粪 | 1449.2 | 27 | 1.3 | 8.1 |
| | | 垫草垫料 | 1496.5 | 27.9 | 1.3 | 8.4 |
| | | 高床养殖 | 1496.5 | 27.9 | 1.3 | 8.4 |
| | | 水冲粪 | 0.0 | 0.0 | 0.0 | 0.0 |
| | | 水泡粪 | 0.0 | 0.0 | 0.0 | 0.0 |
| | 肉牛 | 人工干清粪 | 1116.7 | 18.8 | 3.0 | 4.0 |
| | | 机械干清粪 | 1141.5 | 19.2 | 3.1 | 4.0 |
| | | 垫草垫料 | 1178.7 | 19.8 | 3.2 | 4.2 |
| | | 高床养殖 | 1178.7 | 19.8 | 3.2 | 4.2 |
| | | 水冲粪 | 0.0 | 0.0 | 0.0 | 0.0 |
| | | 水泡粪 | 0.0 | 0.0 | 0.0 | 0.0 |
| | 蛋鸡 | 人工干清粪 | 11.2 | 0.6 | 0.04 | 0.2 |
| | | 机械干清粪 | 11.4 | 0.6 | 0.04 | 0.2 |
| | | 垫草垫料 | 11.8 | 0.6 | 0.05 | 0.2 |
| | | 高床养殖 | 11.8 | 0.6 | 0.05 | 0.2 |
| | | 水冲粪 | 0.0 | 0.0 | 0.0 | 0.0 |
| | 肉鸡 | 人工干清粪 | 2.4 | 0.1 | 0.03 | 0.02 |
| | | 机械干清粪 | 2.5 | 0.1 | 0.03 | 0.02 |
| | | 垫草垫料 | 2.6 | 0.1 | 0.04 | 0.02 |
| | | 高床养殖 | 2.6 | 0.1 | 0.04 | 0.02 |
| | | 水冲粪 | 0.0 | 0.0 | 0.0 | 0.0 |

| 区域 | 畜种 | 清粪工艺 | 排污系数/（千克/头） | | | |
|---|---|---|---|---|---|---|
| | | | COD | TN | NH₃-N | TP |
| 中南区 | 生猪 | 人工干清粪 | 57.2 | 1.7 | 0.2 | 1.0 |
| | | 机械干清粪 | 58.5 | 1.7 | 0.2 | 1.0 |
| | | 垫草垫料 | 60.4 | 1.8 | 0.2 | 1.0 |
| | | 高床养殖 | 60.4 | 1.8 | 0.2 | 1.0 |
| | | 水冲粪 | 0.0 | 0.0 | 0.0 | 0.0 |
| | | 水泡粪 | 0.0 | 0.0 | 0.0 | 0.0 |
| | 奶牛 | 人工干清粪 | 1521.9 | 28.7 | 0.1 | 14.2 |
| | | 机械干清粪 | 1555.8 | 29.3 | 0.1 | 14.5 |
| | | 垫草垫料 | 1606.5 | 30.3 | 0.1 | 15.0 |
| | | 高床养殖 | 1606.5 | 30.3 | 0.1 | 15.0 |
| | | 水冲粪 | 0.0 | 0.0 | 0.0 | 0.0 |
| | | 水泡粪 | 0.0 | 0.0 | 0.0 | 0.0 |
| | 肉牛 | 人工干清粪 | 848.1 | 13.6 | 2.7 | 3.3 |
| | | 机械干清粪 | 866.9 | 13.9 | 2.8 | 3.4 |
| | | 垫草垫料 | 895.2 | 14.3 | 2.9 | 3.5 |
| | | 高床养殖 | 895.2 | 14.3 | 2.9 | 3.5 |
| | | 水冲粪 | 0.0 | 0.0 | 0.0 | 0.0 |
| | | 水泡粪 | 0.0 | 0.0 | 0.0 | 0.0 |
| | 蛋鸡 | 人工干清粪 | 7.7 | 0.4 | 0.2 | 0.1 |
| | | 机械干清粪 | 7.9 | 0.4 | 0.2 | 0.1 |
| | | 垫草垫料 | 8.2 | 0.43 | 0.2 | 0.1 |
| | | 高床养殖 | 8.2 | 0.4 | 0.2 | 0.1 |
| | | 水冲粪 | 0.0 | 0.0 | 0.0 | 0.0 |
| | 肉鸡 | 人工干清粪 | 1.6 | 0.09 | 0.0009 | 0.02 |
| | | 机械干清粪 | 1.6 | 0.09 | 0.0009 | 0.02 |
| | | 垫草垫料 | 1.7 | 0.09 | 0.0009 | 0.02 |
| | | 高床养殖 | 1.7 | 0.09 | 0.0009 | 0.02 |
| | | 水冲粪 | 0.0 | 0.0 | 0.0 | 0.0 |

| 区域 | 畜种 | 清粪工艺 | 排污系数/（千克/头） | | | |
|---|---|---|---|---|---|---|
| | | | COD | TN | NH$_3$-N | TP |
| 西南区 | 生猪 | 人工干清粪 | 38.6 | 1.1 | 0.2 | 0.5 |
| | | 机械干清粪 | 39.4 | 1.2 | 0.2 | 0.6 |
| | | 垫草垫料 | 40.7 | 1.2 | 0.2 | 0.6 |
| | | 高床养殖 | 40.7 | 1.2 | 0.2 | 0.6 |
| | | 水冲粪 | 0.0 | 0.0 | 0.0 | 0.0 |
| | | 水泡粪 | 0.0 | 0.0 | 0.0 | 0.0 |
| | 奶牛 | 人工干清粪 | 1433.2 | 25.7 | 1.9 | 11.7 |
| | | 机械干清粪 | 1465.1 | 26.2 | 2 | 11.9 |
| | | 垫草垫料 | 1512.8 | 27.1 | 2.1 | 12.3 |
| | | 高床养殖 | 1512.8 | 27.1 | 2.1 | 12.3 |
| | | 水冲粪 | 0.0 | 0.0 | 0.0 | 0.0 |
| | | 水泡粪 | 0.0 | 0.0 | 0.0 | 0.0 |
| | 肉牛 | 人工干清粪 | 900.1 | 18.4 | 1.1 | 4.7 |
| | | 机械干清粪 | 920.2 | 18.8 | 1.1 | 4.8 |
| | | 垫草垫料 | 950.2 | 19.4 | 1.1 | 5.0 |
| | | 高床养殖 | 950.2 | 19.4 | 1.1 | 5.0 |
| | | 水冲粪 | 0.0 | 0.0 | 0.0 | 0.0 |
| | | 水泡粪 | 0.0 | 0.0 | 0.0 | 0.0 |
| | 蛋鸡 | 人工干清粪 | 10.4 | 0.4 | 0.04 | 0.2 |
| | | 机械干清粪 | 10.6 | 0.5 | 0.05 | 0.2 |
| | | 垫草垫料 | 10.9 | 0.5 | 0.05 | 0.2 |
| | | 高床养殖 | 10.9 | 0.5 | 0.05 | 0.2 |
| | | 水冲粪 | 0.0 | 0.0 | 0.0 | 0.0 |
| | 肉鸡 | 人工干清粪 | 2.3 | 0.09 | 0.01 | 0.03 |
| | | 机械干清粪 | 2.3 | 0.09 | 0.01 | 0.03 |
| | | 垫草垫料 | 2.4 | 0.1 | 0.01 | 0.03 |
| | | 高床养殖 | 2.4 | 0.1 | 0.01 | 0.03 |
| | | 水冲粪 | 0.0 | 0.0 | 0.0 | 0.0 |

| 区域 | 畜种 | 清粪工艺 | 排污系数/（千克/头） | | | |
|---|---|---|---|---|---|---|
| | | | COD | TN | NH₃-N | TP |
| 西北区 | 生猪 | 人工干清粪 | 40.1 | 1.2 | 0.1 | 0.8 |
| | | 机械干清粪 | 40.9 | 1.3 | 0.1 | 0.8 |
| | | 垫草垫料 | 42.3 | 1.3 | 0.1 | 0.8 |
| | | 高床养殖 | 42.3 | 1.3 | 0.1 | 0.8 |
| | | 水冲粪 | 0.0 | 0.0 | 0.0 | 0.0 |
| | | 水泡粪 | 0.0 | 0.0 | 0.0 | 0.0 |
| | 奶牛 | 人工干清粪 | 1787.4 | 44.6 | 2.3 | 19.4 |
| | | 机械干清粪 | 1827.5 | 45.6 | 2.3 | 19.9 |
| | | 垫草垫料 | 1887.1 | 47.0 | 2.4 | 20.5 |
| | | 高床养殖 | 1887.1 | 47.0 | 2.4 | 20.5 |
| | | 水冲粪 | 0.0 | 0.0 | 0.0 | 0.0 |
| | | 水泡粪 | 0.0 | 0.0 | 0.0 | 0.0 |
| | 肉牛 | 人工干清粪 | 988.5 | 23 | 2.8 | 3.3 |
| | | 机械干清粪 | 1010.5 | 23.5 | 2.9 | 3.4 |
| | | 垫草垫料 | 1043.5 | 24.2 | 3.0 | 3.5 |
| | | 高床养殖 | 1043.5 | 24.2 | 3.0 | 3.5 |
| | | 水冲粪 | 0.0 | 0.0 | 0.0 | 0.0 |
| | | 水泡粪 | 0.0 | 0.0 | 0.0 | 0.0 |
| | 蛋鸡 | 人工干清粪 | 9.1 | 0.5 | 0.1 | 0.1 |
| | | 机械干清粪 | 9.2 | 0.5 | 0.1 | 0.1 |
| | | 垫草垫料 | 9.6 | 0.6 | 0.1 | 0.1 |
| | | 高床养殖 | 9.6 | 0.6 | 0.1 | 0.1 |
| | | 水冲粪 | 0.0 | 0.0 | 0.0 | 0.0 |
| | 肉鸡 | 人工干清粪 | 1.9 | 0.09 | 0.009 | 0.02 |
| | | 机械干清粪 | 1.9 | 0.09 | 0.009 | 0.02 |
| | | 垫草垫料 | 2.0 | 0.1 | 0.01 | 0.02 |
| | | 高床养殖 | 2.0 | 0.1 | 0.01 | 0.02 |
| | | 水冲粪 | 0.0 | 0.0 | 0.0 | 0.0 |

表 1-7-8　畜禽规模以下（养殖户）排污系数

| 区域 | 动物类型 | 排污系数/（千克/头） | | | |
| --- | --- | --- | --- | --- | --- |
| | | COD | TN | NH₃-N | TP |
| 华北区 | 生猪 | 3.7 | 0.2 | 0.1 | 0.05 |
| | 奶牛 | 141.6 | 11.3 | 0.9 | 0.8 |
| | 肉牛 | 73.7 | 5.02 | 0.6 | 0.2 |
| | 蛋鸡 | 0.7 | 0.03 | 0.02 | 0.007 |
| | 肉鸡 | 0.07 | 0.004 | 0.003 | 0.0006 |
| 东北区 | 生猪 | 9.5 | 0.8 | 0.1 | 0.1 |
| | 奶牛 | 183.6 | 11.9 | 1.0 | 1.3 |
| | 肉牛 | 129.9 | 5.9 | 0.7 | 0.3 |
| | 蛋鸡 | 1.3 | 0.1 | 0.02 | 0.01 |
| | 肉鸡 | 0.2 | 0.01 | 0.001 | 0.003 |
| 华东区 | 生猪 | 7.6 | 0.4 | 0.05 | 0.1 |
| | 奶牛 | 227.7 | 6.8 | 0.3 | 0.9 |
| | 肉牛 | 161.6 | 5.4 | 0.3 | 0.7 |
| | 蛋鸡 | 0.7 | 0.03 | 0.003 | 0.01 |
| | 肉鸡 | 0.2 | 0.01 | 0.001 | 0.002 |
| 中南区 | 生猪 | 7.6 | 0.6 | 0.1 | 0.1 |
| | 奶牛 | 153.7 | 6.3 | 0.3 | 1.8 |
| | 肉牛 | 175.5 | 6.4 | 0.2 | 0.8 |
| | 蛋鸡 | 0.9 | 0.04 | 0.002 | 0.01 |
| | 肉鸡 | 0.1 | 0.01 | 0.0003 | 0.002 |
| 西南区 | 生猪 | 8.1 | 0.6 | 0.1 | 0.1 |
| | 奶牛 | 275.6 | 12.6 | 1.8 | 3.1 |
| | 肉牛 | 143.0 | 5.5 | 0.2 | 0.6 |
| | 蛋鸡 | 0.6 | 0.02 | 0.005 | 0.003 |
| | 肉鸡 | 0.2 | 0.007 | 0.0007 | 0.002 |
| 西北区 | 生猪 | 12.2 | 0.8 | 0.2 | 0.2 |
| | 奶牛 | 171.8 | 12.3 | 4.0 | 2.1 |
| | 肉牛 | 58.3 | 3.3 | 0.2 | 0.2 |
| | 蛋鸡 | 1.1 | 0.06 | 0.006 | 0.006 |
| | 肉鸡 | 0.4 | 0.02 | 0.003 | 0.01 |

表 1-7-9　畜禽规模以下（散户）排污系数

| 区域 | 动物类型 | 排污系数/（千克/头） | | | |
|---|---|---|---|---|---|
| | | COD | TN | NH₃-N | TP |
| 华北区 | 生猪 | 0.9 | 0.1 | 0.1 | 0.01 |
| | 奶牛 | 87.9 | 9.9 | 0.6 | 0.4 |
| | 肉牛 | 45.3 | 4.3 | 1.9 | 0.1 |
| | 蛋鸡 | 0.2 | 0.01 | 0.005 | 0.001 |
| | 肉鸡 | 0.02 | 0.001 | 0.001 | 0.0002 |
| 东北区 | 生猪 | 5.0 | 0.5 | 0.09 | 0.07 |
| | 奶牛 | 83.2 | 7.8 | 0.6 | 0.5 |
| | 肉牛 | 65.3 | 4.0 | 0.5 | 0.2 |
| | 蛋鸡 | 2.9 | 0.2 | 0.01 | 0.008 |
| | 肉鸡 | 0.02 | 0.001 | 0.0001 | 0.0003 |
| 华东区 | 生猪 | 2.9 | 0.2 | 0.02 | 0.05 |
| | 奶牛 | 28.1 | 1.2 | 0.05 | 0.1 |
| | 肉牛 | 166.4 | 5.6 | 0.4 | 0.7 |
| | 蛋鸡 | 0.2 | 0.009 | 0.0008 | 0.001 |
| | 肉鸡 | 0.03 | 0.001 | 0.0001 | 0.0003 |
| 中南区 | 生猪 | 3.3 | 0.3 | 0.05 | 0.06 |
| | 奶牛 | 82.6 | 3.1 | 0.1 | 1.00 |
| | 肉牛 | 102.7 | 5.1 | 0.2 | 0.4 |
| | 蛋鸡 | 0.8 | 0.04 | 0.002 | 0.002 |
| | 肉鸡 | 0.07 | 0.003 | 0.0002 | 0.0008 |
| 西南区 | 生猪 | 1.4 | 0.2 | 0.03 | 0.02 |
| | 奶牛 | 75.9 | 7.1 | 1.4 | 0.8 |
| | 肉牛 | 31.2 | 1.7 | 0.05 | 0.1 |
| | 蛋鸡 | 0.2 | 0.007 | 0.001 | 0.001 |
| | 肉鸡 | 0.03 | 0.001 | 0.0001 | 0.0004 |
| 西北区 | 生猪 | 1.6 | 0.2 | 0.06 | 0.03 |
| | 奶牛 | 87.6 | 8.1 | 2.9 | 1.1 |
| | 肉牛 | 79.9 | 3.9 | 0.3 | 0.3 |
| | 蛋鸡 | 0.7 | 0.04 | 0.004 | 0.002 |
| | 肉鸡 | 0.5 | 0.02 | 0.003 | 0.01 |

第二篇

水产养殖业产排污系数

# 概　述

为使第二次全国污染源普查工作顺利实施，确保普查数据质量，根据国务院批准的《第二次全国污染源普查方案》，第二次全国污染源普查工作办公室在财政部的支持下，由农业农村部和生态环境部委托中国水产科学研究院（农业农村部渔业生态环境监测中心）会同农业农村部农业生态与资源保护总站负责开展全国污染源普查水产养殖业污染源产排污系数测算项目。

中国水产科学研究院（农业农村部渔业生态环境监测中心），会同农业农村部农业生态与资源保护总站在农业农村部科教司、渔业渔政管理局等有关司局的指导下，完成了水产养殖业污染源产排污系数测算项目，并以此为基础编写了本篇。

本篇在同类养殖产品类别中，根据养殖水体的不同，将产污系数和排污系数各分为两类，即淡水养殖和海水养殖。而对同类水体养殖，主要划分为池塘、工厂化、网箱、围栏、浅海筏式和滩涂养殖等几种模式。

在本次污染源普查工作中，我们通过全国范围的原位监测，共获得我国代表性水产养殖区、养殖模式和品种的产排污系数 186 组，涉及养殖品种 40 种、养殖模式 9 种，基本覆盖我国的主要水产养殖品种和模式。根据养殖基量调查结果，采取同区域替代和同食性品种替代等方式，对全国各省的养殖基量进行系数匹配，最终获得产、排污系数各 2653 组，涵盖了我国目前的主要养殖品种和主要养殖类型。

由于水产养殖种类及养殖模式复杂纷繁，地区间存在差异，受时间、经费限制，监测研究的站点无法做到养殖区域、品种和模式的完全覆盖，某些系数难以完全代表特定地区的情况。

# 1　适用范围

本手册给出的产排污系数，适用于第二次全国污染源普查水产养殖业污染物产生量和排放量的核算，养殖品种主要包括我国渔业统计年鉴所统计的大部分养殖品种（未包括藻类），其余涉及的养殖品种将划到"其他"一类中。

# 2　主要术语与解释

产污系数：即污染物产生系数，指在正常养殖生产条件下，养殖生产 1 千克水产品在水体中所产生的污染物量，不含底泥沉降部分，单位用克/千克表示。

排污系数：即污染物排放系数，指在正常养殖生产条件下，养殖生产 1 千克水产品所产生的污染物中，经不同排放渠道直接排放到湖泊、河流及海洋等（不包括排放到农田及水产养殖再利用等部分）外部水体环境中的污染物量，单位用克/千克表示。

污染物产生量：指在正常养殖生产条件下，水产养殖导致的在水体中的污染物产生量，不含底泥沉降部分。

污染物排放量：指在正常养殖生产条件下，水产养殖导致的在水体中的污染物产生量，经不同排放渠道直接排放到湖泊、河流及海洋等（不包括排放到农田及水产养殖再利用等部分）外部水体环境中的污染物量。

# 3　系数测算方法

## 3.1　封闭式水体

### 3.1.1　排污系数

$$k_j = \frac{V_{总} \cdot \left( \overline{P}_{出水} - \overline{P}_{进水} \right)}{W_{产出} - W_{投入}} \tag{2-3-1}$$

式中，$k_j$ —— 第 $j$ 种养殖品种排污系数，克/千克；

$V_{总}$ —— 养殖周期排水量之和；

$W_{产出}$ 和 $W_{投入}$ —— 产出质量和投入质量，千克；

$\overline{P}_{出水}$ 和 $\overline{P}_{进水}$ —— 出水和进水中监测指标浓度的平均值，毫克/升。

### 3.1.2　产污系数

$$k_j = \frac{V_{总} \cdot \left(\overline{P}_{出水} - \overline{P}_{进水}\right) + S_{末} \cdot h_{末} \cdot \left(P_{池末} - P_{进末}\right)}{W_{产出} - W_{投入}} \tag{2-3-2}$$

式中，$k_j$ —— 第 $j$ 种养殖品种产污系数，克/千克；

　　　$V_{总}$ —— 养殖周期排水量之和；

　　　$W_{产出}$ 和 $W_{投入}$ —— 产出质量和投入质量，千克；

　　　$\overline{P}_{出水}$ 和 $\overline{P}_{进水}$ —— 出水和进水中监测指标浓度的平均值，毫克/升；

　　　$S_{末}$、$h_{末}$、$P_{池末}$、$P_{进末}$ —— 监测最后一次的池塘面积、水深、池内污染物浓度和进水口污染物浓度。

## 3.2　开放式水体

### 3.2.1　产排污系数（总氮、总磷）

$$k_j = \frac{10^{-3} \cdot \left[\left(\overline{P}_{饲料} \times W_{饲料}\right) - \left(W_{产出} - W_{投入}\right) \times \overline{P}_{渔获}\right] \times \overline{X}}{W_{产出} - W_{投入}} \tag{2-3-3}$$

式中，$k_j$ —— 第 $j$ 种养殖品种产（排）污系数，克/千克；

　　　$X$ —— 饲料的扩散系数，取值范围为 0～1.0；

　　　$\overline{P}_{饲料}$ 和 $\overline{P}_{渔获}$ —— 投入单位饲料和单位渔获物的监测指标含量平均值，毫克/千克；

　　　$W_{饲料}$ —— 投入饲料质量，千克；对不投饵的养殖方式，$W_{饲料}$ 取零。

　　　$W_{产出}$ 和 $W_{投入}$ —— 产出质量和投入质量，千克。

### 3.2.2　产排污系数（氨氮、COD）

$$k_j = \frac{\left[\sum_{i=1}^{n=3} V \cdot \left(P_{网箱i} - P_{对照i}\right)\right] / 3}{W_{产出} - W_{投入}} \tag{2-3-4}$$

式中，$k_j$ —— 第 $j$ 种养殖品种产（排）污系数，克/千克；

　　　$V$ —— 网箱内水的体积，升；

　　　$P_{网箱i}$ 和 $P_{对照i}$ —— 网箱内样品和对照区样品的监测指标浓度，毫克/升；

　　　$W_{产出}$ 和 $W_{投入}$ —— 产出质量和投入质量，千克。

# 4　产生量、排放量核算方法

污染物产生量的计算方法为：

$$污染物产生量=产污系数\times养殖增产量$$

污染物排放量的计算方法为：

$$污染物排放量=排污系数\times养殖增产量$$

其中：

$$养殖增产量=产量-投苗量$$

为使水产养殖业 COD（锰法）测算结果同农业其他源 COD（铬法）计算结果一致，须将水产养殖业 COD（锰法）产排污量×2.5 倍。

# 5　系数手册使用方法

第一步，明确查找对象为产污系数或排污系数；

第二步，明确查找养殖品种（可以用品种序号）；

第三步，确定养殖水体类型；

第四步，确定所查找的系数的养殖模式；

第五步，根据要计算产排污量的所在省市（可根据户行政代码，查找所在省份或区域），查找对应的产、排污系数表，以确定系数。

# 6　排放量计算示例

以广东省淡水池塘养殖草鱼污染物排放量核算为例：根据普查表信息，查找出其养殖为淡水养殖，养殖模式为池塘养殖，养殖品种为草鱼（品种代码为 S04）。

第一步：根据上述命题，我们可以明确要查找的基本条件是：①养殖水体类型为淡水；②养殖模式为池塘养殖；③养殖品种为草鱼，对应品种代码为 S04；④要计算产排污量的省为广东省。

第二步：根据以上信息，产排污系数应查找产排污系数对应表；查出对应的产污系数值为总氮 0.96 克/千克、总磷 0.21 克/千克、氨氮 0.11 克/千克、COD −2.21 克/千克；查出对应的排污系数值为总氮 0.19 克/千克、总磷 0.07 克/千克、氨氮 0.01 克/千克、COD −0.12 克/千克。

第三步：根据普查结果表，查找广东省草鱼淡水池塘的渔获物总产量及苗种投放量，并计算养殖增产量。假设养殖增产量为 400 吨，即可计算该省一年养殖生产过程中总氮、总磷、氨氮、COD 产生量和排放量为：

产生污染量为：

总氮产生量=0.96 克/千克×400 吨 =0.384 吨

总磷产生量=0.21 克/千克×400 吨 =0.084 吨

氨氮产生量=0.11 克/千克×400 吨 =0.044 吨

COD 产生量=−2.21 克/千克×400 吨 =−0.884 吨

污染排放量为：

总氮排放量=0.19 克/千克×400 吨 =0.076 吨

总磷排放量=0.07 克/千克×400 吨 =0.028 吨

氨氮排放量=0.01 克/千克×400 吨 =0.004 吨

COD 排放量=−0.12 克/千克×400 吨 =−0.048 吨

同理，将某区域（省、市、县、镇）池塘养殖草鱼增产量相加，并与该区域（省、市、县、镇）相应的池塘养殖草鱼产、排污系数相乘，就可得出该区域池塘养殖草鱼生产过程中一年的总氮、总磷、氨氮和 COD 产生量或排放量。

其他区域养殖水体、养殖模式、养殖品种可依此类推。

# 7　系数表

表 2-7-1　水产养殖业排污系数

| 省份 | 养殖水体 | 养殖模式 | 养殖种类 | 总氮/（克/千克） | 总磷/（克/千克） | 氨氮/（克/千克） | COD/（克/千克） |
|---|---|---|---|---|---|---|---|
| 安徽 | 淡水养殖 | 池塘养殖 | 鳊鱼 | 2.50 | 0.49 | 0.99 | 7.42 |
| 安徽 | 淡水养殖 | 池塘养殖 | 鳖 | 8.89 | 2.20 | 2.81 | 53.17 |
| 安徽 | 淡水养殖 | 池塘养殖 | 草鱼 | 2.50 | 0.49 | 0.99 | 7.42 |
| 安徽 | 淡水养殖 | 池塘养殖 | 淡水珍珠 | 0.76 | 0.10 | 0.09 | 2.22 |
| 安徽 | 淡水养殖 | 池塘养殖 | 短盖巨脂鲤 | 2.49 | 0.21 | 0.56 | 10.74 |
| 安徽 | 淡水养殖 | 池塘养殖 | 龟 | 8.89 | 2.20 | 2.81 | 53.17 |
| 安徽 | 淡水养殖 | 池塘养殖 | 鳜鱼 | 2.29 | 0.53 | 0.46 | 40.64 |
| 安徽 | 淡水养殖 | 池塘养殖 | 河蚌 | 0.76 | 0.10 | 0.09 | 2.22 |
| 安徽 | 淡水养殖 | 池塘养殖 | 河蟹 | 2.47 | 0.75 | 1.32 | 42.18 |
| 安徽 | 淡水养殖 | 池塘养殖 | 黄颡鱼 | 2.92 | 0.18 | 0.85 | 13.68 |
| 安徽 | 淡水养殖 | 池塘养殖 | 黄鳝 | 3.78 | 0.99 | 0.81 | 104.99 |
| 安徽 | 淡水养殖 | 池塘养殖 | 鮰鱼 | 2.90 | 1.55 | 2.48 | 4.63 |
| 安徽 | 淡水养殖 | 池塘养殖 | 鲫鱼 | 6.34 | 1.11 | 1.18 | 10.66 |

| 省份 | 养殖水体 | 养殖模式 | 养殖种类 | 总氮/（克/千克） | 总磷/（克/千克） | 氨氮/（克/千克） | COD/（克/千克） |
|---|---|---|---|---|---|---|---|
| 安徽 | 淡水养殖 | 池塘养殖 | 加州鲈 | 4.52 | 0.65 | 0.09 | 82.85 |
| 安徽 | 淡水养殖 | 池塘养殖 | 克氏原螯虾 | 0.87 | 0.29 | 0.61 | 1.69 |
| 安徽 | 淡水养殖 | 池塘养殖 | 鲤鱼 | 5.74 | 0.32 | 0.23 | 6.92 |
| 安徽 | 淡水养殖 | 池塘养殖 | 鲢鱼 | −1.23 | −1.11 | −0.02 | −1.48 |
| 安徽 | 淡水养殖 | 池塘养殖 | 鲈鱼 | 4.52 | 0.65 | 0.09 | 82.85 |
| 安徽 | 淡水养殖 | 池塘养殖 | 罗非鱼 | 3.11 | 0.68 | 2.97 | 55.90 |
| 安徽 | 淡水养殖 | 池塘养殖 | 罗氏沼虾 | 0.22 | 0.03 | 0.05 | 3.00 |
| 安徽 | 淡水养殖 | 池塘养殖 | 螺 | 0.76 | 0.10 | 0.09 | 2.22 |
| 安徽 | 淡水养殖 | 池塘养殖 | 鳗鲡 | 43.90 | 10.15 | 26.30 | 76.26 |
| 安徽 | 淡水养殖 | 池塘养殖 | 南美白对虾（淡） | 1.98 | 0.68 | 0.58 | 31.05 |
| 安徽 | 淡水养殖 | 池塘养殖 | 泥鳅 | 2.49 | 0.21 | 0.56 | 10.74 |
| 安徽 | 淡水养殖 | 池塘养殖 | 鲶鱼 | 0.41 | 0.06 | 0.10 | 1.55 |
| 安徽 | 淡水养殖 | 池塘养殖 | 其他 | 3.53 | 0.76 | 1.10 | 13.95 |
| 安徽 | 淡水养殖 | 池塘养殖 | 青虾 | 1.88 | 0.12 | 0.12 | 1.22 |
| 安徽 | 淡水养殖 | 池塘养殖 | 青蟹 | 1.72 | 0.11 | 1.62 | 15.85 |
| 安徽 | 淡水养殖 | 池塘养殖 | 青鱼 | 4.28 | 0.18 | 0.08 | 15.62 |
| 安徽 | 淡水养殖 | 池塘养殖 | 蛙 | 8.89 | 2.20 | 2.81 | 53.17 |
| 安徽 | 淡水养殖 | 池塘养殖 | 乌鳢 | 12.99 | 3.21 | 9.15 | 10.90 |
| 安徽 | 淡水养殖 | 池塘养殖 | 蚬 | 0.76 | 0.10 | 0.09 | 2.22 |
| 安徽 | 淡水养殖 | 池塘养殖 | 鲟鱼 | 6.78 | 5.32 | 4.06 | 56.70 |
| 安徽 | 淡水养殖 | 池塘养殖 | 鳙鱼 | −1.23 | −1.11 | −0.02 | −1.48 |
| 安徽 | 淡水养殖 | 池塘养殖 | 长吻鮠 | 2.49 | 0.21 | 0.56 | 10.74 |
| 安徽 | 淡水养殖 | 池塘养殖 | 鳟鱼 | 0.43 | 0.01 | 0.08 | 0.04 |
| 安徽 | 淡水养殖 | 工厂化养殖 | 鳖 | 8.89 | 2.20 | 2.81 | 53.17 |
| 安徽 | 淡水养殖 | 工厂化养殖 | 草鱼 | 2.50 | 0.49 | 0.99 | 7.42 |
| 安徽 | 淡水养殖 | 工厂化养殖 | 龟 | 8.89 | 2.20 | 2.81 | 53.17 |
| 安徽 | 淡水养殖 | 工厂化养殖 | 黄颡鱼 | 2.92 | 0.18 | 0.85 | 13.68 |
| 安徽 | 淡水养殖 | 工厂化养殖 | 加州鲈 | 4.52 | 0.65 | 0.09 | 82.85 |
| 安徽 | 淡水养殖 | 工厂化养殖 | 罗氏沼虾 | 0.22 | 0.03 | 0.05 | 3.00 |
| 安徽 | 淡水养殖 | 工厂化养殖 | 鳗鲡 | 43.90 | 10.15 | 26.30 | 76.26 |
| 安徽 | 淡水养殖 | 工厂化养殖 | 南美白对虾（淡） | 1.98 | 0.68 | 0.58 | 31.05 |
| 安徽 | 淡水养殖 | 工厂化养殖 | 青鱼 | 0.41 | 0.06 | 0.10 | 1.55 |
| 安徽 | 淡水养殖 | 工厂化养殖 | 鲟鱼 | 6.78 | 5.32 | 4.06 | 56.70 |
| 安徽 | 淡水养殖 | 网箱养殖 | 鳊鱼 | 2.04 | 0.95 | 1.60 | 7.72 |
| 安徽 | 淡水养殖 | 网箱养殖 | 草鱼 | 36.56 | 9.32 | 0.06 | 0.26 |
| 安徽 | 淡水养殖 | 网箱养殖 | 黄颡鱼 | 4.52 | 0.65 | 0.00 | 1.13 |
| 安徽 | 淡水养殖 | 网箱养殖 | 黄鳝 | 4.52 | 0.65 | 0.00 | 1.13 |
| 安徽 | 淡水养殖 | 网箱养殖 | 鲴鱼 | 39.17 | 8.64 | 0.03 | 0.09 |
| 安徽 | 淡水养殖 | 网箱养殖 | 鲫鱼 | 26.95 | 9.13 | 0.00 | 0.16 |
| 安徽 | 淡水养殖 | 网箱养殖 | 鲤鱼 | 10.35 | 4.99 | 0.07 | 0.13 |

| 省份 | 养殖水体 | 养殖模式 | 养殖种类 | 总氮/（克/千克） | 总磷/（克/千克） | 氨氮/（克/千克） | COD/（克/千克） |
|---|---|---|---|---|---|---|---|
| 安徽 | 淡水养殖 | 网箱养殖 | 鲢鱼 | −1.23 | −1.11 | −0.02 | −1.48 |
| 安徽 | 淡水养殖 | 网箱养殖 | 罗非鱼 | 18.13 | 5.61 | 12.21 | 9.39 |
| 安徽 | 淡水养殖 | 网箱养殖 | 泥鳅 | 2.28 | 0.53 | 1.60 | 0.40 |
| 安徽 | 淡水养殖 | 网箱养殖 | 鲶鱼 | 4.52 | 0.65 | 0.00 | 1.13 |
| 安徽 | 淡水养殖 | 网箱养殖 | 青鱼 | 4.52 | 0.65 | 0.00 | 1.13 |
| 安徽 | 淡水养殖 | 网箱养殖 | 乌鳢 | 4.52 | 0.65 | 0.00 | 1.13 |
| 安徽 | 淡水养殖 | 网箱养殖 | 鳙鱼 | −1.23 | −1.11 | −0.02 | −1.48 |
| 安徽 | 淡水养殖 | 围栏养殖 | 鳊鱼 | 2.04 | 0.95 | 1.60 | 7.72 |
| 安徽 | 淡水养殖 | 围栏养殖 | 鳖 | 8.89 | 2.20 | 2.81 | 53.17 |
| 安徽 | 淡水养殖 | 围栏养殖 | 草鱼 | 2.04 | 0.95 | 1.60 | 7.72 |
| 安徽 | 淡水养殖 | 围栏养殖 | 短盖巨脂鲤 | 10.35 | 4.99 | 0.07 | 0.13 |
| 安徽 | 淡水养殖 | 围栏养殖 | 龟 | 8.89 | 2.20 | 2.81 | 53.17 |
| 安徽 | 淡水养殖 | 围栏养殖 | 鳜鱼 | 4.52 | 0.65 | 0.00 | 1.13 |
| 安徽 | 淡水养殖 | 围栏养殖 | 河蚌 | 0.76 | 0.10 | 0.09 | 2.22 |
| 安徽 | 淡水养殖 | 围栏养殖 | 河蟹 | 9.04 | 4.52 | 0.92 | 30.80 |
| 安徽 | 淡水养殖 | 围栏养殖 | 黄颡鱼 | 4.52 | 0.65 | 0.00 | 1.13 |
| 安徽 | 淡水养殖 | 围栏养殖 | 黄鳝 | 4.52 | 0.65 | 0.00 | 1.13 |
| 安徽 | 淡水养殖 | 围栏养殖 | 鮰鱼 | 39.17 | 8.64 | 0.03 | 0.09 |
| 安徽 | 淡水养殖 | 围栏养殖 | 鲫鱼 | 26.95 | 9.13 | 0.00 | 0.16 |
| 安徽 | 淡水养殖 | 围栏养殖 | 克氏原螯虾 | 0.87 | 0.29 | 0.61 | 1.69 |
| 安徽 | 淡水养殖 | 围栏养殖 | 鲤鱼 | 2.28 | 0.53 | 1.60 | 0.40 |
| 安徽 | 淡水养殖 | 围栏养殖 | 鲢鱼 | −1.23 | −1.11 | −0.02 | −1.48 |
| 安徽 | 淡水养殖 | 围栏养殖 | 螺 | 0.76 | 0.10 | 0.09 | 2.22 |
| 安徽 | 淡水养殖 | 围栏养殖 | 泥鳅 | 2.28 | 0.53 | 1.60 | 0.40 |
| 安徽 | 淡水养殖 | 围栏养殖 | 鲶鱼 | 4.52 | 0.65 | 0.00 | 1.13 |
| 安徽 | 淡水养殖 | 围栏养殖 | 其他 | 4.10 | 1.84 | 1.06 | 25.41 |
| 安徽 | 淡水养殖 | 围栏养殖 | 青虾 | 0.94 | 0.34 | 0.49 | 3.96 |
| 安徽 | 淡水养殖 | 围栏养殖 | 青鱼 | 4.52 | 0.65 | 0.00 | 1.13 |
| 安徽 | 淡水养殖 | 围栏养殖 | 蛙 | 8.89 | 2.20 | 2.81 | 53.17 |
| 安徽 | 淡水养殖 | 围栏养殖 | 乌鳢 | 4.52 | 0.65 | 0.00 | 1.13 |
| 安徽 | 淡水养殖 | 围栏养殖 | 蚬 | 0.76 | 0.10 | 0.09 | 2.22 |
| 安徽 | 淡水养殖 | 围栏养殖 | 银鱼 | 2.73 | 1.30 | 0.66 | 15.19 |
| 安徽 | 淡水养殖 | 围栏养殖 | 鳙鱼 | −1.23 | −1.11 | −0.02 | −1.48 |
| 安徽 | 淡水养殖 | 滩涂养殖 | 草鱼 | 2.04 | 0.95 | 1.60 | 7.72 |
| 安徽 | 淡水养殖 | 滩涂养殖 | 鲫鱼 | 26.95 | 9.13 | 0.00 | 0.16 |
| 安徽 | 淡水养殖 | 滩涂养殖 | 克氏原螯虾 | 0.87 | 0.29 | 0.61 | 1.69 |
| 安徽 | 淡水养殖 | 滩涂养殖 | 鲤鱼 | 2.28 | 0.53 | 1.60 | 0.40 |
| 安徽 | 淡水养殖 | 滩涂养殖 | 鲢鱼 | −1.23 | −1.11 | −0.02 | −1.48 |
| 安徽 | 淡水养殖 | 滩涂养殖 | 泥鳅 | 10.35 | 4.99 | 0.07 | 0.13 |
| 安徽 | 淡水养殖 | 滩涂养殖 | 青鱼 | 4.52 | 0.65 | 0.00 | 1.13 |

| 省份 | 养殖水体 | 养殖模式 | 养殖种类 | 总氮/（克/千克） | 总磷/（克/千克） | 氨氮/（克/千克） | COD/（克/千克） |
|---|---|---|---|---|---|---|---|
| 安徽 | 淡水养殖 | 滩涂养殖 | 河蟹 | 2.47 | 0.75 | 1.32 | 42.18 |
| 安徽 | 淡水养殖 | 滩涂养殖 | 鳙鱼 | −1.23 | −1.11 | −0.02 | −1.48 |
| 安徽 | 淡水养殖 | 其他 | 鳊鱼 | 7.75 | 1.83 | 1.97 | 14.84 |
| 安徽 | 淡水养殖 | 其他 | 鳖 | 7.75 | 1.83 | 1.97 | 14.84 |
| 安徽 | 淡水养殖 | 其他 | 加州鲈 | 0.78 | 0.15 | 0.12 | 2.19 |
| 安徽 | 淡水养殖 | 其他 | 草鱼 | 7.75 | 1.83 | 1.97 | 14.84 |
| 安徽 | 淡水养殖 | 其他 | 淡水珍珠 | 0.74 | 0.16 | 0.07 | 2.18 |
| 安徽 | 淡水养殖 | 其他 | 短盖巨脂鲤 | 7.75 | 1.83 | 1.97 | 14.84 |
| 安徽 | 淡水养殖 | 其他 | 龟 | 7.75 | 1.83 | 1.97 | 14.84 |
| 安徽 | 淡水养殖 | 其他 | 鳜鱼 | 7.75 | 1.83 | 1.97 | 14.84 |
| 安徽 | 淡水养殖 | 其他 | 河蚌 | 0.74 | 0.16 | 0.07 | 2.18 |
| 安徽 | 淡水养殖 | 其他 | 河蟹 | 5.22 | 1.19 | 0.96 | 23.00 |
| 安徽 | 淡水养殖 | 其他 | 黄颡鱼 | 7.75 | 1.83 | 1.97 | 14.84 |
| 安徽 | 淡水养殖 | 其他 | 黄鳝 | 7.75 | 1.83 | 1.97 | 14.84 |
| 安徽 | 淡水养殖 | 其他 | 鮰鱼 | 7.75 | 1.83 | 1.97 | 14.84 |
| 安徽 | 淡水养殖 | 其他 | 鲫鱼 | 7.75 | 1.83 | 1.97 | 14.84 |
| 安徽 | 淡水养殖 | 其他 | 克氏原螯虾 | 0.87 | 0.29 | 0.61 | 1.69 |
| 安徽 | 淡水养殖 | 其他 | 鲤鱼 | 7.75 | 1.83 | 1.97 | 14.84 |
| 安徽 | 淡水养殖 | 其他 | 鲢鱼 | −1.23 | −1.11 | −0.02 | −1.48 |
| 安徽 | 淡水养殖 | 其他 | 罗非鱼 | 7.75 | 1.83 | 1.97 | 14.84 |
| 安徽 | 淡水养殖 | 其他 | 罗氏沼虾 | 5.22 | 1.19 | 0.96 | 23.00 |
| 安徽 | 淡水养殖 | 其他 | 螺 | 0.74 | 0.16 | 0.07 | 2.18 |
| 安徽 | 淡水养殖 | 其他 | 泥鳅 | 7.75 | 1.83 | 1.97 | 14.84 |
| 安徽 | 淡水养殖 | 其他 | 鲶鱼 | 7.75 | 1.83 | 1.97 | 14.84 |
| 安徽 | 淡水养殖 | 其他 | 其他 | 7.75 | 1.83 | 1.97 | 14.84 |
| 安徽 | 淡水养殖 | 其他 | 青虾 | 5.22 | 1.19 | 0.96 | 23.00 |
| 安徽 | 淡水养殖 | 其他 | 青鱼 | 7.75 | 1.83 | 1.97 | 14.84 |
| 安徽 | 淡水养殖 | 其他 | 蛙 | 7.75 | 1.83 | 1.97 | 14.84 |
| 安徽 | 淡水养殖 | 其他 | 乌鳢 | 7.75 | 1.83 | 1.97 | 14.84 |
| 安徽 | 淡水养殖 | 其他 | 蚬 | 0.74 | 0.16 | 0.07 | 2.18 |
| 安徽 | 淡水养殖 | 其他 | 鲟鱼 | 7.75 | 1.83 | 1.97 | 14.84 |
| 安徽 | 淡水养殖 | 其他 | 银鱼 | 7.75 | 1.83 | 1.97 | 14.84 |
| 安徽 | 淡水养殖 | 其他 | 鳙鱼 | −1.23 | −1.11 | −0.02 | −1.48 |
| 北京 | 淡水养殖 | 池塘养殖 | 鳊鱼 | 0.67 | 0.17 | −0.06 | 3.20 |
| 北京 | 淡水养殖 | 池塘养殖 | 鳖 | 8.89 | 2.20 | 2.81 | 53.17 |
| 北京 | 淡水养殖 | 池塘养殖 | 草鱼 | 2.50 | 0.49 | 0.99 | 7.42 |
| 北京 | 淡水养殖 | 池塘养殖 | 龟 | 8.89 | 2.20 | 2.81 | 53.17 |
| 北京 | 淡水养殖 | 池塘养殖 | 鲫鱼 | 6.34 | 1.11 | 1.18 | 10.66 |
| 北京 | 淡水养殖 | 池塘养殖 | 鲤鱼 | 5.74 | 0.32 | 0.23 | 6.92 |

| 省份 | 养殖水体 | 养殖模式 | 养殖种类 | 总氮/（克/千克） | 总磷/（克/千克） | 氨氮/（克/千克） | COD/（克/千克） |
|---|---|---|---|---|---|---|---|
| 北京 | 淡水养殖 | 池塘养殖 | 鲢鱼 | −1.23 | −1.11 | −0.02 | −1.48 |
| 北京 | 淡水养殖 | 池塘养殖 | 鲈鱼 | 4.52 | 0.65 | 0.09 | 82.85 |
| 北京 | 淡水养殖 | 池塘养殖 | 加州鲈 | 0.78 | 0.15 | 0.12 | 2.19 |
| 北京 | 淡水养殖 | 池塘养殖 | 乌鳢 | 1.31 | 0.56 | 0.79 | 1.51 |
| 北京 | 淡水养殖 | 池塘养殖 | 鮰鱼 | 2.90 | 1.55 | 2.48 | 4.63 |
| 北京 | 淡水养殖 | 池塘养殖 | 罗非鱼 | 2.47 | 0.11 | 0.34 | 8.28 |
| 北京 | 淡水养殖 | 池塘养殖 | 南美白对虾（淡） | 4.49 | 0.46 | 0.97 | 14.74 |
| 北京 | 淡水养殖 | 池塘养殖 | 鲶鱼 | 0.41 | 0.06 | 0.10 | 1.55 |
| 北京 | 淡水养殖 | 池塘养殖 | 其他 | 3.53 | 0.76 | 1.10 | 13.95 |
| 北京 | 淡水养殖 | 池塘养殖 | 青鱼 | 0.41 | 0.06 | 0.10 | 1.55 |
| 北京 | 淡水养殖 | 池塘养殖 | 鲟鱼 | 2.18 | 1.17 | 0.29 | 7.53 |
| 北京 | 淡水养殖 | 池塘养殖 | 鳙鱼 | −1.23 | −1.11 | −0.02 | −1.48 |
| 北京 | 淡水养殖 | 池塘养殖 | 鳟鱼 | 0.43 | 0.01 | 0.08 | 0.04 |
| 北京 | 淡水养殖 | 工厂化养殖 | 鮰鱼 | 4.01 | 0.17 | 0.16 | 4.85 |
| 北京 | 淡水养殖 | 工厂化养殖 | 罗非鱼 | 2.47 | 0.11 | 0.34 | 8.28 |
| 北京 | 淡水养殖 | 工厂化养殖 | 其他 | 7.28 | 2.67 | 3.41 | 20.40 |
| 北京 | 淡水养殖 | 工厂化养殖 | 鲟鱼 | 2.18 | 1.17 | 0.29 | 7.53 |
| 北京 | 淡水养殖 | 工厂化养殖 | 鳟鱼 | 0.43 | 0.01 | 0.08 | 0.04 |
| 北京 | 淡水养殖 | 其他 | 其他 | 7.75 | 1.83 | 1.97 | 14.84 |
| 兵团 | 淡水养殖 | 池塘养殖 | 鳊鱼 | 0.67 | 0.17 | −0.06 | 3.20 |
| 兵团 | 淡水养殖 | 池塘养殖 | 草鱼 | 2.50 | 0.49 | 0.99 | 7.42 |
| 兵团 | 淡水养殖 | 池塘养殖 | 鲑鱼 | 4.52 | 0.65 | 0.00 | 1.13 |
| 兵团 | 淡水养殖 | 池塘养殖 | 河蟹 | 7.32 | 4.53 | 6.54 | 32.01 |
| 兵团 | 淡水养殖 | 池塘养殖 | 黄颡鱼 | 2.92 | 0.18 | 0.85 | 13.68 |
| 兵团 | 淡水养殖 | 池塘养殖 | 鮰鱼 | 4.01 | 0.17 | 0.16 | 4.85 |
| 兵团 | 淡水养殖 | 池塘养殖 | 鲫鱼 | 6.34 | 1.11 | 1.18 | 10.66 |
| 兵团 | 淡水养殖 | 池塘养殖 | 加州鲈 | 4.52 | 0.65 | 0.09 | 82.85 |
| 兵团 | 淡水养殖 | 池塘养殖 | 鲤鱼 | 1.24 | 0.11 | 0.06 | 2.28 |
| 兵团 | 淡水养殖 | 池塘养殖 | 鲢鱼 | −1.23 | −1.11 | −0.02 | −1.48 |
| 兵团 | 淡水养殖 | 池塘养殖 | 罗非鱼 | 2.47 | 0.11 | 0.34 | 8.28 |
| 兵团 | 淡水养殖 | 池塘养殖 | 罗氏沼虾 | 0.22 | 0.03 | 0.05 | 3.00 |
| 兵团 | 淡水养殖 | 池塘养殖 | 南美白对虾（淡） | 4.49 | 0.46 | 0.97 | 14.74 |
| 兵团 | 淡水养殖 | 池塘养殖 | 泥鳅 | 1.24 | 0.11 | 0.06 | 2.28 |
| 兵团 | 淡水养殖 | 池塘养殖 | 鲶鱼 | 0.41 | 0.06 | 0.10 | 1.55 |
| 兵团 | 淡水养殖 | 池塘养殖 | 其他 | 3.53 | 0.76 | 1.10 | 13.95 |
| 兵团 | 淡水养殖 | 池塘养殖 | 青鱼 | 0.41 | 0.06 | 0.10 | 1.55 |
| 兵团 | 淡水养殖 | 池塘养殖 | 蛙 | 8.89 | 2.20 | 2.81 | 53.17 |
| 兵团 | 淡水养殖 | 池塘养殖 | 鲟鱼 | 2.18 | 1.17 | 0.29 | 7.53 |
| 兵团 | 淡水养殖 | 池塘养殖 | 鳙鱼 | −1.23 | −1.11 | −0.02 | −1.48 |

| 省份 | 养殖水体 | 养殖模式 | 养殖种类 | 总氮/（克/千克） | 总磷/（克/千克） | 氨氮/（克/千克） | COD/（克/千克） |
|---|---|---|---|---|---|---|---|
| 兵团 | 淡水养殖 | 池塘养殖 | 鳟鱼 | 0.43 | 0.01 | 0.08 | 0.04 |
| 兵团 | 淡水养殖 | 工厂化养殖 | 河蟹 | 9.04 | 4.52 | 0.92 | 30.80 |
| 兵团 | 淡水养殖 | 工厂化养殖 | 克氏原螯虾 | 2.89 | 2.54 | 1.38 | 13.76 |
| 兵团 | 淡水养殖 | 工厂化养殖 | 南美白对虾（淡） | 4.49 | 0.46 | 0.97 | 14.74 |
| 兵团 | 淡水养殖 | 工厂化养殖 | 鲟鱼 | 2.18 | 1.17 | 0.29 | 7.53 |
| 兵团 | 淡水养殖 | 工厂化养殖 | 鳟鱼 | 0.43 | 0.01 | 0.08 | 0.04 |
| 兵团 | 淡水养殖 | 其他 | 草鱼 | 7.75 | 1.83 | 1.97 | 14.84 |
| 兵团 | 淡水养殖 | 其他 | 河蟹 | 5.22 | 1.19 | 0.96 | 23.00 |
| 兵团 | 淡水养殖 | 其他 | 黄颡鱼 | 7.75 | 1.83 | 1.97 | 14.84 |
| 兵团 | 淡水养殖 | 其他 | 鲫鱼 | 7.75 | 1.83 | 1.97 | 14.84 |
| 兵团 | 淡水养殖 | 其他 | 鲤鱼 | 7.75 | 1.83 | 1.97 | 14.84 |
| 兵团 | 淡水养殖 | 其他 | 鲢鱼 | −1.23 | −1.11 | −0.02 | −1.48 |
| 兵团 | 淡水养殖 | 其他 | 罗氏沼虾 | 5.22 | 1.19 | 0.96 | 23.00 |
| 兵团 | 淡水养殖 | 其他 | 南美白对虾（淡） | 5.22 | 1.19 | 0.96 | 23.00 |
| 兵团 | 淡水养殖 | 其他 | 泥鳅 | 7.75 | 1.83 | 1.97 | 14.84 |
| 兵团 | 淡水养殖 | 其他 | 鲶鱼 | 7.75 | 1.83 | 1.97 | 14.84 |
| 兵团 | 淡水养殖 | 其他 | 其他 | 7.75 | 1.83 | 1.97 | 14.84 |
| 兵团 | 淡水养殖 | 其他 | 蛙 | 7.75 | 1.83 | 1.97 | 14.84 |
| 兵团 | 淡水养殖 | 其他 | 鲟鱼 | 7.75 | 1.83 | 1.97 | 14.84 |
| 兵团 | 淡水养殖 | 其他 | 鳙鱼 | −1.23 | −1.11 | −0.02 | −1.48 |
| 福建 | 海水养殖 | 池塘养殖 | 斑节对虾 | 0.27 | 0.07 | 0.01 | 2.62 |
| 福建 | 淡水养殖 | 池塘养殖 | 鳊鱼 | 1.20 | 0.45 | 0.34 | 9.96 |
| 福建 | 淡水养殖 | 池塘养殖 | 鳖 | 8.89 | 2.20 | 2.81 | 53.17 |
| 福建 | 淡水养殖 | 池塘养殖 | 草鱼 | 2.50 | 0.49 | 0.99 | 7.42 |
| 福建 | 海水养殖 | 池塘养殖 | 蛏 | −0.10 | −0.01 | 0.00 | −1.64 |
| 福建 | 海水养殖 | 池塘养殖 | 大黄鱼 | 3.00 | 0.51 | 0.89 | 15.86 |
| 福建 | 海水养殖 | 池塘养殖 | 鲷鱼 | 5.24 | 0.48 | 0.23 | 15.31 |
| 福建 | 海水养殖 | 池塘养殖 | 鲽鱼 | 2.92 | 0.49 | 0.13 | 13.93 |
| 福建 | 淡水养殖 | 池塘养殖 | 短盖巨脂鲤 | 2.49 | 0.21 | 0.56 | 10.74 |
| 福建 | 淡水养殖 | 池塘养殖 | 龟 | 8.89 | 2.20 | 2.81 | 53.17 |
| 福建 | 淡水养殖 | 池塘养殖 | 鳜鱼 | 2.57 | 1.56 | 0.17 | 0.10 |
| 福建 | 海水养殖 | 池塘养殖 | 蛤 | −0.10 | −0.01 | 0.00 | −1.64 |
| 福建 | 海水养殖 | 池塘养殖 | 海参 | 0.74 | 0.05 | 0.06 | −0.02 |
| 福建 | 海水养殖 | 池塘养殖 | 海蜇 | 3.49 | 0.19 | 0.54 | 2.76 |
| 福建 | 海水养殖 | 池塘养殖 | 蚶 | −0.10 | −0.01 | 0.00 | −1.64 |
| 福建 | 淡水养殖 | 池塘养殖 | 河蚌 | 0.76 | 0.10 | 0.09 | 2.22 |
| 福建 | 淡水养殖 | 池塘养殖 | 河豚 | 7.50 | 1.19 | 1.15 | 17.79 |
| 福建 | 淡水养殖 | 池塘养殖 | 河蟹 | 2.47 | 0.75 | 1.32 | 42.18 |
| 福建 | 淡水养殖 | 池塘养殖 | 黄颡鱼 | 2.92 | 0.18 | 0.85 | 13.68 |

| 省份 | 养殖水体 | 养殖模式 | 养殖种类 | 总氮/（克/千克） | 总磷/（克/千克） | 氨氮/（克/千克） | COD/（克/千克） |
|------|---------|---------|---------|------|------|------|------|
| 福建 | 淡水养殖 | 池塘养殖 | 黄鳝 | 3.78 | 0.99 | 0.81 | 104.99 |
| 福建 | 淡水养殖 | 池塘养殖 | 鲴鱼 | 4.84 | 0.72 | 2.26 | 16.16 |
| 福建 | 淡水养殖 | 池塘养殖 | 鲫鱼 | 6.34 | 1.11 | 1.18 | 10.66 |
| 福建 | 淡水养殖 | 池塘养殖 | 加州鲈 | 0.78 | 0.15 | 0.12 | 2.19 |
| 福建 | 淡水养殖 | 池塘养殖 | 克氏原螯虾 | 0.87 | 0.29 | 0.61 | 1.69 |
| 福建 | 淡水养殖 | 池塘养殖 | 鲤鱼 | 5.84 | 0.58 | 1.24 | 16.64 |
| 福建 | 淡水养殖 | 池塘养殖 | 鲢鱼 | -1.23 | -1.11 | -0.02 | -1.48 |
| 福建 | 淡水养殖 | 池塘养殖 | 鲈鱼 | 0.78 | 0.15 | 0.12 | 2.19 |
| 福建 | 淡水养殖 | 池塘养殖 | 罗非鱼 | 12.45 | 3.64 | 0.21 | 21.83 |
| 福建 | 淡水养殖 | 池塘养殖 | 罗氏沼虾 | 0.29 | 0.08 | 0.07 | 0.08 |
| 福建 | 淡水养殖 | 池塘养殖 | 螺 | 0.76 | 0.10 | 0.09 | 2.22 |
| 福建 | 淡水养殖 | 池塘养殖 | 鳗鲡 | 62.69 | 8.83 | 37.06 | 25.31 |
| 福建 | 海水养殖 | 池塘养殖 | 美国红鱼 | 2.92 | 0.49 | 0.13 | 13.93 |
| 福建 | 淡水养殖 | 池塘养殖 | 南美白对虾（淡） | 1.98 | 0.68 | 0.58 | 31.05 |
| 福建 | 海水养殖 | 池塘养殖 | 南美白对虾（海） | 1.98 | 0.68 | 0.58 | 31.05 |
| 福建 | 淡水养殖 | 池塘养殖 | 泥鳅 | 2.49 | 0.21 | 0.56 | 10.74 |
| 福建 | 淡水养殖 | 池塘养殖 | 鲶鱼 | 0.41 | 0.06 | 0.10 | 1.55 |
| 福建 | 海水养殖 | 池塘养殖 | 鲆鱼 | 2.92 | 0.49 | 0.13 | 13.93 |
| 福建 | 淡水养殖 | 池塘养殖 | 其他 | 3.53 | 0.76 | 1.10 | 13.95 |
| 福建 | 淡水养殖 | 池塘养殖 | 青虾 | 1.88 | 0.12 | 0.12 | 1.22 |
| 福建 | 海水养殖 | 池塘养殖 | 青蟹 | 1.72 | 0.11 | 1.62 | 15.85 |
| 福建 | 淡水养殖 | 池塘养殖 | 青鱼 | 0.41 | 0.06 | 0.10 | 1.55 |
| 福建 | 海水养殖 | 池塘养殖 | 日本对虾 | 0.27 | 0.07 | 0.01 | 2.62 |
| 福建 | 海水养殖 | 池塘养殖 | 石斑鱼 | 1.70 | 0.21 | 0.07 | 1.75 |
| 福建 | 海水养殖 | 池塘养殖 | 梭子蟹 | 5.60 | -0.17 | 2.95 | 31.66 |
| 福建 | 淡水养殖 | 池塘养殖 | 蛙 | 8.89 | 2.20 | 2.81 | 53.17 |
| 福建 | 淡水养殖 | 池塘养殖 | 乌鳢 | 1.31 | 0.56 | 0.79 | 1.51 |
| 福建 | 淡水养殖 | 池塘养殖 | 蚬 | 0.76 | 0.10 | 0.09 | 2.22 |
| 福建 | 淡水养殖 | 池塘养殖 | 鲟鱼 | 7.51 | 1.67 | 3.98 | 12.41 |
| 福建 | 海水养殖 | 池塘养殖 | 贻贝 | -0.17 | -0.01 | 0.00 | -7.24 |
| 福建 | 淡水养殖 | 池塘养殖 | 鳙鱼 | -1.23 | -1.11 | -0.02 | -1.48 |
| 福建 | 淡水养殖 | 池塘养殖 | 长吻鮠 | 2.49 | 0.21 | 0.56 | 10.74 |
| 福建 | 海水养殖 | 池塘养殖 | 中国对虾 | 0.27 | 0.07 | 0.01 | 2.62 |
| 福建 | 淡水养殖 | 池塘养殖 | 鳟鱼 | 0.43 | 0.01 | 0.08 | 0.04 |
| 福建 | 海水养殖 | 工厂化养殖 | 鲍 | 1.24 | -0.08 | 0.02 | -0.01 |
| 福建 | 淡水养殖 | 工厂化养殖 | 鳖 | 8.89 | 2.20 | 2.81 | 53.17 |
| 福建 | 淡水养殖 | 工厂化养殖 | 草鱼 | 0.19 | 0.07 | 0.01 | -0.12 |
| 福建 | 海水养殖 | 工厂化养殖 | 鲷鱼 | 5.87 | 0.50 | 1.18 | 0.55 |
| 福建 | 淡水养殖 | 工厂化养殖 | 龟 | 8.89 | 2.20 | 2.81 | 53.17 |
| 福建 | 海水养殖 | 工厂化养殖 | 蛤 | -0.10 | -0.01 | 0.00 | -1.64 |

| 省份 | 养殖水体 | 养殖模式 | 养殖种类 | 总氮/（克/千克） | 总磷/（克/千克） | 氨氮/（克/千克） | COD/（克/千克） |
|---|---|---|---|---|---|---|---|
| 福建 | 海水养殖 | 工厂化养殖 | 螺 | 0.76 | 0.10 | 0.09 | 2.22 |
| 福建 | 淡水养殖 | 工厂化养殖 | 鳗鲡 | 62.69 | 8.83 | 37.06 | 25.31 |
| 福建 | 海水养殖 | 工厂化养殖 | 美国红鱼 | 5.87 | 0.50 | 1.18 | 0.55 |
| 福建 | 海水养殖 | 工厂化养殖 | 南美白对虾（海） | 4.81 | 1.38 | 0.34 | 53.01 |
| 福建 | 海水养殖 | 工厂化养殖 | 鲆鱼 | 3.71 | 1.86 | 1.96 | 7.72 |
| 福建 | 淡水养殖 | 工厂化养殖 | 其他 | 7.28 | 2.67 | 3.41 | 20.40 |
| 福建 | 海水养殖 | 工厂化养殖 | 其他 | 7.28 | 2.67 | 3.41 | 20.40 |
| 福建 | 海水养殖 | 工厂化养殖 | 青蟹 | 1.72 | 0.11 | 1.62 | 15.85 |
| 福建 | 海水养殖 | 工厂化养殖 | 石斑鱼 | 5.87 | 0.50 | 1.18 | 0.55 |
| 福建 | 海水养殖 | 工厂化养殖 | 梭子蟹 | 5.60 | −0.17 | 2.95 | 31.66 |
| 福建 | 淡水养殖 | 工厂化养殖 | 蛙 | 8.89 | 2.20 | 2.81 | 53.17 |
| 福建 | 淡水养殖 | 工厂化养殖 | 鲟鱼 | 7.51 | 1.67 | 3.98 | 12.41 |
| 福建 | 淡水养殖 | 工厂化养殖 | 鳟鱼 | 0.43 | 0.01 | 0.08 | 0.04 |
| 福建 | 海水养殖 | 网箱养殖 | 鲍 | 1.24 | −0.08 | 0.02 | −0.01 |
| 福建 | 淡水养殖 | 网箱养殖 | 鳊鱼 | 16.79 | 3.29 | 0.12 | 0.18 |
| 福建 | 淡水养殖 | 网箱养殖 | 草鱼 | 16.79 | 3.29 | 0.12 | 0.18 |
| 福建 | 海水养殖 | 网箱养殖 | 蛏 | −0.10 | −0.01 | 0.00 | −1.64 |
| 福建 | 淡水养殖 | 网箱养殖 | 长吻鮠 | 1.24 | 0.11 | 0.06 | 2.28 |
| 福建 | 海水养殖 | 网箱养殖 | 大黄鱼 | 37.02 | 7.27 | 0.00 | −0.07 |
| 福建 | 海水养殖 | 网箱养殖 | 鲷鱼 | 17.59 | 1.43 | 0.04 | 0.46 |
| 福建 | 海水养殖 | 网箱养殖 | 鲽鱼 | 17.59 | 1.43 | 0.04 | 0.46 |
| 福建 | 淡水养殖 | 网箱养殖 | 鳜鱼 | 4.52 | 0.65 | 0.00 | 1.13 |
| 福建 | 海水养殖 | 网箱养殖 | 海参 | 1.30 | 0.20 | 0.01 | 0.17 |
| 福建 | 海水养殖 | 网箱养殖 | 河豚 | 48.68 | 5.63 | 0.09 | 13.36 |
| 福建 | 淡水养殖 | 网箱养殖 | 黄颡鱼 | 4.52 | 0.65 | 0.00 | 1.13 |
| 福建 | 淡水养殖 | 网箱养殖 | 鮰鱼 | 39.17 | 8.64 | 0.03 | 0.09 |
| 福建 | 淡水养殖 | 网箱养殖 | 鲫鱼 | 26.95 | 9.13 | 0.00 | 0.16 |
| 福建 | 淡水养殖 | 网箱养殖 | 加州鲈 | 68.03 | 16.26 | 0.95 | 39.64 |
| 福建 | 海水养殖 | 网箱养殖 | 军曹鱼 | 32.06 | 2.73 | 0.10 | 1.86 |
| 福建 | 淡水养殖 | 网箱养殖 | 鲤鱼 | 2.28 | 0.53 | 1.60 | 0.40 |
| 福建 | 淡水养殖 | 网箱养殖 | 鲢鱼 | −1.23 | −1.11 | −0.02 | −1.48 |
| 福建 | 海水养殖 | 网箱养殖 | 鲈鱼 | 68.03 | 16.26 | 0.95 | 39.64 |
| 福建 | 淡水养殖 | 网箱养殖 | 鲈鱼 | 68.03 | 16.26 | 0.95 | 39.64 |
| 福建 | 淡水养殖 | 网箱养殖 | 罗非鱼 | 18.13 | 5.61 | 12.21 | 9.39 |
| 福建 | 淡水养殖 | 网箱养殖 | 鳗鲡 | 4.52 | 0.65 | 0.00 | 1.13 |
| 福建 | 海水养殖 | 网箱养殖 | 美国红鱼 | 17.59 | 1.43 | 0.04 | 0.46 |
| 福建 | 海水养殖 | 网箱养殖 | 牡蛎 | −0.17 | −0.01 | 0.00 | −7.24 |
| 福建 | 海水养殖 | 网箱养殖 | 南美白对虾（海） | 2.47 | 0.91 | 1.16 | 17.05 |
| 福建 | 淡水养殖 | 网箱养殖 | 鲶鱼 | 4.52 | 0.65 | 0.00 | 1.13 |
| 福建 | 海水养殖 | 网箱养殖 | 鲆鱼 | 17.59 | 1.43 | 0.04 | 0.46 |

| 省份 | 养殖水体 | 养殖模式 | 养殖种类 | 总氮/（克/千克） | 总磷/（克/千克） | 氨氮/（克/千克） | COD/（克/千克） |
|---|---|---|---|---|---|---|---|
| 福建 | 淡水养殖 | 网箱养殖 | 其他 | 23.04 | 4.68 | 0.68 | 5.87 |
| 福建 | 海水养殖 | 网箱养殖 | 其他 | 23.04 | 4.68 | 0.68 | 5.87 |
| 福建 | 淡水养殖 | 网箱养殖 | 青鱼 | 4.52 | 0.65 | 0.00 | 1.13 |
| 福建 | 海水养殖 | 网箱养殖 | 扇贝 | −0.17 | −0.01 | 0.00 | −7.24 |
| 福建 | 海水养殖 | 网箱养殖 | 石斑鱼 | 17.59 | 1.43 | 0.04 | 0.46 |
| 福建 | 淡水养殖 | 网箱养殖 | 鲟鱼 | 4.52 | 0.65 | 0.00 | 1.13 |
| 福建 | 淡水养殖 | 网箱养殖 | 鳙鱼 | −1.23 | −1.11 | −0.02 | −1.48 |
| 福建 | 海水养殖 | 网箱养殖 | 鲕鱼 | 17.59 | 1.43 | 0.04 | 0.46 |
| 福建 | 海水养殖 | 围栏养殖 | 斑节对虾 | 0.27 | 0.07 | 0.01 | 2.62 |
| 福建 | 淡水养殖 | 围栏养殖 | 草鱼 | 16.79 | 3.29 | 0.12 | 0.18 |
| 福建 | 海水养殖 | 围栏养殖 | 大黄鱼 | 37.02 | 7.27 | 0.00 | −0.07 |
| 福建 | 海水养殖 | 围栏养殖 | 鲷鱼 | 17.59 | 1.43 | 0.04 | 0.46 |
| 福建 | 淡水养殖 | 围栏养殖 | 鳜鱼 | 4.52 | 0.65 | 0.00 | 1.13 |
| 福建 | 海水养殖 | 围栏养殖 | 南美白对虾（海） | 2.47 | 0.91 | 1.16 | 17.05 |
| 福建 | 海水养殖 | 围栏养殖 | 其他 | 4.10 | 1.84 | 1.06 | 25.41 |
| 福建 | 海水养殖 | 围栏养殖 | 青蟹 | 30.33 | 6.23 | 2.53 | 107.00 |
| 福建 | 淡水养殖 | 围栏养殖 | 鳙鱼 | −1.23 | −1.11 | −0.02 | −1.48 |
| 福建 | 海水养殖 | 浅海筏式 | 鲍 | 1.24 | −0.08 | 0.02 | −0.01 |
| 福建 | 海水养殖 | 浅海筏式 | 海参 | 1.30 | 0.20 | 0.01 | 0.17 |
| 福建 | 海水养殖 | 浅海筏式 | 牡蛎 | −0.17 | −0.01 | 0.00 | −7.24 |
| 福建 | 海水养殖 | 浅海筏式 | 南美白对虾（海） | 2.47 | 0.91 | 1.16 | 17.05 |
| 福建 | 海水养殖 | 浅海筏式 | 其他 | −0.17 | −0.01 | 0.00 | −7.24 |
| 福建 | 海水养殖 | 浅海筏式 | 扇贝 | −0.17 | −0.01 | 0.00 | −7.24 |
| 福建 | 海水养殖 | 浅海筏式 | 贻贝 | −0.17 | −0.01 | 0.00 | −7.24 |
| 福建 | 海水养殖 | 滩涂养殖 | 斑节对虾 | 0.27 | 0.07 | 0.01 | 2.62 |
| 福建 | 海水养殖 | 滩涂养殖 | 鲍 | 1.24 | −0.08 | 0.02 | −0.01 |
| 福建 | 海水养殖 | 滩涂养殖 | 蛏 | −0.10 | −0.01 | 0.00 | −1.64 |
| 福建 | 海水养殖 | 滩涂养殖 | 蛤 | −0.10 | −0.01 | 0.00 | −1.64 |
| 福建 | 海水养殖 | 滩涂养殖 | 蚶 | −0.10 | −0.01 | 0.00 | −1.64 |
| 福建 | 海水养殖 | 滩涂养殖 | 鲈鱼 | 68.03 | 16.26 | 0.95 | 39.64 |
| 福建 | 海水养殖 | 滩涂养殖 | 螺 | 0.76 | 0.10 | 0.09 | 2.22 |
| 福建 | 海水养殖 | 滩涂养殖 | 牡蛎 | −0.17 | −0.01 | 0.00 | −7.24 |
| 福建 | 海水养殖 | 滩涂养殖 | 南美白对虾（海） | 4.81 | 1.38 | 0.34 | 53.01 |
| 福建 | 海水养殖 | 滩涂养殖 | 其他 | −0.10 | −0.01 | 0.00 | −1.64 |
| 福建 | 海水养殖 | 滩涂养殖 | 青蟹 | 30.33 | 6.23 | 2.53 | 107.00 |
| 福建 | 海水养殖 | 滩涂养殖 | 日本对虾 | 0.27 | 0.07 | 0.01 | 2.62 |
| 福建 | 海水养殖 | 滩涂养殖 | 扇贝 | −0.17 | −0.01 | 0.00 | −7.24 |
| 福建 | 海水养殖 | 滩涂养殖 | 梭子蟹 | 30.33 | 6.23 | 2.53 | 107.00 |
| 福建 | 海水养殖 | 滩涂养殖 | 贻贝 | −0.17 | −0.01 | 0.00 | −7.24 |
| 福建 | 海水养殖 | 其他 | 斑节对虾 | 5.22 | 1.19 | 0.96 | 23.00 |

| 省份 | 养殖水体 | 养殖模式 | 养殖种类 | 总氮/（克/千克） | 总磷/（克/千克） | 氨氮/（克/千克） | COD/（克/千克） |
|---|---|---|---|---|---|---|---|
| 福建 | 海水养殖 | 其他 | 鲍 | 0.74 | 0.16 | 0.07 | 2.18 |
| 福建 | 淡水养殖 | 其他 | 鳊鱼 | 7.75 | 1.83 | 1.97 | 14.84 |
| 福建 | 淡水养殖 | 其他 | 鳖 | 7.75 | 1.83 | 1.97 | 14.84 |
| 福建 | 淡水养殖 | 其他 | 草鱼 | 7.75 | 1.83 | 1.97 | 14.84 |
| 福建 | 海水养殖 | 其他 | 蛏 | −0.10 | −0.01 | 0.00 | −1.64 |
| 福建 | 淡水养殖 | 其他 | 淡水珍珠 | 0.74 | 0.16 | 0.07 | 2.18 |
| 福建 | 淡水养殖 | 其他 | 短盖巨脂鲤 | 7.75 | 1.83 | 1.97 | 14.84 |
| 福建 | 淡水养殖 | 其他 | 鳜鱼 | 7.75 | 1.83 | 1.97 | 14.84 |
| 福建 | 海水养殖 | 其他 | 蛤 | −0.10 | −0.01 | 0.00 | −1.64 |
| 福建 | 海水养殖 | 其他 | 海参 | 10.94 | 1.74 | 0.34 | 8.78 |
| 福建 | 海水养殖 | 其他 | 海蜇 | 10.94 | 1.74 | 0.34 | 8.78 |
| 福建 | 淡水养殖 | 其他 | 河蚌 | 0.74 | 0.16 | 0.07 | 2.18 |
| 福建 | 淡水养殖 | 其他 | 河蟹 | 5.22 | 1.19 | 0.96 | 23.00 |
| 福建 | 淡水养殖 | 其他 | 黄颡鱼 | 7.75 | 1.83 | 1.97 | 14.84 |
| 福建 | 淡水养殖 | 其他 | 黄鳝 | 7.75 | 1.83 | 1.97 | 14.84 |
| 福建 | 淡水养殖 | 其他 | 鮰鱼 | 7.75 | 1.83 | 1.97 | 14.84 |
| 福建 | 淡水养殖 | 其他 | 鲫鱼 | 7.75 | 1.83 | 1.97 | 14.84 |
| 福建 | 淡水养殖 | 其他 | 加州鲈 | 7.75 | 1.83 | 1.97 | 14.84 |
| 福建 | 淡水养殖 | 其他 | 鲤鱼 | 7.75 | 1.83 | 1.97 | 14.84 |
| 福建 | 淡水养殖 | 其他 | 鲢鱼 | −1.23 | −1.11 | −0.02 | −1.48 |
| 福建 | 淡水养殖 | 其他 | 鲈鱼 | 10.94 | 1.74 | 0.34 | 8.78 |
| 福建 | 海水养殖 | 其他 | 鲈鱼 | 7.75 | 1.83 | 1.97 | 14.84 |
| 福建 | 淡水养殖 | 其他 | 罗非鱼 | 7.75 | 1.83 | 1.97 | 14.84 |
| 福建 | 淡水养殖 | 其他 | 罗氏沼虾 | 5.22 | 1.19 | 0.96 | 23.00 |
| 福建 | 海水养殖 | 其他 | 螺 | 0.74 | 0.16 | 0.07 | 2.18 |
| 福建 | 淡水养殖 | 其他 | 螺 | 0.74 | 0.16 | 0.07 | 2.18 |
| 福建 | 淡水养殖 | 其他 | 鳗鲡 | 7.75 | 1.83 | 1.97 | 14.84 |
| 福建 | 海水养殖 | 其他 | 牡蛎 | −0.17 | −0.01 | 0.00 | −7.24 |
| 福建 | 淡水养殖 | 其他 | 南美白对虾（淡） | 5.22 | 1.19 | 0.96 | 23.00 |
| 福建 | 海水养殖 | 其他 | 南美白对虾（海） | 3.14 | 0.54 | 0.54 | 19.26 |
| 福建 | 淡水养殖 | 其他 | 泥鳅 | 7.75 | 1.83 | 1.97 | 14.84 |
| 福建 | 淡水养殖 | 其他 | 鲶鱼 | 7.75 | 1.83 | 1.97 | 14.84 |
| 福建 | 淡水养殖 | 其他 | 其他 | 7.75 | 1.83 | 1.97 | 14.84 |
| 福建 | 海水养殖 | 其他 | 其他 | 10.94 | 1.74 | 0.34 | 8.78 |
| 福建 | 淡水养殖 | 其他 | 青虾 | 5.22 | 1.19 | 0.96 | 23.00 |
| 福建 | 淡水养殖 | 其他 | 青鱼 | 7.75 | 1.83 | 1.97 | 14.84 |
| 福建 | 海水养殖 | 其他 | 石斑鱼 | 10.94 | 1.74 | 0.34 | 8.78 |
| 福建 | 海水养殖 | 其他 | 梭子蟹 | 5.60 | −0.17 | 2.95 | 31.66 |
| 福建 | 淡水养殖 | 其他 | 蛙 | 7.75 | 1.83 | 1.97 | 14.84 |
| 福建 | 淡水养殖 | 其他 | 乌鳢 | 7.75 | 1.83 | 1.97 | 14.84 |

| 省份 | 养殖水体 | 养殖模式 | 养殖种类 | 总氮/（克/千克） | 总磷/（克/千克） | 氨氮/（克/千克） | COD/（克/千克） |
|---|---|---|---|---|---|---|---|
| 福建 | 淡水养殖 | 其他 | 蚬 | 0.74 | 0.16 | 0.07 | 2.18 |
| 福建 | 淡水养殖 | 其他 | 鲟鱼 | 7.75 | 1.83 | 1.97 | 14.84 |
| 福建 | 海水养殖 | 其他 | 贻贝 | −0.17 | −0.01 | 0.00 | −7.24 |
| 福建 | 淡水养殖 | 其他 | 鳙鱼 | −1.23 | −1.11 | −0.02 | −1.48 |
| 福建 | 淡水养殖 | 其他 | 长吻鮠 | 7.75 | 1.83 | 1.97 | 14.84 |
| 福建 | 淡水养殖 | 其他 | 鳟鱼 | 7.75 | 1.83 | 1.97 | 14.84 |
| 福建 | 淡水养殖 | 网箱养殖 | 长吻鮠 | 1.24 | 0.11 | 0.06 | 2.28 |
| 福建 | 海水养殖 | 池塘养殖 | 河豚 | 1.99 | 0.45 | 0.31 | 3.80 |
| 福建 | 淡水养殖 | 网箱养殖 | 石斑鱼 | 1.70 | 0.21 | 0.07 | 1.75 |
| 福建 | 海水养殖 | 围栏养殖 | 蛏 | −0.10 | −0.01 | 0.00 | −1.64 |
| 福建 | 海水养殖 | 池塘养殖 | 河豚 | 1.99 | 0.45 | 0.31 | 3.80 |
| 福建 | 淡水养殖 | 池塘养殖 | 鲈鱼 | 0.78 | 0.15 | 0.12 | 2.19 |
| 福建 | 淡水养殖 | 池塘养殖 | 石斑鱼 | 1.70 | 0.21 | 0.07 | 1.75 |
| 福建 | 海水养殖 | 池塘养殖 | 其他 | 3.53 | 0.76 | 1.10 | 13.95 |
| 福建 | 海水养殖 | 池塘养殖 | 螺 | 0.76 | 0.10 | 0.09 | 2.22 |
| 甘肃 | 淡水养殖 | 池塘养殖 | 鳊鱼 | 0.67 | 0.17 | −0.06 | 3.20 |
| 甘肃 | 淡水养殖 | 池塘养殖 | 草鱼 | 2.50 | 0.49 | 0.99 | 7.42 |
| 甘肃 | 淡水养殖 | 池塘养殖 | 鲑鱼 | 4.52 | 0.65 | 0.00 | 1.13 |
| 甘肃 | 淡水养殖 | 池塘养殖 | 河蟹 | 7.32 | 4.53 | 6.54 | 32.01 |
| 甘肃 | 淡水养殖 | 池塘养殖 | 黄颡鱼 | 2.92 | 0.18 | 0.85 | 13.68 |
| 甘肃 | 淡水养殖 | 池塘养殖 | 鮰鱼 | 4.01 | 0.17 | 0.16 | 4.85 |
| 甘肃 | 淡水养殖 | 池塘养殖 | 鲫鱼 | 6.34 | 1.11 | 1.18 | 10.66 |
| 甘肃 | 淡水养殖 | 池塘养殖 | 克氏原螯虾 | 2.89 | 2.54 | 1.38 | 13.76 |
| 甘肃 | 淡水养殖 | 池塘养殖 | 鲤鱼 | 5.74 | 0.32 | 0.23 | 6.92 |
| 甘肃 | 淡水养殖 | 池塘养殖 | 鲢鱼 | −1.23 | −1.11 | −0.02 | −1.48 |
| 甘肃 | 淡水养殖 | 池塘养殖 | 罗非鱼 | 2.47 | 0.11 | 0.34 | 8.28 |
| 甘肃 | 淡水养殖 | 池塘养殖 | 南美白对虾（淡） | 4.49 | 0.46 | 0.97 | 14.74 |
| 甘肃 | 淡水养殖 | 池塘养殖 | 泥鳅 | 1.24 | 0.11 | 0.06 | 2.28 |
| 甘肃 | 淡水养殖 | 池塘养殖 | 鲶鱼 | 0.41 | 0.06 | 0.10 | 1.55 |
| 甘肃 | 淡水养殖 | 池塘养殖 | 其他 | 3.53 | 0.76 | 1.10 | 13.95 |
| 甘肃 | 淡水养殖 | 池塘养殖 | 青鱼 | 0.41 | 0.06 | 0.10 | 1.55 |
| 甘肃 | 淡水养殖 | 池塘养殖 | 鲟鱼 | 2.18 | 1.17 | 0.29 | 7.53 |
| 甘肃 | 淡水养殖 | 池塘养殖 | 鳙鱼 | −1.23 | −1.11 | −0.02 | −1.48 |
| 甘肃 | 淡水养殖 | 池塘养殖 | 鳟鱼 | 0.43 | 0.01 | 0.08 | 0.04 |
| 甘肃 | 淡水养殖 | 工厂化养殖 | 鳖 | 8.89 | 2.20 | 2.81 | 53.17 |
| 甘肃 | 淡水养殖 | 工厂化养殖 | 鲑鱼 | 4.52 | 0.65 | 0.00 | 1.13 |
| 甘肃 | 淡水养殖 | 工厂化养殖 | 罗非鱼 | 2.47 | 0.11 | 0.34 | 8.28 |
| 甘肃 | 淡水养殖 | 工厂化养殖 | 其他 | 7.28 | 2.67 | 3.41 | 20.40 |
| 甘肃 | 淡水养殖 | 工厂化养殖 | 鲟鱼 | 2.18 | 1.17 | 0.29 | 7.53 |

| 省份 | 养殖水体 | 养殖模式 | 养殖种类 | 总氮/（克/千克） | 总磷/（克/千克） | 氨氮/（克/千克） | COD/（克/千克） |
|---|---|---|---|---|---|---|---|
| 甘肃 | 淡水养殖 | 工厂化养殖 | 鳟鱼 | 0.43 | 0.01 | 0.08 | 0.04 |
| 甘肃 | 淡水养殖 | 网箱养殖 | 鳊鱼 | 5.73 | 1.29 | 0.33 | 8.77 |
| 甘肃 | 淡水养殖 | 网箱养殖 | 鲑鱼 | 4.52 | 0.65 | 0.00 | 1.13 |
| 甘肃 | 淡水养殖 | 网箱养殖 | 加州鲈 | 68.03 | 16.26 | 0.95 | 39.64 |
| 甘肃 | 淡水养殖 | 网箱养殖 | 鲤鱼 | 10.35 | 4.99 | 0.07 | 0.13 |
| 甘肃 | 淡水养殖 | 网箱养殖 | 鲈鱼 | 68.03 | 16.26 | 0.95 | 39.64 |
| 甘肃 | 淡水养殖 | 网箱养殖 | 其他 | 23.04 | 4.68 | 0.68 | 5.87 |
| 甘肃 | 淡水养殖 | 网箱养殖 | 鲟鱼 | 4.52 | 0.65 | 0.00 | 1.13 |
| 甘肃 | 淡水养殖 | 网箱养殖 | 鳟鱼 | 3.67 | 0.71 | 0.18 | 0.46 |
| 甘肃 | 淡水养殖 | 其他 | 草鱼 | 7.75 | 1.83 | 1.97 | 14.84 |
| 甘肃 | 淡水养殖 | 其他 | 河蟹 | 5.22 | 1.19 | 0.96 | 23.00 |
| 甘肃 | 淡水养殖 | 其他 | 鲫鱼 | 7.75 | 1.83 | 1.97 | 14.84 |
| 甘肃 | 淡水养殖 | 其他 | 鲤鱼 | 7.75 | 1.83 | 1.97 | 14.84 |
| 甘肃 | 淡水养殖 | 其他 | 鲢鱼 | −1.23 | −1.11 | −0.02 | −1.48 |
| 甘肃 | 淡水养殖 | 其他 | 鲟鱼 | 7.75 | 1.83 | 1.97 | 14.84 |
| 甘肃 | 淡水养殖 | 其他 | 鳙鱼 | −1.23 | −1.11 | −0.02 | −1.48 |
| 甘肃 | 淡水养殖 | 其他 | 鳟鱼 | 7.75 | 1.83 | 1.97 | 14.84 |
| 甘肃 | 淡水养殖 | 其他 | 其他 | 7.75 | 1.83 | 1.97 | 14.84 |
| 广东 | 海水养殖 | 池塘养殖 | 斑节对虾 | 0.27 | 0.08 | 0.01 | 2.62 |
| 广东 | 淡水养殖 | 池塘养殖 | 鳊鱼 | 0.19 | 0.07 | 0.01 | −0.12 |
| 广东 | 淡水养殖 | 池塘养殖 | 鳖 | 8.89 | 2.20 | 2.81 | 53.17 |
| 广东 | 淡水养殖 | 池塘养殖 | 草鱼 | 0.19 | 0.07 | 0.01 | −0.12 |
| 广东 | 海水养殖 | 池塘养殖 | 蛏 | −0.10 | −0.01 | 0.00 | −1.64 |
| 广东 | 淡水养殖 | 池塘养殖 | 池沼公鱼 | 3.49 | 0.19 | 0.54 | 2.76 |
| 广东 | 海水养殖 | 池塘养殖 | 大黄鱼 | 3.00 | 0.51 | 0.89 | 15.86 |
| 广东 | 海水养殖 | 池塘养殖 | 鲷鱼 | 0.69 | 0.27 | 0.22 | 1.79 |
| 广东 | 淡水养殖 | 池塘养殖 | 短盖巨脂鲤 | 2.49 | 0.21 | 0.56 | 10.74 |
| 广东 | 淡水养殖 | 池塘养殖 | 龟 | 8.89 | 2.20 | 2.81 | 53.17 |
| 广东 | 淡水养殖 | 池塘养殖 | 鲑鱼 | 4.52 | 0.65 | 0.00 | 1.13 |
| 广东 | 淡水养殖 | 池塘养殖 | 鳜鱼 | 2.57 | 1.56 | 0.17 | 0.10 |
| 广东 | 海水养殖 | 池塘养殖 | 蛤 | −0.10 | −0.01 | 0.00 | −1.64 |
| 广东 | 淡水养殖 | 池塘养殖 | 河豚 | 7.50 | 1.19 | 1.15 | 17.79 |
| 广东 | 淡水养殖 | 池塘养殖 | 河蟹 | 2.47 | 0.75 | 1.32 | 42.18 |
| 广东 | 淡水养殖 | 池塘养殖 | 黄颡鱼 | 2.92 | 0.18 | 0.85 | 13.68 |
| 广东 | 淡水养殖 | 池塘养殖 | 黄鳝 | 3.78 | 0.99 | 0.81 | 104.99 |
| 广东 | 淡水养殖 | 池塘养殖 | 鮰鱼 | 4.84 | 0.72 | 2.26 | 16.16 |
| 广东 | 淡水养殖 | 池塘养殖 | 鲫鱼 | 6.34 | 1.11 | 1.18 | 10.66 |
| 广东 | 淡水养殖 | 池塘养殖 | 加州鲈 | 6.04 | 1.55 | 0.04 | 7.72 |
| 广东 | 淡水养殖 | 池塘养殖 | 鲤鱼 | 5.84 | 0.58 | 1.24 | 16.64 |

| 省份 | 养殖水体 | 养殖模式 | 养殖种类 | 总氮/（克/千克） | 总磷/（克/千克） | 氨氮/（克/千克） | COD/（克/千克） |
|---|---|---|---|---|---|---|---|
| 广东 | 淡水养殖 | 池塘养殖 | 鲢鱼 | -1.23 | -1.11 | -0.02 | -1.48 |
| 广东 | 淡水养殖 | 池塘养殖 | 鲈鱼 | 6.04 | 1.55 | 0.04 | 7.72 |
| 广东 | 淡水养殖 | 池塘养殖 | 罗非鱼 | 6.38 | 1.24 | 0.79 | 16.24 |
| 广东 | 淡水养殖 | 池塘养殖 | 罗氏沼虾 | 0.29 | 0.08 | 0.07 | 0.08 |
| 广东 | 淡水养殖 | 池塘养殖 | 螺 | 0.76 | 0.10 | 0.09 | 2.22 |
| 广东 | 淡水养殖 | 池塘养殖 | 鳗鲡 | 21.62 | 5.09 | 7.62 | 22.80 |
| 广东 | 海水养殖 | 池塘养殖 | 牡蛎 | -0.17 | -0.01 | 0.00 | -7.24 |
| 广东 | 淡水养殖 | 池塘养殖 | 南美白对虾（淡） | 1.98 | 0.68 | 0.58 | 31.05 |
| 广东 | 海水养殖 | 池塘养殖 | 南美白对虾（海） | 0.70 | 0.26 | 0.13 | 2.60 |
| 广东 | 淡水养殖 | 池塘养殖 | 泥鳅 | 2.49 | 0.21 | 0.56 | 10.74 |
| 广东 | 淡水养殖 | 池塘养殖 | 鲶鱼 | 0.41 | 0.06 | 0.10 | 1.55 |
| 广东 | 淡水养殖 | 池塘养殖 | 其他 | 3.53 | 0.76 | 1.10 | 13.95 |
| 广东 | 淡水养殖 | 池塘养殖 | 青虾 | 1.88 | 0.12 | 0.12 | 1.22 |
| 广东 | 海水养殖 | 池塘养殖 | 青蟹 | -3.62 | 0.30 | -1.88 | 4.56 |
| 广东 | 淡水养殖 | 池塘养殖 | 青鱼 | 0.41 | 0.06 | 0.10 | 1.55 |
| 广东 | 海水养殖 | 池塘养殖 | 日本对虾 | 0.27 | 0.07 | 0.01 | 2.62 |
| 广东 | 海水养殖 | 池塘养殖 | 扇贝 | -0.17 | -0.01 | 0.00 | -7.24 |
| 广东 | 海水养殖 | 池塘养殖 | 石斑鱼 | 1.70 | 0.21 | 0.07 | 1.75 |
| 广东 | 海水养殖 | 池塘养殖 | 梭子蟹 | 5.60 | -0.17 | 2.95 | 31.66 |
| 广东 | 淡水养殖 | 池塘养殖 | 蛙 | 8.89 | 2.20 | 2.81 | 53.17 |
| 广东 | 淡水养殖 | 池塘养殖 | 乌鳢 | 1.31 | 0.56 | 0.79 | 1.51 |
| 广东 | 淡水养殖 | 池塘养殖 | 蚬 | 0.76 | 0.10 | 0.09 | 2.22 |
| 广东 | 淡水养殖 | 池塘养殖 | 鲟鱼 | 7.51 | 1.67 | 3.98 | 12.41 |
| 广东 | 淡水养殖 | 池塘养殖 | 鳙鱼 | -1.23 | -1.11 | -0.02 | -1.48 |
| 广东 | 海水养殖 | 池塘养殖 | 鲫鱼 | 1.70 | 0.21 | 0.07 | 1.75 |
| 广东 | 淡水养殖 | 池塘养殖 | 长吻鮠 | 2.49 | 0.21 | 0.56 | 10.74 |
| 广东 | 海水养殖 | 池塘养殖 | 中国对虾 | 0.27 | 0.07 | 0.01 | 2.62 |
| 广东 | 淡水养殖 | 池塘养殖 | 鳟鱼 | 0.43 | 0.01 | 0.08 | 0.04 |
| 广东 | 淡水养殖 | 工厂化养殖 | 鳖 | 8.89 | 2.20 | 2.81 | 53.17 |
| 广东 | 淡水养殖 | 工厂化养殖 | 草鱼 | 0.19 | 0.07 | 0.01 | -0.12 |
| 广东 | 海水养殖 | 工厂化养殖 | 鲷鱼 | 0.69 | 0.27 | 0.22 | 1.79 |
| 广东 | 淡水养殖 | 工厂化养殖 | 龟 | 8.89 | 2.20 | 2.81 | 53.17 |
| 广东 | 淡水养殖 | 工厂化养殖 | 鲤鱼 | 2.49 | 0.21 | 0.56 | 10.74 |
| 广东 | 淡水养殖 | 工厂化养殖 | 南美白对虾（淡） | 2.47 | 0.91 | 1.16 | 17.05 |
| 广东 | 海水养殖 | 工厂化养殖 | 南美白对虾（海） | 2.47 | 0.91 | 1.16 | 17.05 |
| 广东 | 淡水养殖 | 工厂化养殖 | 鲶鱼 | 0.41 | 0.06 | 0.10 | 1.55 |
| 广东 | 海水养殖 | 工厂化养殖 | 其他 | 7.28 | 2.67 | 3.41 | 20.40 |
| 广东 | 淡水养殖 | 工厂化养殖 | 其他 | 7.28 | 2.67 | 3.41 | 20.40 |
| 广东 | 淡水养殖 | 工厂化养殖 | 青鱼 | 0.41 | 0.06 | 0.10 | 1.55 |
| 广东 | 海水养殖 | 工厂化养殖 | 石斑鱼 | 1.70 | 0.21 | 0.07 | 1.75 |

| 省份 | 养殖水体 | 养殖模式 | 养殖种类 | 总氮/（克/千克） | 总磷/（克/千克） | 氨氮/（克/千克） | COD/（克/千克） |
|---|---|---|---|---|---|---|---|
| 广东 | 淡水养殖 | 工厂化养殖 | 蛙 | 8.89 | 2.20 | 2.81 | 53.17 |
| 广东 | 淡水养殖 | 工厂化养殖 | 鲟鱼 | 7.51 | 1.67 | 3.98 | 12.41 |
| 广东 | 淡水养殖 | 工厂化养殖 | 长吻鮠 | 2.49 | 0.21 | 0.56 | 10.74 |
| 广东 | 淡水养殖 | 网箱养殖 | 鳊鱼 | 16.79 | 3.29 | 0.12 | 0.18 |
| 广东 | 淡水养殖 | 网箱养殖 | 草鱼 | 36.56 | 9.32 | 0.06 | 0.26 |
| 广东 | 海水养殖 | 网箱养殖 | 大黄鱼 | 37.02 | 7.27 | 0.00 | −0.07 |
| 广东 | 海水养殖 | 网箱养殖 | 鲷鱼 | 17.59 | 1.43 | 0.04 | 0.46 |
| 广东 | 海水养殖 | 网箱养殖 | 鲽鱼 | 17.59 | 1.43 | 0.04 | 0.46 |
| 广东 | 淡水养殖 | 网箱养殖 | 鳜鱼 | 4.52 | 0.65 | 0.00 | 1.13 |
| 广东 | 淡水养殖 | 网箱养殖 | 黄颡鱼 | 4.52 | 0.65 | 0.00 | 1.13 |
| 广东 | 淡水养殖 | 网箱养殖 | 鲴鱼 | 39.17 | 8.64 | 0.03 | 0.09 |
| 广东 | 海水养殖 | 网箱养殖 | 加州鲈 | 68.03 | 16.26 | 0.95 | 39.64 |
| 广东 | 淡水养殖 | 网箱养殖 | 加州鲈 | 68.03 | 16.26 | 0.95 | 39.64 |
| 广东 | 海水养殖 | 网箱养殖 | 军曹鱼 | 32.06 | 2.73 | 0.10 | 1.86 |
| 广东 | 淡水养殖 | 网箱养殖 | 鲢鱼 | −1.23 | −1.11 | −0.02 | −1.48 |
| 广东 | 海水养殖 | 网箱养殖 | 鲈鱼 | 68.03 | 16.26 | 0.95 | 39.64 |
| 广东 | 淡水养殖 | 网箱养殖 | 罗非鱼 | 18.13 | 5.61 | 12.21 | 9.39 |
| 广东 | 海水养殖 | 网箱养殖 | 美国红鱼 | 17.59 | 1.43 | 0.04 | 0.46 |
| 广东 | 海水养殖 | 网箱养殖 | 牡蛎 | −0.17 | −0.01 | 0.00 | −7.24 |
| 广东 | 海水养殖 | 网箱养殖 | 鲆鱼 | 17.59 | 1.43 | 0.04 | 0.46 |
| 广东 | 淡水养殖 | 网箱养殖 | 其他 | 23.04 | 4.68 | 0.68 | 5.87 |
| 广东 | 海水养殖 | 网箱养殖 | 其他 | 23.04 | 4.68 | 0.68 | 5.87 |
| 广东 | 淡水养殖 | 网箱养殖 | 青鱼 | 4.52 | 0.65 | 0.00 | 1.13 |
| 广东 | 海水养殖 | 网箱养殖 | 石斑鱼 | 17.59 | 1.43 | 0.04 | 0.46 |
| 广东 | 淡水养殖 | 网箱养殖 | 鲟鱼 | 4.52 | 0.65 | 0.00 | 1.13 |
| 广东 | 淡水养殖 | 网箱养殖 | 鳙鱼 | −1.23 | −1.11 | −0.02 | −1.48 |
| 广东 | 海水养殖 | 网箱养殖 | 鲥鱼 | 17.59 | 1.43 | 0.04 | 0.46 |
| 广东 | 淡水养殖 | 围栏养殖 | 黄鳝 | 4.52 | 0.65 | 0.00 | 1.13 |
| 广东 | 淡水养殖 | 围栏养殖 | 鲢鱼 | −1.23 | −1.11 | −0.02 | −1.48 |
| 广东 | 淡水养殖 | 围栏养殖 | 鲈鱼 | 68.03 | 16.26 | 0.95 | 39.64 |
| 广东 | 海水养殖 | 围栏养殖 | 牡蛎 | −0.17 | −0.01 | 0.00 | −7.24 |
| 广东 | 海水养殖 | 围栏养殖 | 南美白对虾（海） | 2.47 | 0.91 | 1.16 | 17.05 |
| 广东 | 淡水养殖 | 围栏养殖 | 鲶鱼 | 4.52 | 0.65 | 0.00 | 1.13 |
| 广东 | 淡水养殖 | 围栏养殖 | 鳙鱼 | −1.23 | −1.11 | −0.02 | −1.48 |
| 广东 | 海水养殖 | 浅海筏式 | 鲍 | 1.24 | −0.08 | 0.02 | −0.01 |
| 广东 | 海水养殖 | 浅海筏式 | 蛤 | −0.10 | −0.01 | 0.00 | −1.64 |
| 广东 | 海水养殖 | 浅海筏式 | 牡蛎 | −0.17 | −0.01 | 0.00 | −7.24 |
| 广东 | 海水养殖 | 浅海筏式 | 其他 | −0.17 | −0.01 | 0.00 | −7.24 |
| 广东 | 海水养殖 | 浅海筏式 | 扇贝 | −0.17 | −0.01 | 0.00 | −7.24 |
| 广东 | 海水养殖 | 浅海筏式 | 石斑鱼 | 17.59 | 1.43 | 0.04 | 0.46 |

| 省份 | 养殖水体 | 养殖模式 | 养殖种类 | 总氮/（克/千克） | 总磷/（克/千克） | 氨氮/（克/千克） | COD/（克/千克） |
|------|----------|----------|----------|------------------|------------------|------------------|------------------|
| 广东 | 海水养殖 | 浅海筏式 | 贻贝 | −0.17 | −0.01 | 0.00 | −7.24 |
| 广东 | 淡水养殖 | 滩涂养殖 | 草鱼 | 36.56 | 9.32 | 0.06 | 0.26 |
| 广东 | 海水养殖 | 滩涂养殖 | 大黄鱼 | 49.70 | 10.46 | 1.29 | 50.23 |
| 广东 | 海水养殖 | 滩涂养殖 | 蛤 | −0.10 | −0.01 | 0.00 | −1.64 |
| 广东 | 海水养殖 | 滩涂养殖 | 蚶 | −0.10 | −0.01 | 0.00 | −1.64 |
| 广东 | 海水养殖 | 滩涂养殖 | 鲈鱼 | 68.03 | 16.26 | 0.95 | 39.64 |
| 广东 | 海水养殖 | 滩涂养殖 | 螺 | 0.76 | 0.10 | 0.09 | 2.22 |
| 广东 | 海水养殖 | 滩涂养殖 | 牡蛎 | −0.17 | −0.01 | 0.00 | −7.24 |
| 广东 | 淡水养殖 | 滩涂养殖 | 南美白对虾（淡） | 1.98 | 0.68 | 0.58 | 31.05 |
| 广东 | 海水养殖 | 滩涂养殖 | 南美白对虾（海） | 0.70 | 0.26 | 0.13 | 2.60 |
| 广东 | 海水养殖 | 滩涂养殖 | 其他 | −0.10 | −0.01 | 0.00 | −1.64 |
| 广东 | 海水养殖 | 滩涂养殖 | 青蟹 | 30.33 | 6.23 | 2.53 | 107.00 |
| 广东 | 海水养殖 | 滩涂养殖 | 贻贝 | −0.17 | −0.01 | 0.00 | −7.24 |
| 广东 | 淡水养殖 | 其他 | 鳊鱼 | 7.75 | 1.83 | 1.97 | 14.84 |
| 广东 | 淡水养殖 | 其他 | 鳖 | 7.75 | 1.83 | 1.97 | 14.84 |
| 广东 | 淡水养殖 | 其他 | 草鱼 | 7.75 | 1.83 | 1.97 | 14.84 |
| 广东 | 海水养殖 | 其他 | 大黄鱼 | 10.94 | 1.74 | 0.34 | 8.78 |
| 广东 | 淡水养殖 | 其他 | 短盖巨脂鲤 | 7.75 | 1.83 | 1.97 | 14.84 |
| 广东 | 淡水养殖 | 其他 | 鳜鱼 | 7.75 | 1.83 | 1.97 | 14.84 |
| 广东 | 淡水养殖 | 其他 | 河蟹 | 5.22 | 1.19 | 0.96 | 23.00 |
| 广东 | 淡水养殖 | 其他 | 黄颡鱼 | 7.75 | 1.83 | 1.97 | 14.84 |
| 广东 | 淡水养殖 | 其他 | 鲴鱼 | 7.75 | 1.83 | 1.97 | 14.84 |
| 广东 | 淡水养殖 | 其他 | 鲫鱼 | 7.75 | 1.83 | 1.97 | 14.84 |
| 广东 | 淡水养殖 | 其他 | 加州鲈 | 7.75 | 1.83 | 1.97 | 14.84 |
| 广东 | 淡水养殖 | 其他 | 鲤鱼 | 7.75 | 1.83 | 1.97 | 14.84 |
| 广东 | 淡水养殖 | 其他 | 鲢鱼 | −1.23 | −1.11 | −0.02 | −1.48 |
| 广东 | 淡水养殖 | 其他 | 罗非鱼 | 7.75 | 1.83 | 1.97 | 14.84 |
| 广东 | 淡水养殖 | 其他 | 鳗鲡 | 7.75 | 1.83 | 1.97 | 14.84 |
| 广东 | 海水养殖 | 其他 | 南美白对虾（海） | 3.14 | 0.54 | 0.54 | 19.26 |
| 广东 | 淡水养殖 | 其他 | 泥鳅 | 9.42 | 1.41 | 0.34 | 9.32 |
| 广东 | 淡水养殖 | 其他 | 鲶鱼 | 9.42 | 1.41 | 0.34 | 9.32 |
| 广东 | 淡水养殖 | 其他 | 其他 | 10.94 | 1.74 | 0.34 | 8.78 |
| 广东 | 海水养殖 | 其他 | 其他 | 7.75 | 1.83 | 1.97 | 14.84 |
| 广东 | 淡水养殖 | 其他 | 青鱼 | 7.75 | 1.83 | 1.97 | 14.84 |
| 广东 | 淡水养殖 | 其他 | 蛙 | 7.75 | 1.83 | 1.97 | 14.84 |
| 广东 | 淡水养殖 | 其他 | 乌鳢 | 7.75 | 1.83 | 1.97 | 14.84 |
| 广东 | 淡水养殖 | 其他 | 鳙鱼 | −1.23 | −1.11 | −0.02 | −1.48 |
| 广东 | 淡水养殖 | 池塘养殖 | 青蟹 | −3.62 | 0.30 | −1.88 | 4.56 |
| 广东 | 淡水养殖 | 池塘养殖 | 银鱼 | 2.60 | 0.65 | −0.02 | 9.46 |
| 广东 | 海水养殖 | 池塘养殖 | 罗氏沼虾 | 0.22 | 0.03 | 0.05 | 3.00 |

| 省份 | 养殖水体 | 养殖模式 | 养殖种类 | 总氮/（克/千克） | 总磷/（克/千克） | 氨氮/（克/千克） | COD/（克/千克） |
|---|---|---|---|---|---|---|---|
| 广东 | 海水养殖 | 池塘养殖 | 鲈鱼 | 0.78 | 0.15 | 0.12 | 2.19 |
| 广东 | 海水养殖 | 池塘养殖 | 军曹鱼 | 0.78 | 0.15 | 0.12 | 2.19 |
| 广东 | 海水养殖 | 池塘养殖 | 美国红鱼 | 0.33 | 0.10 | 0.00 | 0.04 |
| 广东 | 海水养殖 | 池塘养殖 | 罗非鱼 | 1.12 | 0.20 | 0.33 | 8.43 |
| 广东 | 海水养殖 | 浅海筏式 | 江珧 | 0.76 | 0.10 | 0.09 | 2.22 |
| 广东 | 海水养殖 | 浅海筏式 | 海水珍珠 | 0.76 | 0.10 | 0.09 | 2.22 |
| 广东 | 海水养殖 | 池塘养殖 | 海参 | 0.74 | 0.05 | 0.06 | −0.02 |
| 广东 | 淡水养殖 | 其他 | 南美白对虾（淡） | 1.98 | 0.68 | 0.58 | 31.05 |
| 广东 | 海水养殖 | 池塘养殖 | 其他 | 3.53 | 0.76 | 1.10 | 13.95 |
| 广东 | 海水养殖 | 网箱养殖 | 南美白对虾（海） | 0.70 | 0.26 | 0.13 | 2.60 |
| 广东 | 淡水养殖 | 池塘养殖 | 石斑鱼 | 1.70 | 0.21 | 0.07 | 1.75 |
| 广东 | 淡水养殖 | 其他 | 龟 | 8.89 | 2.20 | 2.81 | 53.17 |
| 广东 | 淡水养殖 | 滩涂养殖 | 其他 | 3.53 | 0.76 | 1.10 | 13.95 |
| 广东 | 淡水养殖 | 滩涂养殖 | 鲢鱼 | −1.23 | −1.11 | −0.02 | −1.48 |
| 广东 | 淡水养殖 | 滩涂养殖 | 鲫鱼 | 0.69 | 0.22 | 0.29 | 7.44 |
| 广东 | 淡水养殖 | 滩涂养殖 | 鳙鱼 | −1.23 | −1.11 | −0.02 | −1.48 |
| 广东 | 海水养殖 | 网箱养殖 | 南美白对虾（海） | 0.70 | 0.26 | 0.13 | 2.60 |
| 广东 | 海水养殖 | 浅海筏式 | 南美白对虾（海） | 0.70 | 0.26 | 0.13 | 2.60 |
| 广东 | 海水养殖 | 其他 | 牡蛎 | −0.17 | −0.01 | 0.00 | −7.24 |
| 广东 | 海水养殖 | 其他 | 鲈鱼 | 0.78 | 0.15 | 0.12 | 2.19 |
| 广东 | 海水养殖 | 其他 | 斑节对虾 | 0.27 | 0.07 | 0.01 | 2.62 |
| 广东 | 海水养殖 | 其他 | 日本对虾 | 0.27 | 0.07 | 0.01 | 2.62 |
| 广东 | 海水养殖 | 围栏养殖 | 鲈鱼 | 0.78 | 0.15 | 0.12 | 2.19 |
| 广东 | 海水养殖 | 池塘养殖 | 海胆 | 1.95 | 0.24 | 1.53 | 14.46 |
| 广东 | 海水养殖 | 池塘养殖 | 海水珍珠 | 0.76 | 0.10 | 0.09 | 2.22 |
| 广东 | 淡水养殖 | 池塘养殖 | 河蚌 | 0.76 | 0.10 | 0.09 | 2.22 |
| 广东 | 海水养殖 | 池塘养殖 | 江珧 | 0.76 | 0.10 | 0.09 | 2.22 |
| 广东 | 海水养殖 | 池塘养殖 | 贻贝 | −0.17 | −0.01 | 0.00 | −7.24 |
| 广东 | 海水养殖 | 池塘养殖 | 鲽鱼 | 2.92 | 0.49 | 0.13 | 13.93 |
| 广东 | 海水养殖 | 池塘养殖 | 鲆鱼 | 0.47 | 0.04 | 0.01 | 1.40 |
| 广东 | 海水养殖 | 池塘养殖 | 螺 | 0.76 | 0.10 | 0.09 | 2.22 |
| 广东 | 淡水养殖 | 池塘养殖 | 淡水珍珠 | 0.76 | 0.10 | 0.09 | 2.22 |
| 广东 | 海水养殖 | 池塘养殖 | 蚶 | −0.10 | −0.01 | 0.00 | −1.64 |
| 广东 | 海水养殖 | 池塘养殖 | 鲍 | 2.51 | 0.96 | 0.07 | 8.12 |
| 广东 | 淡水养殖 | 滩涂养殖 | 青鱼 | 0.41 | 0.06 | 0.10 | 1.55 |
| 广东 | 淡水养殖 | 滩涂养殖 | 罗非鱼 | 1.12 | 0.20 | 0.33 | 8.43 |
| 广东 | 淡水养殖 | 滩涂养殖 | 鲤鱼 | 1.24 | 0.11 | 0.06 | 2.28 |
| 广东 | 海水养殖 | 滩涂养殖 | 军曹鱼 | 0.78 | 0.15 | 0.12 | 2.19 |
| 广东 | 海水养殖 | 浅海筏式 | 鲥鱼 | 1.70 | 0.21 | 0.07 | 1.75 |
| 广东 | 海水养殖 | 滩涂养殖 | 鲷鱼 | 0.33 | 0.10 | 0.00 | 0.04 |

| 省份 | 养殖水体 | 养殖模式 | 养殖种类 | 总氮/（克/千克） | 总磷/（克/千克） | 氨氮/（克/千克） | COD/（克/千克） |
|---|---|---|---|---|---|---|---|
| 广东 | 海水养殖 | 浅海筏式 | 斑节对虾 | 0.27 | 0.07 | 0.01 | 2.62 |
| 广东 | 海水养殖 | 网箱养殖 | 中国对虾 | 0.27 | 0.07 | 0.01 | 2.62 |
| 广东 | 淡水养殖 | 滩涂养殖 | 鲈鱼 | 0.78 | 0.15 | 0.12 | 2.19 |
| 广东 | 海水养殖 | 工厂化养殖 | 鲍 | 2.51 | 0.96 | 0.07 | 8.12 |
| 广东 | 海水养殖 | 池塘养殖 | 鲈鱼 | 0.78 | 0.15 | 0.12 | 2.19 |
| 广西 | 海水养殖 | 池塘养殖 | 斑节对虾 | 0.27 | 0.07 | 0.01 | 2.62 |
| 广西 | 淡水养殖 | 池塘养殖 | 鳊鱼 | 1.20 | 0.45 | 0.34 | 9.96 |
| 广西 | 淡水养殖 | 池塘养殖 | 鳖 | 8.89 | 2.20 | 2.81 | 53.17 |
| 广西 | 淡水养殖 | 池塘养殖 | 草鱼 | 2.50 | 0.49 | 0.99 | 7.42 |
| 广西 | 海水养殖 | 池塘养殖 | 鲷鱼 | 0.69 | 0.27 | 0.22 | 1.79 |
| 广西 | 淡水养殖 | 池塘养殖 | 短盖巨脂鲤 | 2.49 | 0.21 | 0.56 | 10.74 |
| 广西 | 淡水养殖 | 池塘养殖 | 龟 | 8.89 | 2.20 | 2.81 | 53.17 |
| 广西 | 淡水养殖 | 池塘养殖 | 鳜鱼 | 2.57 | 1.56 | 0.17 | 0.10 |
| 广西 | 淡水养殖 | 池塘养殖 | 河蚌 | 0.76 | 0.10 | 0.09 | 2.22 |
| 广西 | 淡水养殖 | 池塘养殖 | 河蟹 | 2.47 | 0.75 | 1.32 | 42.18 |
| 广西 | 淡水养殖 | 池塘养殖 | 黄颡鱼 | 2.92 | 0.18 | 0.85 | 13.68 |
| 广西 | 淡水养殖 | 池塘养殖 | 黄鳝 | 3.78 | 0.99 | 0.81 | 104.99 |
| 广西 | 淡水养殖 | 池塘养殖 | 鮰鱼 | 4.84 | 0.72 | 2.26 | 16.16 |
| 广西 | 淡水养殖 | 池塘养殖 | 鲫鱼 | 6.34 | 1.11 | 1.18 | 10.66 |
| 广西 | 淡水养殖 | 池塘养殖 | 克氏原螯虾 | 0.87 | 0.29 | 0.61 | 1.69 |
| 广西 | 淡水养殖 | 池塘养殖 | 鲤鱼 | 5.84 | 0.58 | 1.24 | 16.64 |
| 广西 | 淡水养殖 | 池塘养殖 | 鲢鱼 | −1.23 | −1.11 | −0.02 | −1.48 |
| 广西 | 淡水养殖 | 池塘养殖 | 鲈鱼 | 0.78 | 0.15 | 0.12 | 2.19 |
| 广西 | 淡水养殖 | 池塘养殖 | 罗非鱼 | 12.45 | 3.64 | 0.21 | 21.83 |
| 广西 | 淡水养殖 | 池塘养殖 | 罗氏沼虾 | 0.29 | 0.08 | 0.07 | 0.08 |
| 广西 | 淡水养殖 | 池塘养殖 | 螺 | 0.76 | 0.10 | 0.09 | 2.22 |
| 广西 | 淡水养殖 | 池塘养殖 | 南美白对虾（淡） | 1.98 | 0.68 | 0.58 | 31.05 |
| 广西 | 海水养殖 | 池塘养殖 | 南美白对虾（海） | 1.98 | 0.68 | 0.58 | 31.05 |
| 广西 | 淡水养殖 | 池塘养殖 | 泥鳅 | 2.49 | 0.21 | 0.56 | 10.74 |
| 广西 | 淡水养殖 | 池塘养殖 | 鲶鱼 | 0.41 | 0.06 | 0.10 | 1.55 |
| 广西 | 淡水养殖 | 池塘养殖 | 其他 | 3.53 | 0.76 | 1.10 | 13.95 |
| 广西 | 淡水养殖 | 池塘养殖 | 青虾 | 1.88 | 0.12 | 0.12 | 1.22 |
| 广西 | 海水养殖 | 池塘养殖 | 青蟹 | −3.62 | 0.30 | −1.88 | 4.56 |
| 广西 | 淡水养殖 | 池塘养殖 | 青鱼 | 0.41 | 0.06 | 0.10 | 1.55 |
| 广西 | 海水养殖 | 池塘养殖 | 日本对虾 | 0.27 | 0.07 | 0.01 | 2.62 |
| 广西 | 海水养殖 | 池塘养殖 | 石斑鱼 | 1.70 | 0.21 | 0.07 | 1.75 |
| 广西 | 淡水养殖 | 池塘养殖 | 蛙 | 8.89 | 2.20 | 2.81 | 53.17 |
| 广西 | 淡水养殖 | 池塘养殖 | 乌鳢 | 1.31 | 0.56 | 0.79 | 1.51 |
| 广西 | 淡水养殖 | 池塘养殖 | 蚬 | 0.76 | 0.10 | 0.09 | 2.22 |

| 省份 | 养殖水体 | 养殖模式 | 养殖种类 | 总氮/（克/千克） | 总磷/（克/千克） | 氨氮/（克/千克） | COD/（克/千克） |
|---|---|---|---|---|---|---|---|
| 广西 | 淡水养殖 | 池塘养殖 | 鲟鱼 | 7.51 | 1.67 | 3.98 | 12.41 |
| 广西 | 淡水养殖 | 池塘养殖 | 银鱼 | 3.49 | 0.19 | 0.54 | 2.76 |
| 广西 | 淡水养殖 | 池塘养殖 | 鳙鱼 | -1.23 | -1.11 | -0.02 | -1.48 |
| 广西 | 淡水养殖 | 池塘养殖 | 长吻鮠 | 2.49 | 0.21 | 0.56 | 10.74 |
| 广西 | 淡水养殖 | 工厂化养殖 | 草鱼 | 0.19 | 0.07 | 0.01 | -0.12 |
| 广西 | 淡水养殖 | 工厂化养殖 | 龟 | 8.89 | 2.20 | 2.81 | 53.17 |
| 广西 | 淡水养殖 | 工厂化养殖 | 鲴鱼 | 4.84 | 0.72 | 2.26 | 16.16 |
| 广西 | 淡水养殖 | 工厂化养殖 | 鲤鱼 | 2.49 | 0.21 | 0.56 | 10.74 |
| 广西 | 淡水养殖 | 工厂化养殖 | 鳗鲡 | 62.69 | 8.83 | 37.06 | 25.31 |
| 广西 | 淡水养殖 | 工厂化养殖 | 鲶鱼 | 0.41 | 0.06 | 0.10 | 1.55 |
| 广西 | 淡水养殖 | 工厂化养殖 | 蛙 | 8.89 | 2.20 | 2.81 | 53.17 |
| 广西 | 淡水养殖 | 工厂化养殖 | 鲟鱼 | 7.51 | 1.67 | 3.98 | 12.41 |
| 广西 | 淡水养殖 | 工厂化养殖 | 鳙鱼 | -1.23 | -1.11 | -0.02 | -1.48 |
| 广西 | 淡水养殖 | 网箱养殖 | 鳊鱼 | 36.56 | 9.32 | 0.06 | 0.26 |
| 广西 | 淡水养殖 | 网箱养殖 | 草鱼 | 36.56 | 9.32 | 0.06 | 0.26 |
| 广西 | 海水养殖 | 网箱养殖 | 鲷鱼 | 17.59 | 1.43 | 0.04 | 0.46 |
| 广西 | 淡水养殖 | 网箱养殖 | 鳜鱼 | 4.52 | 0.65 | 0.00 | 1.13 |
| 广西 | 淡水养殖 | 网箱养殖 | 黄颡鱼 | 4.52 | 0.65 | 0.00 | 1.13 |
| 广西 | 淡水养殖 | 网箱养殖 | 鲴鱼 | 39.17 | 8.64 | 0.03 | 0.09 |
| 广西 | 淡水养殖 | 网箱养殖 | 鲫鱼 | 26.95 | 9.13 | 0.00 | 0.16 |
| 广西 | 淡水养殖 | 网箱养殖 | 加州鲈 | 68.03 | 16.26 | 0.95 | 39.64 |
| 广西 | 淡水养殖 | 网箱养殖 | 鲤鱼 | 25.50 | 8.84 | 0.00 | 0.40 |
| 广西 | 淡水养殖 | 网箱养殖 | 鲢鱼 | -1.23 | -1.11 | -0.02 | -1.48 |
| 广西 | 海水养殖 | 网箱养殖 | 鲈鱼 | 68.03 | 16.26 | 0.95 | 39.64 |
| 广西 | 淡水养殖 | 网箱养殖 | 罗非鱼 | 18.13 | 5.61 | 12.21 | 9.39 |
| 广西 | 海水养殖 | 网箱养殖 | 美国红鱼 | 17.59 | 1.43 | 0.04 | 0.46 |
| 广西 | 淡水养殖 | 网箱养殖 | 鲶鱼 | 4.52 | 0.65 | 0.00 | 1.13 |
| 广西 | 淡水养殖 | 网箱养殖 | 其他 | 23.04 | 4.68 | 0.68 | 5.87 |
| 广西 | 海水养殖 | 网箱养殖 | 其他 | 23.04 | 4.68 | 0.68 | 5.87 |
| 广西 | 淡水养殖 | 网箱养殖 | 青鱼 | 4.52 | 0.65 | 0.00 | 1.13 |
| 广西 | 海水养殖 | 网箱养殖 | 石斑鱼 | 17.59 | 1.43 | 0.04 | 0.46 |
| 广西 | 淡水养殖 | 网箱养殖 | 鲟鱼 | 4.52 | 0.65 | 0.00 | 1.13 |
| 广西 | 淡水养殖 | 网箱养殖 | 鳙鱼 | -1.23 | -1.11 | -0.02 | -1.48 |
| 广西 | 淡水养殖 | 网箱养殖 | 长吻鮠 | 10.35 | 4.99 | 0.07 | 0.13 |
| 广西 | 淡水养殖 | 围栏养殖 | 鳊鱼 | 36.56 | 9.32 | 0.06 | 0.26 |
| 广西 | 淡水养殖 | 围栏养殖 | 草鱼 | 36.56 | 9.32 | 0.06 | 0.26 |
| 广西 | 淡水养殖 | 围栏养殖 | 鲫鱼 | 26.95 | 9.13 | 0.00 | 0.16 |
| 广西 | 淡水养殖 | 围栏养殖 | 鲤鱼 | 10.35 | 4.99 | 0.07 | 0.13 |
| 广西 | 淡水养殖 | 围栏养殖 | 鲢鱼 | -1.23 | -1.11 | -0.02 | -1.48 |
| 广西 | 淡水养殖 | 围栏养殖 | 罗非鱼 | 18.13 | 5.61 | 12.21 | 9.39 |

| 省份 | 养殖水体 | 养殖模式 | 养殖种类 | 总氮/（克/千克） | 总磷/（克/千克） | 氨氮/（克/千克） | COD/（克/千克） |
|------|----------|----------|----------|------------------|------------------|------------------|-----------------|
| 广西 | 淡水养殖 | 围栏养殖 | 鲶鱼 | 4.52 | 0.65 | 0.00 | 1.13 |
| 广西 | 淡水养殖 | 围栏养殖 | 青鱼 | 4.52 | 0.65 | 0.00 | 1.13 |
| 广西 | 淡水养殖 | 围栏养殖 | 鳙鱼 | −1.23 | −1.11 | −0.02 | −1.48 |
| 广西 | 海水养殖 | 浅海筏式 | 牡蛎 | −0.17 | −0.01 | 0.00 | −7.24 |
| 广西 | 海水养殖 | 滩涂养殖 | 蛤 | −0.10 | −0.01 | 0.00 | −1.64 |
| 广西 | 淡水养殖 | 滩涂养殖 | 螺 | 0.76 | 0.10 | 0.09 | 2.22 |
| 广西 | 海水养殖 | 滩涂养殖 | 螺 | 0.76 | 0.10 | 0.09 | 2.22 |
| 广西 | 海水养殖 | 滩涂养殖 | 牡蛎 | −0.17 | −0.01 | 0.00 | −7.24 |
| 广西 | 海水养殖 | 滩涂养殖 | 其他 | −0.10 | −0.01 | 0.00 | −1.64 |
| 广西 | 海水养殖 | 滩涂养殖 | 扇贝 | −0.17 | −0.01 | 0.00 | −7.24 |
| 广西 | 海水养殖 | 滩涂养殖 | 贻贝 | −0.17 | −0.01 | 0.00 | −7.24 |
| 广西 | 淡水养殖 | 其他 | 鳊鱼 | 7.75 | 1.83 | 1.97 | 14.84 |
| 广西 | 淡水养殖 | 其他 | 鳖 | 7.75 | 1.83 | 1.97 | 14.84 |
| 广西 | 淡水养殖 | 其他 | 草鱼 | 7.75 | 1.83 | 1.97 | 14.84 |
| 广西 | 淡水养殖 | 其他 | 短盖巨脂鲤 | 7.75 | 1.83 | 1.97 | 14.84 |
| 广西 | 淡水养殖 | 其他 | 龟 | 7.75 | 1.83 | 1.97 | 14.84 |
| 广西 | 淡水养殖 | 其他 | 鳜鱼 | 7.75 | 1.83 | 1.97 | 14.84 |
| 广西 | 海水养殖 | 其他 | 蛤 | −0.10 | −0.01 | 0.00 | −1.64 |
| 广西 | 海水养殖 | 其他 | 海水珍珠 | 0.74 | 0.16 | 0.07 | 2.18 |
| 广西 | 淡水养殖 | 其他 | 河蚌 | 0.74 | 0.16 | 0.07 | 2.18 |
| 广西 | 淡水养殖 | 其他 | 河蟹 | 5.22 | 1.19 | 0.96 | 23.00 |
| 广西 | 淡水养殖 | 其他 | 黄鳝 | 7.75 | 1.83 | 1.97 | 14.84 |
| 广西 | 淡水养殖 | 其他 | 鮰鱼 | 7.75 | 1.83 | 1.97 | 14.84 |
| 广西 | 淡水养殖 | 其他 | 鲫鱼 | 7.75 | 1.83 | 1.97 | 14.84 |
| 广西 | 淡水养殖 | 其他 | 克氏原螯虾 | 5.22 | 1.19 | 0.96 | 23.00 |
| 广西 | 淡水养殖 | 其他 | 鲤鱼 | 7.75 | 1.83 | 1.97 | 14.84 |
| 广西 | 淡水养殖 | 其他 | 鲢鱼 | −1.23 | −1.11 | −0.02 | −1.48 |
| 广西 | 淡水养殖 | 其他 | 罗非鱼 | 7.75 | 1.83 | 1.97 | 14.84 |
| 广西 | 淡水养殖 | 其他 | 罗氏沼虾 | 5.22 | 1.19 | 0.96 | 23.00 |
| 广西 | 淡水养殖 | 其他 | 螺 | 0.74 | 0.16 | 0.07 | 2.18 |
| 广西 | 淡水养殖 | 其他 | 南美白对虾（淡） | 5.22 | 1.19 | 0.96 | 23.00 |
| 广西 | 淡水养殖 | 其他 | 泥鳅 | 7.75 | 1.83 | 1.97 | 14.84 |
| 广西 | 淡水养殖 | 其他 | 鲶鱼 | 7.75 | 1.83 | 1.97 | 14.84 |
| 广西 | 淡水养殖 | 其他 | 其他 | 10.94 | 1.74 | 0.34 | 8.78 |
| 广西 | 海水养殖 | 其他 | 其他 | 7.75 | 1.83 | 1.97 | 14.84 |
| 广西 | 淡水养殖 | 其他 | 青虾 | 5.22 | 1.19 | 0.96 | 23.00 |
| 广西 | 淡水养殖 | 其他 | 青鱼 | 7.75 | 1.83 | 1.97 | 14.84 |
| 广西 | 淡水养殖 | 其他 | 蛙 | 7.75 | 1.83 | 1.97 | 14.84 |
| 广西 | 淡水养殖 | 其他 | 乌鳢 | 7.75 | 1.83 | 1.97 | 14.84 |
| 广西 | 淡水养殖 | 其他 | 蚬 | 0.74 | 0.16 | 0.07 | 2.18 |

| 省份 | 养殖水体 | 养殖模式 | 养殖种类 | 总氮/（克/千克） | 总磷/（克/千克） | 氨氮/（克/千克） | COD/（克/千克） |
|---|---|---|---|---|---|---|---|
| 广西 | 淡水养殖 | 其他 | 鳙鱼 | −1.23 | −1.11 | −0.02 | −1.48 |
| 广西 | 淡水养殖 | 其他 | 黄颡鱼 | 2.92 | 0.18 | 0.85 | 13.68 |
| 广西 | 海水养殖 | 池塘养殖 | 美国红鱼 | 0.33 | 0.10 | 0.00 | 0.04 |
| 广西 | 海水养殖 | 池塘养殖 | 鲈鱼 | 0.78 | 0.15 | 0.12 | 2.19 |
| 广西 | 海水养殖 | 滩涂养殖 | 蚶 | −0.10 | −0.01 | 0.00 | −1.64 |
| | | | | | | | |
| 贵州 | 淡水养殖 | 池塘养殖 | 鳊鱼 | 0.82 | 0.08 | 0.52 | 9.02 |
| 贵州 | 淡水养殖 | 池塘养殖 | 鳖 | 8.89 | 2.20 | 2.81 | 53.17 |
| 贵州 | 淡水养殖 | 池塘养殖 | 草鱼 | 2.50 | 0.49 | 0.99 | 7.42 |
| 贵州 | 淡水养殖 | 池塘养殖 | 鲑鱼 | 4.52 | 0.65 | 0.00 | 1.13 |
| 贵州 | 淡水养殖 | 池塘养殖 | 鳜鱼 | 2.57 | 1.56 | 0.17 | 0.10 |
| 贵州 | 淡水养殖 | 池塘养殖 | 河蚌 | 2.22 | 0.25 | 0.19 | 4.63 |
| 贵州 | 淡水养殖 | 池塘养殖 | 河蟹 | 9.04 | 4.52 | 0.92 | 30.80 |
| 贵州 | 淡水养殖 | 池塘养殖 | 黄颡鱼 | 2.92 | 0.18 | 0.85 | 13.68 |
| 贵州 | 淡水养殖 | 池塘养殖 | 黄鳝 | 3.78 | 0.99 | 0.81 | 104.99 |
| 贵州 | 淡水养殖 | 池塘养殖 | 鮰鱼 | 4.84 | 0.72 | 2.26 | 16.16 |
| 贵州 | 淡水养殖 | 池塘养殖 | 鲫鱼 | 6.34 | 1.11 | 1.18 | 10.66 |
| 贵州 | 淡水养殖 | 池塘养殖 | 加州鲈 | 1.44 | 0.58 | 0.33 | 6.95 |
| 贵州 | 淡水养殖 | 池塘养殖 | 克氏原螯虾 | 2.89 | 2.54 | 1.38 | 13.76 |
| 贵州 | 淡水养殖 | 池塘养殖 | 鲤鱼 | 5.84 | 0.58 | 1.24 | 16.64 |
| 贵州 | 淡水养殖 | 池塘养殖 | 鲢鱼 | −1.23 | −1.11 | −0.02 | −1.48 |
| 贵州 | 淡水养殖 | 池塘养殖 | 鲈鱼 | 1.44 | 0.58 | 0.33 | 6.95 |
| 贵州 | 淡水养殖 | 池塘养殖 | 罗非鱼 | 1.12 | 0.20 | 0.33 | 8.43 |
| 贵州 | 淡水养殖 | 池塘养殖 | 罗氏沼虾 | 0.29 | 0.08 | 0.07 | 0.08 |
| 贵州 | 淡水养殖 | 池塘养殖 | 螺 | 2.22 | 0.25 | 0.19 | 4.63 |
| 贵州 | 淡水养殖 | 池塘养殖 | 南美白对虾（淡） | 1.98 | 0.68 | 0.58 | 31.05 |
| 贵州 | 淡水养殖 | 池塘养殖 | 泥鳅 | 2.49 | 0.21 | 0.56 | 10.74 |
| 贵州 | 淡水养殖 | 池塘养殖 | 鲶鱼 | 0.41 | 0.06 | 0.10 | 1.55 |
| 贵州 | 淡水养殖 | 池塘养殖 | 其他 | 3.53 | 0.76 | 1.10 | 13.95 |
| 贵州 | 淡水养殖 | 池塘养殖 | 青虾 | 0.94 | 0.34 | 0.49 | 3.96 |
| 贵州 | 淡水养殖 | 池塘养殖 | 青鱼 | 0.41 | 0.06 | 0.10 | 1.55 |
| 贵州 | 淡水养殖 | 池塘养殖 | 蛙 | 8.89 | 2.20 | 2.81 | 53.17 |
| 贵州 | 淡水养殖 | 池塘养殖 | 乌鳢 | 1.31 | 0.56 | 0.79 | 1.51 |
| 贵州 | 淡水养殖 | 池塘养殖 | 鲟鱼 | 7.51 | 1.67 | 3.98 | 12.41 |
| 贵州 | 淡水养殖 | 池塘养殖 | 鳙鱼 | −1.23 | −1.11 | −0.02 | −1.48 |
| 贵州 | 淡水养殖 | 池塘养殖 | 长吻鮠 | 2.49 | 0.21 | 0.56 | 10.74 |
| 贵州 | 淡水养殖 | 池塘养殖 | 鳟鱼 | 0.43 | 0.01 | 0.08 | 0.04 |
| 贵州 | 淡水养殖 | 工厂化养殖 | 鲑鱼 | 4.52 | 0.65 | 0.00 | 1.13 |
| 贵州 | 淡水养殖 | 工厂化养殖 | 鲈鱼 | 1.44 | 0.58 | 0.33 | 6.95 |
| 贵州 | 淡水养殖 | 工厂化养殖 | 其他 | 7.28 | 2.67 | 3.41 | 20.40 |

| 省份 | 养殖水体 | 养殖模式 | 养殖种类 | 总氮/（克/千克） | 总磷/（克/千克） | 氨氮/（克/千克） | COD/（克/千克） |
|---|---|---|---|---|---|---|---|
| 贵州 | 淡水养殖 | 工厂化养殖 | 蛙 | 8.89 | 2.20 | 2.81 | 53.17 |
| 贵州 | 淡水养殖 | 工厂化养殖 | 鲟鱼 | 7.51 | 1.67 | 3.98 | 12.41 |
| 贵州 | 淡水养殖 | 工厂化养殖 | 鳟鱼 | 0.43 | 0.01 | 0.08 | 0.04 |
| 贵州 | 淡水养殖 | 网箱养殖 | 鳊鱼 | 36.56 | 9.32 | 0.06 | 0.26 |
| 贵州 | 淡水养殖 | 网箱养殖 | 草鱼 | 36.56 | 9.32 | 0.06 | 0.26 |
| 贵州 | 淡水养殖 | 网箱养殖 | 鳜鱼 | 4.52 | 0.65 | 0.00 | 1.13 |
| 贵州 | 淡水养殖 | 网箱养殖 | 黄颡鱼 | 4.52 | 0.65 | 0.00 | 1.13 |
| 贵州 | 淡水养殖 | 网箱养殖 | 黄鳝 | 4.52 | 0.65 | 0.00 | 1.13 |
| 贵州 | 淡水养殖 | 网箱养殖 | 鮰鱼 | 39.17 | 8.64 | 0.03 | 0.09 |
| 贵州 | 淡水养殖 | 网箱养殖 | 鲫鱼 | 26.95 | 9.13 | 0.00 | 0.16 |
| 贵州 | 淡水养殖 | 网箱养殖 | 加州鲈 | 68.03 | 16.26 | 0.95 | 39.64 |
| 贵州 | 淡水养殖 | 网箱养殖 | 鲤鱼 | 2.28 | 0.53 | 1.60 | 0.40 |
| 贵州 | 淡水养殖 | 网箱养殖 | 鲢鱼 | −1.23 | −1.11 | −0.02 | −1.48 |
| 贵州 | 淡水养殖 | 网箱养殖 | 鲈鱼 | 68.03 | 16.26 | 0.95 | 39.64 |
| 贵州 | 淡水养殖 | 网箱养殖 | 罗非鱼 | 18.13 | 5.61 | 12.21 | 9.39 |
| 贵州 | 淡水养殖 | 网箱养殖 | 鲶鱼 | 4.52 | 0.65 | 0.00 | 1.13 |
| 贵州 | 淡水养殖 | 网箱养殖 | 其他 | 23.04 | 4.68 | 0.68 | 5.87 |
| 贵州 | 淡水养殖 | 网箱养殖 | 青鱼 | 4.52 | 0.65 | 0.00 | 1.13 |
| 贵州 | 淡水养殖 | 网箱养殖 | 鲟鱼 | 4.52 | 0.65 | 0.00 | 1.13 |
| 贵州 | 淡水养殖 | 网箱养殖 | 鳙鱼 | −1.23 | −1.11 | −0.02 | −1.48 |
| 贵州 | 淡水养殖 | 网箱养殖 | 长吻鮠 | 10.35 | 4.99 | 0.07 | 0.13 |
| 贵州 | 淡水养殖 | 围栏养殖 | 草鱼 | 36.56 | 9.32 | 0.06 | 0.26 |
| 贵州 | 淡水养殖 | 围栏养殖 | 鲫鱼 | 26.95 | 9.13 | 0.00 | 0.16 |
| 贵州 | 淡水养殖 | 围栏养殖 | 鲤鱼 | 10.35 | 4.99 | 0.07 | 0.13 |
| 贵州 | 淡水养殖 | 围栏养殖 | 鲢鱼 | −1.23 | −1.11 | −0.02 | −1.48 |
| 贵州 | 淡水养殖 | 围栏养殖 | 鳙鱼 | −1.23 | −1.11 | −0.02 | −1.48 |
| 贵州 | 淡水养殖 | 滩涂养殖 | 草鱼 | 36.56 | 9.32 | 0.06 | 0.26 |
| 贵州 | 淡水养殖 | 滩涂养殖 | 黄颡鱼 | 4.52 | 0.65 | 0.00 | 1.13 |
| 贵州 | 淡水养殖 | 滩涂养殖 | 鲫鱼 | 26.95 | 9.13 | 0.00 | 0.16 |
| 贵州 | 淡水养殖 | 滩涂养殖 | 鲤鱼 | 10.35 | 4.99 | 0.07 | 0.13 |
| 贵州 | 淡水养殖 | 滩涂养殖 | 鲢鱼 | −1.23 | −1.11 | −0.02 | −1.48 |
| 贵州 | 淡水养殖 | 滩涂养殖 | 青鱼 | 4.52 | 0.65 | 0.00 | 1.13 |
| 贵州 | 淡水养殖 | 滩涂养殖 | 鳙鱼 | −1.23 | −1.11 | −0.02 | −1.48 |
| 贵州 | 淡水养殖 | 其他 | 鳊鱼 | 7.75 | 1.83 | 1.97 | 14.84 |
| 贵州 | 淡水养殖 | 其他 | 草鱼 | 7.75 | 1.83 | 1.97 | 14.84 |
| 贵州 | 淡水养殖 | 其他 | 鲑鱼 | 7.75 | 1.83 | 1.97 | 14.84 |
| 贵州 | 淡水养殖 | 其他 | 河蚌 | 0.74 | 0.16 | 0.07 | 2.18 |
| 贵州 | 淡水养殖 | 其他 | 河蟹 | 5.22 | 1.19 | 0.96 | 23.00 |
| 贵州 | 淡水养殖 | 其他 | 黄颡鱼 | 7.75 | 1.83 | 1.97 | 14.84 |
| 贵州 | 淡水养殖 | 其他 | 黄鳝 | 7.75 | 1.83 | 1.97 | 14.84 |

| 省份 | 养殖水体 | 养殖模式 | 养殖种类 | 总氮/（克/千克） | 总磷/（克/千克） | 氨氮/（克/千克） | COD/（克/千克） |
|---|---|---|---|---|---|---|---|
| 贵州 | 淡水养殖 | 其他 | 鮰鱼 | 7.75 | 1.83 | 1.97 | 14.84 |
| 贵州 | 淡水养殖 | 其他 | 鲫鱼 | 7.75 | 1.83 | 1.97 | 14.84 |
| 贵州 | 淡水养殖 | 其他 | 克氏原螯虾 | 5.22 | 1.19 | 0.96 | 23.00 |
| 贵州 | 淡水养殖 | 其他 | 鲤鱼 | 7.75 | 1.83 | 1.97 | 14.84 |
| 贵州 | 淡水养殖 | 其他 | 鲢鱼 | −1.23 | −1.11 | −0.02 | −1.48 |
| 贵州 | 淡水养殖 | 其他 | 罗氏沼虾 | 5.22 | 1.19 | 0.96 | 23.00 |
| 贵州 | 淡水养殖 | 其他 | 螺 | 0.74 | 0.16 | 0.07 | 2.18 |
| 贵州 | 淡水养殖 | 其他 | 南美白对虾（淡） | 5.22 | 1.19 | 0.96 | 23.00 |
| 贵州 | 淡水养殖 | 其他 | 泥鳅 | 7.75 | 1.83 | 1.97 | 14.84 |
| 贵州 | 淡水养殖 | 其他 | 鲶鱼 | 7.75 | 1.83 | 1.97 | 14.84 |
| 贵州 | 淡水养殖 | 其他 | 其他 | 7.75 | 1.83 | 1.97 | 14.84 |
| 贵州 | 淡水养殖 | 其他 | 青虾 | 5.22 | 1.19 | 0.96 | 23.00 |
| 贵州 | 淡水养殖 | 其他 | 青鱼 | 7.75 | 1.83 | 1.97 | 14.84 |
| 贵州 | 淡水养殖 | 其他 | 蛙 | 7.75 | 1.83 | 1.97 | 14.84 |
| 贵州 | 淡水养殖 | 其他 | 鲟鱼 | 7.75 | 1.83 | 1.97 | 14.84 |
| 贵州 | 淡水养殖 | 其他 | 鳙鱼 | −1.23 | −1.11 | −0.02 | −1.48 |
| 贵州 | 淡水养殖 | 其他 | 鳟鱼 | 7.75 | 1.83 | 1.97 | 14.84 |
| 贵州 | 淡水养殖 | 工厂化养殖 | 草鱼 | 2.04 | 0.95 | 1.60 | 7.72 |
| 贵州 | 淡水养殖 | 其他 | 鲈鱼 | 0.78 | 0.15 | 0.12 | 2.19 |
| 贵州 | 淡水养殖 | 其他 | 长吻鮠 | 1.24 | 0.11 | 0.06 | 2.28 |
| 贵州 | 淡水养殖 | 工厂化养殖 | 鲤鱼 | 1.24 | 0.11 | 0.06 | 2.28 |
| 贵州 | 淡水养殖 | 其他 | 鳖 | 8.89 | 2.20 | 2.81 | 53.17 |
| 海南 | 海水养殖 | 池塘养殖 | 斑节对虾 | 0.27 | 0.07 | 0.01 | 2.62 |
| 海南 | 淡水养殖 | 池塘养殖 | 鳊鱼 | 1.20 | 0.45 | 0.34 | 9.96 |
| 海南 | 淡水养殖 | 池塘养殖 | 鳖 | 8.89 | 2.20 | 2.81 | 53.17 |
| 海南 | 淡水养殖 | 池塘养殖 | 草鱼 | 2.50 | 0.49 | 0.99 | 7.42 |
| 海南 | 淡水养殖 | 池塘养殖 | 龟 | 8.89 | 2.20 | 2.81 | 53.17 |
| 海南 | 海水养殖 | 池塘养殖 | 蚶 | −0.10 | −0.01 | 0.00 | −1.64 |
| 海南 | 淡水养殖 | 池塘养殖 | 鲫鱼 | 6.34 | 1.11 | 1.18 | 10.66 |
| 海南 | 淡水养殖 | 池塘养殖 | 鲤鱼 | 5.84 | 0.58 | 1.24 | 16.64 |
| 海南 | 淡水养殖 | 池塘养殖 | 鲢鱼 | −1.23 | −1.11 | −0.02 | −1.48 |
| 海南 | 淡水养殖 | 池塘养殖 | 罗非鱼 | 12.45 | 3.64 | 0.21 | 21.83 |
| 海南 | 淡水养殖 | 池塘养殖 | 罗氏沼虾 | 0.29 | 0.08 | 0.07 | 0.08 |
| 海南 | 海水养殖 | 池塘养殖 | 螺 | 2.22 | 0.25 | 0.19 | 4.63 |
| 海南 | 淡水养殖 | 池塘养殖 | 鳗鲡 | 62.69 | 8.83 | 37.06 | 25.31 |
| 海南 | 淡水养殖 | 池塘养殖 | 南美白对虾（淡） | 1.98 | 0.68 | 0.58 | 31.05 |
| 海南 | 海水养殖 | 池塘养殖 | 南美白对虾（海） | 2.32 | 0.15 | 0.29 | 12.58 |
| 海南 | 淡水养殖 | 池塘养殖 | 泥鳅 | 2.49 | 0.21 | 0.56 | 10.74 |
| 海南 | 淡水养殖 | 池塘养殖 | 鲶鱼 | 0.41 | 0.06 | 0.10 | 1.55 |

| 省份 | 养殖水体 | 养殖模式 | 养殖种类 | 总氮/（克/千克） | 总磷/（克/千克） | 氨氮/（克/千克） | COD/（克/千克） |
|------|----------|----------|----------|--------------|--------------|--------------|--------------|
| 海南 | 淡水养殖 | 池塘养殖 | 其他 | 3.53 | 0.76 | 1.10 | 13.95 |
| 海南 | 海水养殖 | 池塘养殖 | 青蟹 | −3.62 | 0.30 | −1.88 | 4.56 |
| 海南 | 淡水养殖 | 池塘养殖 | 青鱼 | 0.41 | 0.06 | 0.10 | 1.55 |
| 海南 | 淡水养殖 | 池塘养殖 | 石斑鱼 | 1.70 | 0.21 | 0.07 | 1.75 |
| 海南 | 淡水养殖 | 池塘养殖 | 蛙 | 8.89 | 2.20 | 2.81 | 53.17 |
| 海南 | 淡水养殖 | 池塘养殖 | 鲟鱼 | 7.51 | 1.67 | 3.98 | 12.41 |
| 海南 | 淡水养殖 | 池塘养殖 | 鳙鱼 | −1.23 | −1.11 | −0.02 | −1.48 |
| 海南 | 海水养殖 | 池塘养殖 | 中国对虾 | 0.27 | 0.07 | 0.01 | 2.62 |
| 海南 | 淡水养殖 | 工厂化养殖 | 罗非鱼 | 12.45 | 3.64 | 0.21 | 21.83 |
| 海南 | 淡水养殖 | 工厂化养殖 | 螺 | 0.76 | 0.10 | 0.09 | 2.22 |
| 海南 | 海水养殖 | 工厂化养殖 | 螺 | 0.76 | 0.10 | 0.09 | 2.22 |
| 海南 | 海水养殖 | 工厂化养殖 | 南美白对虾（海） | 2.32 | 0.15 | 0.29 | 12.58 |
| 海南 | 海水养殖 | 工厂化养殖 | 其他 | 7.28 | 2.67 | 3.41 | 20.40 |
| 海南 | 淡水养殖 | 工厂化养殖 | 其他 | 7.28 | 2.67 | 3.41 | 20.40 |
| 海南 | 海水养殖 | 工厂化养殖 | 石斑鱼 | 1.70 | 0.21 | 0.07 | 1.75 |
| 海南 | 海水养殖 | 网箱养殖 | 鲍 | 1.24 | −0.08 | 0.02 | −0.01 |
| 海南 | 海水养殖 | 网箱养殖 | 鲷鱼 | 17.59 | 1.43 | 0.04 | 0.46 |
| 海南 | 海水养殖 | 网箱养殖 | 海参 | 1.30 | 0.20 | 0.01 | 0.17 |
| 海南 | 海水养殖 | 网箱养殖 | 海水珍珠 | −0.17 | −0.01 | 0.00 | 0.02 |
| 海南 | 海水养殖 | 网箱养殖 | 军曹鱼 | 32.06 | 2.73 | 0.10 | 1.86 |
| 海南 | 海水养殖 | 网箱养殖 | 美国红鱼 | 17.59 | 1.43 | 0.04 | 0.46 |
| 海南 | 海水养殖 | 网箱养殖 | 其他 | 23.04 | 4.68 | 0.68 | 5.87 |
| 海南 | 海水养殖 | 网箱养殖 | 石斑鱼 | 17.59 | 1.43 | 0.04 | 0.46 |
| 海南 | 海水养殖 | 围栏养殖 | 美国红鱼 | 17.59 | 1.43 | 0.04 | 0.46 |
| 海南 | 海水养殖 | 围栏养殖 | 石斑鱼 | 17.59 | 1.43 | 0.04 | 0.46 |
| 海南 | 海水养殖 | 浅海筏式 | 牡蛎 | −0.17 | −0.01 | 0.00 | −7.24 |
| 海南 | 海水养殖 | 滩涂养殖 | 蛤 | −0.10 | −0.01 | 0.00 | −1.64 |
| 海南 | 淡水养殖 | 滩涂养殖 | 罗非鱼 | 18.13 | 5.61 | 12.21 | 9.39 |
| 海南 | 海水养殖 | 滩涂养殖 | 牡蛎 | −0.17 | −0.01 | 0.00 | −7.24 |
| 海南 | 海水养殖 | 滩涂养殖 | 南美白对虾（海） | 2.32 | 0.15 | 0.29 | 12.58 |
| 海南 | 海水养殖 | 滩涂养殖 | 青蟹 | 30.33 | 6.23 | 2.53 | 107.00 |
| 海南 | 淡水养殖 | 其他 | 鳖 | 7.75 | 1.83 | 1.97 | 14.84 |
| 海南 | 淡水养殖 | 其他 | 草鱼 | 7.75 | 1.83 | 1.97 | 14.84 |
| 海南 | 淡水养殖 | 其他 | 鲫鱼 | 7.75 | 1.83 | 1.97 | 14.84 |
| 海南 | 淡水养殖 | 其他 | 鲤鱼 | 7.75 | 1.83 | 1.97 | 14.84 |
| 海南 | 淡水养殖 | 其他 | 鲢鱼 | −1.23 | −1.11 | −0.02 | −1.48 |
| 海南 | 淡水养殖 | 其他 | 罗非鱼 | 7.75 | 1.83 | 1.97 | 14.84 |
| 海南 | 海水养殖 | 其他 | 其他 | 10.94 | 1.74 | 0.34 | 8.78 |
| 海南 | 淡水养殖 | 其他 | 青鱼 | 7.75 | 1.83 | 1.97 | 14.84 |
| 海南 | 淡水养殖 | 其他 | 鳙鱼 | −1.23 | −1.11 | −0.02 | −1.48 |

| 省份 | 养殖水体 | 养殖模式 | 养殖种类 | 总氮/（克/千克） | 总磷/（克/千克） | 氨氮/（克/千克） | COD/（克/千克） |
|------|----------|----------|----------|------------------|------------------|------------------|-----------------|
| 海南 | 淡水养殖 | 其他 | 其他 | 7.75 | 1.83 | 1.97 | 14.84 |
| 海南 | 海水养殖 | 滩涂养殖 | 罗非鱼 | 1.12 | 0.20 | 0.33 | 8.43 |
| 海南 | 海水养殖 | 池塘养殖 | 其他 | 3.53 | 0.76 | 1.10 | 13.95 |
| 海南 | 海水养殖 | 浅海筏式 | 海水珍珠 | 0.76 | 0.10 | 0.09 | 2.22 |
| 海南 | 淡水养殖 | 池塘养殖 | 青虾 | 0.94 | 0.34 | 0.49 | 3.96 |
| 海南 | 海水养殖 | 其他 | 青蟹 | -3.62 | 0.30 | -1.88 | 4.56 |
| 海南 | 淡水养殖 | 池塘养殖 | 短盖巨脂鲤 | 2.49 | 0.21 | 0.56 | 10.74 |
| 海南 | 淡水养殖 | 池塘养殖 | 石斑鱼 | 1.70 | 0.21 | 0.07 | 1.75 |
| 海南 | 淡水养殖 | 池塘养殖 | 长吻鮠 | 1.24 | 0.11 | 0.06 | 2.28 |
| 海南 | 海水养殖 | 工厂化养殖 | 斑节对虾 | 0.27 | 0.07 | 0.01 | 2.62 |
| 海南 | 海水养殖 | 其他 | 石斑鱼 | 1.70 | 0.21 | 0.07 | 1.75 |
| 海南 | 淡水养殖 | 工厂化养殖 | 鳊鱼 | 0.90 | 0.09 | 0.56 | 9.67 |
| 海南 | 淡水养殖 | 工厂化养殖 | 鲢鱼 | -1.23 | -1.11 | -0.02 | -1.48 |
| 河北 | 淡水养殖 | 池塘养殖 | 鳊鱼 | 0.67 | 0.17 | -0.06 | 3.20 |
| 河北 | 淡水养殖 | 池塘养殖 | 鳖 | 8.89 | 2.20 | 2.81 | 53.17 |
| 河北 | 淡水养殖 | 池塘养殖 | 草鱼 | 2.50 | 0.49 | 0.99 | 7.42 |
| 河北 | 海水养殖 | 池塘养殖 | 鲽鱼 | 5.87 | 0.50 | 1.18 | 0.55 |
| 河北 | 淡水养殖 | 池塘养殖 | 短盖巨脂鲤 | 1.24 | 0.11 | 0.06 | 2.28 |
| 河北 | 海水养殖 | 池塘养殖 | 海参 | 1.39 | 0.09 | 0.03 | 3.09 |
| 河北 | 海水养殖 | 池塘养殖 | 河豚 | 12.59 | 0.65 | 0.15 | 7.96 |
| 河北 | 淡水养殖 | 池塘养殖 | 河蟹 | 4.74 | 0.40 | 1.39 | 42.96 |
| 河北 | 淡水养殖 | 池塘养殖 | 黄颡鱼 | 2.92 | 0.18 | 0.85 | 13.68 |
| 河北 | 淡水养殖 | 池塘养殖 | 鮰鱼 | 3.67 | 0.34 | 0.77 | 10.06 |
| 河北 | 淡水养殖 | 池塘养殖 | 鲫鱼 | 6.34 | 1.11 | 1.18 | 10.66 |
| 河北 | 淡水养殖 | 池塘养殖 | 加州鲈 | 0.78 | 0.15 | 0.12 | 2.19 |
| 河北 | 淡水养殖 | 池塘养殖 | 克氏原螯虾 | 2.89 | 2.54 | 1.38 | 13.76 |
| 河北 | 淡水养殖 | 池塘养殖 | 鲤鱼 | 5.74 | 0.32 | 0.23 | 6.92 |
| 河北 | 淡水养殖 | 池塘养殖 | 鲢鱼 | -1.23 | -1.11 | -0.02 | -1.48 |
| 河北 | 淡水养殖 | 池塘养殖 | 鲈鱼 | 0.78 | 0.15 | 0.12 | 2.19 |
| 河北 | 淡水养殖 | 池塘养殖 | 罗非鱼 | 2.47 | 0.11 | 0.34 | 8.28 |
| 河北 | 淡水养殖 | 池塘养殖 | 南美白对虾（淡） | 4.49 | 0.46 | 0.97 | 14.74 |
| 河北 | 海水养殖 | 池塘养殖 | 南美白对虾（海） | 1.39 | 0.88 | 0.01 | 42.96 |
| 河北 | 淡水养殖 | 池塘养殖 | 泥鳅 | 1.24 | 0.11 | 0.06 | 2.28 |
| 河北 | 淡水养殖 | 池塘养殖 | 鲶鱼 | 0.41 | 0.06 | 0.10 | 1.55 |
| 河北 | 海水养殖 | 池塘养殖 | 鲆鱼 | 0.47 | 0.04 | 0.01 | 1.40 |
| 河北 | 淡水养殖 | 池塘养殖 | 其他 | 3.53 | 0.76 | 1.10 | 13.95 |
| 河北 | 淡水养殖 | 池塘养殖 | 青虾 | 0.94 | 0.34 | 0.49 | 3.96 |
| 河北 | 淡水养殖 | 池塘养殖 | 青鱼 | 0.41 | 0.06 | 0.10 | 1.55 |
| 河北 | 海水养殖 | 池塘养殖 | 日本对虾 | 0.27 | 0.07 | 0.01 | 2.62 |

| 省份 | 养殖水体 | 养殖模式 | 养殖种类 | 总氮/（克/千克） | 总磷/（克/千克） | 氨氮/（克/千克） | COD/（克/千克） |
|---|---|---|---|---|---|---|---|
| 河北 | 海水养殖 | 池塘养殖 | 梭子蟹 | 3.60 | 1.27 | 1.44 | 1.55 |
| 河北 | 淡水养殖 | 池塘养殖 | 鲟鱼 | 2.18 | 1.17 | 0.29 | 7.53 |
| 河北 | 淡水养殖 | 池塘养殖 | 鳙鱼 | −1.23 | −1.11 | −0.02 | −1.48 |
| 河北 | 海水养殖 | 池塘养殖 | 中国对虾 | 0.27 | 0.07 | 0.01 | 2.62 |
| 河北 | 淡水养殖 | 池塘养殖 | 鳟鱼 | 0.43 | 0.01 | 0.08 | 0.04 |
| 河北 | 海水养殖 | 工厂化养殖 | 斑节对虾 | 0.27 | 0.07 | 0.01 | 2.62 |
| 河北 | 淡水养殖 | 工厂化养殖 | 鳖 | 8.89 | 2.20 | 2.81 | 53.17 |
| 河北 | 淡水养殖 | 工厂化养殖 | 草鱼 | 1.58 | 0.16 | 0.18 | 6.23 |
| 河北 | 海水养殖 | 工厂化养殖 | 鲽鱼 | 5.87 | 0.50 | 1.18 | 0.55 |
| 河北 | 海水养殖 | 工厂化养殖 | 海参 | 1.39 | 0.09 | 0.03 | 3.09 |
| 河北 | 海水养殖 | 工厂化养殖 | 河豚 | 12.59 | 0.65 | 0.15 | 7.96 |
| 河北 | 淡水养殖 | 工厂化养殖 | 鲤鱼 | 5.84 | 0.58 | 1.24 | 16.64 |
| 河北 | 海水养殖 | 工厂化养殖 | 南美白对虾（海） | 1.39 | 0.88 | 0.01 | 42.96 |
| 河北 | 淡水养殖 | 工厂化养殖 | 泥鳅 | 5.84 | 0.58 | 1.24 | 16.64 |
| 河北 | 海水养殖 | 工厂化养殖 | 鲆鱼 | 2.68 | 0.27 | 0.77 | 4.89 |
| 河北 | 海水养殖 | 工厂化养殖 | 其他 | 7.28 | 2.67 | 3.41 | 20.40 |
| 河北 | 海水养殖 | 工厂化养殖 | 日本对虾 | 0.27 | 0.07 | 0.01 | 2.62 |
| 河北 | 海水养殖 | 工厂化养殖 | 梭子蟹 | 3.60 | 1.27 | 1.44 | 1.55 |
| 河北 | 淡水养殖 | 工厂化养殖 | 鲟鱼 | 2.18 | 1.17 | 0.29 | 7.53 |
| 河北 | 海水养殖 | 工厂化养殖 | 中国对虾 | 0.27 | 0.07 | 0.01 | 2.62 |
| 河北 | 淡水养殖 | 工厂化养殖 | 鳟鱼 | 0.43 | 0.01 | 0.08 | 0.04 |
| 河北 | 淡水养殖 | 网箱养殖 | 草鱼 | 5.73 | 1.29 | 0.33 | 8.77 |
| 河北 | 淡水养殖 | 网箱养殖 | 池沼公鱼 | 2.21 | 0.22 | 1.12 | 11.67 |
| 河北 | 淡水养殖 | 网箱养殖 | 鲫鱼 | 26.95 | 9.13 | 0.00 | 0.16 |
| 河北 | 淡水养殖 | 网箱养殖 | 鲤鱼 | 25.50 | 8.84 | 0.00 | 0.29 |
| 河北 | 淡水养殖 | 网箱养殖 | 鲢鱼 | −1.23 | −1.11 | −0.02 | −1.48 |
| 河北 | 淡水养殖 | 网箱养殖 | 罗非鱼 | 18.13 | 5.61 | 12.21 | 9.39 |
| 河北 | 淡水养殖 | 网箱养殖 | 青鱼 | 4.52 | 0.65 | 0.00 | 1.13 |
| 河北 | 淡水养殖 | 网箱养殖 | 鳙鱼 | −1.23 | −1.11 | −0.02 | −1.48 |
| 河北 | 淡水养殖 | 围栏养殖 | 青鱼 | 4.52 | 0.65 | 0.00 | 1.13 |
| 河北 | 海水养殖 | 浅海筏式 | 扇贝 | −0.17 | −0.01 | 0.00 | −7.24 |
| 河北 | 海水养殖 | 滩涂养殖 | 蛤 | −0.10 | −0.01 | 0.00 | −1.64 |
| 河北 | 海水养殖 | 滩涂养殖 | 南美白对虾（海） | 1.39 | 0.88 | 0.01 | 42.96 |
| 河北 | 淡水养殖 | 其他 | 鳖 | 7.75 | 1.83 | 1.97 | 14.84 |
| 河北 | 淡水养殖 | 其他 | 草鱼 | 7.75 | 1.83 | 1.97 | 14.84 |
| 河北 | 淡水养殖 | 其他 | 池沼公鱼 | 7.75 | 1.83 | 1.97 | 14.84 |
| 河北 | 海水养殖 | 其他 | 海参 | 10.94 | 1.74 | 0.34 | 8.78 |
| 河北 | 淡水养殖 | 其他 | 河蟹 | 5.22 | 1.19 | 0.96 | 23.00 |
| 河北 | 淡水养殖 | 其他 | 鲫鱼 | 7.75 | 1.83 | 1.97 | 14.84 |
| 河北 | 淡水养殖 | 其他 | 鲤鱼 | 7.75 | 1.83 | 1.97 | 14.84 |

| 省份 | 养殖水体 | 养殖模式 | 养殖种类 | 总氮/（克/千克） | 总磷/（克/千克） | 氨氮/（克/千克） | COD/（克/千克） |
|---|---|---|---|---|---|---|---|
| 河北 | 淡水养殖 | 其他 | 鲢鱼 | -1.23 | -1.11 | -0.02 | -1.48 |
| 河北 | 淡水养殖 | 其他 | 罗非鱼 | 7.75 | 1.83 | 1.97 | 14.84 |
| 河北 | 海水养殖 | 其他 | 南美白对虾（海） | 3.14 | 0.54 | 0.54 | 19.26 |
| 河北 | 淡水养殖 | 其他 | 鲶鱼 | 7.75 | 1.83 | 1.97 | 14.84 |
| 河北 | 淡水养殖 | 其他 | 其他 | 7.75 | 1.83 | 1.97 | 14.84 |
| 河北 | 淡水养殖 | 其他 | 青虾 | 5.22 | 1.19 | 0.96 | 23.00 |
| 河北 | 淡水养殖 | 其他 | 青鱼 | 9.42 | 1.41 | 0.34 | 9.32 |
| 河北 | 淡水养殖 | 其他 | 鲟鱼 | 7.75 | 1.83 | 1.97 | 14.84 |
| 河北 | 淡水养殖 | 其他 | 银鱼 | 7.75 | 1.83 | 1.97 | 14.84 |
| 河北 | 淡水养殖 | 其他 | 鳙鱼 | -1.23 | -1.11 | -0.02 | -1.48 |
| 河北 | 淡水养殖 | 其他 | 鳟鱼 | 7.75 | 1.83 | 1.97 | 14.84 |
| 河北 | 海水养殖 | 其他 | 其他 | 10.94 | 1.74 | 0.34 | 8.78 |
| 河北 | 海水养殖 | 浅海筏式 | 贻贝 | -0.17 | -0.01 | 0.00 | -7.24 |
| 河北 | 淡水养殖 | 池塘养殖 | 黄鳝 | 3.78 | 0.99 | 0.81 | 104.99 |
| 河北 | 淡水养殖 | 池塘养殖 | 鳜鱼 | 2.29 | 0.53 | 0.46 | 40.64 |
| 河北 | 淡水养殖 | 池塘养殖 | 乌鳢 | 1.31 | 0.56 | 0.79 | 1.51 |
| | | | | | | | |
| 河南 | 淡水养殖 | 池塘养殖 | 鳊鱼 | 0.67 | 0.17 | -0.06 | 3.20 |
| 河南 | 淡水养殖 | 池塘养殖 | 鳖 | 8.89 | 2.20 | 2.81 | 53.17 |
| 河南 | 淡水养殖 | 池塘养殖 | 草鱼 | 2.50 | 0.49 | 0.99 | 7.42 |
| 河南 | 淡水养殖 | 池塘养殖 | 短盖巨脂鲤 | 1.24 | 0.11 | 0.06 | 2.28 |
| 河南 | 淡水养殖 | 池塘养殖 | 龟 | 8.89 | 2.20 | 2.81 | 53.17 |
| 河南 | 淡水养殖 | 池塘养殖 | 鲑鱼 | 4.52 | 0.65 | 0.00 | 1.13 |
| 河南 | 淡水养殖 | 池塘养殖 | 鳜鱼 | 5.19 | 0.36 | 2.83 | 28.35 |
| 河南 | 淡水养殖 | 池塘养殖 | 河蟹 | 4.74 | 0.40 | 1.39 | 42.96 |
| 河南 | 淡水养殖 | 池塘养殖 | 黄颡鱼 | 2.92 | 0.18 | 0.85 | 13.68 |
| 河南 | 淡水养殖 | 池塘养殖 | 黄鳝 | 3.78 | 0.99 | 0.81 | 104.99 |
| 河南 | 淡水养殖 | 池塘养殖 | 鮰鱼 | 3.67 | 0.34 | 0.77 | 10.06 |
| 河南 | 淡水养殖 | 池塘养殖 | 鲫鱼 | 6.34 | 1.11 | 1.18 | 10.66 |
| 河南 | 淡水养殖 | 池塘养殖 | 加州鲈 | 4.52 | 0.65 | 0.09 | 82.85 |
| 河南 | 淡水养殖 | 池塘养殖 | 克氏原螯虾 | 2.89 | 2.54 | 1.38 | 13.76 |
| 河南 | 淡水养殖 | 池塘养殖 | 鲤鱼 | 5.84 | 0.58 | 1.24 | 16.64 |
| 河南 | 淡水养殖 | 池塘养殖 | 鲢鱼 | -1.23 | -1.11 | -0.02 | -1.48 |
| 河南 | 淡水养殖 | 池塘养殖 | 鲈鱼 | 4.52 | 0.65 | 0.09 | 82.85 |
| 河南 | 淡水养殖 | 池塘养殖 | 罗非鱼 | 2.47 | 0.11 | 0.34 | 8.28 |
| 河南 | 淡水养殖 | 池塘养殖 | 螺 | 2.22 | 0.25 | 0.19 | 4.63 |
| 河南 | 淡水养殖 | 池塘养殖 | 南美白对虾（淡） | 4.49 | 0.46 | 0.97 | 14.74 |
| 河南 | 淡水养殖 | 池塘养殖 | 泥鳅 | 1.24 | 0.11 | 0.06 | 2.28 |
| 河南 | 淡水养殖 | 池塘养殖 | 鲶鱼 | 0.41 | 2.06 | 0.10 | 1.55 |
| 河南 | 淡水养殖 | 池塘养殖 | 其他 | 3.53 | 0.76 | 1.10 | 13.95 |

| 省份 | 养殖水体 | 养殖模式 | 养殖种类 | 总氮/（克/千克） | 总磷/（克/千克） | 氨氮/（克/千克） | COD/（克/千克） |
|---|---|---|---|---|---|---|---|
| 河南 | 淡水养殖 | 池塘养殖 | 青虾 | 0.94 | 0.34 | 0.49 | 3.96 |
| 河南 | 淡水养殖 | 池塘养殖 | 青鱼 | 0.41 | 0.06 | 0.10 | 1.55 |
| 河南 | 淡水养殖 | 池塘养殖 | 蛙 | 8.89 | 2.20 | 2.81 | 53.17 |
| 河南 | 淡水养殖 | 池塘养殖 | 乌鳢 | 2.10 | 0.17 | 0.53 | 9.19 |
| 河南 | 淡水养殖 | 池塘养殖 | 鲟鱼 | 2.18 | 1.17 | 0.29 | 7.53 |
| 河南 | 淡水养殖 | 池塘养殖 | 银鱼 | 2.70 | 1.11 | 2.40 | 14.73 |
| 河南 | 淡水养殖 | 池塘养殖 | 鳙鱼 | −1.23 | −1.11 | −0.02 | −1.48 |
| 河南 | 淡水养殖 | 池塘养殖 | 长吻鮠 | 1.24 | 0.11 | 0.06 | 2.28 |
| 河南 | 淡水养殖 | 池塘养殖 | 鳟鱼 | 0.43 | 0.01 | 0.08 | 0.04 |
| 河南 | 淡水养殖 | 工厂化养殖 | 草鱼 | 1.58 | 0.16 | 0.18 | 6.23 |
| 河南 | 淡水养殖 | 工厂化养殖 | 鳜鱼 | 5.19 | 0.36 | 2.83 | 28.35 |
| 河南 | 淡水养殖 | 工厂化养殖 | 鲫鱼 | 2.01 | 0.30 | 0.13 | 6.50 |
| 河南 | 淡水养殖 | 工厂化养殖 | 鲤鱼 | 5.84 | 0.58 | 1.24 | 16.64 |
| 河南 | 淡水养殖 | 工厂化养殖 | 鲢鱼 | −1.23 | −1.11 | −0.02 | −1.48 |
| 河南 | 淡水养殖 | 工厂化养殖 | 鲈鱼 | 4.52 | 0.65 | 0.09 | 82.85 |
| 河南 | 淡水养殖 | 工厂化养殖 | 罗非鱼 | 2.47 | 0.11 | 0.34 | 8.28 |
| 河南 | 淡水养殖 | 工厂化养殖 | 南美白对虾（淡） | 4.49 | 0.46 | 0.97 | 14.74 |
| 河南 | 淡水养殖 | 工厂化养殖 | 泥鳅 | 5.84 | 0.58 | 1.24 | 16.64 |
| 河南 | 淡水养殖 | 工厂化养殖 | 鲶鱼 | 0.41 | 0.06 | 0.10 | 1.55 |
| 河南 | 淡水养殖 | 工厂化养殖 | 其他 | 7.28 | 2.67 | 3.41 | 20.40 |
| 河南 | 淡水养殖 | 工厂化养殖 | 蛙 | 8.89 | 2.20 | 2.81 | 53.17 |
| 河南 | 淡水养殖 | 工厂化养殖 | 鲟鱼 | 6.78 | 5.32 | 4.06 | 56.70 |
| 河南 | 淡水养殖 | 工厂化养殖 | 鳙鱼 | −1.23 | −1.11 | −0.02 | −1.48 |
| 河南 | 淡水养殖 | 工厂化养殖 | 鳟鱼 | 0.43 | 0.01 | 0.08 | 0.04 |
| 河南 | 淡水养殖 | 网箱养殖 | 草鱼 | 5.73 | 1.29 | 0.33 | 8.77 |
| 河南 | 淡水养殖 | 网箱养殖 | 黄鳝 | 4.52 | 0.65 | 0.00 | 1.13 |
| 河南 | 淡水养殖 | 网箱养殖 | 鲫鱼 | 26.95 | 9.13 | 0.00 | 0.16 |
| 河南 | 淡水养殖 | 网箱养殖 | 鲤鱼 | 25.50 | 8.84 | 0.00 | 0.29 |
| 河南 | 淡水养殖 | 网箱养殖 | 鲢鱼 | −1.23 | −1.11 | −0.02 | −1.48 |
| 河南 | 淡水养殖 | 网箱养殖 | 青鱼 | 4.52 | 0.65 | 0.00 | 1.13 |
| 河南 | 淡水养殖 | 网箱养殖 | 银鱼 | 2.73 | 1.30 | 0.66 | 15.19 |
| 河南 | 淡水养殖 | 网箱养殖 | 鳙鱼 | −1.23 | −1.11 | −0.02 | −1.48 |
| 河南 | 淡水养殖 | 围栏养殖 | 鳖 | 8.89 | 2.20 | 2.81 | 53.17 |
| 河南 | 淡水养殖 | 围栏养殖 | 草鱼 | 5.73 | 1.29 | 0.33 | 8.77 |
| 河南 | 淡水养殖 | 围栏养殖 | 鲫鱼 | 26.95 | 9.13 | 0.00 | 0.16 |
| 河南 | 淡水养殖 | 围栏养殖 | 鲤鱼 | 2.28 | 0.53 | 1.60 | 0.40 |
| 河南 | 淡水养殖 | 围栏养殖 | 鲢鱼 | −1.23 | −1.11 | −0.02 | −1.48 |
| 河南 | 淡水养殖 | 围栏养殖 | 鳙鱼 | −1.23 | −1.11 | −0.02 | −1.48 |
| 河南 | 淡水养殖 | 滩涂养殖 | 草鱼 | 5.73 | 1.29 | 0.33 | 8.77 |
| 河南 | 淡水养殖 | 滩涂养殖 | 鲤鱼 | 2.28 | 0.53 | 1.60 | 0.40 |

| 省份 | 养殖水体 | 养殖模式 | 养殖种类 | 总氮/（克/千克） | 总磷/（克/千克） | 氨氮/（克/千克） | COD/（克/千克） |
|---|---|---|---|---|---|---|---|
| 河南 | 淡水养殖 | 滩涂养殖 | 鲢鱼 | −1.23 | −1.11 | −0.02 | −1.48 |
| 河南 | 淡水养殖 | 滩涂养殖 | 青鱼 | 4.52 | 0.65 | 0.00 | 1.13 |
| 河南 | 淡水养殖 | 滩涂养殖 | 鳙鱼 | −1.23 | −1.11 | −0.02 | −1.48 |
| 河南 | 淡水养殖 | 其他 | 鳊鱼 | 9.42 | 1.41 | 0.34 | 9.32 |
| 河南 | 淡水养殖 | 其他 | 鳖 | 7.75 | 1.83 | 1.97 | 14.84 |
| 河南 | 淡水养殖 | 其他 | 草鱼 | 7.75 | 1.83 | 1.97 | 14.84 |
| 河南 | 淡水养殖 | 其他 | 河蟹 | 5.22 | 1.19 | 0.96 | 23.00 |
| 河南 | 淡水养殖 | 其他 | 鲫鱼 | 7.75 | 1.83 | 1.97 | 14.84 |
| 河南 | 淡水养殖 | 其他 | 克氏原螯虾 | 5.22 | 1.19 | 0.96 | 23.00 |
| 河南 | 淡水养殖 | 其他 | 鲤鱼 | 7.75 | 1.83 | 1.97 | 14.84 |
| 河南 | 淡水养殖 | 其他 | 鲢鱼 | −1.23 | −1.11 | −0.02 | −1.48 |
| 河南 | 淡水养殖 | 其他 | 鲈鱼 | 7.75 | 1.83 | 1.97 | 14.84 |
| 河南 | 淡水养殖 | 其他 | 泥鳅 | 9.42 | 1.41 | 0.34 | 9.32 |
| 河南 | 淡水养殖 | 其他 | 鲶鱼 | 7.75 | 1.83 | 1.97 | 14.84 |
| 河南 | 淡水养殖 | 其他 | 其他 | 7.75 | 1.83 | 1.97 | 14.84 |
| 河南 | 淡水养殖 | 其他 | 青鱼 | 7.75 | 1.83 | 1.97 | 14.84 |
| 河南 | 淡水养殖 | 其他 | 鲟鱼 | 9.42 | 1.41 | 0.34 | 9.32 |
| 河南 | 淡水养殖 | 其他 | 鳙鱼 | −1.23 | −1.11 | −0.02 | −1.48 |
| | | | | | | | |
| 黑龙江 | 淡水养殖 | 池塘养殖 | 鳊鱼 | 0.67 | 0.17 | −0.06 | 3.20 |
| 黑龙江 | 淡水养殖 | 池塘养殖 | 草鱼 | 2.50 | 0.49 | 0.99 | 7.42 |
| 黑龙江 | 淡水养殖 | 池塘养殖 | 鳜鱼 | 2.29 | 0.53 | 0.46 | 40.64 |
| 黑龙江 | 淡水养殖 | 池塘养殖 | 河蟹 | 7.32 | 4.53 | 6.54 | 32.01 |
| 黑龙江 | 淡水养殖 | 池塘养殖 | 黄颡鱼 | 2.92 | 0.18 | 0.85 | 13.68 |
| 黑龙江 | 淡水养殖 | 池塘养殖 | 鲫鱼 | 2.93 | 0.22 | 1.38 | 11.31 |
| 黑龙江 | 淡水养殖 | 池塘养殖 | 鲤鱼 | 5.74 | 0.32 | 0.23 | 6.92 |
| 黑龙江 | 淡水养殖 | 池塘养殖 | 鲢鱼 | −1.23 | −1.11 | −0.02 | −1.48 |
| 黑龙江 | 淡水养殖 | 池塘养殖 | 泥鳅 | 2.21 | 0.22 | 1.12 | 11.67 |
| 黑龙江 | 淡水养殖 | 池塘养殖 | 鲶鱼 | 2.14 | 0.22 | 1.43 | 11.92 |
| 黑龙江 | 淡水养殖 | 池塘养殖 | 其他 | 3.53 | 0.76 | 1.10 | 13.95 |
| 黑龙江 | 淡水养殖 | 池塘养殖 | 青鱼 | 2.14 | 0.22 | 1.43 | 11.92 |
| 黑龙江 | 淡水养殖 | 池塘养殖 | 乌鳢 | 2.10 | 0.17 | 0.53 | 9.19 |
| 黑龙江 | 淡水养殖 | 池塘养殖 | 鳙鱼 | −1.23 | −1.11 | −0.02 | −1.48 |
| 黑龙江 | 淡水养殖 | 工厂化养殖 | 鲤鱼 | 2.21 | 0.22 | 1.12 | 11.67 |
| 黑龙江 | 淡水养殖 | 网箱养殖 | 草鱼 | 17.48 | 1.02 | 0.24 | 0.38 |
| 黑龙江 | 淡水养殖 | 网箱养殖 | 鲫鱼 | 26.95 | 9.13 | 0.00 | 0.16 |
| 黑龙江 | 淡水养殖 | 网箱养殖 | 鲤鱼 | 25.50 | 8.84 | 0.00 | 0.29 |
| 黑龙江 | 淡水养殖 | 网箱养殖 | 鲢鱼 | −1.23 | −1.11 | −0.02 | −1.48 |
| 黑龙江 | 淡水养殖 | 网箱养殖 | 鲶鱼 | 15.01 | 1.90 | 0.15 | 1.87 |
| 黑龙江 | 淡水养殖 | 网箱养殖 | 鲟鱼 | 15.01 | 1.90 | 0.15 | 1.87 |

| 省份 | 养殖水体 | 养殖模式 | 养殖种类 | 总氮/（克/千克） | 总磷/（克/千克） | 氨氮/（克/千克） | COD/（克/千克） |
|---|---|---|---|---|---|---|---|
| 黑龙江 | 淡水养殖 | 网箱养殖 | 鳙鱼 | -1.23 | -1.11 | -0.02 | -1.48 |
| 黑龙江 | 淡水养殖 | 围栏养殖 | 草鱼 | 17.48 | 1.02 | 0.24 | 0.38 |
| 黑龙江 | 淡水养殖 | 围栏养殖 | 鲫鱼 | 26.95 | 9.13 | 0.00 | 0.16 |
| 黑龙江 | 淡水养殖 | 围栏养殖 | 鲤鱼 | 2.04 | 0.95 | 1.60 | 7.72 |
| 黑龙江 | 淡水养殖 | 围栏养殖 | 鲢鱼 | -1.23 | -1.11 | -0.02 | -1.48 |
| 黑龙江 | 淡水养殖 | 围栏养殖 | 鳙鱼 | -1.23 | -1.11 | -0.02 | -1.48 |
| 黑龙江 | 淡水养殖 | 滩涂养殖 | 草鱼 | 17.48 | 1.02 | 0.24 | 0.38 |
| 黑龙江 | 淡水养殖 | 滩涂养殖 | 河蟹 | 9.04 | 4.52 | 0.92 | 30.80 |
| 黑龙江 | 淡水养殖 | 滩涂养殖 | 鲫鱼 | 26.95 | 9.13 | 0.00 | 0.16 |
| 黑龙江 | 淡水养殖 | 滩涂养殖 | 鲤鱼 | 2.21 | 0.22 | 1.12 | 11.67 |
| 黑龙江 | 淡水养殖 | 滩涂养殖 | 鲢鱼 | -1.23 | -1.11 | -0.02 | -1.48 |
| 黑龙江 | 淡水养殖 | 滩涂养殖 | 泥鳅 | 2.21 | 0.22 | 1.12 | 11.67 |
| 黑龙江 | 淡水养殖 | 滩涂养殖 | 鲶鱼 | 15.01 | 1.90 | 0.15 | 1.87 |
| 黑龙江 | 淡水养殖 | 滩涂养殖 | 其他 | -0.10 | -0.01 | 0.00 | -1.64 |
| 黑龙江 | 淡水养殖 | 滩涂养殖 | 青鱼 | 15.01 | 1.90 | 0.15 | 1.87 |
| 黑龙江 | 淡水养殖 | 滩涂养殖 | 鳙鱼 | -1.23 | -1.11 | -0.02 | -1.48 |
| 黑龙江 | 淡水养殖 | 其他 | 鳊鱼 | 7.75 | 1.83 | 1.97 | 14.84 |
| 黑龙江 | 淡水养殖 | 其他 | 草鱼 | 7.75 | 1.83 | 1.97 | 14.84 |
| 黑龙江 | 淡水养殖 | 其他 | 鳜鱼 | 7.75 | 1.83 | 1.97 | 14.84 |
| 黑龙江 | 淡水养殖 | 其他 | 河蟹 | 5.22 | 1.19 | 0.96 | 23.00 |
| 黑龙江 | 淡水养殖 | 其他 | 黄颡鱼 | 7.75 | 1.83 | 1.97 | 14.84 |
| 黑龙江 | 淡水养殖 | 其他 | 鲫鱼 | 7.75 | 1.83 | 1.97 | 14.84 |
| 黑龙江 | 淡水养殖 | 其他 | 鲤鱼 | 7.75 | 1.83 | 1.97 | 14.84 |
| 黑龙江 | 淡水养殖 | 其他 | 鲢鱼 | -1.23 | -1.11 | -0.02 | -1.48 |
| 黑龙江 | 淡水养殖 | 其他 | 泥鳅 | 7.75 | 1.83 | 1.97 | 14.84 |
| 黑龙江 | 淡水养殖 | 其他 | 鲶鱼 | 7.75 | 1.83 | 1.97 | 14.84 |
| 黑龙江 | 淡水养殖 | 其他 | 其他 | 7.75 | 1.83 | 1.97 | 14.84 |
| 黑龙江 | 淡水养殖 | 其他 | 青鱼 | 7.75 | 1.83 | 1.97 | 14.84 |
| 黑龙江 | 淡水养殖 | 其他 | 乌鳢 | 7.75 | 1.83 | 1.97 | 14.84 |
| 黑龙江 | 淡水养殖 | 其他 | 鲟鱼 | 7.75 | 1.83 | 1.97 | 14.84 |
| 黑龙江 | 淡水养殖 | 其他 | 银鱼 | 7.75 | 1.83 | 1.97 | 14.84 |
| 黑龙江 | 淡水养殖 | 其他 | 鳙鱼 | -1.23 | -1.11 | -0.02 | -1.48 |
| 黑龙江 | 淡水养殖 | 其他 | 池沼公鱼 | 3.49 | 0.19 | 0.54 | 2.76 |
| 黑龙江 | 淡水养殖 | 工厂化养殖 | 鲶鱼 | 0.41 | 0.06 | 0.10 | 1.55 |
| 黑龙江 | 淡水养殖 | 工厂化养殖 | 泥鳅 | 1.24 | 0.11 | 0.06 | 2.28 |
| 黑龙江 | 淡水养殖 | 工厂化养殖 | 鲫鱼 | 0.69 | 0.22 | 0.29 | 7.44 |
| 黑龙江 | 淡水养殖 | 工厂化养殖 | 草鱼 | 1.58 | 0.16 | 0.18 | 6.23 |
| 黑龙江 | 淡水养殖 | 围栏养殖 | 鲟鱼 | 2.18 | 1.17 | 0.29 | 7.53 |
| 黑龙江 | 淡水养殖 | 池塘养殖 | 鳟鱼 | 0.43 | 0.01 | 0.08 | 0.04 |
| 黑龙江 | 淡水养殖 | 围栏养殖 | 其他 | 3.53 | 0.76 | 1.10 | 13.95 |

| 省份 | 养殖水体 | 养殖模式 | 养殖种类 | 总氮/（克/千克） | 总磷/（克/千克） | 氨氮/（克/千克） | COD/（克/千克） |
|------|----------|----------|----------|------------------|------------------|------------------|-----------------|
| 湖北 | 淡水养殖 | 池塘养殖 | 鳊鱼 | 0.82 | 0.08 | 0.52 | 9.02 |
| 湖北 | 淡水养殖 | 池塘养殖 | 鳖 | 8.89 | 2.20 | 2.81 | 53.17 |
| 湖北 | 淡水养殖 | 池塘养殖 | 草鱼 | 0.13 | 0.03 | 0.03 | 32.32 |
| 湖北 | 淡水养殖 | 池塘养殖 | 短盖巨脂鲤 | 2.49 | 0.21 | 0.56 | 10.74 |
| 湖北 | 淡水养殖 | 池塘养殖 | 龟 | 8.89 | 2.20 | 2.81 | 53.17 |
| 湖北 | 淡水养殖 | 池塘养殖 | 鳜鱼 | 5.19 | 0.36 | 2.83 | 28.35 |
| 湖北 | 淡水养殖 | 池塘养殖 | 河蚌 | 2.22 | 0.25 | 0.19 | 4.63 |
| 湖北 | 淡水养殖 | 池塘养殖 | 河蟹 | 4.74 | 0.40 | 1.39 | 42.96 |
| 湖北 | 淡水养殖 | 池塘养殖 | 黄颡鱼 | 2.92 | 0.18 | 0.85 | 13.68 |
| 湖北 | 淡水养殖 | 池塘养殖 | 黄鳝 | 3.78 | 0.99 | 0.81 | 104.99 |
| 湖北 | 淡水养殖 | 池塘养殖 | 鮰鱼 | 2.90 | 1.55 | 2.48 | 4.63 |
| 湖北 | 淡水养殖 | 池塘养殖 | 鲫鱼 | 6.34 | 1.11 | 1.18 | 10.66 |
| 湖北 | 淡水养殖 | 池塘养殖 | 加州鲈 | 4.52 | 0.65 | 0.09 | 82.85 |
| 湖北 | 淡水养殖 | 池塘养殖 | 克氏原螯虾 | 0.87 | 0.29 | 0.61 | 1.69 |
| 湖北 | 淡水养殖 | 池塘养殖 | 鲤鱼 | 2.49 | 0.21 | 0.56 | 10.74 |
| 湖北 | 淡水养殖 | 池塘养殖 | 鲢鱼 | −1.23 | −1.11 | −0.02 | −1.48 |
| 湖北 | 淡水养殖 | 池塘养殖 | 鲈鱼 | 4.52 | 0.65 | 0.09 | 82.85 |
| 湖北 | 淡水养殖 | 池塘养殖 | 罗非鱼 | 3.11 | 0.68 | 2.97 | 55.90 |
| 湖北 | 淡水养殖 | 池塘养殖 | 罗氏沼虾 | 9.27 | 0.15 | 1.52 | 27.88 |
| 湖北 | 淡水养殖 | 池塘养殖 | 螺 | 2.22 | 0.25 | 0.19 | 4.63 |
| 湖北 | 淡水养殖 | 池塘养殖 | 南美白对虾（淡） | 1.98 | 0.68 | 0.58 | 31.05 |
| 湖北 | 淡水养殖 | 池塘养殖 | 泥鳅 | 2.49 | 0.21 | 0.56 | 10.74 |
| 湖北 | 淡水养殖 | 池塘养殖 | 鲶鱼 | 0.41 | 0.06 | 0.10 | 1.55 |
| 湖北 | 淡水养殖 | 池塘养殖 | 其他 | 3.53 | 0.76 | 1.10 | 13.95 |
| 湖北 | 淡水养殖 | 池塘养殖 | 青虾 | 0.94 | 0.34 | 0.49 | 3.96 |
| 湖北 | 淡水养殖 | 池塘养殖 | 青鱼 | 4.28 | 0.18 | 0.08 | 15.62 |
| 湖北 | 淡水养殖 | 池塘养殖 | 蛙 | 8.89 | 2.20 | 2.81 | 53.17 |
| 湖北 | 淡水养殖 | 池塘养殖 | 乌鳢 | 12.99 | 3.21 | 9.15 | 10.90 |
| 湖北 | 淡水养殖 | 池塘养殖 | 蚬 | 2.22 | 0.25 | 0.19 | 4.63 |
| 湖北 | 淡水养殖 | 池塘养殖 | 鲟鱼 | 6.78 | 5.32 | 4.06 | 56.70 |
| 湖北 | 淡水养殖 | 池塘养殖 | 银鱼 | 2.60 | 0.65 | −0.02 | 9.46 |
| 湖北 | 淡水养殖 | 池塘养殖 | 鳙鱼 | −1.23 | −1.11 | −0.02 | −1.48 |
| 湖北 | 淡水养殖 | 池塘养殖 | 长吻鮠 | 2.49 | 0.21 | 0.56 | 10.74 |
| 湖北 | 淡水养殖 | 池塘养殖 | 鳟鱼 | 0.43 | 0.01 | 0.08 | 0.04 |
| 湖北 | 淡水养殖 | 工厂化养殖 | 鳖 | 8.89 | 2.20 | 2.81 | 53.17 |
| 湖北 | 淡水养殖 | 工厂化养殖 | 草鱼 | 0.13 | 0.03 | 0.03 | 32.32 |
| 湖北 | 淡水养殖 | 工厂化养殖 | 龟 | 8.89 | 2.20 | 2.81 | 53.17 |
| 湖北 | 淡水养殖 | 工厂化养殖 | 加州鲈 | 4.52 | 0.65 | 0.09 | 82.85 |
| 湖北 | 淡水养殖 | 工厂化养殖 | 鲤鱼 | 2.49 | 0.21 | 0.56 | 10.74 |

| 省份 | 养殖水体 | 养殖模式 | 养殖种类 | 总氮/（克/千克） | 总磷/（克/千克） | 氨氮/（克/千克） | COD/（克/千克） |
|---|---|---|---|---|---|---|---|
| 湖北 | 淡水养殖 | 工厂化养殖 | 鲈鱼 | 4.52 | 0.65 | 0.09 | 82.85 |
| 湖北 | 淡水养殖 | 工厂化养殖 | 鳗鲡 | 39.64 | 27.18 | 24.23 | 36.86 |
| 湖北 | 淡水养殖 | 工厂化养殖 | 鲟鱼 | 6.78 | 5.32 | 4.06 | 56.70 |
| 湖北 | 淡水养殖 | 网箱养殖 | 鳊鱼 | 26.11 | 3.71 | 0.50 | 21.77 |
| 湖北 | 淡水养殖 | 网箱养殖 | 草鱼 | 36.56 | 9.32 | 0.06 | 0.26 |
| 湖北 | 淡水养殖 | 网箱养殖 | 鳜鱼 | 4.52 | 0.65 | 0.00 | 1.13 |
| 湖北 | 淡水养殖 | 网箱养殖 | 黄颡鱼 | 4.52 | 0.65 | 0.00 | 1.13 |
| 湖北 | 淡水养殖 | 网箱养殖 | 黄鳝 | 4.52 | 0.65 | 0.00 | 1.13 |
| 湖北 | 淡水养殖 | 网箱养殖 | 鮰鱼 | 39.17 | 8.64 | 0.03 | 0.09 |
| 湖北 | 淡水养殖 | 网箱养殖 | 鲫鱼 | 26.95 | 9.13 | 0.00 | 0.16 |
| 湖北 | 淡水养殖 | 网箱养殖 | 鲤鱼 | 25.50 | 8.84 | 0.00 | 0.29 |
| 湖北 | 淡水养殖 | 网箱养殖 | 鲢鱼 | −1.23 | −1.11 | −0.02 | −1.48 |
| 湖北 | 淡水养殖 | 网箱养殖 | 鲈鱼 | 68.03 | 16.26 | 0.95 | 39.64 |
| 湖北 | 淡水养殖 | 网箱养殖 | 泥鳅 | 2.28 | 0.53 | 1.60 | 0.40 |
| 湖北 | 淡水养殖 | 网箱养殖 | 鲶鱼 | 4.52 | 0.65 | 0.00 | 1.13 |
| 湖北 | 淡水养殖 | 网箱养殖 | 青鱼 | 4.52 | 0.65 | 0.00 | 1.13 |
| 湖北 | 淡水养殖 | 网箱养殖 | 鲟鱼 | 4.52 | 0.65 | 0.00 | 1.13 |
| 湖北 | 淡水养殖 | 网箱养殖 | 鳙鱼 | −1.23 | −1.11 | −0.02 | −1.48 |
| 湖北 | 淡水养殖 | 网箱养殖 | 长吻鮠 | 10.35 | 4.99 | 0.07 | 0.13 |
| 湖北 | 淡水养殖 | 围栏养殖 | 鳊鱼 | 26.11 | 3.71 | 0.50 | 21.77 |
| 湖北 | 淡水养殖 | 围栏养殖 | 鳖 | 8.89 | 2.20 | 2.81 | 53.17 |
| 湖北 | 淡水养殖 | 围栏养殖 | 草鱼 | 26.11 | 3.71 | 0.50 | 21.77 |
| 湖北 | 淡水养殖 | 围栏养殖 | 鳜鱼 | 4.52 | 0.65 | 0.00 | 1.13 |
| 湖北 | 淡水养殖 | 围栏养殖 | 黄颡鱼 | 4.52 | 0.65 | 0.00 | 1.13 |
| 湖北 | 淡水养殖 | 围栏养殖 | 黄鳝 | 4.52 | 0.65 | 0.00 | 1.13 |
| 湖北 | 淡水养殖 | 围栏养殖 | 鮰鱼 | 39.17 | 8.64 | 0.03 | 0.09 |
| 湖北 | 淡水养殖 | 围栏养殖 | 鲫鱼 | 26.95 | 9.13 | 0.00 | 0.16 |
| 湖北 | 淡水养殖 | 围栏养殖 | 鲤鱼 | 2.28 | 0.53 | 1.60 | 0.40 |
| 湖北 | 淡水养殖 | 围栏养殖 | 鲢鱼 | −1.23 | −1.11 | −0.02 | −1.48 |
| 湖北 | 淡水养殖 | 围栏养殖 | 泥鳅 | 2.28 | 0.53 | 1.60 | 0.40 |
| 湖北 | 淡水养殖 | 围栏养殖 | 青虾 | 0.94 | 0.34 | 0.49 | 3.96 |
| 湖北 | 淡水养殖 | 围栏养殖 | 青鱼 | 4.52 | 0.65 | 0.00 | 1.13 |
| 湖北 | 淡水养殖 | 围栏养殖 | 蛙 | 8.89 | 2.20 | 2.81 | 53.17 |
| 湖北 | 淡水养殖 | 围栏养殖 | 鳙鱼 | −1.23 | −1.11 | −0.02 | −1.48 |
| 湖北 | 淡水养殖 | 滩涂养殖 | 鳊鱼 | 26.11 | 3.71 | 0.50 | 21.77 |
| 湖北 | 淡水养殖 | 滩涂养殖 | 鳖 | 8.89 | 2.20 | 2.81 | 53.17 |
| 湖北 | 淡水养殖 | 滩涂养殖 | 草鱼 | 26.11 | 3.71 | 0.50 | 21.77 |
| 湖北 | 淡水养殖 | 滩涂养殖 | 龟 | 8.89 | 2.20 | 2.81 | 53.17 |
| 湖北 | 淡水养殖 | 滩涂养殖 | 河蟹 | 9.04 | 4.52 | 0.92 | 30.80 |
| 湖北 | 淡水养殖 | 滩涂养殖 | 黄颡鱼 | 4.52 | 0.65 | 0.00 | 1.13 |

| 省份 | 养殖水体 | 养殖模式 | 养殖种类 | 总氮/（克/千克） | 总磷/（克/千克） | 氨氮/（克/千克） | COD/（克/千克） |
|------|----------|----------|----------|------|------|------|------|
| 湖北 | 淡水养殖 | 滩涂养殖 | 鲫鱼 | 26.95 | 9.13 | 0.00 | 0.16 |
| 湖北 | 淡水养殖 | 滩涂养殖 | 克氏原螯虾 | 0.87 | 0.29 | 0.61 | 1.69 |
| 湖北 | 淡水养殖 | 滩涂养殖 | 鲤鱼 | 10.35 | 4.99 | 0.07 | 0.13 |
| 湖北 | 淡水养殖 | 滩涂养殖 | 鲢鱼 | −1.23 | −1.11 | −0.02 | −1.48 |
| 湖北 | 淡水养殖 | 滩涂养殖 | 青虾 | 0.94 | 0.34 | 0.49 | 3.96 |
| 湖北 | 淡水养殖 | 滩涂养殖 | 青鱼 | 4.52 | 0.65 | 0.00 | 1.13 |
| 湖北 | 淡水养殖 | 滩涂养殖 | 鳙鱼 | −1.23 | −1.11 | −0.02 | −1.48 |
| 湖北 | 淡水养殖 | 其他 | 鳊鱼 | 7.75 | 1.83 | 1.97 | 14.84 |
| 湖北 | 淡水养殖 | 其他 | 鳖 | 7.75 | 1.83 | 1.97 | 14.84 |
| 湖北 | 淡水养殖 | 其他 | 草鱼 | 7.75 | 1.83 | 1.97 | 14.84 |
| 湖北 | 淡水养殖 | 其他 | 龟 | 7.75 | 1.83 | 1.97 | 14.84 |
| 湖北 | 淡水养殖 | 其他 | 鳜鱼 | 7.75 | 1.83 | 1.97 | 14.84 |
| 湖北 | 淡水养殖 | 其他 | 河蚌 | 0.74 | 0.16 | 0.07 | 2.18 |
| 湖北 | 淡水养殖 | 其他 | 河豚 | 7.75 | 1.83 | 1.97 | 14.84 |
| 湖北 | 淡水养殖 | 其他 | 河蟹 | 5.22 | 1.19 | 0.96 | 23.00 |
| 湖北 | 淡水养殖 | 其他 | 黄颡鱼 | 7.75 | 1.83 | 1.97 | 14.84 |
| 湖北 | 淡水养殖 | 其他 | 黄鳝 | 7.75 | 1.83 | 1.97 | 14.84 |
| 湖北 | 淡水养殖 | 其他 | 鮰鱼 | 7.75 | 1.83 | 1.97 | 14.84 |
| 湖北 | 淡水养殖 | 其他 | 鲫鱼 | 7.75 | 1.83 | 1.97 | 14.84 |
| 湖北 | 淡水养殖 | 其他 | 加州鲈 | 7.75 | 1.83 | 1.97 | 14.84 |
| 湖北 | 淡水养殖 | 其他 | 克氏原螯虾 | 0.87 | 0.29 | 0.61 | 1.69 |
| 湖北 | 淡水养殖 | 其他 | 鲤鱼 | 7.75 | 1.83 | 1.97 | 14.84 |
| 湖北 | 淡水养殖 | 其他 | 鲢鱼 | −1.23 | −1.11 | −0.02 | −1.48 |
| 湖北 | 淡水养殖 | 其他 | 鲈鱼 | 7.75 | 1.83 | 1.97 | 14.84 |
| 湖北 | 淡水养殖 | 其他 | 罗氏沼虾 | 5.22 | 1.19 | 0.96 | 23.00 |
| 湖北 | 淡水养殖 | 其他 | 螺 | 0.74 | 0.16 | 0.07 | 2.18 |
| 湖北 | 淡水养殖 | 其他 | 泥鳅 | 7.75 | 1.83 | 1.97 | 14.84 |
| 湖北 | 淡水养殖 | 其他 | 鲶鱼 | 7.75 | 1.83 | 1.97 | 14.84 |
| 湖北 | 淡水养殖 | 其他 | 其他 | 7.75 | 1.83 | 1.97 | 14.84 |
| 湖北 | 淡水养殖 | 其他 | 青虾 | 5.22 | 1.19 | 0.96 | 23.00 |
| 湖北 | 淡水养殖 | 其他 | 青鱼 | 7.75 | 1.83 | 1.97 | 14.84 |
| 湖北 | 淡水养殖 | 其他 | 蛙 | 7.75 | 1.83 | 1.97 | 14.84 |
| 湖北 | 淡水养殖 | 其他 | 乌鳢 | 7.75 | 1.83 | 1.97 | 14.84 |
| 湖北 | 淡水养殖 | 其他 | 蚬 | 0.74 | 0.16 | 0.07 | 2.18 |
| 湖北 | 淡水养殖 | 其他 | 鲟鱼 | 7.75 | 1.83 | 1.97 | 14.84 |
| 湖北 | 淡水养殖 | 其他 | 银鱼 | 7.75 | 1.83 | 1.97 | 14.84 |
| 湖北 | 淡水养殖 | 其他 | 鳙鱼 | −1.23 | −1.11 | −0.02 | −1.48 |
| 湖北 | 淡水养殖 | 工厂化养殖 | 其他 | 3.53 | 0.76 | 1.10 | 13.95 |
| 湖北 | 淡水养殖 | 工厂化养殖 | 黄鳝 | 3.78 | 0.99 | 0.81 | 104.99 |
| 湖北 | 淡水养殖 | 滩涂养殖 | 鲟鱼 | 2.18 | 1.17 | 0.29 | 7.53 |

| 省份 | 养殖水体 | 养殖模式 | 养殖种类 | 总氮/（克/千克） | 总磷/（克/千克） | 氨氮/（克/千克） | COD/（克/千克） |
|---|---|---|---|---|---|---|---|
| 湖北 | 淡水养殖 | 滩涂养殖 | 其他 | 3.53 | 0.76 | 1.10 | 13.95 |
| 湖北 | 淡水养殖 | 滩涂养殖 | 鲶鱼 | 0.41 | 0.06 | 0.10 | 1.55 |
| 湖北 | 淡水养殖 | 滩涂养殖 | 鳜鱼 | 2.29 | 0.53 | 0.46 | 40.64 |
| 湖北 | 淡水养殖 | 工厂化养殖 | 鳊鱼 | 0.82 | 0.08 | 0.52 | 9.02 |
| 湖北 | 淡水养殖 | 工厂化养殖 | 鲫鱼 | 0.69 | 0.22 | 0.29 | 7.44 |
| 湖北 | 淡水养殖 | 工厂化养殖 | 鲢鱼 | −1.23 | −1.11 | −0.02 | −1.48 |
| 湖北 | 淡水养殖 | 工厂化养殖 | 鲶鱼 | 0.41 | 0.06 | 0.10 | 1.55 |
| 湖北 | 淡水养殖 | 工厂化养殖 | 鳙鱼 | −1.23 | −1.11 | −0.02 | −1.48 |
| | | | | | | | |
| 湖南 | 淡水养殖 | 池塘养殖 | 鳊鱼 | 0.82 | 0.08 | 0.52 | 9.02 |
| 湖南 | 淡水养殖 | 池塘养殖 | 鳖 | 8.89 | 2.20 | 2.81 | 53.17 |
| 湖南 | 淡水养殖 | 池塘养殖 | 草鱼 | 2.50 | 0.49 | 0.99 | 7.42 |
| 湖南 | 淡水养殖 | 池塘养殖 | 淡水珍珠 | 2.22 | 0.25 | 0.19 | 4.63 |
| 湖南 | 淡水养殖 | 池塘养殖 | 龟 | 8.89 | 2.20 | 2.81 | 53.17 |
| 湖南 | 淡水养殖 | 池塘养殖 | 鳜鱼 | 5.19 | 0.36 | 2.83 | 28.35 |
| 湖南 | 淡水养殖 | 池塘养殖 | 河蚌 | 2.22 | 0.25 | 0.19 | 4.63 |
| 湖南 | 淡水养殖 | 池塘养殖 | 河蟹 | 4.74 | 0.40 | 1.39 | 42.96 |
| 湖南 | 淡水养殖 | 池塘养殖 | 黄颡鱼 | 2.92 | 0.18 | 0.85 | 13.68 |
| 湖南 | 淡水养殖 | 池塘养殖 | 黄鳝 | 3.78 | 0.99 | 0.81 | 104.99 |
| 湖南 | 淡水养殖 | 池塘养殖 | 鮰鱼 | 2.90 | 1.55 | 2.48 | 4.63 |
| 湖南 | 淡水养殖 | 池塘养殖 | 鲫鱼 | 6.34 | 1.11 | 1.18 | 10.66 |
| 湖南 | 淡水养殖 | 池塘养殖 | 加州鲈 | 4.52 | 0.65 | 0.09 | 82.85 |
| 湖南 | 淡水养殖 | 池塘养殖 | 克氏原螯虾 | 0.87 | 0.29 | 0.61 | 1.69 |
| 湖南 | 淡水养殖 | 池塘养殖 | 鲤鱼 | 5.84 | 0.58 | 1.24 | 16.64 |
| 湖南 | 淡水养殖 | 池塘养殖 | 鲢鱼 | −1.23 | −1.11 | −0.02 | −1.48 |
| 湖南 | 淡水养殖 | 池塘养殖 | 鲈鱼 | 4.52 | 0.65 | 0.09 | 82.85 |
| 湖南 | 淡水养殖 | 池塘养殖 | 罗非鱼 | 3.11 | 0.68 | 2.97 | 55.90 |
| 湖南 | 淡水养殖 | 池塘养殖 | 罗氏沼虾 | 9.27 | 0.15 | 1.52 | 27.88 |
| 湖南 | 淡水养殖 | 池塘养殖 | 螺 | 2.22 | 0.25 | 0.19 | 4.63 |
| 湖南 | 淡水养殖 | 池塘养殖 | 南美白对虾（淡） | 1.98 | 0.68 | 0.58 | 31.05 |
| 湖南 | 淡水养殖 | 池塘养殖 | 泥鳅 | 2.49 | 0.21 | 0.56 | 10.74 |
| 湖南 | 淡水养殖 | 池塘养殖 | 鲶鱼 | 0.41 | 0.06 | 0.10 | 1.55 |
| 湖南 | 淡水养殖 | 池塘养殖 | 其他 | 3.53 | 0.76 | 1.10 | 13.95 |
| 湖南 | 淡水养殖 | 池塘养殖 | 青虾 | 0.94 | 0.34 | 0.49 | 3.96 |
| 湖南 | 淡水养殖 | 池塘养殖 | 青鱼 | 0.41 | 0.06 | 0.10 | 1.55 |
| 湖南 | 淡水养殖 | 池塘养殖 | 蛙 | 8.89 | 2.20 | 2.81 | 53.17 |
| 湖南 | 淡水养殖 | 池塘养殖 | 乌鳢 | 12.99 | 3.21 | 9.15 | 10.90 |
| 湖南 | 淡水养殖 | 池塘养殖 | 鲟鱼 | 6.78 | 5.32 | 4.06 | 56.70 |
| 湖南 | 淡水养殖 | 池塘养殖 | 鳙鱼 | −1.23 | −1.11 | −0.02 | −1.48 |
| 湖南 | 淡水养殖 | 池塘养殖 | 长吻鮠 | 2.49 | 0.21 | 0.56 | 10.74 |

| 省份 | 养殖水体 | 养殖模式 | 养殖种类 | 总氮/（克/千克） | 总磷/（克/千克） | 氨氮/（克/千克） | COD/（克/千克） |
|---|---|---|---|---|---|---|---|
| 湖南 | 淡水养殖 | 池塘养殖 | 鳟鱼 | 0.43 | 0.01 | 0.08 | 0.04 |
| 湖南 | 淡水养殖 | 工厂化养殖 | 草鱼 | 0.13 | 0.03 | 0.03 | 32.32 |
| 湖南 | 淡水养殖 | 工厂化养殖 | 鲫鱼 | 1.75 | 0.91 | 0.31 | 5.22 |
| 湖南 | 淡水养殖 | 工厂化养殖 | 鲤鱼 | 2.49 | 0.21 | 0.56 | 10.74 |
| 湖南 | 淡水养殖 | 工厂化养殖 | 鲢鱼 | −1.23 | −1.11 | −0.02 | −1.48 |
| 湖南 | 淡水养殖 | 工厂化养殖 | 鲈鱼 | 4.52 | 0.65 | 0.09 | 82.85 |
| 湖南 | 淡水养殖 | 工厂化养殖 | 南美白对虾（淡） | 1.98 | 0.68 | 0.58 | 31.05 |
| 湖南 | 淡水养殖 | 工厂化养殖 | 泥鳅 | 2.49 | 0.21 | 0.56 | 10.74 |
| 湖南 | 淡水养殖 | 工厂化养殖 | 鲶鱼 | 0.41 | 0.06 | 0.10 | 1.55 |
| 湖南 | 淡水养殖 | 工厂化养殖 | 其他 | 7.28 | 2.67 | 3.41 | 20.40 |
| 湖南 | 淡水养殖 | 工厂化养殖 | 青鱼 | 0.41 | 0.06 | 0.10 | 1.55 |
| 湖南 | 淡水养殖 | 工厂化养殖 | 鲟鱼 | 6.78 | 5.32 | 4.06 | 56.70 |
| 湖南 | 淡水养殖 | 工厂化养殖 | 鳙鱼 | −1.23 | −1.11 | −0.02 | −1.48 |
| 湖南 | 淡水养殖 | 工厂化养殖 | 鳟鱼 | 0.43 | 0.01 | 0.08 | 0.04 |
| 湖南 | 淡水养殖 | 网箱养殖 | 鳊鱼 | 26.11 | 3.71 | 0.50 | 21.77 |
| 湖南 | 淡水养殖 | 网箱养殖 | 草鱼 | 26.11 | 3.71 | 0.50 | 21.77 |
| 湖南 | 淡水养殖 | 网箱养殖 | 鳜鱼 | 4.52 | 0.65 | 0.00 | 1.13 |
| 湖南 | 淡水养殖 | 网箱养殖 | 黄颡鱼 | 4.52 | 0.65 | 0.00 | 1.13 |
| 湖南 | 淡水养殖 | 网箱养殖 | 黄鳝 | 4.52 | 0.65 | 0.00 | 1.13 |
| 湖南 | 淡水养殖 | 网箱养殖 | 鲴鱼 | 39.17 | 8.64 | 0.03 | 0.09 |
| 湖南 | 淡水养殖 | 网箱养殖 | 鲫鱼 | 26.95 | 9.13 | 0.00 | 0.16 |
| 湖南 | 淡水养殖 | 网箱养殖 | 鲤鱼 | 25.50 | 8.84 | 0.00 | 0.29 |
| 湖南 | 淡水养殖 | 网箱养殖 | 鲢鱼 | −1.23 | −1.11 | −0.02 | −1.48 |
| 湖南 | 淡水养殖 | 网箱养殖 | 鲈鱼 | 68.03 | 16.26 | 0.95 | 39.64 |
| 湖南 | 淡水养殖 | 网箱养殖 | 鲶鱼 | 4.52 | 0.65 | 0.00 | 1.13 |
| 湖南 | 淡水养殖 | 网箱养殖 | 其他 | 23.04 | 4.68 | 0.68 | 5.87 |
| 湖南 | 淡水养殖 | 网箱养殖 | 青鱼 | 4.52 | 0.65 | 0.00 | 1.13 |
| 湖南 | 淡水养殖 | 网箱养殖 | 乌鳢 | 4.52 | 0.65 | 0.00 | 1.13 |
| 湖南 | 淡水养殖 | 网箱养殖 | 鲟鱼 | 4.52 | 0.65 | 0.00 | 1.13 |
| 湖南 | 淡水养殖 | 网箱养殖 | 鳙鱼 | −1.23 | −1.11 | −0.02 | −1.48 |
| 湖南 | 淡水养殖 | 网箱养殖 | 鳟鱼 | 18.16 | 6.43 | 0.01 | 3.50 |
| 湖南 | 淡水养殖 | 围栏养殖 | 鳖 | 8.89 | 2.20 | 2.81 | 53.17 |
| 湖南 | 淡水养殖 | 围栏养殖 | 草鱼 | 26.11 | 3.71 | 0.50 | 21.77 |
| 湖南 | 淡水养殖 | 围栏养殖 | 河蟹 | 9.04 | 4.52 | 0.92 | 30.80 |
| 湖南 | 淡水养殖 | 围栏养殖 | 鲴鱼 | 39.17 | 8.64 | 0.03 | 0.09 |
| 湖南 | 淡水养殖 | 围栏养殖 | 鲤鱼 | 2.28 | 0.53 | 1.60 | 0.40 |
| 湖南 | 淡水养殖 | 围栏养殖 | 鲢鱼 | −1.23 | −1.11 | −0.02 | −1.48 |
| 湖南 | 淡水养殖 | 围栏养殖 | 鲈鱼 | 68.03 | 16.26 | 0.95 | 39.64 |
| 湖南 | 淡水养殖 | 围栏养殖 | 泥鳅 | 2.28 | 0.53 | 1.60 | 0.40 |
| 湖南 | 淡水养殖 | 围栏养殖 | 其他 | 4.10 | 1.84 | 1.06 | 25.41 |

| 省份 | 养殖水体 | 养殖模式 | 养殖种类 | 总氮/（克/千克） | 总磷/（克/千克） | 氨氮/（克/千克） | COD/（克/千克） |
|---|---|---|---|---|---|---|---|
| 湖南 | 淡水养殖 | 围栏养殖 | 青鱼 | 4.52 | 0.65 | 0.00 | 1.13 |
| 湖南 | 淡水养殖 | 围栏养殖 | 蛙 | 8.89 | 2.20 | 2.81 | 53.17 |
| 湖南 | 淡水养殖 | 围栏养殖 | 鳙鱼 | −1.23 | −1.11 | −0.02 | −1.48 |
| 湖南 | 淡水养殖 | 滩涂养殖 | 鳊鱼 | 26.11 | 3.71 | 0.50 | 21.77 |
| 湖南 | 淡水养殖 | 滩涂养殖 | 草鱼 | 26.11 | 3.71 | 0.50 | 21.77 |
| 湖南 | 淡水养殖 | 滩涂养殖 | 鳜鱼 | 4.52 | 0.65 | 0.00 | 1.13 |
| 湖南 | 淡水养殖 | 滩涂养殖 | 河蚌 | 0.76 | 0.10 | 0.09 | 2.22 |
| 湖南 | 淡水养殖 | 滩涂养殖 | 黄颡鱼 | 4.52 | 0.65 | 0.00 | 1.13 |
| 湖南 | 淡水养殖 | 滩涂养殖 | 鲫鱼 | 26.95 | 9.13 | 0.00 | 0.16 |
| 湖南 | 淡水养殖 | 滩涂养殖 | 鲤鱼 | 10.35 | 4.99 | 0.07 | 0.13 |
| 湖南 | 淡水养殖 | 滩涂养殖 | 鲢鱼 | −1.23 | −1.11 | −0.02 | −1.48 |
| 湖南 | 淡水养殖 | 滩涂养殖 | 螺 | 0.76 | 0.10 | 0.09 | 2.22 |
| 湖南 | 淡水养殖 | 滩涂养殖 | 鲶鱼 | 4.52 | 0.65 | 0.00 | 1.13 |
| 湖南 | 淡水养殖 | 滩涂养殖 | 青鱼 | 4.52 | 0.65 | 0.00 | 1.13 |
| 湖南 | 淡水养殖 | 滩涂养殖 | 乌鳢 | 4.52 | 0.65 | 0.00 | 1.13 |
| 湖南 | 淡水养殖 | 滩涂养殖 | 鳙鱼 | −1.23 | −1.11 | −0.02 | −1.48 |
| 湖南 | 淡水养殖 | 其他 | 鳊鱼 | 7.75 | 1.83 | 1.97 | 14.84 |
| 湖南 | 淡水养殖 | 其他 | 鳖 | 7.75 | 1.83 | 1.97 | 14.84 |
| 湖南 | 淡水养殖 | 其他 | 草鱼 | 7.75 | 1.83 | 1.97 | 14.84 |
| 湖南 | 淡水养殖 | 其他 | 淡水珍珠 | 1.49 | 0.17 | 0.14 | 3.42 |
| 湖南 | 淡水养殖 | 其他 | 鳜鱼 | 7.75 | 1.83 | 1.97 | 14.84 |
| 湖南 | 淡水养殖 | 其他 | 河蟹 | 5.22 | 1.19 | 0.96 | 23.00 |
| 湖南 | 淡水养殖 | 其他 | 黄颡鱼 | 7.75 | 1.83 | 1.97 | 14.84 |
| 湖南 | 淡水养殖 | 其他 | 黄鳝 | 7.75 | 1.83 | 1.97 | 14.84 |
| 湖南 | 淡水养殖 | 其他 | 鮰鱼 | 7.75 | 1.83 | 1.97 | 14.84 |
| 湖南 | 淡水养殖 | 其他 | 鲫鱼 | 7.75 | 1.83 | 1.97 | 14.84 |
| 湖南 | 淡水养殖 | 其他 | 加州鲈 | 7.75 | 1.83 | 1.97 | 14.84 |
| 湖南 | 淡水养殖 | 其他 | 克氏原螯虾 | 0.87 | 0.29 | 0.61 | 1.69 |
| 湖南 | 淡水养殖 | 其他 | 鲤鱼 | 7.75 | 1.83 | 1.97 | 14.84 |
| 湖南 | 淡水养殖 | 其他 | 鲢鱼 | −1.23 | −1.11 | −0.02 | −1.48 |
| 湖南 | 淡水养殖 | 其他 | 螺 | 0.74 | 0.16 | 0.07 | 2.18 |
| 湖南 | 淡水养殖 | 其他 | 泥鳅 | 7.75 | 1.83 | 1.97 | 14.84 |
| 湖南 | 淡水养殖 | 其他 | 鲶鱼 | 7.75 | 1.83 | 1.97 | 14.84 |
| 湖南 | 淡水养殖 | 其他 | 其他 | 7.75 | 1.83 | 1.97 | 14.84 |
| 湖南 | 淡水养殖 | 其他 | 青虾 | 5.22 | 1.19 | 0.96 | 23.00 |
| 湖南 | 淡水养殖 | 其他 | 青鱼 | 7.75 | 1.83 | 1.97 | 14.84 |
| 湖南 | 淡水养殖 | 其他 | 蛙 | 7.75 | 1.83 | 1.97 | 14.84 |
| 湖南 | 淡水养殖 | 其他 | 乌鳢 | 7.75 | 1.83 | 1.97 | 14.84 |
| 湖南 | 淡水养殖 | 其他 | 鲟鱼 | 7.75 | 1.83 | 1.97 | 14.84 |
| 湖南 | 淡水养殖 | 其他 | 银鱼 | 7.75 | 1.83 | 1.97 | 14.84 |

| 省份 | 养殖水体 | 养殖模式 | 养殖种类 | 总氮/（克/千克） | 总磷/（克/千克） | 氨氮/（克/千克） | COD/（克/千克） |
|---|---|---|---|---|---|---|---|
| 湖南 | 淡水养殖 | 其他 | 鳙鱼 | -1.23 | -1.11 | -0.02 | -1.48 |
| 湖南 | 淡水养殖 | 池塘养殖 | 银鱼 | 2.60 | 0.65 | -0.02 | 9.46 |
| 湖南 | 淡水养殖 | 其他 | 河蚌 | 0.76 | 0.10 | 0.09 | 2.22 |
| 湖南 | 淡水养殖 | 其他 | 龟 | 8.89 | 2.20 | 2.81 | 53.17 |
| 湖南 | 淡水养殖 | 池塘养殖 | 蚬 | 0.76 | 0.10 | 0.09 | 2.22 |
| 湖南 | 淡水养殖 | 工厂化养殖 | 鳗鲡 | 39.64 | 27.18 | 24.23 | 36.86 |
| 湖南 | 淡水养殖 | 网箱养殖 | 长吻鮠 | 1.24 | 0.11 | 0.06 | 2.28 |
| 湖南 | 淡水养殖 | 围栏养殖 | 鲶鱼 | 0.41 | 0.06 | 0.10 | 1.55 |
| 湖南 | 淡水养殖 | 滩涂养殖 | 其他 | 3.53 | 0.76 | 1.10 | 13.95 |
| 湖南 | 淡水养殖 | 围栏养殖 | 鲫鱼 | 0.69 | 0.22 | 0.29 | 7.44 |
| 湖南 | 淡水养殖 | 围栏养殖 | 鳊鱼 | 0.90 | 0.09 | 0.56 | 9.67 |
| | | | | | | | |
| 吉林 | 淡水养殖 | 池塘养殖 | 鳊鱼 | 0.67 | 0.17 | -0.06 | 3.20 |
| 吉林 | 淡水养殖 | 池塘养殖 | 草鱼 | 2.50 | 0.49 | 0.99 | 7.42 |
| 吉林 | 淡水养殖 | 池塘养殖 | 鲑鱼 | 15.01 | 1.90 | 0.15 | 1.87 |
| 吉林 | 淡水养殖 | 池塘养殖 | 鳜鱼 | 2.29 | 0.53 | 0.46 | 40.64 |
| 吉林 | 淡水养殖 | 池塘养殖 | 河蟹 | 7.32 | 4.53 | 6.54 | 32.01 |
| 吉林 | 淡水养殖 | 池塘养殖 | 黄颡鱼 | 2.92 | 0.18 | 0.85 | 13.68 |
| 吉林 | 淡水养殖 | 池塘养殖 | 鮰鱼 | 4.01 | 0.17 | 0.16 | 4.85 |
| 吉林 | 淡水养殖 | 池塘养殖 | 鲫鱼 | 6.34 | 1.11 | 1.18 | 10.66 |
| 吉林 | 淡水养殖 | 池塘养殖 | 鲤鱼 | 5.74 | 0.32 | 0.23 | 6.92 |
| 吉林 | 淡水养殖 | 池塘养殖 | 鲢鱼 | -1.23 | -1.11 | -0.02 | -1.48 |
| 吉林 | 淡水养殖 | 池塘养殖 | 美国红鱼 | 0.33 | 0.10 | 0.00 | 0.04 |
| 吉林 | 淡水养殖 | 池塘养殖 | 南美白对虾（淡） | 4.49 | 0.46 | 0.97 | 14.74 |
| 吉林 | 淡水养殖 | 池塘养殖 | 泥鳅 | 2.21 | 0.22 | 1.12 | 11.67 |
| 吉林 | 淡水养殖 | 池塘养殖 | 鲶鱼 | 4.28 | 0.18 | 0.08 | 15.62 |
| 吉林 | 淡水养殖 | 池塘养殖 | 其他 | 3.53 | 0.76 | 1.10 | 13.95 |
| 吉林 | 淡水养殖 | 池塘养殖 | 青虾 | 1.88 | 0.12 | 0.12 | 1.22 |
| 吉林 | 淡水养殖 | 池塘养殖 | 青鱼 | 4.28 | 0.18 | 0.08 | 15.62 |
| 吉林 | 淡水养殖 | 池塘养殖 | 蛙 | 8.89 | 2.20 | 2.81 | 53.17 |
| 吉林 | 淡水养殖 | 池塘养殖 | 乌鳢 | 2.10 | 0.17 | 0.53 | 9.19 |
| 吉林 | 淡水养殖 | 池塘养殖 | 鲟鱼 | 2.18 | 1.17 | 0.29 | 7.53 |
| 吉林 | 淡水养殖 | 池塘养殖 | 鳙鱼 | -1.23 | -1.11 | -0.02 | -1.48 |
| 吉林 | 淡水养殖 | 池塘养殖 | 鳟鱼 | 1.98 | 0.08 | 1.69 | 1.55 |
| 吉林 | 淡水养殖 | 工厂化养殖 | 草鱼 | 2.50 | 0.49 | 0.99 | 7.42 |
| 吉林 | 淡水养殖 | 工厂化养殖 | 鲷鱼 | 5.87 | 0.50 | 1.18 | 0.55 |
| 吉林 | 淡水养殖 | 工厂化养殖 | 鲑鱼 | 15.01 | 1.90 | 0.15 | 1.87 |
| 吉林 | 淡水养殖 | 工厂化养殖 | 鲫鱼 | 2.93 | 0.22 | 1.38 | 11.31 |
| 吉林 | 淡水养殖 | 工厂化养殖 | 鲤鱼 | 2.21 | 0.22 | 1.12 | 11.67 |
| 吉林 | 淡水养殖 | 工厂化养殖 | 鲢鱼 | -1.23 | -1.11 | -0.02 | -1.48 |

| 省份 | 养殖水体 | 养殖模式 | 养殖种类 | 总氮/（克/千克） | 总磷/（克/千克） | 氨氮/（克/千克） | COD/（克/千克） |
|---|---|---|---|---|---|---|---|
| 吉林 | 淡水养殖 | 工厂化养殖 | 罗非鱼 | 2.47 | 0.11 | 0.34 | 8.28 |
| 吉林 | 淡水养殖 | 工厂化养殖 | 鲶鱼 | 4.28 | 0.18 | 0.08 | 15.62 |
| 吉林 | 淡水养殖 | 工厂化养殖 | 其他 | 7.28 | 2.67 | 3.41 | 20.40 |
| 吉林 | 淡水养殖 | 工厂化养殖 | 青鱼 | 4.28 | 0.18 | 0.08 | 15.62 |
| 吉林 | 淡水养殖 | 工厂化养殖 | 鲟鱼 | 2.18 | 1.17 | 0.29 | 7.53 |
| 吉林 | 淡水养殖 | 工厂化养殖 | 鳙鱼 | −1.23 | −1.11 | −0.02 | −1.48 |
| 吉林 | 淡水养殖 | 工厂化养殖 | 鳟鱼 | 1.98 | 0.08 | 1.69 | 1.55 |
| 吉林 | 淡水养殖 | 网箱养殖 | 草鱼 | 17.48 | 1.02 | 0.24 | 0.38 |
| 吉林 | 淡水养殖 | 网箱养殖 | 鳜鱼 | 15.01 | 1.90 | 0.15 | 1.87 |
| 吉林 | 淡水养殖 | 网箱养殖 | 鲫鱼 | 26.95 | 9.13 | 0.00 | 0.16 |
| 吉林 | 淡水养殖 | 网箱养殖 | 鲤鱼 | 25.50 | 8.84 | 0.00 | 0.29 |
| 吉林 | 淡水养殖 | 网箱养殖 | 鲢鱼 | −1.23 | −1.11 | −0.02 | −1.48 |
| 吉林 | 淡水养殖 | 网箱养殖 | 其他 | 23.04 | 4.68 | 0.68 | 5.87 |
| 吉林 | 淡水养殖 | 网箱养殖 | 青鱼 | 15.01 | 1.90 | 0.15 | 1.87 |
| 吉林 | 淡水养殖 | 网箱养殖 | 鲟鱼 | 15.01 | 1.90 | 0.15 | 1.87 |
| 吉林 | 淡水养殖 | 网箱养殖 | 鳙鱼 | −1.23 | −1.11 | −0.02 | −1.48 |
| 吉林 | 淡水养殖 | 网箱养殖 | 鳟鱼 | 18.54 | 0.73 | 0.01 | 0.06 |
| 吉林 | 淡水养殖 | 围栏养殖 | 鳊鱼 | 17.48 | 1.02 | 0.24 | 0.38 |
| 吉林 | 淡水养殖 | 围栏养殖 | 草鱼 | 17.48 | 1.02 | 0.24 | 0.38 |
| 吉林 | 淡水养殖 | 围栏养殖 | 鲫鱼 | 26.95 | 9.13 | 0.00 | 0.16 |
| 吉林 | 淡水养殖 | 围栏养殖 | 鲤鱼 | 25.50 | 8.84 | 0.00 | 0.29 |
| 吉林 | 淡水养殖 | 围栏养殖 | 鲢鱼 | −1.23 | −1.11 | −0.02 | −1.48 |
| 吉林 | 淡水养殖 | 围栏养殖 | 鳙鱼 | −1.23 | −1.11 | −0.02 | −1.48 |
| 吉林 | 淡水养殖 | 其他 | 草鱼 | 7.75 | 1.83 | 1.97 | 14.84 |
| 吉林 | 淡水养殖 | 其他 | 鳜鱼 | 7.75 | 1.83 | 1.97 | 14.84 |
| 吉林 | 淡水养殖 | 其他 | 河蟹 | 5.22 | 1.19 | 0.96 | 23.00 |
| 吉林 | 淡水养殖 | 其他 | 黄颡鱼 | 7.75 | 1.83 | 1.97 | 14.84 |
| 吉林 | 淡水养殖 | 其他 | 鲫鱼 | 7.75 | 1.83 | 1.97 | 14.84 |
| 吉林 | 淡水养殖 | 其他 | 鲤鱼 | 7.75 | 1.83 | 1.97 | 14.84 |
| 吉林 | 淡水养殖 | 其他 | 鲢鱼 | −1.23 | −1.11 | −0.02 | −1.48 |
| 吉林 | 淡水养殖 | 其他 | 泥鳅 | 7.75 | 1.83 | 1.97 | 14.84 |
| 吉林 | 淡水养殖 | 其他 | 其他 | 7.75 | 1.83 | 1.97 | 14.84 |
| 吉林 | 淡水养殖 | 其他 | 青鱼 | 7.75 | 1.83 | 1.97 | 14.84 |
| 吉林 | 淡水养殖 | 其他 | 鳙鱼 | −1.23 | −1.11 | −0.02 | −1.48 |
| 吉林 | 淡水养殖 | 池塘养殖 | 鲈鱼 | 0.78 | 0.15 | 0.12 | 2.19 |
| 吉林 | 淡水养殖 | 池塘养殖 | 加州鲈 | 0.78 | 0.15 | 0.12 | 2.19 |
| 江苏 | 海水养殖 | 池塘养殖 | 斑节对虾 | 0.27 | 0.07 | 0.01 | 2.62 |
| 江苏 | 淡水养殖 | 池塘养殖 | 鳊鱼 | 1.20 | 0.45 | 0.34 | 9.96 |
| 江苏 | 淡水养殖 | 池塘养殖 | 鳖 | 8.89 | 2.20 | 2.81 | 53.17 |

| 省份 | 养殖水体 | 养殖模式 | 养殖种类 | 总氮/（克/千克） | 总磷/（克/千克） | 氨氮/（克/千克） | COD/（克/千克） |
|---|---|---|---|---|---|---|---|
| 江苏 | 淡水养殖 | 池塘养殖 | 草鱼 | 2.50 | 0.49 | 0.99 | 7.42 |
| 江苏 | 海水养殖 | 池塘养殖 | 蛏 | −0.10 | −0.01 | 0.00 | −1.64 |
| 江苏 | 淡水养殖 | 池塘养殖 | 淡水珍珠 | 0.76 | 0.10 | 0.09 | 2.22 |
| 江苏 | 淡水养殖 | 池塘养殖 | 短盖巨脂鲤 | 1.24 | 0.11 | 0.06 | 2.28 |
| 江苏 | 淡水养殖 | 池塘养殖 | 龟 | 8.89 | 2.20 | 2.81 | 53.17 |
| 江苏 | 淡水养殖 | 池塘养殖 | 鲑鱼 | 4.52 | 0.65 | 0.00 | 1.13 |
| 江苏 | 淡水养殖 | 池塘养殖 | 鳜鱼 | 2.11 | 0.72 | 1.69 | 4.01 |
| 江苏 | 海水养殖 | 池塘养殖 | 蛤 | −0.10 | −0.01 | 0.00 | −1.64 |
| 江苏 | 海水养殖 | 池塘养殖 | 蚶 | −0.10 | −0.01 | 0.00 | −1.64 |
| 江苏 | 淡水养殖 | 池塘养殖 | 河蚌 | 0.76 | 0.10 | 0.09 | 2.22 |
| 江苏 | 淡水养殖 | 池塘养殖 | 河豚 | 7.50 | 1.19 | 1.15 | 17.79 |
| 江苏 | 淡水养殖 | 池塘养殖 | 河蟹 | 2.47 | 0.75 | 1.32 | 42.18 |
| 江苏 | 淡水养殖 | 池塘养殖 | 黄颡鱼 | 2.92 | 0.18 | 0.85 | 13.68 |
| 江苏 | 淡水养殖 | 池塘养殖 | 黄鳝 | 3.78 | 0.99 | 0.81 | 104.99 |
| 江苏 | 淡水养殖 | 池塘养殖 | 鮰鱼 | 3.67 | 0.34 | 0.77 | 10.06 |
| 江苏 | 淡水养殖 | 池塘养殖 | 鲫鱼 | 2.05 | 0.19 | 0.07 | 1.35 |
| 江苏 | 淡水养殖 | 池塘养殖 | 加州鲈 | 4.52 | 0.65 | 0.09 | 82.85 |
| 江苏 | 淡水养殖 | 池塘养殖 | 克氏原螯虾 | 0.87 | 0.29 | 0.61 | 1.69 |
| 江苏 | 淡水养殖 | 池塘养殖 | 鲤鱼 | 5.84 | 0.58 | 1.24 | 16.64 |
| 江苏 | 淡水养殖 | 池塘养殖 | 鲢鱼 | −1.23 | −1.11 | −0.02 | −1.48 |
| 江苏 | 淡水养殖 | 池塘养殖 | 鲈鱼 | 4.52 | 0.65 | 0.09 | 82.85 |
| 江苏 | 淡水养殖 | 池塘养殖 | 罗氏沼虾 | 2.07 | 0.17 | 0.12 | 2.53 |
| 江苏 | 淡水养殖 | 池塘养殖 | 螺 | 0.76 | 0.10 | 0.09 | 2.22 |
| 江苏 | 淡水养殖 | 池塘养殖 | 鳗鲡 | 43.90 | 10.15 | 26.30 | 76.26 |
| 江苏 | 海水养殖 | 池塘养殖 | 美国红鱼 | 0.33 | 0.10 | 0.00 | 0.04 |
| 江苏 | 淡水养殖 | 池塘养殖 | 南美白对虾（淡） | 1.98 | 0.68 | 0.58 | 31.05 |
| 江苏 | 海水养殖 | 池塘养殖 | 南美白对虾（海） | 1.98 | 0.68 | 0.58 | 31.05 |
| 江苏 | 淡水养殖 | 池塘养殖 | 泥鳅 | 1.24 | 0.11 | 0.06 | 2.28 |
| 江苏 | 淡水养殖 | 池塘养殖 | 鲶鱼 | 0.41 | 0.06 | 0.10 | 1.55 |
| 江苏 | 淡水养殖 | 池塘养殖 | 其他 | 3.53 | 0.76 | 1.10 | 13.95 |
| 江苏 | 淡水养殖 | 池塘养殖 | 青虾 | 1.88 | 0.12 | 0.12 | 1.22 |
| 江苏 | 海水养殖 | 池塘养殖 | 青蟹 | 1.72 | 0.11 | 1.62 | 15.85 |
| 江苏 | 淡水养殖 | 池塘养殖 | 青鱼 | 4.28 | 0.18 | 0.08 | 15.62 |
| 江苏 | 海水养殖 | 池塘养殖 | 日本对虾 | 0.27 | 0.07 | 0.01 | 2.62 |
| 江苏 | 海水养殖 | 池塘养殖 | 梭子蟹 | 5.60 | −0.17 | 2.95 | 31.66 |
| 江苏 | 淡水养殖 | 池塘养殖 | 蛙 | 8.89 | 2.20 | 2.81 | 53.17 |
| 江苏 | 淡水养殖 | 池塘养殖 | 乌鳢 | 2.10 | 0.17 | 0.53 | 9.19 |
| 江苏 | 淡水养殖 | 池塘养殖 | 鲟鱼 | 6.78 | 5.32 | 4.06 | 56.70 |
| 江苏 | 海水养殖 | 池塘养殖 | 贻贝 | −0.17 | −0.01 | 0.00 | −7.24 |
| 江苏 | 淡水养殖 | 池塘养殖 | 银鱼 | 3.49 | 0.19 | 0.54 | 2.76 |

| 省份 | 养殖水体 | 养殖模式 | 养殖种类 | 总氮/（克/千克） | 总磷/（克/千克） | 氨氮/（克/千克） | COD/（克/千克） |
|---|---|---|---|---|---|---|---|
| 江苏 | 淡水养殖 | 池塘养殖 | 鳙鱼 | −1.23 | −1.11 | −0.02 | −1.48 |
| 江苏 | 淡水养殖 | 池塘养殖 | 长吻鮠 | 1.24 | 0.11 | 0.06 | 2.28 |
| 江苏 | 海水养殖 | 池塘养殖 | 中国对虾 | 0.27 | 0.07 | 0.01 | 2.62 |
| 江苏 | 淡水养殖 | 池塘养殖 | 鳟鱼 | 0.43 | 0.01 | 0.08 | 0.04 |
| 江苏 | 淡水养殖 | 工厂化养殖 | 鳖 | 8.89 | 2.20 | 2.81 | 53.17 |
| 江苏 | 淡水养殖 | 工厂化养殖 | 草鱼 | 2.50 | 0.49 | 0.99 | 7.42 |
| 江苏 | 淡水养殖 | 工厂化养殖 | 龟 | 8.89 | 2.20 | 2.81 | 53.17 |
| 江苏 | 淡水养殖 | 工厂化养殖 | 河豚 | 7.50 | 1.19 | 1.15 | 17.79 |
| 江苏 | 淡水养殖 | 工厂化养殖 | 河蟹 | 2.47 | 0.75 | 1.32 | 42.18 |
| 江苏 | 淡水养殖 | 工厂化养殖 | 黄鳝 | 3.78 | 0.99 | 0.81 | 104.99 |
| 江苏 | 淡水养殖 | 工厂化养殖 | 鲫鱼 | 2.05 | 0.19 | 0.07 | 1.35 |
| 江苏 | 淡水养殖 | 工厂化养殖 | 克氏原螯虾 | 0.87 | 0.29 | 0.61 | 1.69 |
| 江苏 | 淡水养殖 | 工厂化养殖 | 鲈鱼 | 4.52 | 0.65 | 0.09 | 82.85 |
| 江苏 | 淡水养殖 | 工厂化养殖 | 罗氏沼虾 | 2.07 | 0.17 | 0.12 | 2.53 |
| 江苏 | 淡水养殖 | 工厂化养殖 | 鳗鲡 | 43.90 | 10.15 | 26.30 | 76.26 |
| 江苏 | 淡水养殖 | 工厂化养殖 | 南美白对虾（淡） | 1.98 | 0.68 | 0.58 | 31.05 |
| 江苏 | 海水养殖 | 工厂化养殖 | 南美白对虾（海） | 6.38 | 0.30 | 0.96 | 2.89 |
| 江苏 | 海水养殖 | 工厂化养殖 | 鲆鱼 | 3.71 | 1.86 | 1.96 | 7.72 |
| 江苏 | 淡水养殖 | 工厂化养殖 | 其他 | 7.28 | 2.67 | 3.41 | 20.40 |
| 江苏 | 淡水养殖 | 工厂化养殖 | 青虾 | 1.88 | 0.12 | 0.12 | 1.22 |
| 江苏 | 淡水养殖 | 工厂化养殖 | 鲟鱼 | 6.78 | 5.32 | 4.06 | 56.70 |
| 江苏 | 淡水养殖 | 网箱养殖 | 鳊鱼 | 2.04 | 0.95 | 1.60 | 7.72 |
| 江苏 | 淡水养殖 | 网箱养殖 | 草鱼 | 36.56 | 9.32 | 0.06 | 0.26 |
| 江苏 | 海水养殖 | 网箱养殖 | 海参 | 1.30 | 0.20 | 0.01 | 0.17 |
| 江苏 | 淡水养殖 | 网箱养殖 | 河豚 | 48.68 | 5.63 | 0.09 | 13.36 |
| 江苏 | 淡水养殖 | 网箱养殖 | 河蟹 | 9.04 | 4.52 | 0.92 | 30.80 |
| 江苏 | 淡水养殖 | 网箱养殖 | 鲫鱼 | 26.95 | 9.13 | 0.00 | 0.16 |
| 江苏 | 淡水养殖 | 网箱养殖 | 鲤鱼 | 2.28 | 0.53 | 1.60 | 0.40 |
| 江苏 | 淡水养殖 | 网箱养殖 | 鲢鱼 | −1.23 | −1.11 | −0.02 | −1.48 |
| 江苏 | 淡水养殖 | 网箱养殖 | 罗非鱼 | 18.13 | 5.61 | 12.21 | 9.39 |
| 江苏 | 淡水养殖 | 网箱养殖 | 青鱼 | 4.52 | 0.65 | 0.00 | 1.13 |
| 江苏 | 淡水养殖 | 网箱养殖 | 鲟鱼 | 4.52 | 0.65 | 0.00 | 1.13 |
| 江苏 | 淡水养殖 | 网箱养殖 | 鳙鱼 | −1.23 | −1.11 | −0.02 | −1.48 |
| 江苏 | 淡水养殖 | 围栏养殖 | 鳊鱼 | 2.04 | 0.95 | 1.60 | 7.72 |
| 江苏 | 淡水养殖 | 围栏养殖 | 草鱼 | 2.04 | 0.95 | 1.60 | 7.72 |
| 江苏 | 淡水养殖 | 围栏养殖 | 鳜鱼 | 4.52 | 0.65 | 0.00 | 1.13 |
| 江苏 | 淡水养殖 | 围栏养殖 | 河蟹 | 9.04 | 4.52 | 0.92 | 30.80 |
| 江苏 | 淡水养殖 | 围栏养殖 | 鲫鱼 | 26.95 | 9.13 | 0.00 | 0.16 |
| 江苏 | 淡水养殖 | 围栏养殖 | 克氏原螯虾 | 0.87 | 0.29 | 0.61 | 1.69 |
| 江苏 | 淡水养殖 | 围栏养殖 | 鲤鱼 | 10.35 | 4.99 | 0.07 | 0.13 |

| 省份 | 养殖水体 | 养殖模式 | 养殖种类 | 总氮/（克/千克） | 总磷/（克/千克） | 氨氮/（克/千克） | COD/（克/千克） |
|------|----------|----------|----------|------------------|------------------|------------------|------------------|
| 江苏 | 淡水养殖 | 围栏养殖 | 鲢鱼 | −1.23 | −1.11 | −0.02 | −1.48 |
| 江苏 | 淡水养殖 | 围栏养殖 | 鲶鱼 | 4.52 | 0.65 | 0.00 | 1.13 |
| 江苏 | 淡水养殖 | 围栏养殖 | 青虾 | 1.88 | 0.12 | 0.12 | 1.22 |
| 江苏 | 淡水养殖 | 围栏养殖 | 青鱼 | 4.52 | 0.65 | 0.00 | 1.13 |
| 江苏 | 淡水养殖 | 围栏养殖 | 鳙鱼 | −1.23 | −1.11 | −0.02 | −1.48 |
| 江苏 | 淡水养殖 | 围栏养殖 | 长吻鮠 | 2.28 | 0.53 | 1.60 | 0.40 |
| 江苏 | 海水养殖 | 浅海筏式 | 蛏 | −0.10 | −0.01 | 0.00 | −1.64 |
| 江苏 | 海水养殖 | 浅海筏式 | 其他 | −0.17 | −0.01 | 0.00 | −7.24 |
| 江苏 | 海水养殖 | 滩涂养殖 | 蛏 | −0.10 | −0.01 | 0.00 | −1.64 |
| 江苏 | 海水养殖 | 滩涂养殖 | 大黄鱼 | 49.70 | 10.46 | 1.29 | 50.23 |
| 江苏 | 海水养殖 | 滩涂养殖 | 蛤 | −0.10 | −0.01 | 0.00 | −1.64 |
| 江苏 | 海水养殖 | 滩涂养殖 | 蚶 | −0.10 | −0.01 | 0.00 | −1.64 |
| 江苏 | 海水养殖 | 滩涂养殖 | 牡蛎 | −0.17 | −0.01 | 0.00 | −7.24 |
| 江苏 | 海水养殖 | 滩涂养殖 | 南美白对虾（海） | 4.81 | 1.38 | 0.34 | 53.01 |
| 江苏 | 海水养殖 | 滩涂养殖 | 其他 | −0.10 | −0.01 | 0.00 | −1.64 |
| 江苏 | 海水养殖 | 滩涂养殖 | 梭子蟹 | 30.33 | 6.23 | 2.53 | 107.00 |
| 江苏 | 海水养殖 | 滩涂养殖 | 贻贝 | −0.17 | −0.01 | 0.00 | −7.24 |
| 江苏 | 海水养殖 | 滩涂养殖 | 中国对虾 | 0.27 | 0.07 | 0.01 | 2.62 |
| 江苏 | 淡水养殖 | 其他 | 鳊鱼 | 7.75 | 1.83 | 1.97 | 14.84 |
| 江苏 | 淡水养殖 | 其他 | 鳖 | 7.75 | 1.83 | 1.97 | 14.84 |
| 江苏 | 淡水养殖 | 其他 | 草鱼 | 7.75 | 1.83 | 1.97 | 14.84 |
| 江苏 | 淡水养殖 | 其他 | 鳜鱼 | 7.75 | 1.83 | 1.97 | 14.84 |
| 江苏 | 淡水养殖 | 其他 | 河蟹 | 5.22 | 1.19 | 0.96 | 23.00 |
| 江苏 | 淡水养殖 | 其他 | 黄颡鱼 | 7.75 | 1.83 | 1.97 | 14.84 |
| 江苏 | 淡水养殖 | 其他 | 黄鳝 | 7.75 | 1.83 | 1.97 | 14.84 |
| 江苏 | 淡水养殖 | 其他 | 鲫鱼 | 7.75 | 1.83 | 1.97 | 14.84 |
| 江苏 | 淡水养殖 | 其他 | 克氏原螯虾 | 0.87 | 0.29 | 0.61 | 1.69 |
| 江苏 | 淡水养殖 | 其他 | 鲤鱼 | 7.75 | 1.83 | 1.97 | 14.84 |
| 江苏 | 淡水养殖 | 其他 | 鲢鱼 | −1.23 | −1.11 | −0.02 | −1.48 |
| 江苏 | 淡水养殖 | 其他 | 罗氏沼虾 | 5.22 | 1.19 | 0.96 | 23.00 |
| 江苏 | 淡水养殖 | 其他 | 南美白对虾（淡） | 5.22 | 1.19 | 0.96 | 23.00 |
| 江苏 | 淡水养殖 | 其他 | 泥鳅 | 7.75 | 1.83 | 1.97 | 14.84 |
| 江苏 | 淡水养殖 | 其他 | 青虾 | 5.22 | 1.19 | 0.96 | 23.00 |
| 江苏 | 淡水养殖 | 其他 | 青鱼 | 7.75 | 1.83 | 1.97 | 14.84 |
| 江苏 | 淡水养殖 | 其他 | 鳙鱼 | −1.23 | −1.11 | −0.02 | −1.48 |
| 江苏 | 淡水养殖 | 其他 | 其他 | 7.75 | 1.83 | 1.97 | 14.84 |
| 江苏 | 海水养殖 | 其他 | 其他 | 10.94 | 1.74 | 0.34 | 8.78 |
| 江苏 | 淡水养殖 | 滩涂养殖 | 鲟鱼 | 2.18 | 1.17 | 0.29 | 7.53 |
| 江苏 | 淡水养殖 | 滩涂养殖 | 鳙鱼 | −1.23 | −1.11 | −0.02 | −1.48 |
| 江苏 | 淡水养殖 | 工厂化养殖 | 鲑鱼 | 4.52 | 0.65 | 0.00 | 1.13 |

| 省份 | 养殖水体 | 养殖模式 | 养殖种类 | 总氮/（克/千克） | 总磷/（克/千克） | 氨氮/（克/千克） | COD/（克/千克） |
|---|---|---|---|---|---|---|---|
| 江苏 | 淡水养殖 | 滩涂养殖 | 青虾 | 0.94 | 0.34 | 0.49 | 3.96 |
| 江苏 | 淡水养殖 | 滩涂养殖 | 鲫鱼 | 0.69 | 0.22 | 0.29 | 7.44 |
| 江苏 | 淡水养殖 | 其他 | 鲑鱼 | 4.52 | 0.65 | 0.00 | 1.13 |
| 江苏 | 淡水养殖 | 工厂化养殖 | 鲢鱼 | −1.23 | −1.11 | −0.02 | −1.48 |
| 江苏 | 淡水养殖 | 工厂化养殖 | 青鱼 | 0.41 | 0.06 | 0.10 | 1.55 |
| 江苏 | 淡水养殖 | 网箱养殖 | 黄鳝 | 3.78 | 0.99 | 0.81 | 104.99 |
| 江苏 | 淡水养殖 | 工厂化养殖 | 加州鲈 | 0.78 | 0.15 | 0.12 | 2.19 |
| 江苏 | 淡水养殖 | 池塘养殖 | 罗非鱼 | 1.12 | 0.20 | 0.33 | 8.43 |
| 江苏 | 淡水养殖 | 工厂化养殖 | 鳊鱼 | 1.20 | 0.45 | 0.34 | 9.96 |
| 江苏 | 海水养殖 | 池塘养殖 | 大黄鱼 | 3.00 | 0.51 | 0.89 | 15.86 |
| 江苏 | 海水养殖 | 工厂化养殖 | 河豚 | 1.99 | 0.45 | 0.31 | 3.80 |
| 江苏 | 淡水养殖 | 池塘养殖 | 美国红鱼 | 0.33 | 0.10 | 0.00 | 0.04 |
| 江苏 | 海水养殖 | 池塘养殖 | 鲈鱼 | 0.78 | 0.15 | 0.12 | 2.19 |
| 江苏 | 海水养殖 | 池塘养殖 | 扇贝 | −0.17 | −0.01 | 0.00 | −7.24 |
| 江苏 | 淡水养殖 | 网箱养殖 | 黄颡鱼 | 2.92 | 0.18 | 0.85 | 13.68 |
| 江苏 | 淡水养殖 | 网箱养殖 | 泥鳅 | 1.24 | 0.11 | 0.06 | 2.28 |
| 江苏 | 淡水养殖 | 工厂化养殖 | 鳊鱼 | 1.20 | 0.45 | 0.34 | 9.96 |
| 江苏 | 淡水养殖 | 工厂化养殖 | 加州鲈 | 0.78 | 0.15 | 0.12 | 2.19 |
| 江苏 | 淡水养殖 | 池塘养殖 | 青蟹 | −3.62 | 0.30 | −1.88 | 4.56 |
| 江苏 | 淡水养殖 | 网箱养殖 | 鲴鱼 | 2.90 | 1.55 | 2.48 | 4.63 |
| 江苏 | 淡水养殖 | 围栏养殖 | 其他 | 3.53 | 0.76 | 1.10 | 13.95 |
| 江苏 | 淡水养殖 | 池塘养殖 | 蚬 | 0.76 | 0.10 | 0.09 | 2.22 |
| 江西 | 淡水养殖 | 池塘养殖 | 鳊鱼 | 0.82 | 0.08 | 0.52 | 9.02 |
| 江西 | 淡水养殖 | 池塘养殖 | 鳖 | 8.89 | 2.20 | 2.81 | 53.17 |
| 江西 | 淡水养殖 | 池塘养殖 | 草鱼 | 2.50 | 0.49 | 0.99 | 7.42 |
| 江西 | 淡水养殖 | 池塘养殖 | 淡水珍珠 | 0.76 | 0.10 | 0.09 | 2.22 |
| 江西 | 淡水养殖 | 池塘养殖 | 短盖巨脂鲤 | 2.50 | 0.49 | 0.99 | 7.42 |
| 江西 | 淡水养殖 | 池塘养殖 | 龟 | 8.89 | 2.20 | 2.81 | 53.17 |
| 江西 | 淡水养殖 | 池塘养殖 | 鲑鱼 | 4.52 | 0.65 | 0.00 | 1.13 |
| 江西 | 淡水养殖 | 池塘养殖 | 鳜鱼 | 5.19 | 0.36 | 2.83 | 28.35 |
| 江西 | 淡水养殖 | 池塘养殖 | 河蚌 | 2.22 | 0.25 | 0.19 | 4.63 |
| 江西 | 淡水养殖 | 池塘养殖 | 河蟹 | 9.04 | 4.52 | 0.92 | 30.80 |
| 江西 | 淡水养殖 | 池塘养殖 | 黄颡鱼 | 2.92 | 0.18 | 0.85 | 13.68 |
| 江西 | 淡水养殖 | 池塘养殖 | 黄鳝 | 3.78 | 0.99 | 0.81 | 104.99 |
| 江西 | 淡水养殖 | 池塘养殖 | 鲴鱼 | 3.67 | 0.34 | 0.77 | 10.06 |
| 江西 | 淡水养殖 | 池塘养殖 | 鲫鱼 | 6.34 | 1.11 | 1.18 | 10.66 |
| 江西 | 淡水养殖 | 池塘养殖 | 加州鲈 | 1.44 | 0.58 | 0.33 | 6.95 |
| 江西 | 淡水养殖 | 池塘养殖 | 克氏原螯虾 | 0.87 | 0.29 | 0.61 | 1.69 |
| 江西 | 淡水养殖 | 池塘养殖 | 鲤鱼 | 5.84 | 0.58 | 1.24 | 16.64 |

| 省份 | 养殖水体 | 养殖模式 | 养殖种类 | 总氮/（克/千克） | 总磷/（克/千克） | 氨氮/（克/千克） | COD/（克/千克） |
|---|---|---|---|---|---|---|---|
| 江西 | 淡水养殖 | 池塘养殖 | 鲢鱼 | -1.23 | -1.11 | -0.02 | -1.48 |
| 江西 | 淡水养殖 | 池塘养殖 | 鲈鱼 | 1.44 | 0.58 | 0.33 | 6.95 |
| 江西 | 淡水养殖 | 池塘养殖 | 罗非鱼 | 3.11 | 0.68 | 2.97 | 55.90 |
| 江西 | 淡水养殖 | 池塘养殖 | 罗氏沼虾 | 0.29 | 0.08 | 0.07 | 0.08 |
| 江西 | 淡水养殖 | 池塘养殖 | 螺 | 2.22 | 0.25 | 0.19 | 4.63 |
| 江西 | 淡水养殖 | 池塘养殖 | 鳗鲡 | 39.64 | 27.18 | 24.23 | 36.86 |
| 江西 | 淡水养殖 | 池塘养殖 | 南美白对虾（淡） | 1.98 | 0.68 | 0.58 | 31.05 |
| 江西 | 淡水养殖 | 池塘养殖 | 泥鳅 | 2.49 | 0.21 | 0.56 | 10.74 |
| 江西 | 淡水养殖 | 池塘养殖 | 鲶鱼 | 0.41 | 0.06 | 0.10 | 1.55 |
| 江西 | 淡水养殖 | 池塘养殖 | 其他 | 3.53 | 0.76 | 1.10 | 13.95 |
| 江西 | 淡水养殖 | 池塘养殖 | 青虾 | 0.94 | 0.34 | 0.49 | 3.96 |
| 江西 | 淡水养殖 | 池塘养殖 | 青鱼 | 4.28 | 0.18 | 0.08 | 15.62 |
| 江西 | 淡水养殖 | 池塘养殖 | 蛙 | 8.89 | 2.20 | 2.81 | 53.17 |
| 江西 | 淡水养殖 | 池塘养殖 | 乌鳢 | 12.99 | 3.21 | 9.15 | 10.90 |
| 江西 | 淡水养殖 | 池塘养殖 | 蚬 | 2.22 | 0.25 | 0.19 | 4.63 |
| 江西 | 淡水养殖 | 池塘养殖 | 鲟鱼 | 6.78 | 5.32 | 4.06 | 56.70 |
| 江西 | 淡水养殖 | 池塘养殖 | 银鱼 | 2.60 | 0.65 | -0.02 | 9.46 |
| 江西 | 淡水养殖 | 池塘养殖 | 鳙鱼 | -1.23 | -1.11 | -0.02 | -1.48 |
| 江西 | 淡水养殖 | 池塘养殖 | 长吻鮠 | 2.49 | 0.21 | 0.56 | 10.74 |
| 江西 | 淡水养殖 | 池塘养殖 | 鳟鱼 | 0.43 | 0.01 | 0.08 | 0.04 |
| 江西 | 淡水养殖 | 工厂化养殖 | 鳖 | 8.89 | 2.20 | 2.81 | 53.17 |
| 江西 | 淡水养殖 | 工厂化养殖 | 短盖巨脂鲤 | 2.49 | 0.21 | 0.56 | 10.74 |
| 江西 | 淡水养殖 | 工厂化养殖 | 龟 | 8.89 | 2.20 | 2.81 | 53.17 |
| 江西 | 淡水养殖 | 工厂化养殖 | 鳗鲡 | 39.64 | 27.18 | 24.23 | 36.86 |
| 江西 | 淡水养殖 | 工厂化养殖 | 其他 | 7.28 | 2.67 | 3.41 | 20.40 |
| 江西 | 淡水养殖 | 工厂化养殖 | 青鱼 | 0.41 | 0.06 | 0.10 | 1.55 |
| 江西 | 淡水养殖 | 工厂化养殖 | 鲟鱼 | 6.78 | 5.32 | 4.06 | 56.70 |
| 江西 | 淡水养殖 | 网箱养殖 | 草鱼 | 36.56 | 9.32 | 0.06 | 0.26 |
| 江西 | 淡水养殖 | 网箱养殖 | 鳜鱼 | 4.52 | 0.65 | 0.00 | 1.13 |
| 江西 | 淡水养殖 | 网箱养殖 | 河蟹 | 9.04 | 4.52 | 0.92 | 30.80 |
| 江西 | 淡水养殖 | 网箱养殖 | 黄颡鱼 | 4.52 | 0.65 | 0.00 | 1.13 |
| 江西 | 淡水养殖 | 网箱养殖 | 黄鳝 | 4.52 | 0.65 | 0.00 | 1.13 |
| 江西 | 淡水养殖 | 网箱养殖 | 鲫鱼 | 26.95 | 9.13 | 0.00 | 0.16 |
| 江西 | 淡水养殖 | 网箱养殖 | 加州鲈 | 68.03 | 16.26 | 0.95 | 39.64 |
| 江西 | 淡水养殖 | 网箱养殖 | 克氏原螯虾 | 0.87 | 0.29 | 0.61 | 1.69 |
| 江西 | 淡水养殖 | 网箱养殖 | 鲢鱼 | -1.23 | -1.11 | -0.02 | -1.48 |
| 江西 | 淡水养殖 | 网箱养殖 | 罗非鱼 | 18.13 | 5.61 | 12.21 | 9.39 |
| 江西 | 淡水养殖 | 网箱养殖 | 鳗鲡 | 4.52 | 0.65 | 0.00 | 1.13 |
| 江西 | 淡水养殖 | 网箱养殖 | 南美白对虾（淡） | 1.98 | 0.68 | 0.58 | 31.05 |
| 江西 | 淡水养殖 | 网箱养殖 | 泥鳅 | 2.28 | 0.53 | 1.60 | 0.40 |

| 省份 | 养殖水体 | 养殖模式 | 养殖种类 | 总氮/（克/千克） | 总磷/（克/千克） | 氨氮/（克/千克） | COD/（克/千克） |
|---|---|---|---|---|---|---|---|
| 江西 | 淡水养殖 | 网箱养殖 | 鲶鱼 | 4.52 | 0.65 | 0.00 | 1.13 |
| 江西 | 淡水养殖 | 网箱养殖 | 青虾 | 0.94 | 0.34 | 0.49 | 3.96 |
| 江西 | 淡水养殖 | 网箱养殖 | 蛙 | 8.89 | 2.20 | 2.81 | 53.17 |
| 江西 | 淡水养殖 | 网箱养殖 | 鳙鱼 | −1.23 | −1.11 | −0.02 | −1.48 |
| 江西 | 淡水养殖 | 围栏养殖 | 鳊鱼 | 26.11 | 3.71 | 0.50 | 21.77 |
| 江西 | 淡水养殖 | 围栏养殖 | 鳖 | 8.89 | 2.20 | 2.81 | 53.17 |
| 江西 | 淡水养殖 | 围栏养殖 | 草鱼 | 26.11 | 3.71 | 0.50 | 21.77 |
| 江西 | 淡水养殖 | 围栏养殖 | 短盖巨脂鲤 | 10.35 | 4.99 | 0.07 | 0.13 |
| 江西 | 淡水养殖 | 围栏养殖 | 龟 | 8.89 | 2.20 | 2.81 | 53.17 |
| 江西 | 淡水养殖 | 围栏养殖 | 鳜鱼 | 4.52 | 0.65 | 0.00 | 1.13 |
| 江西 | 淡水养殖 | 围栏养殖 | 河蚌 | 0.76 | 0.10 | 0.09 | 2.22 |
| 江西 | 淡水养殖 | 围栏养殖 | 河蟹 | 9.04 | 4.52 | 0.92 | 30.80 |
| 江西 | 淡水养殖 | 围栏养殖 | 黄颡鱼 | 4.52 | 0.65 | 0.00 | 1.13 |
| 江西 | 淡水养殖 | 围栏养殖 | 黄鳝 | 4.52 | 0.65 | 0.00 | 1.13 |
| 江西 | 淡水养殖 | 围栏养殖 | 鲫鱼 | 26.95 | 9.13 | 0.00 | 0.16 |
| 江西 | 淡水养殖 | 围栏养殖 | 克氏原螯虾 | 0.87 | 0.29 | 0.61 | 1.69 |
| 江西 | 淡水养殖 | 围栏养殖 | 鲤鱼 | 10.35 | 4.99 | 0.07 | 0.13 |
| 江西 | 淡水养殖 | 围栏养殖 | 鲢鱼 | −1.23 | −1.11 | −0.02 | −1.48 |
| 江西 | 淡水养殖 | 围栏养殖 | 螺 | 0.76 | 0.10 | 0.09 | 2.22 |
| 江西 | 淡水养殖 | 围栏养殖 | 南美白对虾（淡） | 1.98 | 0.68 | 0.58 | 31.05 |
| 江西 | 淡水养殖 | 围栏养殖 | 泥鳅 | 2.28 | 0.53 | 1.60 | 0.40 |
| 江西 | 淡水养殖 | 围栏养殖 | 鲶鱼 | 4.52 | 0.65 | 0.00 | 1.13 |
| 江西 | 淡水养殖 | 围栏养殖 | 其他 | 4.10 | 1.84 | 1.06 | 25.41 |
| 江西 | 淡水养殖 | 围栏养殖 | 青虾 | 0.94 | 0.34 | 0.49 | 3.96 |
| 江西 | 淡水养殖 | 围栏养殖 | 青鱼 | 4.52 | 0.65 | 0.00 | 1.13 |
| 江西 | 淡水养殖 | 围栏养殖 | 蛙 | 8.89 | 2.20 | 2.81 | 53.17 |
| 江西 | 淡水养殖 | 围栏养殖 | 乌鳢 | 4.52 | 0.65 | 0.00 | 1.13 |
| 江西 | 淡水养殖 | 围栏养殖 | 蚬 | 0.76 | 0.10 | 0.09 | 2.22 |
| 江西 | 淡水养殖 | 围栏养殖 | 鳙鱼 | −1.23 | −1.11 | −0.02 | −1.48 |
| 江西 | 淡水养殖 | 滩涂养殖 | 草鱼 | 26.11 | 3.71 | 0.50 | 21.77 |
| 江西 | 淡水养殖 | 滩涂养殖 | 黄颡鱼 | 4.52 | 0.65 | 0.00 | 1.13 |
| 江西 | 淡水养殖 | 滩涂养殖 | 鲤鱼 | 10.35 | 4.99 | 0.07 | 0.13 |
| 江西 | 淡水养殖 | 滩涂养殖 | 鲢鱼 | −1.23 | −1.11 | −0.02 | −1.48 |
| 江西 | 淡水养殖 | 滩涂养殖 | 鲶鱼 | 4.52 | 0.65 | 0.00 | 1.13 |
| 江西 | 淡水养殖 | 滩涂养殖 | 青鱼 | 4.52 | 0.65 | 0.00 | 1.13 |
| 江西 | 淡水养殖 | 滩涂养殖 | 乌鳢 | 4.52 | 0.65 | 0.00 | 1.13 |
| 江西 | 淡水养殖 | 滩涂养殖 | 鳙鱼 | −1.23 | −1.11 | −0.02 | −1.48 |
| 江西 | 淡水养殖 | 其他 | 鳊鱼 | 7.75 | 1.83 | 1.97 | 14.84 |
| 江西 | 淡水养殖 | 其他 | 鳖 | 7.75 | 1.83 | 1.97 | 14.84 |
| 江西 | 淡水养殖 | 其他 | 草鱼 | 7.75 | 1.83 | 1.97 | 14.84 |

| 省份 | 养殖水体 | 养殖模式 | 养殖种类 | 总氮/（克/千克） | 总磷/（克/千克） | 氨氮/（克/千克） | COD/（克/千克） |
|---|---|---|---|---|---|---|---|
| 江西 | 淡水养殖 | 其他 | 短盖巨脂鲤 | 7.75 | 1.83 | 1.97 | 14.84 |
| 江西 | 淡水养殖 | 其他 | 龟 | 7.75 | 1.83 | 1.97 | 14.84 |
| 江西 | 淡水养殖 | 其他 | 鳜鱼 | 7.75 | 1.83 | 1.97 | 14.84 |
| 江西 | 淡水养殖 | 其他 | 河蚌 | 0.74 | 0.16 | 0.07 | 2.18 |
| 江西 | 淡水养殖 | 其他 | 河蟹 | 5.22 | 1.19 | 0.96 | 23.00 |
| 江西 | 淡水养殖 | 其他 | 黄颡鱼 | 7.75 | 1.83 | 1.97 | 14.84 |
| 江西 | 淡水养殖 | 其他 | 黄鳝 | 7.75 | 1.83 | 1.97 | 14.84 |
| 江西 | 淡水养殖 | 其他 | 鮰鱼 | 7.75 | 1.83 | 1.97 | 14.84 |
| 江西 | 淡水养殖 | 其他 | 鲫鱼 | 7.75 | 1.83 | 1.97 | 14.84 |
| 江西 | 淡水养殖 | 其他 | 加州鲈 | 7.75 | 1.83 | 1.97 | 14.84 |
| 江西 | 淡水养殖 | 其他 | 克氏原螯虾 | 0.87 | 0.29 | 0.61 | 1.69 |
| 江西 | 淡水养殖 | 其他 | 鲤鱼 | 7.75 | 1.83 | 1.97 | 14.84 |
| 江西 | 淡水养殖 | 其他 | 鲢鱼 | −1.23 | −1.11 | −0.02 | −1.48 |
| 江西 | 淡水养殖 | 其他 | 鲈鱼 | 7.75 | 1.83 | 1.97 | 14.84 |
| 江西 | 淡水养殖 | 其他 | 罗非鱼 | 7.75 | 1.83 | 1.97 | 14.84 |
| 江西 | 淡水养殖 | 其他 | 螺 | 0.74 | 0.16 | 0.07 | 2.18 |
| 江西 | 淡水养殖 | 其他 | 泥鳅 | 7.75 | 1.83 | 1.97 | 14.84 |
| 江西 | 淡水养殖 | 其他 | 鲶鱼 | 7.75 | 1.83 | 1.97 | 14.84 |
| 江西 | 淡水养殖 | 其他 | 其他 | 7.75 | 1.83 | 1.97 | 14.84 |
| 江西 | 淡水养殖 | 其他 | 青虾 | 5.22 | 1.19 | 0.96 | 23.00 |
| 江西 | 淡水养殖 | 其他 | 青鱼 | 7.75 | 1.83 | 1.97 | 14.84 |
| 江西 | 淡水养殖 | 其他 | 蛙 | 7.75 | 1.83 | 1.97 | 14.84 |
| 江西 | 淡水养殖 | 其他 | 乌鳢 | 7.75 | 1.83 | 1.97 | 14.84 |
| 江西 | 淡水养殖 | 其他 | 蚬 | 0.74 | 0.16 | 0.07 | 2.18 |
| 江西 | 淡水养殖 | 其他 | 银鱼 | 7.75 | 1.83 | 1.97 | 14.84 |
| 江西 | 淡水养殖 | 其他 | 鳙鱼 | −1.23 | −1.11 | −0.02 | −1.48 |
| 江西 | 淡水养殖 | 其他 | 中国对虾 | 0.27 | 0.07 | 0.01 | 2.62 |
| 江西 | 淡水养殖 | 其他 | 鳟鱼 | 7.75 | 1.83 | 1.97 | 14.84 |
| 江西 | 淡水养殖 | 其他 | 鲟鱼 | 2.18 | 1.17 | 0.29 | 7.53 |
| 江西 | 淡水养殖 | 其他 | 淡水珍珠 | 0.76 | 0.10 | 0.09 | 2.22 |
| 江西 | 淡水养殖 | 工厂化养殖 | 蛙 | 8.89 | 2.20 | 2.81 | 53.17 |
| 江西 | 淡水养殖 | 网箱养殖 | 鳊鱼 | 0.82 | 0.08 | 0.52 | 9.02 |
| 江西 | 淡水养殖 | 网箱养殖 | 其他 | 3.53 | 0.76 | 1.10 | 13.95 |
| 江西 | 淡水养殖 | 网箱养殖 | 鮰鱼 | 2.90 | 1.55 | 2.48 | 4.63 |
| 江西 | 淡水养殖 | 工厂化养殖 | 鳟鱼 | 0.43 | 0.01 | 0.08 | 0.04 |
| 江西 | 淡水养殖 | 工厂化养殖 | 蛙 | 8.89 | 2.20 | 2.81 | 53.17 |
| 江西 | 淡水养殖 | 工厂化养殖 | 加州鲈 | 0.78 | 0.15 | 0.12 | 2.19 |
| 江西 | 淡水养殖 | 围栏养殖 | 鮰鱼 | 2.90 | 1.55 | 2.48 | 4.63 |
| 江西 | 淡水养殖 | 工厂化养殖 | 罗非鱼 | 1.12 | 0.20 | 0.33 | 8.43 |

| 省份 | 养殖水体 | 养殖模式 | 养殖种类 | 总氮/（克/千克） | 总磷/（克/千克） | 氨氮/（克/千克） | COD/（克/千克） |
|------|----------|----------|----------|------------------|------------------|------------------|-----------------|
| 辽宁 | 淡水养殖 | 池塘养殖 | 鳊鱼 | 7.79 | −0.50 | 0.34 | −0.12 |
| 辽宁 | 淡水养殖 | 池塘养殖 | 草鱼 | 2.50 | 0.49 | 0.99 | 7.42 |
| 辽宁 | 海水养殖 | 池塘养殖 | 蛏 | −0.10 | −0.01 | 0.00 | −1.64 |
| 辽宁 | 海水养殖 | 池塘养殖 | 蛤 | −0.10 | −0.01 | 0.00 | −1.64 |
| 辽宁 | 海水养殖 | 池塘养殖 | 海参 | 1.39 | 0.09 | 0.03 | 3.09 |
| 辽宁 | 海水养殖 | 池塘养殖 | 海蜇 | 1.95 | 0.24 | 1.53 | 14.46 |
| 辽宁 | 海水养殖 | 池塘养殖 | 蚶 | −0.10 | −0.01 | 0.00 | −1.64 |
| 辽宁 | 海水养殖 | 池塘养殖 | 河豚 | 1.99 | 0.45 | 0.31 | 3.80 |
| 辽宁 | 淡水养殖 | 池塘养殖 | 河蟹 | 7.32 | 4.53 | 6.54 | 32.01 |
| 辽宁 | 淡水养殖 | 池塘养殖 | 黄颡鱼 | 2.92 | 0.18 | 0.85 | 13.68 |
| 辽宁 | 淡水养殖 | 池塘养殖 | 鲫鱼 | 6.34 | 1.11 | 1.18 | 10.66 |
| 辽宁 | 淡水养殖 | 池塘养殖 | 鲤鱼 | 5.74 | 0.32 | 0.23 | 6.92 |
| 辽宁 | 淡水养殖 | 池塘养殖 | 鲢鱼 | −1.23 | −1.11 | −0.02 | −1.48 |
| 辽宁 | 淡水养殖 | 池塘养殖 | 鲈鱼 | 0.78 | 0.15 | 0.12 | 2.19 |
| 辽宁 | 淡水养殖 | 池塘养殖 | 罗非鱼 | 2.47 | 0.11 | 0.34 | 8.28 |
| 辽宁 | 淡水养殖 | 池塘养殖 | 南美白对虾（淡） | 4.49 | 0.46 | 0.97 | 14.74 |
| 辽宁 | 海水养殖 | 池塘养殖 | 南美白对虾（海） | 1.39 | 0.88 | 0.01 | 42.96 |
| 辽宁 | 淡水养殖 | 池塘养殖 | 泥鳅 | 2.21 | 0.22 | 1.12 | 11.67 |
| 辽宁 | 淡水养殖 | 池塘养殖 | 鲶鱼 | 4.28 | 0.18 | 0.08 | 15.62 |
| 辽宁 | 海水养殖 | 池塘养殖 | 鲆鱼 | 1.06 | 0.11 | 0.05 | 1.84 |
| 辽宁 | 淡水养殖 | 池塘养殖 | 其他 | 3.53 | 0.76 | 1.10 | 13.95 |
| 辽宁 | 淡水养殖 | 池塘养殖 | 青鱼 | 4.28 | 0.18 | 0.08 | 15.62 |
| 辽宁 | 海水养殖 | 池塘养殖 | 日本对虾 | 0.27 | 0.07 | 0.01 | 2.62 |
| 辽宁 | 海水养殖 | 池塘养殖 | 梭子蟹 | 3.60 | 1.27 | 1.44 | 1.55 |
| 辽宁 | 淡水养殖 | 池塘养殖 | 蛙 | 8.89 | 2.20 | 2.81 | 53.17 |
| 辽宁 | 淡水养殖 | 池塘养殖 | 乌鳢 | 2.10 | 0.17 | 0.53 | 9.19 |
| 辽宁 | 淡水养殖 | 池塘养殖 | 鲟鱼 | 6.78 | 5.32 | 4.06 | 56.70 |
| 辽宁 | 淡水养殖 | 池塘养殖 | 鳙鱼 | −1.23 | −1.11 | −0.02 | −1.48 |
| 辽宁 | 海水养殖 | 池塘养殖 | 中国对虾 | 0.27 | 0.07 | 0.01 | 2.62 |
| 辽宁 | 淡水养殖 | 池塘养殖 | 鳟鱼 | 1.98 | 0.08 | 1.69 | 1.55 |
| 辽宁 | 海水养殖 | 工厂化养殖 | 鲑鱼 | 15.01 | 1.90 | 0.15 | 1.87 |
| 辽宁 | 海水养殖 | 工厂化养殖 | 海参 | 5.79 | 0.46 | 0.32 | 15.76 |
| 辽宁 | 淡水养殖 | 工厂化养殖 | 河蟹 | 7.32 | 4.53 | 6.54 | 32.01 |
| 辽宁 | 淡水养殖 | 工厂化养殖 | 鲤鱼 | 2.21 | 0.22 | 1.12 | 11.67 |
| 辽宁 | 淡水养殖 | 工厂化养殖 | 南美白对虾（淡） | 4.49 | 0.46 | 0.97 | 14.74 |
| 辽宁 | 海水养殖 | 工厂化养殖 | 南美白对虾（海） | 1.39 | 0.88 | 0.01 | 42.96 |
| 辽宁 | 海水养殖 | 工厂化养殖 | 鲆鱼 | 1.06 | 0.11 | 0.05 | 1.84 |
| 辽宁 | 淡水养殖 | 工厂化养殖 | 其他 | 7.28 | 2.67 | 3.41 | 20.40 |
| 辽宁 | 海水养殖 | 工厂化养殖 | 中国对虾 | 0.27 | 0.07 | 0.01 | 2.62 |
| 辽宁 | 淡水养殖 | 网箱养殖 | 鳜鱼 | 15.01 | 1.90 | 0.15 | 1.87 |

| 省份 | 养殖水体 | 养殖模式 | 养殖种类 | 总氮/（克/千克） | 总磷/（克/千克） | 氨氮/（克/千克） | COD/（克/千克） |
|---|---|---|---|---|---|---|---|
| 辽宁 | 海水养殖 | 网箱养殖 | 海参 | 1.30 | 0.20 | 0.01 | 0.17 |
| 辽宁 | 海水养殖 | 网箱养殖 | 河豚 | 48.68 | 5.63 | 0.09 | 13.36 |
| 辽宁 | 海水养殖 | 网箱养殖 | 鲆鱼 | 17.59 | 1.43 | 0.04 | 0.46 |
| 辽宁 | 淡水养殖 | 围栏养殖 | 河蟹 | 9.04 | 4.52 | 0.92 | 30.80 |
| 辽宁 | 淡水养殖 | 围栏养殖 | 鲢鱼 | −1.23 | −1.11 | −0.02 | −1.48 |
| 辽宁 | 海水养殖 | 浅海筏式 | 牡蛎 | −0.17 | −0.01 | 0.00 | −7.24 |
| 辽宁 | 海水养殖 | 浅海筏式 | 其他 | −0.17 | −0.01 | 0.00 | −7.24 |
| 辽宁 | 海水养殖 | 浅海筏式 | 扇贝 | −0.17 | −0.01 | 0.00 | −7.24 |
| 辽宁 | 海水养殖 | 浅海筏式 | 贻贝 | −0.17 | −0.01 | 0.00 | −7.24 |
| 辽宁 | 海水养殖 | 滩涂养殖 | 鲍 | 1.24 | −0.08 | 0.02 | −0.01 |
| 辽宁 | 淡水养殖 | 滩涂养殖 | 草鱼 | 17.48 | 1.02 | 0.24 | 0.38 |
| 辽宁 | 海水养殖 | 滩涂养殖 | 蛏 | −0.10 | −0.01 | 0.00 | −1.64 |
| 辽宁 | 海水养殖 | 滩涂养殖 | 蛤 | −0.10 | −0.01 | 0.00 | −1.64 |
| 辽宁 | 海水养殖 | 滩涂养殖 | 海参 | 1.30 | 0.20 | 0.01 | 0.17 |
| 辽宁 | 海水养殖 | 滩涂养殖 | 海胆 | 1.30 | 0.20 | 0.01 | 0.17 |
| 辽宁 | 海水养殖 | 滩涂养殖 | 蚶 | −0.10 | −0.01 | 0.00 | −1.64 |
| 辽宁 | 淡水养殖 | 滩涂养殖 | 鲫鱼 | 26.95 | 9.13 | 0.00 | 0.16 |
| 辽宁 | 淡水养殖 | 滩涂养殖 | 鲤鱼 | 25.50 | 8.84 | 0.00 | 0.29 |
| 辽宁 | 淡水养殖 | 滩涂养殖 | 鲢鱼 | −1.23 | −1.11 | −0.02 | −1.48 |
| 辽宁 | 海水养殖 | 滩涂养殖 | 螺 | 0.76 | 0.10 | 0.09 | 2.22 |
| 辽宁 | 淡水养殖 | 滩涂养殖 | 鲶鱼 | 15.01 | 1.90 | 0.15 | 1.87 |
| 辽宁 | 淡水养殖 | 滩涂养殖 | 银鱼 | 2.73 | 1.30 | 0.66 | 15.19 |
| 辽宁 | 淡水养殖 | 滩涂养殖 | 鳙鱼 | −1.23 | −1.11 | −0.02 | −1.48 |
| 辽宁 | 淡水养殖 | 其他 | 鳊鱼 | 9.42 | 1.41 | 0.34 | 9.32 |
| 辽宁 | 淡水养殖 | 其他 | 草鱼 | 7.75 | 1.83 | 1.97 | 14.84 |
| 辽宁 | 海水养殖 | 其他 | 蛏 | −0.10 | −0.01 | 0.00 | −1.64 |
| 辽宁 | 淡水养殖 | 其他 | 池沼公鱼 | 7.75 | 1.83 | 1.97 | 14.84 |
| 辽宁 | 海水养殖 | 其他 | 蛤 | −0.10 | −0.01 | 0.00 | −1.64 |
| 辽宁 | 海水养殖 | 其他 | 海参 | 10.94 | 1.74 | 0.34 | 8.78 |
| 辽宁 | 海水养殖 | 其他 | 蚶 | −0.10 | −0.01 | 0.00 | −1.64 |
| 辽宁 | 淡水养殖 | 其他 | 河蟹 | 5.22 | 1.19 | 0.96 | 23.00 |
| 辽宁 | 淡水养殖 | 其他 | 鲫鱼 | 7.75 | 1.83 | 1.97 | 14.84 |
| 辽宁 | 淡水养殖 | 其他 | 鲤鱼 | 7.75 | 1.83 | 1.97 | 14.84 |
| 辽宁 | 淡水养殖 | 其他 | 鲢鱼 | −1.23 | −1.11 | −0.02 | −1.48 |
| 辽宁 | 淡水养殖 | 其他 | 鲶鱼 | 7.75 | 1.83 | 1.97 | 14.84 |
| 辽宁 | 淡水养殖 | 其他 | 青鱼 | 7.75 | 1.83 | 1.97 | 14.84 |
| 辽宁 | 海水养殖 | 其他 | 扇贝 | −0.17 | −0.01 | 0.00 | −7.24 |
| 辽宁 | 淡水养殖 | 其他 | 蛙 | 7.75 | 1.83 | 1.97 | 14.84 |
| 辽宁 | 淡水养殖 | 其他 | 银鱼 | 7.75 | 1.83 | 1.97 | 14.84 |
| 辽宁 | 淡水养殖 | 其他 | 鳙鱼 | −1.23 | −1.11 | −0.02 | −1.48 |

| 省份 | 养殖水体 | 养殖模式 | 养殖种类 | 总氮/（克/千克） | 总磷/（克/千克） | 氨氮/（克/千克） | COD/（克/千克） |
|---|---|---|---|---|---|---|---|
| 辽宁 | 淡水养殖 | 其他 | 其他 | 7.75 | 1.83 | 1.97 | 14.84 |
| 辽宁 | 海水养殖 | 其他 | 其他 | 10.94 | 1.74 | 0.34 | 8.78 |
| 辽宁 | 海水养殖 | 滩涂养殖 | 其他 | 3.53 | 0.76 | 1.10 | 13.95 |
| 辽宁 | 海水养殖 | 工厂化养殖 | 其他 | 3.53 | 0.76 | 1.10 | 13.95 |
| 辽宁 | 海水养殖 | 滩涂养殖 | 扇贝 | −0.17 | −0.01 | 0.00 | −7.24 |
| 辽宁 | 海水养殖 | 池塘养殖 | 牡蛎 | −0.17 | −0.01 | 0.00 | −7.24 |
| 辽宁 | 海水养殖 | 其他 | 牡蛎 | −0.17 | −0.01 | 0.00 | −7.24 |
| 辽宁 | 淡水养殖 | 其他 | 泥鳅 | 1.24 | 0.11 | 0.06 | 2.28 |
| 辽宁 | 海水养殖 | 其他 | 鲆鱼 | 0.47 | 0.04 | 0.01 | 1.40 |
| 辽宁 | 海水养殖 | 池塘养殖 | 扇贝 | −0.17 | −0.01 | 0.00 | −7.24 |
| 辽宁 | 海水养殖 | 其他 | 鲈鱼 | 0.78 | 0.15 | 0.12 | 2.19 |
| 辽宁 | 海水养殖 | 池塘养殖 | 其他 | 3.53 | 0.76 | 1.10 | 13.95 |
| 辽宁 | 淡水养殖 | 网箱养殖 | 草鱼 | 5.73 | 1.29 | 0.33 | 8.77 |
| 辽宁 | 淡水养殖 | 网箱养殖 | 鲤鱼 | 1.24 | 0.11 | 0.06 | 2.28 |
| 辽宁 | 淡水养殖 | 工厂化养殖 | 鲟鱼 | 2.18 | 1.17 | 0.29 | 7.53 |
| 辽宁 | 海水养殖 | 网箱养殖 | 其他 | 3.53 | 0.76 | 1.10 | 13.95 |
| 内蒙古 | 淡水养殖 | 池塘养殖 | 鳊鱼 | 0.67 | 0.17 | −0.06 | 3.20 |
| 内蒙古 | 淡水养殖 | 池塘养殖 | 草鱼 | 2.50 | 0.49 | 0.99 | 7.42 |
| 内蒙古 | 淡水养殖 | 池塘养殖 | 鳜鱼 | 5.19 | 0.36 | 2.83 | 28.35 |
| 内蒙古 | 淡水养殖 | 池塘养殖 | 河蟹 | 7.32 | 4.53 | 6.54 | 32.01 |
| 内蒙古 | 淡水养殖 | 池塘养殖 | 黄颡鱼 | 2.92 | 0.18 | 0.85 | 13.68 |
| 内蒙古 | 淡水养殖 | 池塘养殖 | 鮰鱼 | 4.01 | 0.17 | 0.16 | 4.85 |
| 内蒙古 | 淡水养殖 | 池塘养殖 | 鲫鱼 | 6.34 | 1.11 | 1.18 | 10.66 |
| 内蒙古 | 淡水养殖 | 池塘养殖 | 加州鲈 | 4.52 | 0.65 | 0.09 | 82.85 |
| 内蒙古 | 淡水养殖 | 池塘养殖 | 鲤鱼 | 1.24 | 0.11 | 0.06 | 2.28 |
| 内蒙古 | 淡水养殖 | 池塘养殖 | 鲢鱼 | −1.23 | −1.11 | −0.02 | −1.48 |
| 内蒙古 | 淡水养殖 | 池塘养殖 | 罗非鱼 | 2.47 | 0.11 | 0.34 | 8.28 |
| 内蒙古 | 淡水养殖 | 池塘养殖 | 南美白对虾（淡） | 4.49 | 0.46 | 0.97 | 14.74 |
| 内蒙古 | 淡水养殖 | 池塘养殖 | 泥鳅 | 1.24 | 0.11 | 0.06 | 2.28 |
| 内蒙古 | 淡水养殖 | 池塘养殖 | 鲶鱼 | 4.28 | 0.18 | 0.08 | 15.62 |
| 内蒙古 | 淡水养殖 | 池塘养殖 | 其他 | 3.53 | 0.76 | 1.10 | 13.95 |
| 内蒙古 | 淡水养殖 | 池塘养殖 | 青鱼 | 4.28 | 0.18 | 0.08 | 15.62 |
| 内蒙古 | 淡水养殖 | 池塘养殖 | 乌鳢 | 2.10 | 0.17 | 0.53 | 9.19 |
| 内蒙古 | 淡水养殖 | 池塘养殖 | 鲟鱼 | 2.18 | 1.17 | 0.29 | 7.53 |
| 内蒙古 | 淡水养殖 | 池塘养殖 | 鳙鱼 | −1.23 | −1.11 | −0.02 | −1.48 |
| 内蒙古 | 淡水养殖 | 池塘养殖 | 鳟鱼 | 0.43 | 0.01 | 0.08 | 0.04 |
| 内蒙古 | 淡水养殖 | 工厂化养殖 | 罗非鱼 | 2.47 | 0.11 | 0.34 | 8.28 |
| 内蒙古 | 淡水养殖 | 工厂化养殖 | 鲟鱼 | 2.18 | 1.17 | 0.29 | 7.53 |
| 内蒙古 | 淡水养殖 | 网箱养殖 | 草鱼 | 5.73 | 1.29 | 0.33 | 8.77 |

| 省份 | 养殖水体 | 养殖模式 | 养殖种类 | 总氮/（克/千克） | 总磷/（克/千克） | 氨氮/（克/千克） | COD/（克/千克） |
|------|----------|----------|----------|------|------|------|------|
| 内蒙古 | 淡水养殖 | 网箱养殖 | 鲤鱼 | 25.50 | 8.84 | 0.00 | 0.29 |
| 内蒙古 | 淡水养殖 | 网箱养殖 | 鳙鱼 | −1.23 | −1.11 | −0.02 | −1.48 |
| 内蒙古 | 淡水养殖 | 滩涂养殖 | 鳊鱼 | 5.73 | 1.29 | 0.33 | 8.77 |
| 内蒙古 | 淡水养殖 | 滩涂养殖 | 草鱼 | 5.73 | 1.29 | 0.33 | 8.77 |
| 内蒙古 | 淡水养殖 | 滩涂养殖 | 河蟹 | 9.04 | 4.52 | 0.92 | 30.80 |
| 内蒙古 | 淡水养殖 | 滩涂养殖 | 鲫鱼 | 26.95 | 9.13 | 0.00 | 0.16 |
| 内蒙古 | 淡水养殖 | 滩涂养殖 | 鲤鱼 | 10.35 | 4.99 | 0.07 | 0.13 |
| 内蒙古 | 淡水养殖 | 滩涂养殖 | 鲢鱼 | −1.23 | −1.11 | −0.02 | −1.48 |
| 内蒙古 | 淡水养殖 | 滩涂养殖 | 鲶鱼 | 4.52 | 0.65 | 0.00 | 1.13 |
| 内蒙古 | 淡水养殖 | 滩涂养殖 | 鳙鱼 | −1.23 | −1.11 | −0.02 | −1.48 |
| 内蒙古 | 淡水养殖 | 其他 | 鲫鱼 | 7.75 | 1.83 | 1.97 | 14.84 |
| 内蒙古 | 淡水养殖 | 其他 | 鲤鱼 | 7.75 | 1.83 | 1.97 | 14.84 |
| 内蒙古 | 淡水养殖 | 其他 | 其他 | 7.75 | 1.83 | 1.97 | 14.84 |
| 内蒙古 | 淡水养殖 | 其他 | 草鱼 | 2.50 | 0.49 | 0.99 | 7.42 |
| 内蒙古 | 淡水养殖 | 其他 | 鲢鱼 | −1.23 | −1.11 | −0.02 | −1.48 |
| 宁夏 | 淡水养殖 | 池塘养殖 | 鳊鱼 | 1.93 | 0.45 | 1.31 | 8.53 |
| 宁夏 | 淡水养殖 | 池塘养殖 | 草鱼 | 1.93 | 0.45 | 1.31 | 8.53 |
| 宁夏 | 淡水养殖 | 池塘养殖 | 鲑鱼 | 4.52 | 0.65 | 0.00 | 1.13 |
| 宁夏 | 淡水养殖 | 池塘养殖 | 河蟹 | 4.74 | 0.40 | 1.39 | 42.96 |
| 宁夏 | 淡水养殖 | 池塘养殖 | 鮰鱼 | 4.01 | 0.17 | 0.16 | 4.85 |
| 宁夏 | 淡水养殖 | 池塘养殖 | 鲫鱼 | 2.30 | 0.67 | 0.23 | 11.51 |
| 宁夏 | 淡水养殖 | 池塘养殖 | 加州鲈 | 4.52 | 0.65 | 0.09 | 82.85 |
| 宁夏 | 淡水养殖 | 池塘养殖 | 鲤鱼 | 1.24 | 0.11 | 0.06 | 2.28 |
| 宁夏 | 淡水养殖 | 池塘养殖 | 鲢鱼 | −1.23 | −1.11 | −0.02 | −1.48 |
| 宁夏 | 淡水养殖 | 池塘养殖 | 鲈鱼 | 4.52 | 0.65 | 0.09 | 82.85 |
| 宁夏 | 淡水养殖 | 池塘养殖 | 南美白对虾（淡） | 4.49 | 0.46 | 0.97 | 14.74 |
| 宁夏 | 淡水养殖 | 池塘养殖 | 泥鳅 | 1.24 | 0.11 | 0.06 | 2.28 |
| 宁夏 | 淡水养殖 | 池塘养殖 | 鲶鱼 | 0.41 | 0.06 | 0.10 | 1.55 |
| 宁夏 | 淡水养殖 | 池塘养殖 | 其他 | 3.53 | 0.76 | 1.10 | 13.95 |
| 宁夏 | 淡水养殖 | 池塘养殖 | 乌鳢 | 2.10 | 0.17 | 0.53 | 9.19 |
| 宁夏 | 淡水养殖 | 池塘养殖 | 鲟鱼 | 2.18 | 1.17 | 0.29 | 7.53 |
| 宁夏 | 淡水养殖 | 池塘养殖 | 鳙鱼 | −1.23 | −1.11 | −0.02 | −1.48 |
| 宁夏 | 淡水养殖 | 池塘养殖 | 鳟鱼 | 0.43 | 0.01 | 0.08 | 0.04 |
| 宁夏 | 淡水养殖 | 工厂化养殖 | 加州鲈 | 4.52 | 0.65 | 0.09 | 82.85 |
| 宁夏 | 淡水养殖 | 工厂化养殖 | 南美白对虾（淡） | 4.49 | 0.46 | 0.97 | 14.74 |
| 宁夏 | 淡水养殖 | 工厂化养殖 | 泥鳅 | 1.24 | 0.11 | 0.06 | 2.28 |
| 宁夏 | 淡水养殖 | 工厂化养殖 | 鲟鱼 | 2.18 | 1.17 | 0.29 | 7.53 |
| 宁夏 | 淡水养殖 | 滩涂养殖 | 草鱼 | 5.73 | 1.29 | 0.33 | 8.77 |
| 宁夏 | 淡水养殖 | 滩涂养殖 | 河蟹 | 9.04 | 4.52 | 0.92 | 30.80 |

| 省份 | 养殖水体 | 养殖模式 | 养殖种类 | 总氮/（克/千克） | 总磷/（克/千克） | 氨氮/（克/千克） | COD/（克/千克） |
|---|---|---|---|---|---|---|---|
| 宁夏 | 淡水养殖 | 滩涂养殖 | 鲫鱼 | 26.95 | 9.13 | 0.00 | 0.16 |
| 宁夏 | 淡水养殖 | 滩涂养殖 | 鲤鱼 | 10.35 | 4.99 | 0.07 | 0.13 |
| 宁夏 | 淡水养殖 | 滩涂养殖 | 鲢鱼 | −1.23 | −1.11 | −0.02 | −1.48 |
| 宁夏 | 淡水养殖 | 滩涂养殖 | 鲶鱼 | 4.52 | 0.65 | 0.00 | 1.13 |
| 宁夏 | 淡水养殖 | 滩涂养殖 | 鳙鱼 | −1.23 | −1.11 | −0.02 | −1.48 |
| 宁夏 | 淡水养殖 | 其他 | 草鱼 | 7.75 | 1.83 | 1.97 | 14.84 |
| 宁夏 | 淡水养殖 | 其他 | 鮰鱼 | 7.75 | 1.83 | 1.97 | 14.84 |
| 宁夏 | 淡水养殖 | 其他 | 鲫鱼 | 7.75 | 1.83 | 1.97 | 14.84 |
| 宁夏 | 淡水养殖 | 其他 | 鲫鱼 | 7.75 | 1.83 | 1.97 | 14.84 |
| 宁夏 | 淡水养殖 | 其他 | 加州鲈 | 7.75 | 1.83 | 1.97 | 14.84 |
| 宁夏 | 淡水养殖 | 其他 | 鲤鱼 | 7.75 | 1.83 | 1.97 | 14.84 |
| 宁夏 | 淡水养殖 | 其他 | 鲢鱼 | −1.23 | −1.11 | −0.02 | −1.48 |
| 宁夏 | 淡水养殖 | 其他 | 鲶鱼 | 7.75 | 1.83 | 1.97 | 14.84 |
| 宁夏 | 淡水养殖 | 其他 | 乌鳢 | 7.75 | 1.83 | 1.97 | 14.84 |
| 宁夏 | 淡水养殖 | 其他 | 鳙鱼 | −1.23 | −1.11 | −0.02 | −1.48 |
| 宁夏 | 淡水养殖 | 其他 | 其他 | 7.75 | 1.83 | 1.97 | 14.84 |
| 宁夏 | 淡水养殖 | 工厂化养殖 | 鲈鱼 | 0.78 | 0.15 | 0.12 | 2.19 |
| 宁夏 | 淡水养殖 | 工厂化养殖 | 黄颡鱼 | 2.92 | 0.18 | 0.85 | 13.68 |
| 宁夏 | 淡水养殖 | 工厂化养殖 | 鮰鱼 | 2.90 | 1.55 | 2.48 | 4.63 |
| 宁夏 | 淡水养殖 | 滩涂养殖 | 鮰鱼 | 2.90 | 1.55 | 2.48 | 4.63 |
| 宁夏 | 淡水养殖 | 滩涂养殖 | 南美白对虾（淡） | 1.98 | 0.68 | 0.58 | 31.05 |
| 青海 | 淡水养殖 | 池塘养殖 | 草鱼 | 2.50 | 0.49 | 0.99 | 7.42 |
| 青海 | 淡水养殖 | 池塘养殖 | 河蟹 | 2.50 | 0.49 | 0.99 | 7.42 |
| 青海 | 淡水养殖 | 池塘养殖 | 鲫鱼 | 2.50 | 0.49 | 0.99 | 7.42 |
| 青海 | 淡水养殖 | 池塘养殖 | 鲤鱼 | 5.74 | 0.32 | 0.23 | 6.92 |
| 青海 | 淡水养殖 | 池塘养殖 | 鳟鱼 | 0.43 | 0.01 | 0.08 | 0.04 |
| 青海 | 淡水养殖 | 网箱养殖 | 鲑鱼 | 4.52 | 0.65 | 0.00 | 1.13 |
| 青海 | 淡水养殖 | 网箱养殖 | 河蟹 | 9.04 | 4.52 | 0.92 | 30.80 |
| 青海 | 淡水养殖 | 网箱养殖 | 鳟鱼 | 7.57 | 1.20 | 0.05 | 0.24 |
| 青海 | 淡水养殖 | 其他 | 其他 | 7.75 | 1.83 | 1.97 | 14.84 |
| 山东 | 海水养殖 | 池塘养殖 | 斑节对虾 | 0.27 | 0.07 | 0.01 | 2.62 |
| 山东 | 海水养殖 | 池塘养殖 | 鲍 | 2.51 | 0.96 | 0.07 | 8.12 |
| 山东 | 海水养殖 | 池塘养殖 | 鳊鱼 | 1.58 | 0.16 | 0.18 | 6.23 |
| 山东 | 淡水养殖 | 池塘养殖 | 鳖 | 8.89 | 2.20 | 2.81 | 53.17 |
| 山东 | 淡水养殖 | 池塘养殖 | 草鱼 | 1.58 | 0.16 | 0.18 | 6.23 |
| 山东 | 海水养殖 | 池塘养殖 | 蛏 | −0.10 | −0.01 | 0.00 | −1.64 |
| 山东 | 海水养殖 | 池塘养殖 | 鲽鱼 | 5.87 | 0.50 | 1.18 | 0.55 |
| 山东 | 淡水养殖 | 池塘养殖 | 短盖巨脂鲤 | 5.84 | 0.58 | 1.24 | 16.64 |

| 省份 | 养殖水体 | 养殖模式 | 养殖种类 | 总氮/（克/千克） | 总磷/（克/千克） | 氨氮/（克/千克） | COD/（克/千克） |
|---|---|---|---|---|---|---|---|
| 山东 | 淡水养殖 | 池塘养殖 | 龟 | 8.89 | 2.20 | 2.81 | 53.17 |
| 山东 | 淡水养殖 | 池塘养殖 | 鲑鱼 | 4.52 | 0.65 | 0.00 | 1.13 |
| 山东 | 淡水养殖 | 池塘养殖 | 鳜鱼 | 2.11 | 0.72 | 1.69 | 4.01 |
| 山东 | 海水养殖 | 池塘养殖 | 蛤 | −0.10 | −0.01 | 0.00 | −1.64 |
| 山东 | 海水养殖 | 池塘养殖 | 海参 | 0.74 | 0.05 | 0.06 | −0.02 |
| 山东 | 海水养殖 | 池塘养殖 | 海蜇 | 1.95 | 0.24 | 1.53 | 14.46 |
| 山东 | 淡水养殖 | 池塘养殖 | 河蚌 | 0.76 | 0.10 | 0.09 | 2.22 |
| 山东 | 淡水养殖 | 池塘养殖 | 河蟹 | 7.32 | 4.53 | 6.54 | 32.01 |
| 山东 | 淡水养殖 | 池塘养殖 | 黄颡鱼 | 2.92 | 0.18 | 0.85 | 13.68 |
| 山东 | 淡水养殖 | 池塘养殖 | 黄鳝 | 3.78 | 0.99 | 0.81 | 104.99 |
| 山东 | 淡水养殖 | 池塘养殖 | 鮰鱼 | 3.67 | 0.34 | 0.77 | 10.06 |
| 山东 | 淡水养殖 | 池塘养殖 | 鲫鱼 | 6.34 | 1.11 | 1.18 | 10.66 |
| 山东 | 淡水养殖 | 池塘养殖 | 加州鲈 | 0.78 | 0.15 | 0.12 | 2.19 |
| 山东 | 淡水养殖 | 池塘养殖 | 克氏原螯虾 | 2.89 | 2.54 | 1.38 | 13.76 |
| 山东 | 淡水养殖 | 池塘养殖 | 鲤鱼 | 5.84 | 0.58 | 1.24 | 16.64 |
| 山东 | 淡水养殖 | 池塘养殖 | 鲢鱼 | −1.23 | −1.11 | −0.02 | −1.48 |
| 山东 | 淡水养殖 | 池塘养殖 | 鲈鱼 | 0.78 | 0.15 | 0.12 | 2.19 |
| 山东 | 淡水养殖 | 池塘养殖 | 罗非鱼 | 2.47 | 0.11 | 0.34 | 8.28 |
| 山东 | 淡水养殖 | 池塘养殖 | 罗氏沼虾 | 2.07 | 0.17 | 0.12 | 2.53 |
| 山东 | 淡水养殖 | 池塘养殖 | 螺 | 0.76 | 0.10 | 0.09 | 2.22 |
| 山东 | 海水养殖 | 池塘养殖 | 牡蛎 | −0.17 | −0.01 | 0.00 | 0.02 |
| 山东 | 淡水养殖 | 池塘养殖 | 南美白对虾（淡） | 4.49 | 0.46 | 0.97 | 14.74 |
| 山东 | 海水养殖 | 池塘养殖 | 南美白对虾（海） | 4.49 | 0.46 | 0.97 | 12.88 |
| 山东 | 淡水养殖 | 池塘养殖 | 泥鳅 | 5.84 | 0.58 | 1.24 | 16.64 |
| 山东 | 淡水养殖 | 池塘养殖 | 鲶鱼 | 2.14 | 0.22 | 1.43 | 11.92 |
| 山东 | 海水养殖 | 池塘养殖 | 鲆鱼 | 0.47 | 0.04 | 0.01 | 1.40 |
| 山东 | 淡水养殖 | 池塘养殖 | 其他 | 3.53 | 0.76 | 1.10 | 13.95 |
| 山东 | 淡水养殖 | 池塘养殖 | 青虾 | 1.88 | 0.12 | 0.12 | 1.22 |
| 山东 | 淡水养殖 | 池塘养殖 | 青鱼 | 4.28 | 0.18 | 0.08 | 15.62 |
| 山东 | 海水养殖 | 池塘养殖 | 日本对虾 | 0.27 | 0.07 | 0.01 | 2.62 |
| 山东 | 海水养殖 | 池塘养殖 | 梭子蟹 | 1.99 | 0.38 | 0.00 | 5.40 |
| 山东 | 淡水养殖 | 池塘养殖 | 蛙 | 8.89 | 2.20 | 2.81 | 53.17 |
| 山东 | 淡水养殖 | 池塘养殖 | 乌鳢 | 2.10 | 0.17 | 0.53 | 9.19 |
| 山东 | 淡水养殖 | 池塘养殖 | 蚬 | 0.76 | 0.10 | 0.09 | 2.22 |
| 山东 | 淡水养殖 | 池塘养殖 | 鲟鱼 | 6.78 | 5.32 | 4.06 | 56.70 |
| 山东 | 淡水养殖 | 池塘养殖 | 银鱼 | 2.70 | 1.11 | 2.40 | 14.73 |
| 山东 | 淡水养殖 | 池塘养殖 | 鳙鱼 | −1.23 | −1.11 | −0.02 | −1.48 |
| 山东 | 海水养殖 | 池塘养殖 | 中国对虾 | 0.27 | 0.07 | 0.01 | 2.62 |
| 山东 | 海水养殖 | 工厂化养殖 | 斑节对虾 | 0.27 | 2.07 | 0.01 | 2.62 |
| 山东 | 海水养殖 | 工厂化养殖 | 鲍 | 2.51 | 0.96 | 0.07 | 8.12 |

| 省份 | 养殖水体 | 养殖模式 | 养殖种类 | 总氮/（克/千克） | 总磷/（克/千克） | 氨氮/（克/千克） | COD/（克/千克） |
|------|----------|----------|----------|------------------|------------------|------------------|-----------------|
| 山东 | 淡水养殖 | 工厂化养殖 | 鳖 | 8.89 | 2.20 | 2.81 | 53.17 |
| 山东 | 淡水养殖 | 工厂化养殖 | 草鱼 | 1.58 | 0.16 | 0.18 | 6.23 |
| 山东 | 海水养殖 | 工厂化养殖 | 鲽鱼 | 5.87 | 0.50 | 1.18 | 0.55 |
| 山东 | 海水养殖 | 工厂化养殖 | 海参 | 5.44 | 0.37 | −0.23 | 13.74 |
| 山东 | 海水养殖 | 工厂化养殖 | 海蜇 | 1.95 | 0.24 | 1.53 | 14.46 |
| 山东 | 淡水养殖 | 工厂化养殖 | 河蟹 | 7.32 | 4.53 | 6.54 | 32.01 |
| 山东 | 淡水养殖 | 工厂化养殖 | 黄颡鱼 | 2.92 | 0.18 | 0.85 | 13.68 |
| 山东 | 淡水养殖 | 工厂化养殖 | 黄鳝 | 3.78 | 0.99 | 0.81 | 104.99 |
| 山东 | 淡水养殖 | 工厂化养殖 | 鲫鱼 | 2.30 | 0.67 | 0.23 | 11.51 |
| 山东 | 淡水养殖 | 工厂化养殖 | 加州鲈 | 0.78 | 0.15 | 0.12 | 2.19 |
| 山东 | 淡水养殖 | 工厂化养殖 | 鲤鱼 | 5.84 | 0.58 | 1.24 | 16.64 |
| 山东 | 淡水养殖 | 工厂化养殖 | 鲈鱼 | 0.78 | 0.15 | 0.12 | 2.19 |
| 山东 | 淡水养殖 | 工厂化养殖 | 罗非鱼 | 2.47 | 0.11 | 0.34 | 8.28 |
| 山东 | 海水养殖 | 工厂化养殖 | 牡蛎 | −0.17 | −0.01 | 0.00 | 0.02 |
| 山东 | 淡水养殖 | 工厂化养殖 | 南美白对虾（淡） | 4.49 | 0.46 | 0.97 | 14.74 |
| 山东 | 海水养殖 | 工厂化养殖 | 南美白对虾（海） | 4.49 | 0.46 | 0.97 | 12.88 |
| 山东 | 淡水养殖 | 工厂化养殖 | 泥鳅 | 5.84 | 0.58 | 1.24 | 16.64 |
| 山东 | 淡水养殖 | 工厂化养殖 | 鲶鱼 | 4.28 | 0.18 | 0.08 | 15.62 |
| 山东 | 海水养殖 | 工厂化养殖 | 鲆鱼 | 2.68 | 0.27 | 0.77 | 4.89 |
| 山东 | 海水养殖 | 工厂化养殖 | 其他 | 7.28 | 2.67 | 3.41 | 20.40 |
| 山东 | 淡水养殖 | 工厂化养殖 | 其他 | 7.28 | 2.67 | 3.41 | 20.40 |
| 山东 | 海水养殖 | 工厂化养殖 | 日本对虾 | 0.27 | 0.07 | 0.01 | 2.62 |
| 山东 | 海水养殖 | 工厂化养殖 | 扇贝 | −0.17 | −0.01 | 0.00 | 0.02 |
| 山东 | 海水养殖 | 工厂化养殖 | 石斑鱼 | 5.87 | 0.50 | 1.18 | 0.55 |
| 山东 | 海水养殖 | 工厂化养殖 | 梭子蟹 | 1.99 | 0.38 | 0.00 | 5.40 |
| 山东 | 淡水养殖 | 工厂化养殖 | 鲟鱼 | 6.78 | 5.32 | 4.06 | 56.70 |
| 山东 | 海水养殖 | 工厂化养殖 | 中国对虾 | 0.27 | 0.07 | 0.01 | 2.62 |
| 山东 | 淡水养殖 | 工厂化养殖 | 鳟鱼 | 0.43 | 0.01 | 0.08 | 0.04 |
| 山东 | 淡水养殖 | 网箱养殖 | 鳊鱼 | 5.73 | 1.29 | 0.33 | 8.77 |
| 山东 | 淡水养殖 | 网箱养殖 | 草鱼 | 5.73 | 1.29 | 0.33 | 8.77 |
| 山东 | 淡水养殖 | 网箱养殖 | 鳜鱼 | 4.52 | 0.65 | 0.00 | 1.13 |
| 山东 | 淡水养殖 | 网箱养殖 | 黄颡鱼 | 4.52 | 0.65 | 0.00 | 1.13 |
| 山东 | 淡水养殖 | 网箱养殖 | 鮰鱼 | 39.17 | 8.64 | 0.03 | 0.09 |
| 山东 | 淡水养殖 | 网箱养殖 | 鲫鱼 | 26.95 | 9.13 | 0.00 | 0.16 |
| 山东 | 淡水养殖 | 网箱养殖 | 鲤鱼 | 25.50 | 8.84 | 0.00 | 0.29 |
| 山东 | 淡水养殖 | 网箱养殖 | 鲢鱼 | −1.23 | −1.11 | −0.02 | −1.48 |
| 山东 | 海水养殖 | 网箱养殖 | 鲈鱼 | 68.03 | 16.26 | 0.95 | 39.64 |
| 山东 | 淡水养殖 | 网箱养殖 | 罗非鱼 | 18.13 | 5.61 | 12.21 | 9.39 |
| 山东 | 淡水养殖 | 网箱养殖 | 南美白对虾（淡） | 4.49 | 0.46 | 0.97 | 14.74 |
| 山东 | 海水养殖 | 网箱养殖 | 其他 | 23.04 | 4.68 | 0.68 | 5.87 |

| 省份 | 养殖水体 | 养殖模式 | 养殖种类 | 总氮/（克/千克） | 总磷/（克/千克） | 氨氮/（克/千克） | COD/（克/千克） |
|---|---|---|---|---|---|---|---|
| 山东 | 淡水养殖 | 网箱养殖 | 青鱼 | 4.52 | 0.65 | 0.00 | 1.13 |
| 山东 | 淡水养殖 | 网箱养殖 | 鲟鱼 | 4.52 | 0.65 | 0.00 | 1.13 |
| 山东 | 淡水养殖 | 网箱养殖 | 鳙鱼 | −1.23 | −1.11 | −0.02 | −1.48 |
| 山东 | 海水养殖 | 围栏养殖 | 海参 | 1.30 | 0.20 | 0.01 | 0.17 |
| 山东 | 海水养殖 | 浅海筏式 | 蛤 | −0.10 | −0.01 | 0.00 | −1.64 |
| 山东 | 海水养殖 | 浅海筏式 | 蚶 | −0.10 | −0.01 | 0.00 | −1.64 |
| 山东 | 海水养殖 | 浅海筏式 | 牡蛎 | −0.17 | −0.01 | 0.00 | 0.02 |
| 山东 | 海水养殖 | 浅海筏式 | 其他 | −0.17 | −0.01 | 0.00 | 0.02 |
| 山东 | 海水养殖 | 浅海筏式 | 扇贝 | −0.17 | −0.01 | 0.00 | 0.02 |
| 山东 | 海水养殖 | 浅海筏式 | 贻贝 | −0.17 | −0.01 | 0.00 | 0.02 |
| 山东 | 海水养殖 | 滩涂养殖 | 鲍 | 1.24 | −0.08 | 0.02 | −0.01 |
| 山东 | 海水养殖 | 滩涂养殖 | 蛏 | −0.10 | −0.01 | 0.00 | −1.64 |
| 山东 | 海水养殖 | 滩涂养殖 | 蛤 | −0.10 | −0.01 | 0.00 | −1.64 |
| 山东 | 海水养殖 | 滩涂养殖 | 海参 | 1.30 | 0.20 | 0.01 | 0.17 |
| 山东 | 海水养殖 | 滩涂养殖 | 蚶 | −0.10 | −0.01 | 0.00 | −1.64 |
| 山东 | 海水养殖 | 滩涂养殖 | 螺 | 0.76 | 0.10 | 0.09 | 2.22 |
| 山东 | 海水养殖 | 滩涂养殖 | 牡蛎 | −0.17 | −0.01 | 0.00 | 0.02 |
| 山东 | 海水养殖 | 其他 | 鲍 | 0.74 | 0.16 | 0.07 | 2.18 |
| 山东 | 海水养殖 | 其他 | 鳊鱼 | 7.75 | 1.83 | 1.97 | 14.84 |
| 山东 | 海水养殖 | 其他 | 草鱼 | 7.75 | 1.83 | 1.97 | 14.84 |
| 山东 | 海水养殖 | 其他 | 蛤 | −0.10 | −0.01 | 0.00 | −1.64 |
| 山东 | 海水养殖 | 其他 | 海参 | 10.94 | 1.74 | 0.34 | 8.78 |
| 山东 | 海水养殖 | 其他 | 海胆 | 10.94 | 1.74 | 0.34 | 8.78 |
| 山东 | 淡水养殖 | 其他 | 鲫鱼 | 7.75 | 1.83 | 1.97 | 14.84 |
| 山东 | 淡水养殖 | 其他 | 克氏原螯虾 | 5.22 | 1.19 | 0.96 | 23.00 |
| 山东 | 淡水养殖 | 其他 | 鲤鱼 | 7.75 | 1.83 | 1.97 | 14.84 |
| 山东 | 淡水养殖 | 其他 | 鲢鱼 | −1.23 | −1.11 | −0.02 | −1.48 |
| 山东 | 淡水养殖 | 其他 | 南美白对虾（淡） | 5.22 | 1.19 | 0.96 | 23.00 |
| 山东 | 海水养殖 | 其他 | 其他 | 10.94 | 1.74 | 0.34 | 8.78 |
| 山东 | 淡水养殖 | 其他 | 青虾 | 5.22 | 1.19 | 0.96 | 23.00 |
| 山东 | 淡水养殖 | 其他 | 青鱼 | 9.42 | 1.41 | 0.34 | 9.32 |
| 山东 | 海水养殖 | 其他 | 扇贝 | 0.74 | 0.16 | 0.07 | 2.18 |
| 山东 | 淡水养殖 | 其他 | 鲟鱼 | 7.75 | 1.83 | 1.97 | 14.84 |
| 山东 | 淡水养殖 | 其他 | 鳙鱼 | −1.23 | −1.11 | −0.02 | −1.48 |
| 山东 | 淡水养殖 | 其他 | 其他 | 7.75 | 1.83 | 1.97 | 14.84 |
| 山东 | 淡水养殖 | 工厂化养殖 | 石斑鱼 | 1.70 | 0.21 | 0.07 | 1.75 |
| 山东 | 海水养殖 | 网箱养殖 | 河豚 | 1.99 | 0.45 | 0.31 | 3.80 |
| 山东 | 淡水养殖 | 其他 | 银鱼 | 2.60 | 0.65 | −0.02 | 9.46 |
| 山东 | 淡水养殖 | 其他 | 鲶鱼 | 0.41 | 0.06 | 0.10 | 1.55 |
| 山东 | 海水养殖 | 池塘养殖 | 河豚 | 1.99 | 0.45 | 0.31 | 3.80 |

| 省份 | 养殖水体 | 养殖模式 | 养殖种类 | 总氮/（克/千克） | 总磷/（克/千克） | 氨氮/（克/千克） | COD/（克/千克） |
|---|---|---|---|---|---|---|---|
| 山东 | 海水养殖 | 网箱养殖 | 河豚 | 1.99 | 0.45 | 0.31 | 3.80 |
| 山东 | 海水养殖 | 工厂化养殖 | 河豚 | 1.99 | 0.45 | 0.31 | 3.80 |
| 山东 | 淡水养殖 | 网箱养殖 | 河豚 | 1.99 | 0.45 | 0.31 | 3.80 |
| 山东 | 淡水养殖 | 工厂化养殖 | 河豚 | 1.99 | 0.45 | 0.31 | 3.80 |
| 山东 | 海水养殖 | 网箱养殖 | 鲆鱼 | 0.47 | 0.04 | 0.01 | 1.40 |
| 山东 | 海水养殖 | 工厂化养殖 | 鲷鱼 | 0.69 | 0.27 | 0.22 | 1.79 |
| 山东 | 海水养殖 | 浅海筏式 | 鲍 | 2.51 | 0.96 | 0.07 | 8.12 |
| 山东 | 海水养殖 | 浅海筏式 | 海参 | 0.74 | 0.05 | 0.06 | −0.02 |
| 山东 | 海水养殖 | 工厂化养殖 | 鲈鱼 | 0.78 | 0.15 | 0.12 | 2.19 |
| 山东 | 海水养殖 | 围栏养殖 | 蛤 | −0.10 | −0.01 | 0.00 | −1.64 |
| 山东 | 海水养殖 | 浅海筏式 | 鲍 | 2.51 | 0.96 | 0.07 | 8.12 |
| 山东 | 淡水养殖 | 其他 | 泥鳅 | 1.24 | 0.11 | 0.06 | 2.28 |
| 山东 | 淡水养殖 | 工厂化养殖 | 乌鳢 | 1.31 | 0.56 | 0.79 | 1.51 |
| 山西 | 淡水养殖 | 池塘养殖 | 鳖 | 8.89 | 2.20 | 2.81 | 53.17 |
| 山西 | 淡水养殖 | 池塘养殖 | 草鱼 | 2.50 | 0.49 | 0.99 | 7.42 |
| 山西 | 淡水养殖 | 池塘养殖 | 鲑鱼 | 4.52 | 0.65 | 0.00 | 1.13 |
| 山西 | 淡水养殖 | 池塘养殖 | 河蟹 | 4.74 | 0.40 | 1.39 | 42.96 |
| 山西 | 淡水养殖 | 池塘养殖 | 鮰鱼 | 4.01 | 0.17 | 0.16 | 4.85 |
| 山西 | 淡水养殖 | 池塘养殖 | 鲫鱼 | 6.34 | 1.11 | 1.18 | 10.66 |
| 山西 | 淡水养殖 | 池塘养殖 | 鲤鱼 | 5.84 | 0.58 | 1.24 | 16.64 |
| 山西 | 淡水养殖 | 池塘养殖 | 鲢鱼 | −1.23 | −1.11 | −0.02 | −1.48 |
| 山西 | 淡水养殖 | 池塘养殖 | 南美白对虾（淡） | 4.49 | 0.46 | 0.97 | 14.74 |
| 山西 | 淡水养殖 | 池塘养殖 | 青鱼 | 0.41 | 0.06 | 0.10 | 1.55 |
| 山西 | 淡水养殖 | 池塘养殖 | 乌鳢 | 2.10 | 0.17 | 0.53 | 9.19 |
| 山西 | 淡水养殖 | 池塘养殖 | 鲟鱼 | 2.18 | 1.17 | 0.29 | 7.53 |
| 山西 | 淡水养殖 | 池塘养殖 | 鳙鱼 | −1.23 | −1.11 | −0.02 | −1.48 |
| 山西 | 淡水养殖 | 池塘养殖 | 鳟鱼 | 0.43 | 0.01 | 0.08 | 0.04 |
| 山西 | 淡水养殖 | 工厂化养殖 | 鲟鱼 | 2.18 | 1.17 | 0.29 | 7.53 |
| 山西 | 淡水养殖 | 工厂化养殖 | 鳟鱼 | 0.43 | 0.01 | 0.08 | 0.04 |
| 山西 | 淡水养殖 | 网箱养殖 | 草鱼 | 5.73 | 1.29 | 0.33 | 8.77 |
| 山西 | 淡水养殖 | 网箱养殖 | 鲤鱼 | 10.35 | 4.99 | 0.07 | 0.13 |
| 山西 | 淡水养殖 | 网箱养殖 | 鲟鱼 | 4.52 | 0.65 | 0.00 | 1.13 |
| 山西 | 淡水养殖 | 滩涂养殖 | 草鱼 | 5.73 | 1.29 | 0.33 | 8.77 |
| 山西 | 淡水养殖 | 滩涂养殖 | 鮰鱼 | 39.17 | 8.64 | 0.03 | 0.09 |
| 山西 | 淡水养殖 | 滩涂养殖 | 鲫鱼 | 26.95 | 9.13 | 0.00 | 0.16 |
| 山西 | 淡水养殖 | 滩涂养殖 | 鲤鱼 | 10.35 | 4.99 | 0.07 | 0.13 |
| 山西 | 淡水养殖 | 滩涂养殖 | 鲢鱼 | −1.23 | −1.11 | −0.02 | −1.48 |
| 山西 | 淡水养殖 | 滩涂养殖 | 鲈鱼 | 68.03 | 16.26 | 0.95 | 39.64 |
| 山西 | 淡水养殖 | 滩涂养殖 | 罗非鱼 | 18.13 | 5.61 | 12.21 | 9.39 |

| 省份 | 养殖水体 | 养殖模式 | 养殖种类 | 总氮/（克/千克） | 总磷/（克/千克） | 氨氮/（克/千克） | COD/（克/千克） |
|---|---|---|---|---|---|---|---|
| 山西 | 淡水养殖 | 滩涂养殖 | 青鱼 | 4.52 | 0.65 | 0.00 | 1.13 |
| 山西 | 淡水养殖 | 滩涂养殖 | 鲟鱼 | 4.52 | 0.65 | 0.00 | 1.13 |
| 山西 | 淡水养殖 | 滩涂养殖 | 鳟鱼 | 18.16 | 6.43 | 0.01 | 3.50 |
| 山西 | 淡水养殖 | 其他 | 草鱼 | 7.75 | 1.83 | 1.97 | 14.84 |
| 山西 | 淡水养殖 | 其他 | 鲫鱼 | 7.75 | 1.83 | 1.97 | 14.84 |
| 山西 | 淡水养殖 | 其他 | 鲤鱼 | 7.75 | 1.83 | 1.97 | 14.84 |
| 山西 | 淡水养殖 | 其他 | 鲢鱼 | −1.23 | −1.11 | −0.02 | −1.48 |
| 山西 | 淡水养殖 | 其他 | 青鱼 | 7.75 | 1.83 | 1.97 | 14.84 |
| 山西 | 淡水养殖 | 其他 | 鲟鱼 | 7.75 | 1.83 | 1.97 | 14.84 |
| 山西 | 淡水养殖 | 其他 | 鳙鱼 | −1.23 | −1.11 | −0.02 | −1.48 |
| 山西 | 淡水养殖 | 其他 | 其他 | 7.75 | 1.83 | 1.97 | 14.84 |
| 山西 | 淡水养殖 | 网箱养殖 | 鲈鱼 | 0.78 | 0.15 | 0.12 | 2.19 |
| 山西 | 淡水养殖 | 池塘养殖 | 鲶鱼 | 0.41 | 0.06 | 0.10 | 1.55 |
| 山西 | 淡水养殖 | 池塘养殖 | 青虾 | 0.94 | 0.34 | 0.49 | 3.96 |
| 山西 | 淡水养殖 | 池塘养殖 | 泥鳅 | 1.24 | 0.11 | 0.06 | 2.28 |
| 山西 | 淡水养殖 | 其他 | 鳖 | 8.89 | 2.20 | 2.81 | 53.17 |
| 山西 | 淡水养殖 | 其他 | 河蟹 | 2.47 | 0.75 | 1.32 | 42.18 |
| 山西 | 淡水养殖 | 池塘养殖 | 加州鲈 | 0.78 | 0.15 | 0.12 | 2.19 |
| 山西 | 淡水养殖 | 池塘养殖 | 黄颡鱼 | 2.92 | 0.18 | 0.85 | 13.68 |
| 山西 | 淡水养殖 | 池塘养殖 | 罗非鱼 | 1.12 | 0.20 | 0.33 | 8.43 |
|  |  |  |  |  |  |  |  |
| 陕西 | 淡水养殖 | 池塘养殖 | 鳊鱼 | 0.67 | 0.17 | −0.06 | 3.20 |
| 陕西 | 淡水养殖 | 池塘养殖 | 鳖 | 8.89 | 2.20 | 2.81 | 53.17 |
| 陕西 | 淡水养殖 | 池塘养殖 | 草鱼 | 2.50 | 0.49 | 0.99 | 7.42 |
| 陕西 | 淡水养殖 | 池塘养殖 | 河蟹 | 4.74 | 0.40 | 1.39 | 42.96 |
| 陕西 | 淡水养殖 | 池塘养殖 | 黄颡鱼 | 2.92 | 0.18 | 0.85 | 13.68 |
| 陕西 | 淡水养殖 | 池塘养殖 | 黄鳝 | 3.78 | 0.99 | 0.81 | 104.99 |
| 陕西 | 淡水养殖 | 池塘养殖 | 鲴鱼 | 4.01 | 0.17 | 0.16 | 4.85 |
| 陕西 | 淡水养殖 | 池塘养殖 | 鲫鱼 | 6.34 | 1.11 | 1.18 | 10.66 |
| 陕西 | 淡水养殖 | 池塘养殖 | 克氏原螯虾 | 2.89 | 2.54 | 1.38 | 13.76 |
| 陕西 | 淡水养殖 | 池塘养殖 | 鲤鱼 | 5.74 | 0.32 | 0.23 | 6.92 |
| 陕西 | 淡水养殖 | 池塘养殖 | 鲢鱼 | −1.23 | −1.11 | −0.02 | −1.48 |
| 陕西 | 淡水养殖 | 池塘养殖 | 罗非鱼 | 2.47 | 0.11 | 0.34 | 8.28 |
| 陕西 | 淡水养殖 | 池塘养殖 | 南美白对虾（淡） | 4.49 | 0.46 | 0.97 | 14.74 |
| 陕西 | 淡水养殖 | 池塘养殖 | 泥鳅 | 1.24 | 0.11 | 0.06 | 2.28 |
| 陕西 | 淡水养殖 | 池塘养殖 | 鲶鱼 | 0.41 | 0.06 | 0.10 | 1.55 |
| 陕西 | 淡水养殖 | 池塘养殖 | 其他 | 3.53 | 0.76 | 1.10 | 13.95 |
| 陕西 | 淡水养殖 | 池塘养殖 | 青鱼 | 0.41 | 0.06 | 0.10 | 1.55 |
| 陕西 | 淡水养殖 | 池塘养殖 | 乌鳢 | 2.10 | 0.17 | 0.53 | 9.19 |
| 陕西 | 淡水养殖 | 池塘养殖 | 鲟鱼 | 2.18 | 1.17 | 0.29 | 7.53 |

| 省份 | 养殖水体 | 养殖模式 | 养殖种类 | 总氮/（克/千克） | 总磷/（克/千克） | 氨氮/（克/千克） | COD/（克/千克） |
|------|---------|---------|---------|------|------|------|------|
| 陕西 | 淡水养殖 | 池塘养殖 | 鳊鱼 | −1.23 | −1.11 | −0.02 | −1.48 |
| 陕西 | 淡水养殖 | 池塘养殖 | 鳟鱼 | 0.43 | 0.01 | 0.08 | 0.04 |
| 陕西 | 淡水养殖 | 工厂化养殖 | 鲑鱼 | 4.52 | 0.65 | 0.00 | 1.13 |
| 陕西 | 淡水养殖 | 工厂化养殖 | 其他 | 7.28 | 2.67 | 3.41 | 20.40 |
| 陕西 | 淡水养殖 | 工厂化养殖 | 鲟鱼 | 2.18 | 1.17 | 0.29 | 7.53 |
| 陕西 | 淡水养殖 | 工厂化养殖 | 鳟鱼 | 0.43 | 0.01 | 0.08 | 0.04 |
| 陕西 | 淡水养殖 | 网箱养殖 | 草鱼 | 5.73 | 1.29 | 0.33 | 8.77 |
| 陕西 | 淡水养殖 | 网箱养殖 | 鲤鱼 | 10.35 | 4.99 | 0.07 | 0.13 |
| 陕西 | 淡水养殖 | 网箱养殖 | 鲢鱼 | −1.23 | −1.11 | −0.02 | −1.48 |
| 陕西 | 淡水养殖 | 网箱养殖 | 鳊鱼 | −1.23 | −1.11 | −0.02 | −1.48 |
| 陕西 | 淡水养殖 | 围栏养殖 | 草鱼 | 5.73 | 1.29 | 0.33 | 8.77 |
| 陕西 | 淡水养殖 | 围栏养殖 | 鲤鱼 | 10.35 | 4.99 | 0.07 | 0.13 |
| 陕西 | 淡水养殖 | 围栏养殖 | 鲢鱼 | −1.23 | −1.11 | −0.02 | −1.48 |
| 陕西 | 淡水养殖 | 滩涂养殖 | 草鱼 | 5.73 | 1.29 | 0.33 | 8.77 |
| 陕西 | 淡水养殖 | 滩涂养殖 | 河蟹 | 9.04 | 4.52 | 0.92 | 30.80 |
| 陕西 | 淡水养殖 | 滩涂养殖 | 鲫鱼 | 26.95 | 9.13 | 0.00 | 0.16 |
| 陕西 | 淡水养殖 | 滩涂养殖 | 鲤鱼 | 10.35 | 4.99 | 0.07 | 0.13 |
| 陕西 | 淡水养殖 | 滩涂养殖 | 鲢鱼 | −1.23 | −1.11 | −0.02 | −1.48 |
| 陕西 | 淡水养殖 | 滩涂养殖 | 南美白对虾（淡） | 4.49 | 0.46 | 0.97 | 14.74 |
| 陕西 | 淡水养殖 | 滩涂养殖 | 鳊鱼 | −1.23 | −1.11 | −0.02 | −1.48 |
| 陕西 | 淡水养殖 | 其他 | 鳖 | 7.75 | 1.83 | 1.97 | 14.84 |
| 陕西 | 淡水养殖 | 其他 | 草鱼 | 7.75 | 1.83 | 1.97 | 14.84 |
| 陕西 | 淡水养殖 | 其他 | 鲫鱼 | 7.75 | 1.83 | 1.97 | 14.84 |
| 陕西 | 淡水养殖 | 其他 | 鲤鱼 | 7.75 | 1.83 | 1.97 | 14.84 |
| 陕西 | 淡水养殖 | 其他 | 鲢鱼 | −1.23 | −1.11 | −0.02 | −1.48 |
| 陕西 | 淡水养殖 | 其他 | 泥鳅 | 7.75 | 1.83 | 1.97 | 14.84 |
| 陕西 | 淡水养殖 | 其他 | 其他 | 7.75 | 1.83 | 1.97 | 14.84 |
| 陕西 | 淡水养殖 | 其他 | 鳊鱼 | −1.23 | −1.11 | −0.02 | −1.48 |
| 陕西 | 淡水养殖 | 其他 | 克氏原螯虾 | 0.87 | 0.29 | 0.61 | 1.69 |
| 陕西 | 淡水养殖 | 池塘养殖 | 鲈鱼 | 0.78 | 0.15 | 0.12 | 2.19 |
| 陕西 | 淡水养殖 | 池塘养殖 | 加州鲈 | 0.78 | 0.15 | 0.12 | 2.19 |
| 陕西 | 淡水养殖 | 其他 | 河蟹 | 2.47 | 0.75 | 1.32 | 42.18 |
| 陕西 | 淡水养殖 | 围栏养殖 | 鳊鱼 | −1.23 | −1.11 | −0.02 | −1.48 |
| 陕西 | 淡水养殖 | 其他 | 鳟鱼 | 0.43 | 0.01 | 0.08 | 0.04 |
| 陕西 | 淡水养殖 | 其他 | 鲟鱼 | 2.18 | 1.17 | 0.29 | 7.53 |
|  |  |  |  |  |  |  |  |
| 上海 | 淡水养殖 | 池塘养殖 | 鳊鱼 | 1.20 | 0.45 | 0.34 | 9.96 |
| 上海 | 淡水养殖 | 池塘养殖 | 鳖 | 8.89 | 2.20 | 2.81 | 53.17 |
| 上海 | 淡水养殖 | 池塘养殖 | 草鱼 | 2.50 | 0.49 | 0.99 | 7.42 |
| 上海 | 淡水养殖 | 池塘养殖 | 龟 | 8.89 | 2.20 | 2.81 | 53.17 |

| 省份 | 养殖水体 | 养殖模式 | 养殖种类 | 总氮/（克/千克） | 总磷/（克/千克） | 氨氮/（克/千克） | COD/（克/千克） |
|---|---|---|---|---|---|---|---|
| 上海 | 淡水养殖 | 池塘养殖 | 河豚 | 7.50 | 1.19 | 1.15 | 17.79 |
| 上海 | 淡水养殖 | 池塘养殖 | 河蟹 | 2.47 | 0.75 | 1.32 | 42.18 |
| 上海 | 淡水养殖 | 池塘养殖 | 黄颡鱼 | 2.92 | 0.18 | 0.85 | 13.68 |
| 上海 | 淡水养殖 | 池塘养殖 | 鮰鱼 | 3.67 | 0.34 | 0.77 | 10.06 |
| 上海 | 淡水养殖 | 池塘养殖 | 鲫鱼 | 6.34 | 1.11 | 1.18 | 10.66 |
| 上海 | 淡水养殖 | 池塘养殖 | 加州鲈 | 4.52 | 0.65 | 0.09 | 82.85 |
| 上海 | 淡水养殖 | 池塘养殖 | 克氏原螯虾 | 0.87 | 0.29 | 0.61 | 1.69 |
| 上海 | 淡水养殖 | 池塘养殖 | 鲤鱼 | 5.74 | 0.32 | 0.23 | 6.92 |
| 上海 | 淡水养殖 | 池塘养殖 | 鲢鱼 | −1.23 | −1.11 | −0.02 | −1.48 |
| 上海 | 淡水养殖 | 池塘养殖 | 罗氏沼虾 | 9.27 | 0.15 | 1.52 | 27.88 |
| 上海 | 淡水养殖 | 池塘养殖 | 南美白对虾（淡） | 1.98 | 0.68 | 0.58 | 31.05 |
| 上海 | 淡水养殖 | 池塘养殖 | 泥鳅 | 2.49 | 0.21 | 0.56 | 10.74 |
| 上海 | 淡水养殖 | 池塘养殖 | 其他 | 3.53 | 0.76 | 1.10 | 13.95 |
| 上海 | 淡水养殖 | 池塘养殖 | 青虾 | 1.88 | 0.12 | 0.12 | 1.22 |
| 上海 | 淡水养殖 | 池塘养殖 | 青鱼 | 0.41 | 0.06 | 0.10 | 1.55 |
| 上海 | 淡水养殖 | 池塘养殖 | 鳙鱼 | −1.23 | −1.11 | −0.02 | −1.48 |
| 上海 | 淡水养殖 | 工厂化养殖 | 南美白对虾（淡） | 1.98 | 0.68 | 0.58 | 31.05 |
| 上海 | 淡水养殖 | 工厂化养殖 | 其他 | 7.28 | 2.67 | 3.41 | 20.40 |
| 上海 | 淡水养殖 | 其他 | 鳖 | 9.42 | 1.41 | 0.34 | 9.32 |
| 上海 | 淡水养殖 | 其他 | 草鱼 | 7.75 | 1.83 | 1.97 | 14.84 |
| 上海 | 淡水养殖 | 其他 | 河蟹 | 5.22 | 1.19 | 0.96 | 23.00 |
| 上海 | 淡水养殖 | 其他 | 黄鳝 | 9.42 | 1.41 | 0.34 | 9.32 |
| 上海 | 淡水养殖 | 其他 | 鲫鱼 | 7.75 | 1.83 | 1.97 | 14.84 |
| 上海 | 淡水养殖 | 其他 | 克氏原螯虾 | 5.22 | 1.19 | 0.96 | 23.00 |
| 上海 | 淡水养殖 | 其他 | 鲢鱼 | −1.23 | −1.11 | −0.02 | −1.48 |
| 上海 | 淡水养殖 | 其他 | 泥鳅 | 9.42 | 1.41 | 0.34 | 9.32 |
| 上海 | 淡水养殖 | 其他 | 鳙鱼 | −1.23 | −1.11 | −0.02 | −1.48 |
| 上海 | 淡水养殖 | 其他 | 其他 | 7.75 | 1.83 | 1.97 | 14.84 |
| 四川 | 淡水养殖 | 池塘养殖 | 鳊鱼 | 0.13 | 0.03 | 0.03 | 32.32 |
| 四川 | 淡水养殖 | 池塘养殖 | 鳖 | 8.89 | 2.20 | 2.81 | 53.17 |
| 四川 | 淡水养殖 | 池塘养殖 | 草鱼 | 2.50 | 0.49 | 0.99 | 7.42 |
| 四川 | 淡水养殖 | 池塘养殖 | 短盖巨脂鲤 | 2.49 | 0.21 | 0.56 | 10.74 |
| 四川 | 淡水养殖 | 池塘养殖 | 龟 | 8.89 | 2.20 | 2.81 | 53.17 |
| 四川 | 淡水养殖 | 池塘养殖 | 鲑鱼 | 4.52 | 0.65 | 0.00 | 1.13 |
| 四川 | 淡水养殖 | 池塘养殖 | 鳜鱼 | 5.19 | 0.36 | 2.83 | 28.35 |
| 四川 | 淡水养殖 | 池塘养殖 | 河蚌 | 2.22 | 0.25 | 0.19 | 4.63 |
| 四川 | 淡水养殖 | 池塘养殖 | 河蟹 | 4.74 | 0.40 | 1.39 | 42.96 |
| 四川 | 淡水养殖 | 池塘养殖 | 黄颡鱼 | 2.92 | 0.18 | 0.85 | 13.68 |
| 四川 | 淡水养殖 | 池塘养殖 | 黄鳝 | 3.78 | 0.99 | 0.81 | 104.99 |

| 省份 | 养殖水体 | 养殖模式 | 养殖种类 | 总氮/（克/千克） | 总磷/（克/千克） | 氨氮/（克/千克） | COD/（克/千克） |
|------|----------|----------|----------|------------------|------------------|------------------|------------------|
| 四川 | 淡水养殖 | 池塘养殖 | 鲖鱼 | 4.79 | 0.23 | 2.93 | 2.39 |
| 四川 | 淡水养殖 | 池塘养殖 | 鲫鱼 | 6.34 | 1.11 | 1.18 | 10.66 |
| 四川 | 淡水养殖 | 池塘养殖 | 加州鲈 | 4.52 | 0.65 | 0.09 | 82.85 |
| 四川 | 淡水养殖 | 池塘养殖 | 克氏原螯虾 | 2.89 | 2.54 | 1.38 | 13.76 |
| 四川 | 淡水养殖 | 池塘养殖 | 鲤鱼 | 5.84 | 0.58 | 1.24 | 16.64 |
| 四川 | 淡水养殖 | 池塘养殖 | 鲢鱼 | −1.23 | −1.11 | −0.02 | −1.48 |
| 四川 | 淡水养殖 | 池塘养殖 | 鲈鱼 | 4.52 | 0.65 | 0.09 | 82.85 |
| 四川 | 淡水养殖 | 池塘养殖 | 罗非鱼 | 3.11 | 0.68 | 2.97 | 55.90 |
| 四川 | 淡水养殖 | 池塘养殖 | 罗氏沼虾 | 0.22 | 0.03 | 0.05 | 3.00 |
| 四川 | 淡水养殖 | 池塘养殖 | 螺 | 2.22 | 0.25 | 0.19 | 4.63 |
| 四川 | 淡水养殖 | 池塘养殖 | 南美白对虾（淡） | 1.98 | 0.68 | 0.58 | 31.05 |
| 四川 | 淡水养殖 | 池塘养殖 | 泥鳅 | 2.49 | 0.21 | 0.56 | 10.74 |
| 四川 | 淡水养殖 | 池塘养殖 | 鲶鱼 | 0.41 | 0.06 | 0.10 | 1.55 |
| 四川 | 淡水养殖 | 池塘养殖 | 其他 | 3.53 | 0.76 | 1.10 | 13.95 |
| 四川 | 淡水养殖 | 池塘养殖 | 青虾 | 0.94 | 0.34 | 0.49 | 3.96 |
| 四川 | 淡水养殖 | 池塘养殖 | 青鱼 | 0.41 | 0.06 | 0.10 | 1.55 |
| 四川 | 淡水养殖 | 池塘养殖 | 蛙 | 8.89 | 2.20 | 2.81 | 53.17 |
| 四川 | 淡水养殖 | 池塘养殖 | 乌鳢 | 12.99 | 3.21 | 9.15 | 10.90 |
| 四川 | 淡水养殖 | 池塘养殖 | 鲟鱼 | 6.78 | 5.32 | 4.06 | 56.70 |
| 四川 | 淡水养殖 | 池塘养殖 | 鳙鱼 | −1.23 | −1.11 | −0.02 | −1.48 |
| 四川 | 淡水养殖 | 池塘养殖 | 长吻鮠 | 2.49 | 0.21 | 0.56 | 10.74 |
| 四川 | 淡水养殖 | 池塘养殖 | 鳟鱼 | 0.43 | 0.01 | 0.08 | 0.04 |
| 四川 | 淡水养殖 | 工厂化养殖 | 草鱼 | 0.13 | 0.03 | 0.03 | 32.32 |
| 四川 | 淡水养殖 | 工厂化养殖 | 鲫鱼 | 1.75 | 0.91 | 0.31 | 5.22 |
| 四川 | 淡水养殖 | 工厂化养殖 | 加州鲈 | 4.52 | 0.65 | 0.09 | 82.85 |
| 四川 | 淡水养殖 | 工厂化养殖 | 鲤鱼 | 2.49 | 0.21 | 0.56 | 10.74 |
| 四川 | 淡水养殖 | 工厂化养殖 | 南美白对虾（淡） | 1.98 | 0.68 | 0.58 | 31.05 |
| 四川 | 淡水养殖 | 工厂化养殖 | 鲶鱼 | 0.41 | 0.06 | 0.10 | 1.55 |
| 四川 | 淡水养殖 | 工厂化养殖 | 其他 | 7.28 | 2.67 | 3.41 | 20.40 |
| 四川 | 淡水养殖 | 工厂化养殖 | 鲟鱼 | 6.78 | 5.32 | 4.06 | 56.70 |
| 四川 | 淡水养殖 | 网箱养殖 | 草鱼 | 26.11 | 3.71 | 0.50 | 21.77 |
| 四川 | 淡水养殖 | 网箱养殖 | 黄颡鱼 | 4.52 | 0.65 | 0.00 | 1.13 |
| 四川 | 淡水养殖 | 网箱养殖 | 鲖鱼 | 39.17 | 8.64 | 0.03 | 0.09 |
| 四川 | 淡水养殖 | 网箱养殖 | 鲫鱼 | 26.95 | 9.13 | 0.00 | 0.16 |
| 四川 | 淡水养殖 | 网箱养殖 | 鲤鱼 | 10.35 | 4.99 | 0.07 | 0.13 |
| 四川 | 淡水养殖 | 网箱养殖 | 鲢鱼 | −1.23 | −1.11 | −0.02 | −1.48 |
| 四川 | 淡水养殖 | 网箱养殖 | 鲟鱼 | 4.52 | 0.65 | 0.00 | 1.13 |
| 四川 | 淡水养殖 | 网箱养殖 | 鳙鱼 | −1.23 | −1.11 | −0.02 | −1.48 |
| 四川 | 淡水养殖 | 滩涂养殖 | 鳊鱼 | 26.11 | 3.71 | 0.50 | 21.77 |
| 四川 | 淡水养殖 | 滩涂养殖 | 草鱼 | 26.11 | 3.71 | 0.50 | 21.77 |

| 省份 | 养殖水体 | 养殖模式 | 养殖种类 | 总氮/（克/千克） | 总磷/（克/千克） | 氨氮/（克/千克） | COD/（克/千克） |
|---|---|---|---|---|---|---|---|
| 四川 | 淡水养殖 | 滩涂养殖 | 鮰鱼 | 39.17 | 8.64 | 0.03 | 0.09 |
| 四川 | 淡水养殖 | 滩涂养殖 | 鲫鱼 | 26.95 | 9.13 | 0.00 | 0.16 |
| 四川 | 淡水养殖 | 滩涂养殖 | 鲤鱼 | 10.35 | 4.99 | 0.07 | 0.13 |
| 四川 | 淡水养殖 | 滩涂养殖 | 鲢鱼 | −1.23 | −1.11 | −0.02 | −1.48 |
| 四川 | 淡水养殖 | 滩涂养殖 | 泥鳅 | 10.35 | 4.99 | 0.07 | 0.13 |
| 四川 | 淡水养殖 | 滩涂养殖 | 鲶鱼 | 4.52 | 0.65 | 0.00 | 1.13 |
| 四川 | 淡水养殖 | 滩涂养殖 | 其他 | −0.10 | −0.01 | 0.00 | −1.64 |
| 四川 | 淡水养殖 | 滩涂养殖 | 鳙鱼 | −1.23 | −1.11 | −0.02 | −1.48 |
| 四川 | 淡水养殖 | 其他 | 鳊鱼 | 7.75 | 1.83 | 1.97 | 14.84 |
| 四川 | 淡水养殖 | 其他 | 鳖 | 7.75 | 1.83 | 1.97 | 14.84 |
| 四川 | 淡水养殖 | 其他 | 草鱼 | 7.75 | 1.83 | 1.97 | 14.84 |
| 四川 | 淡水养殖 | 其他 | 龟 | 7.75 | 1.83 | 1.97 | 14.84 |
| 四川 | 淡水养殖 | 其他 | 鳜鱼 | 7.75 | 1.83 | 1.97 | 14.84 |
| 四川 | 淡水养殖 | 其他 | 河蚌 | 0.74 | 0.16 | 0.07 | 2.18 |
| 四川 | 淡水养殖 | 其他 | 河蟹 | 5.22 | 1.19 | 0.96 | 23.00 |
| 四川 | 淡水养殖 | 其他 | 黄颡鱼 | 7.75 | 1.83 | 1.97 | 14.84 |
| 四川 | 淡水养殖 | 其他 | 黄鳝 | 7.75 | 1.83 | 1.97 | 14.84 |
| 四川 | 淡水养殖 | 其他 | 鮰鱼 | 7.75 | 1.83 | 1.97 | 14.84 |
| 四川 | 淡水养殖 | 其他 | 鲫鱼 | 7.75 | 1.83 | 1.97 | 14.84 |
| 四川 | 淡水养殖 | 其他 | 加州鲈 | 7.75 | 1.83 | 1.97 | 14.84 |
| 四川 | 淡水养殖 | 其他 | 克氏原螯虾 | 5.22 | 1.19 | 0.96 | 23.00 |
| 四川 | 淡水养殖 | 其他 | 鲤鱼 | 7.75 | 1.83 | 1.97 | 14.84 |
| 四川 | 淡水养殖 | 其他 | 鲢鱼 | −1.23 | −1.11 | −0.02 | −1.48 |
| 四川 | 淡水养殖 | 其他 | 鲈鱼 | 7.75 | 1.83 | 1.97 | 14.84 |
| 四川 | 淡水养殖 | 其他 | 罗非鱼 | 7.75 | 1.83 | 1.97 | 14.84 |
| 四川 | 淡水养殖 | 其他 | 罗氏沼虾 | 5.22 | 1.19 | 0.96 | 23.00 |
| 四川 | 淡水养殖 | 其他 | 螺 | 0.74 | 0.16 | 0.07 | 2.18 |
| 四川 | 淡水养殖 | 其他 | 南美白对虾（淡） | 5.22 | 1.19 | 0.96 | 23.00 |
| 四川 | 淡水养殖 | 其他 | 泥鳅 | 7.75 | 1.83 | 1.97 | 14.84 |
| 四川 | 淡水养殖 | 其他 | 鲶鱼 | 7.75 | 1.83 | 1.97 | 14.84 |
| 四川 | 淡水养殖 | 其他 | 其他 | 7.75 | 1.83 | 1.97 | 14.84 |
| 四川 | 淡水养殖 | 其他 | 青虾 | 5.22 | 1.19 | 0.96 | 23.00 |
| 四川 | 淡水养殖 | 其他 | 青鱼 | 7.75 | 1.83 | 1.97 | 14.84 |
| 四川 | 淡水养殖 | 其他 | 蛙 | 7.75 | 1.83 | 1.97 | 14.84 |
| 四川 | 淡水养殖 | 其他 | 乌鳢 | 7.75 | 1.83 | 1.97 | 14.84 |
| 四川 | 淡水养殖 | 其他 | 鲟鱼 | 7.75 | 1.83 | 1.97 | 14.84 |
| 四川 | 淡水养殖 | 其他 | 银鱼 | 7.75 | 1.83 | 1.97 | 14.84 |
| 四川 | 淡水养殖 | 其他 | 鳙鱼 | −1.23 | −1.11 | −0.02 | −1.48 |
| 四川 | 淡水养殖 | 其他 | 长吻鮠 | 7.75 | 1.83 | 1.97 | 14.84 |
| 四川 | 淡水养殖 | 其他 | 鳟鱼 | 7.75 | 1.83 | 1.97 | 14.84 |

| 省份 | 养殖水体 | 养殖模式 | 养殖种类 | 总氮/（克/千克） | 总磷/（克/千克） | 氨氮/（克/千克） | COD/（克/千克） |
|---|---|---|---|---|---|---|---|
| 四川 | 淡水养殖 | 滩涂养殖 | 黄颡鱼 | 2.92 | 0.18 | 0.85 | 13.68 |
| 四川 | 淡水养殖 | 围栏养殖 | 鲤鱼 | 1.24 | 0.11 | 0.06 | 2.28 |
| 四川 | 淡水养殖 | 围栏养殖 | 鲢鱼 | −1.23 | −1.11 | −0.02 | −1.48 |
| 四川 | 淡水养殖 | 围栏养殖 | 草鱼 | 2.04 | 0.95 | 1.60 | 7.72 |
| 四川 | 淡水养殖 | 网箱养殖 | 其他 | 3.53 | 0.76 | 1.10 | 13.95 |
| 四川 | 淡水养殖 | 网箱养殖 | 鲶鱼 | 0.41 | 0.06 | 0.10 | 1.55 |
| 天津 | 淡水养殖 | 池塘养殖 | 鳖 | 8.89 | 2.20 | 2.81 | 53.17 |
| 天津 | 淡水养殖 | 池塘养殖 | 草鱼 | 2.50 | 0.49 | 0.99 | 7.42 |
| 天津 | 淡水养殖 | 池塘养殖 | 河蟹 | 2.47 | 0.75 | 1.32 | 42.18 |
| 天津 | 淡水养殖 | 池塘养殖 | 鲴鱼 | 3.67 | 0.34 | 0.77 | 10.06 |
| 天津 | 淡水养殖 | 池塘养殖 | 鲫鱼 | 2.01 | 0.30 | 0.13 | 6.50 |
| 天津 | 淡水养殖 | 池塘养殖 | 鲤鱼 | 5.74 | 0.32 | 0.23 | 6.92 |
| 天津 | 淡水养殖 | 池塘养殖 | 鲢鱼 | −1.23 | −1.11 | −0.02 | −1.48 |
| 天津 | 淡水养殖 | 池塘养殖 | 罗非鱼 | 2.47 | 0.11 | 0.34 | 8.28 |
| 天津 | 淡水养殖 | 池塘养殖 | 南美白对虾（淡） | 4.49 | 0.46 | 0.97 | 14.74 |
| 天津 | 海水养殖 | 池塘养殖 | 南美白对虾（海） | 4.49 | 0.46 | 0.97 | 14.74 |
| 天津 | 淡水养殖 | 池塘养殖 | 鲶鱼 | 2.14 | 0.22 | 1.43 | 11.92 |
| 天津 | 海水养殖 | 池塘养殖 | 石斑鱼 | 5.87 | 0.50 | 1.18 | 0.55 |
| 天津 | 淡水养殖 | 池塘养殖 | 鳙鱼 | −1.23 | −1.11 | −0.02 | −1.48 |
| 天津 | 淡水养殖 | 其他 | 草鱼 | 7.75 | 1.83 | 1.97 | 14.84 |
| 天津 | 淡水养殖 | 其他 | 鲫鱼 | 7.75 | 1.83 | 1.97 | 14.84 |
| 天津 | 淡水养殖 | 其他 | 鲤鱼 | 7.75 | 1.83 | 1.97 | 14.84 |
| 天津 | 淡水养殖 | 其他 | 鲢鱼 | −1.23 | −1.11 | −0.02 | −1.48 |
| 天津 | 淡水养殖 | 其他 | 鳙鱼 | −1.23 | −1.11 | −0.02 | −1.48 |
| 天津 | 淡水养殖 | 其他 | 其他 | 7.75 | 1.83 | 1.97 | 14.84 |
| 天津 | 海水养殖 | 其他 | 其他 | 10.94 | 1.74 | 0.34 | 8.78 |
| 天津 | 海水养殖 | 工厂化养殖 | 石斑鱼 | 1.70 | 0.21 | 0.07 | 1.75 |
| 天津 | 淡水养殖 | 工厂化养殖 | 其他 | 3.53 | 0.76 | 1.10 | 13.95 |
| 天津 | 淡水养殖 | 池塘养殖 | 其他 | 3.53 | 0.76 | 1.10 | 13.95 |
| 西藏 | 淡水养殖 | 池塘养殖 | 鲫鱼 | 6.34 | 1.11 | 1.18 | 10.66 |
| 西藏 | 淡水养殖 | 池塘养殖 | 鲢鱼 | −1.23 | −1.11 | −0.02 | −1.48 |
| 西藏 | 淡水养殖 | 池塘养殖 | 鲶鱼 | 2.14 | 0.22 | 1.43 | 11.92 |
| 西藏 | 淡水养殖 | 其他 | 其他 | 7.75 | 1.83 | 1.97 | 14.84 |
| 西藏 | 淡水养殖 | 其他 | 鲑鱼 | 4.52 | 0.65 | 0.00 | 1.13 |
| 西藏 | 淡水养殖 | 池塘养殖 | 鲑鱼 | 4.52 | 0.65 | 0.00 | 1.13 |
| 西藏 | 淡水养殖 | 池塘养殖 | 鲤鱼 | 1.24 | 0.11 | 0.06 | 2.28 |
| 西藏 | 淡水养殖 | 池塘养殖 | 草鱼 | 2.50 | 0.49 | 0.99 | 7.42 |

| 省份 | 养殖水体 | 养殖模式 | 养殖种类 | 总氮/（克/千克） | 总磷/（克/千克） | 氨氮/（克/千克） | COD/（克/千克） |
|---|---|---|---|---|---|---|---|
| 新疆 | 淡水养殖 | 池塘养殖 | 鳊鱼 | 0.59 | 0.16 | 0.22 | 3.05 |
| 新疆 | 淡水养殖 | 池塘养殖 | 草鱼 | 0.59 | 0.16 | 0.22 | 3.05 |
| 新疆 | 淡水养殖 | 池塘养殖 | 鲑鱼 | 4.52 | 0.65 | 0.00 | 1.13 |
| 新疆 | 淡水养殖 | 池塘养殖 | 河蟹 | 4.74 | 0.40 | 1.39 | 42.96 |
| 新疆 | 淡水养殖 | 池塘养殖 | 鲴鱼 | 4.01 | 0.17 | 0.16 | 4.85 |
| 新疆 | 淡水养殖 | 池塘养殖 | 鲫鱼 | 6.34 | 1.11 | 1.18 | 10.66 |
| 新疆 | 淡水养殖 | 池塘养殖 | 加州鲈 | 4.52 | 0.65 | 0.09 | 82.85 |
| 新疆 | 淡水养殖 | 池塘养殖 | 鲤鱼 | 1.24 | 0.11 | 0.06 | 2.28 |
| 新疆 | 淡水养殖 | 池塘养殖 | 鲢鱼 | −1.23 | −1.11 | −0.02 | −1.48 |
| 新疆 | 淡水养殖 | 池塘养殖 | 鲈鱼 | 4.52 | 0.65 | 0.09 | 82.85 |
| 新疆 | 淡水养殖 | 池塘养殖 | 罗非鱼 | 2.47 | 0.11 | 0.34 | 8.28 |
| 新疆 | 淡水养殖 | 池塘养殖 | 南美白对虾（淡） | 4.49 | 0.46 | 0.97 | 14.74 |
| 新疆 | 淡水养殖 | 池塘养殖 | 鲶鱼 | 0.41 | 0.06 | 0.10 | 1.55 |
| 新疆 | 淡水养殖 | 池塘养殖 | 其他 | 3.53 | 0.76 | 1.10 | 13.95 |
| 新疆 | 淡水养殖 | 池塘养殖 | 乌鳢 | 2.10 | 0.17 | 0.53 | 9.19 |
| 新疆 | 淡水养殖 | 池塘养殖 | 鳙鱼 | −1.23 | −1.11 | −0.02 | −1.48 |
| 新疆 | 淡水养殖 | 池塘养殖 | 鳟鱼 | 0.43 | 0.01 | 0.08 | 0.04 |
| 新疆 | 淡水养殖 | 工厂化养殖 | 鲑鱼 | 4.52 | 0.65 | 0.00 | 1.13 |
| 新疆 | 淡水养殖 | 工厂化养殖 | 鲟鱼 | 2.18 | 1.17 | 0.29 | 7.53 |
| 新疆 | 淡水养殖 | 网箱养殖 | 鳊鱼 | 5.73 | 1.29 | 0.33 | 8.77 |
| 新疆 | 淡水养殖 | 网箱养殖 | 草鱼 | 5.73 | 1.29 | 0.33 | 8.77 |
| 新疆 | 淡水养殖 | 网箱养殖 | 鲑鱼 | 4.52 | 0.65 | 0.00 | 1.13 |
| 新疆 | 淡水养殖 | 网箱养殖 | 鲫鱼 | 26.95 | 9.13 | 0.00 | 0.16 |
| 新疆 | 淡水养殖 | 网箱养殖 | 鲤鱼 | 10.35 | 4.99 | 0.07 | 0.13 |
| 新疆 | 淡水养殖 | 滩涂养殖 | 草鱼 | 5.73 | 1.29 | 0.33 | 8.77 |
| 新疆 | 淡水养殖 | 滩涂养殖 | 鲤鱼 | 10.35 | 4.99 | 0.07 | 0.13 |
| 新疆 | 淡水养殖 | 滩涂养殖 | 鲢鱼 | −1.23 | −1.11 | −0.02 | −1.48 |
| 新疆 | 淡水养殖 | 滩涂养殖 | 鲈鱼 | 68.03 | 16.26 | 0.95 | 39.64 |
| 新疆 | 淡水养殖 | 其他 | 鳊鱼 | 9.42 | 1.41 | 0.34 | 9.32 |
| 新疆 | 淡水养殖 | 其他 | 草鱼 | 7.75 | 1.83 | 1.97 | 14.84 |
| 新疆 | 淡水养殖 | 其他 | 鲑鱼 | 7.75 | 1.83 | 1.97 | 14.84 |
| 新疆 | 淡水养殖 | 其他 | 鲫鱼 | 9.42 | 1.41 | 0.34 | 9.32 |
| 新疆 | 淡水养殖 | 其他 | 鲤鱼 | 7.75 | 1.83 | 1.97 | 14.84 |
| 新疆 | 淡水养殖 | 其他 | 鲢鱼 | −1.23 | −1.11 | −0.02 | −1.48 |
| 新疆 | 淡水养殖 | 其他 | 鳙鱼 | −1.23 | −1.11 | −0.02 | −1.48 |
| 新疆 | 淡水养殖 | 其他 | 其他 | 7.75 | 1.83 | 1.97 | 14.84 |
| 新疆 | 淡水养殖 | 池塘养殖 | 鲟鱼 | 2.18 | 1.17 | 0.29 | 7.53 |
| 新疆 | 淡水养殖 | 其他 | 河蟹 | 2.47 | 0.75 | 1.32 | 42.18 |
| 新疆 | 淡水养殖 | 滩涂养殖 | 其他 | 3.53 | 2.76 | 1.10 | 13.95 |
| 新疆 | 淡水养殖 | 滩涂养殖 | 鲫鱼 | 0.69 | 0.22 | 0.29 | 7.44 |

| 省份 | 养殖水体 | 养殖模式 | 养殖种类 | 总氮/（克/千克） | 总磷/（克/千克） | 氨氮/（克/千克） | COD/（克/千克） |
|---|---|---|---|---|---|---|---|
| 新疆 | 淡水养殖 | 池塘养殖 | 青蟹 | −3.62 | 0.30 | −1.88 | 4.56 |
| 新疆 | 淡水养殖 | 工厂化养殖 | 鳟鱼 | 0.43 | 0.01 | 0.08 | 0.04 |
| 新疆 | 淡水养殖 | 池塘养殖 | 青鱼 | 0.41 | 0.06 | 0.10 | 1.55 |
| 新疆 | 淡水养殖 | 滩涂养殖 | 鳙鱼 | −1.23 | −1.11 | −0.02 | −1.48 |
| 新疆 | 淡水养殖 | 滩涂养殖 | 河蟹 | 2.47 | 0.75 | 1.32 | 42.18 |
| 云南 | 淡水养殖 | 池塘养殖 | 鳊鱼 | 0.82 | 0.08 | 0.52 | 9.02 |
| 云南 | 淡水养殖 | 池塘养殖 | 鳖 | 8.89 | 2.20 | 2.81 | 53.17 |
| 云南 | 淡水养殖 | 池塘养殖 | 草鱼 | 2.50 | 0.49 | 0.99 | 7.42 |
| 云南 | 淡水养殖 | 池塘养殖 | 短盖巨脂鲤 | 2.49 | 0.21 | 0.56 | 10.74 |
| 云南 | 淡水养殖 | 池塘养殖 | 龟 | 8.89 | 2.20 | 2.81 | 53.17 |
| 云南 | 淡水养殖 | 池塘养殖 | 鲑鱼 | 4.52 | 0.65 | 0.00 | 1.13 |
| 云南 | 淡水养殖 | 池塘养殖 | 鳜鱼 | 2.57 | 1.56 | 0.17 | 0.10 |
| 云南 | 淡水养殖 | 池塘养殖 | 河蚌 | 2.22 | 0.25 | 0.19 | 4.63 |
| 云南 | 淡水养殖 | 池塘养殖 | 河蟹 | 9.04 | 4.52 | 0.92 | 30.80 |
| 云南 | 淡水养殖 | 池塘养殖 | 黄颡鱼 | 2.92 | 0.18 | 0.85 | 13.68 |
| 云南 | 淡水养殖 | 池塘养殖 | 黄鳝 | 3.78 | 0.99 | 0.81 | 104.99 |
| 云南 | 淡水养殖 | 池塘养殖 | 鲴鱼 | 4.84 | 0.72 | 2.26 | 16.16 |
| 云南 | 淡水养殖 | 池塘养殖 | 鲫鱼 | 0.69 | 0.22 | 0.29 | 7.44 |
| 云南 | 淡水养殖 | 池塘养殖 | 克氏原螯虾 | 2.89 | 2.54 | 1.38 | 13.76 |
| 云南 | 淡水养殖 | 池塘养殖 | 鲤鱼 | 5.84 | 0.58 | 1.24 | 16.64 |
| 云南 | 淡水养殖 | 池塘养殖 | 鲢鱼 | −1.23 | −1.11 | −0.02 | −1.48 |
| 云南 | 淡水养殖 | 池塘养殖 | 鲈鱼 | 1.44 | 0.58 | 0.33 | 6.95 |
| 云南 | 淡水养殖 | 池塘养殖 | 罗非鱼 | 1.12 | 0.20 | 0.33 | 8.43 |
| 云南 | 淡水养殖 | 池塘养殖 | 罗氏沼虾 | 0.29 | 0.08 | 0.07 | 0.08 |
| 云南 | 淡水养殖 | 池塘养殖 | 螺 | 2.22 | 0.25 | 0.19 | 4.63 |
| 云南 | 淡水养殖 | 池塘养殖 | 南美白对虾（淡） | 1.98 | 0.68 | 0.58 | 31.05 |
| 云南 | 淡水养殖 | 池塘养殖 | 泥鳅 | 2.49 | 0.21 | 0.56 | 10.74 |
| 云南 | 淡水养殖 | 池塘养殖 | 鲶鱼 | 0.41 | 0.06 | 0.10 | 1.55 |
| 云南 | 淡水养殖 | 池塘养殖 | 其他 | 3.53 | 0.76 | 1.10 | 13.95 |
| 云南 | 淡水养殖 | 池塘养殖 | 青虾 | 0.94 | 0.34 | 0.49 | 3.96 |
| 云南 | 淡水养殖 | 池塘养殖 | 青鱼 | 0.41 | 0.06 | 0.10 | 1.55 |
| 云南 | 淡水养殖 | 池塘养殖 | 蛙 | 8.89 | 2.20 | 2.81 | 53.17 |
| 云南 | 淡水养殖 | 池塘养殖 | 乌鳢 | 1.31 | 0.56 | 0.79 | 1.51 |
| 云南 | 淡水养殖 | 池塘养殖 | 鲟鱼 | 7.51 | 1.67 | 3.98 | 12.41 |
| 云南 | 淡水养殖 | 池塘养殖 | 银鱼 | 2.60 | 0.65 | −0.02 | 9.46 |
| 云南 | 淡水养殖 | 池塘养殖 | 鳙鱼 | −1.23 | −1.11 | −0.02 | −1.48 |
| 云南 | 淡水养殖 | 池塘养殖 | 鳟鱼 | 0.43 | 0.01 | 0.08 | 0.04 |
| 云南 | 淡水养殖 | 工厂化养殖 | 鲑鱼 | 4.52 | 0.65 | 0.00 | 1.13 |
| 云南 | 淡水养殖 | 工厂化养殖 | 鲫鱼 | 0.69 | 0.22 | 0.29 | 7.44 |

| 省份 | 养殖水体 | 养殖模式 | 养殖种类 | 总氮/（克/千克） | 总磷/（克/千克） | 氨氮/（克/千克） | COD/（克/千克） |
|---|---|---|---|---|---|---|---|
| 云南 | 淡水养殖 | 工厂化养殖 | 鲤鱼 | 2.49 | 0.21 | 0.56 | 10.74 |
| 云南 | 淡水养殖 | 工厂化养殖 | 鲈鱼 | 1.44 | 0.58 | 0.33 | 6.95 |
| 云南 | 淡水养殖 | 工厂化养殖 | 罗非鱼 | 1.12 | 0.20 | 0.33 | 8.43 |
| 云南 | 淡水养殖 | 工厂化养殖 | 其他 | 7.28 | 2.67 | 3.41 | 20.40 |
| 云南 | 淡水养殖 | 工厂化养殖 | 鲟鱼 | 7.51 | 1.67 | 3.98 | 12.41 |
| 云南 | 淡水养殖 | 工厂化养殖 | 鳟鱼 | 0.43 | 0.01 | 0.08 | 0.04 |
| 云南 | 淡水养殖 | 网箱养殖 | 鳊鱼 | 36.56 | 9.32 | 0.06 | 0.26 |
| 云南 | 淡水养殖 | 网箱养殖 | 草鱼 | 36.56 | 9.32 | 0.06 | 0.26 |
| 云南 | 淡水养殖 | 网箱养殖 | 鲑鱼 | 4.52 | 0.65 | 0.00 | 1.13 |
| 云南 | 淡水养殖 | 网箱养殖 | 鳜鱼 | 4.52 | 0.65 | 0.00 | 1.13 |
| 云南 | 淡水养殖 | 网箱养殖 | 黄颡鱼 | 4.52 | 0.65 | 0.00 | 1.13 |
| 云南 | 淡水养殖 | 网箱养殖 | 鮰鱼 | 39.17 | 8.64 | 0.03 | 0.09 |
| 云南 | 淡水养殖 | 网箱养殖 | 鲫鱼 | 26.95 | 9.13 | 0.00 | 0.16 |
| 云南 | 淡水养殖 | 网箱养殖 | 加州鲈 | 68.03 | 16.26 | 0.95 | 39.64 |
| 云南 | 淡水养殖 | 网箱养殖 | 鲤鱼 | 10.35 | 4.99 | 0.07 | 0.13 |
| 云南 | 淡水养殖 | 网箱养殖 | 鲢鱼 | −1.23 | −1.11 | −0.02 | −1.48 |
| 云南 | 淡水养殖 | 网箱养殖 | 鲈鱼 | 68.03 | 16.26 | 0.95 | 39.64 |
| 云南 | 淡水养殖 | 网箱养殖 | 罗非鱼 | 18.13 | 5.61 | 12.21 | 9.39 |
| 云南 | 淡水养殖 | 网箱养殖 | 鲶鱼 | 4.52 | 0.65 | 0.00 | 1.13 |
| 云南 | 淡水养殖 | 网箱养殖 | 其他 | 23.04 | 4.68 | 0.68 | 5.87 |
| 云南 | 淡水养殖 | 网箱养殖 | 青鱼 | 4.52 | 0.65 | 0.00 | 1.13 |
| 云南 | 淡水养殖 | 网箱养殖 | 乌鳢 | 4.52 | 0.65 | 0.00 | 1.13 |
| 云南 | 淡水养殖 | 网箱养殖 | 鲟鱼 | 4.52 | 0.65 | 0.00 | 1.13 |
| 云南 | 淡水养殖 | 网箱养殖 | 鳙鱼 | −1.23 | −1.11 | −0.02 | −1.48 |
| 云南 | 淡水养殖 | 网箱养殖 | 长吻鮠 | 10.35 | 4.99 | 0.07 | 0.13 |
| 云南 | 淡水养殖 | 围栏养殖 | 草鱼 | 36.56 | 9.32 | 0.06 | 0.26 |
| 云南 | 淡水养殖 | 围栏养殖 | 鲫鱼 | 26.95 | 9.13 | 0.00 | 0.16 |
| 云南 | 淡水养殖 | 围栏养殖 | 鲤鱼 | 10.35 | 4.99 | 0.07 | 0.13 |
| 云南 | 淡水养殖 | 围栏养殖 | 鲢鱼 | −1.23 | −1.11 | −0.02 | −1.48 |
| 云南 | 淡水养殖 | 围栏养殖 | 罗非鱼 | 18.13 | 5.61 | 12.21 | 9.39 |
| 云南 | 淡水养殖 | 围栏养殖 | 青鱼 | 4.52 | 0.65 | 0.00 | 1.13 |
| 云南 | 淡水养殖 | 围栏养殖 | 鳙鱼 | −1.23 | −1.11 | −0.02 | −1.48 |
| 云南 | 淡水养殖 | 其他 | 草鱼 | 7.75 | 1.83 | 1.97 | 14.84 |
| 云南 | 淡水养殖 | 其他 | 河蟹 | 5.22 | 1.19 | 0.96 | 23.00 |
| 云南 | 淡水养殖 | 其他 | 黄鳝 | 7.75 | 1.83 | 1.97 | 14.84 |
| 云南 | 淡水养殖 | 其他 | 鲫鱼 | 7.75 | 1.83 | 1.97 | 14.84 |
| 云南 | 淡水养殖 | 其他 | 鲤鱼 | 7.75 | 1.83 | 1.97 | 14.84 |
| 云南 | 淡水养殖 | 其他 | 鲢鱼 | −1.23 | −1.11 | −0.02 | −1.48 |
| 云南 | 淡水养殖 | 其他 | 罗非鱼 | 7.75 | 1.83 | 1.97 | 14.84 |
| 云南 | 淡水养殖 | 其他 | 泥鳅 | 7.75 | 1.83 | 1.97 | 14.84 |

| 省份 | 养殖水体 | 养殖模式 | 养殖种类 | 总氮/（克/千克） | 总磷/（克/千克） | 氨氮/（克/千克） | COD/（克/千克） |
|------|---------|---------|---------|--------------|--------------|--------------|--------------|
| 云南 | 淡水养殖 | 其他 | 鲶鱼 | 9.42 | 1.41 | 0.34 | 9.32 |
| 云南 | 淡水养殖 | 其他 | 其他 | 7.75 | 1.83 | 1.97 | 14.84 |
| 云南 | 淡水养殖 | 其他 | 青鱼 | 7.75 | 1.83 | 1.97 | 14.84 |
| 云南 | 淡水养殖 | 其他 | 鳙鱼 | −1.23 | −1.11 | −0.02 | −1.48 |
| 云南 | 淡水养殖 | 滩涂养殖 | 鲤鱼 | 1.24 | 0.11 | 0.06 | 2.28 |
| 云南 | 淡水养殖 | 滩涂养殖 | 鲢鱼 | −1.23 | −1.11 | −0.02 | −1.48 |
| 云南 | 淡水养殖 | 滩涂养殖 | 鲫鱼 | 0.69 | 0.22 | 0.29 | 7.44 |
| 云南 | 淡水养殖 | 滩涂养殖 | 草鱼 | 2.04 | 0.95 | 1.60 | 7.72 |
| 云南 | 淡水养殖 | 其他 | 克氏原螯虾 | 0.87 | 0.29 | 0.61 | 1.69 |
| | | | | | | | |
| 浙江 | 海水养殖 | 池塘养殖 | 斑节对虾 | 0.27 | 0.07 | 0.01 | 2.62 |
| 浙江 | 淡水养殖 | 池塘养殖 | 鳊鱼 | 1.20 | 0.45 | 0.34 | 9.96 |
| 浙江 | 淡水养殖 | 池塘养殖 | 鳖 | 8.89 | 2.20 | 2.81 | 53.17 |
| 浙江 | 淡水养殖 | 池塘养殖 | 草鱼 | 2.50 | 0.49 | 0.99 | 7.42 |
| 浙江 | 海水养殖 | 池塘养殖 | 蛏 | −0.10 | −0.01 | 0.00 | −1.64 |
| 浙江 | 淡水养殖 | 池塘养殖 | 池沼公鱼 | 3.49 | 0.19 | 0.54 | 2.76 |
| 浙江 | 海水养殖 | 池塘养殖 | 大黄鱼 | 3.00 | 0.51 | 0.89 | 15.86 |
| 浙江 | 淡水养殖 | 池塘养殖 | 淡水珍珠 | 0.76 | 0.10 | 0.09 | 2.22 |
| 浙江 | 海水养殖 | 池塘养殖 | 鲷鱼 | 0.33 | 0.10 | 0.00 | 0.04 |
| 浙江 | 淡水养殖 | 池塘养殖 | 短盖巨脂鲤 | 2.49 | 0.21 | 0.56 | 10.74 |
| 浙江 | 淡水养殖 | 池塘养殖 | 龟 | 8.89 | 2.20 | 2.81 | 53.17 |
| 浙江 | 淡水养殖 | 池塘养殖 | 鳜鱼 | 2.11 | 0.72 | 1.69 | 4.01 |
| 浙江 | 海水养殖 | 池塘养殖 | 蛤 | −0.10 | −0.01 | 0.00 | −1.64 |
| 浙江 | 海水养殖 | 池塘养殖 | 海蜇 | 3.49 | 0.19 | 0.54 | 2.76 |
| 浙江 | 海水养殖 | 池塘养殖 | 蚶 | −0.10 | −0.01 | 0.00 | −1.64 |
| 浙江 | 淡水养殖 | 池塘养殖 | 河蚌 | 0.76 | 0.10 | 0.09 | 2.22 |
| 浙江 | 淡水养殖 | 池塘养殖 | 河蟹 | 2.47 | 0.75 | 1.32 | 42.18 |
| 浙江 | 淡水养殖 | 池塘养殖 | 黄颡鱼 | 2.92 | 0.18 | 0.85 | 13.68 |
| 浙江 | 淡水养殖 | 池塘养殖 | 黄鳝 | 3.78 | 0.99 | 0.81 | 104.99 |
| 浙江 | 淡水养殖 | 池塘养殖 | 鲴鱼 | 2.90 | 1.55 | 2.48 | 4.63 |
| 浙江 | 淡水养殖 | 池塘养殖 | 鲫鱼 | 6.34 | 1.11 | 1.18 | 10.66 |
| 浙江 | 淡水养殖 | 池塘养殖 | 加州鲈 | 0.78 | 0.15 | 0.12 | 2.19 |
| 浙江 | 淡水养殖 | 池塘养殖 | 克氏原螯虾 | 0.87 | 0.29 | 0.61 | 1.69 |
| 浙江 | 淡水养殖 | 池塘养殖 | 鲤鱼 | 5.84 | 0.58 | 1.24 | 16.64 |
| 浙江 | 淡水养殖 | 池塘养殖 | 鲢鱼 | −1.23 | −1.11 | −0.02 | −1.48 |
| 浙江 | 淡水养殖 | 池塘养殖 | 鲈鱼 | 0.78 | 0.15 | 0.12 | 2.19 |
| 浙江 | 淡水养殖 | 池塘养殖 | 罗非鱼 | 3.11 | 0.68 | 2.97 | 55.90 |
| 浙江 | 淡水养殖 | 池塘养殖 | 罗氏沼虾 | 2.07 | 0.17 | 0.12 | 2.53 |
| 浙江 | 淡水养殖 | 池塘养殖 | 螺 | 0.76 | 0.10 | 0.09 | 2.22 |
| 浙江 | 淡水养殖 | 池塘养殖 | 鳗鲡 | 43.90 | 10.15 | 26.30 | 76.26 |

| 省份 | 养殖水体 | 养殖模式 | 养殖种类 | 总氮/（克/千克） | 总磷/（克/千克） | 氨氮/（克/千克） | COD/（克/千克） |
|------|----------|----------|----------|------------------|------------------|------------------|------------------|
| 浙江 | 海水养殖 | 池塘养殖 | 美国红鱼 | 0.33 | 0.10 | 0.00 | 0.04 |
| 浙江 | 淡水养殖 | 池塘养殖 | 南美白对虾（淡） | 1.98 | 0.68 | 0.58 | 31.05 |
| 浙江 | 海水养殖 | 池塘养殖 | 南美白对虾（海） | 4.81 | 1.38 | 0.34 | 53.01 |
| 浙江 | 淡水养殖 | 池塘养殖 | 泥鳅 | 2.49 | 0.21 | 0.56 | 10.74 |
| 浙江 | 淡水养殖 | 池塘养殖 | 鲶鱼 | 0.41 | 0.06 | 0.10 | 1.55 |
| 浙江 | 淡水养殖 | 池塘养殖 | 其他 | 3.53 | 0.76 | 1.10 | 13.95 |
| 浙江 | 淡水养殖 | 池塘养殖 | 青虾 | 1.88 | 0.12 | 0.12 | 1.22 |
| 浙江 | 海水养殖 | 池塘养殖 | 青蟹 | 1.72 | 0.11 | 1.62 | 15.85 |
| 浙江 | 淡水养殖 | 池塘养殖 | 青鱼 | 4.28 | 0.18 | 0.08 | 15.62 |
| 浙江 | 海水养殖 | 池塘养殖 | 日本对虾 | 0.27 | 0.07 | 0.01 | 2.62 |
| 浙江 | 海水养殖 | 池塘养殖 | 梭子蟹 | 5.60 | −0.17 | 2.95 | 31.66 |
| 浙江 | 淡水养殖 | 池塘养殖 | 蛙 | 8.89 | 2.20 | 2.81 | 53.17 |
| 浙江 | 淡水养殖 | 池塘养殖 | 乌鳢 | 12.99 | 3.21 | 9.15 | 10.90 |
| 浙江 | 淡水养殖 | 池塘养殖 | 蚬 | 0.76 | 0.10 | 0.09 | 2.22 |
| 浙江 | 淡水养殖 | 池塘养殖 | 鲟鱼 | 6.78 | 5.32 | 4.06 | 56.70 |
| 浙江 | 海水养殖 | 池塘养殖 | 贻贝 | −0.17 | −0.01 | 0.00 | −7.24 |
| 浙江 | 淡水养殖 | 池塘养殖 | 鳙鱼 | −1.23 | −1.11 | −0.02 | −1.48 |
| 浙江 | 海水养殖 | 池塘养殖 | 中国对虾 | 0.27 | 0.07 | 0.01 | 2.62 |
| 浙江 | 淡水养殖 | 池塘养殖 | 鳟鱼 | 0.43 | 0.01 | 0.08 | 0.04 |
| 浙江 | 海水养殖 | 工厂化养殖 | 斑节对虾 | 0.27 | 0.07 | 0.01 | 2.62 |
| 浙江 | 淡水养殖 | 工厂化养殖 | 鳖 | 8.89 | 2.20 | 2.81 | 53.17 |
| 浙江 | 海水养殖 | 工厂化养殖 | 大黄鱼 | 3.00 | 0.51 | 0.89 | 15.86 |
| 浙江 | 海水养殖 | 工厂化养殖 | 鲽鱼 | 0.33 | 0.10 | 0.00 | 0.04 |
| 浙江 | 淡水养殖 | 工厂化养殖 | 龟 | 8.89 | 2.20 | 2.81 | 53.17 |
| 浙江 | 海水养殖 | 工厂化养殖 | 鲑鱼 | 4.52 | 0.65 | 0.00 | 1.13 |
| 浙江 | 淡水养殖 | 工厂化养殖 | 鲤鱼 | 2.49 | 0.21 | 0.56 | 10.74 |
| 浙江 | 海水养殖 | 工厂化养殖 | 鲈鱼 | 6.04 | 1.55 | 0.04 | 7.72 |
| 浙江 | 淡水养殖 | 工厂化养殖 | 罗氏沼虾 | 2.07 | 0.17 | 0.12 | 2.53 |
| 浙江 | 淡水养殖 | 工厂化养殖 | 鳗鲡 | 43.90 | 10.15 | 26.30 | 76.26 |
| 浙江 | 淡水养殖 | 工厂化养殖 | 南美白对虾（淡） | 1.98 | 0.68 | 0.58 | 31.05 |
| 浙江 | 海水养殖 | 工厂化养殖 | 南美白对虾（海） | 6.38 | 0.30 | 0.96 | 2.89 |
| 浙江 | 淡水养殖 | 工厂化养殖 | 泥鳅 | 2.49 | 0.21 | 0.56 | 10.74 |
| 浙江 | 海水养殖 | 工厂化养殖 | 鲆鱼 | 0.33 | 0.10 | 0.00 | 0.04 |
| 浙江 | 淡水养殖 | 工厂化养殖 | 其他 | 7.28 | 2.67 | 3.41 | 20.40 |
| 浙江 | 海水养殖 | 工厂化养殖 | 其他 | 7.28 | 2.67 | 3.41 | 20.40 |
| 浙江 | 海水养殖 | 工厂化养殖 | 石斑鱼 | 0.33 | 0.10 | 0.00 | 0.04 |
| 浙江 | 淡水养殖 | 工厂化养殖 | 蛙 | 8.89 | 2.20 | 2.81 | 53.17 |
| 浙江 | 淡水养殖 | 工厂化养殖 | 鲟鱼 | 6.78 | 5.32 | 4.06 | 56.70 |
| 浙江 | 淡水养殖 | 网箱养殖 | 鳊鱼 | 2.04 | 0.95 | 1.60 | 7.72 |
| 浙江 | 淡水养殖 | 网箱养殖 | 草鱼 | 2.04 | 0.95 | 1.60 | 7.72 |

| 省份 | 养殖水体 | 养殖模式 | 养殖种类 | 总氮/（克/千克） | 总磷/（克/千克） | 氨氮/（克/千克） | COD/（克/千克） |
|---|---|---|---|---|---|---|---|
| 浙江 | 海水养殖 | 网箱养殖 | 大黄鱼 | 49.70 | 10.46 | 1.29 | 50.23 |
| 浙江 | 海水养殖 | 网箱养殖 | 鲷鱼 | 17.59 | 1.43 | 0.04 | 0.46 |
| 浙江 | 淡水养殖 | 网箱养殖 | 鳜鱼 | 4.52 | 0.65 | 0.00 | 1.13 |
| 浙江 | 海水养殖 | 网箱养殖 | 海参 | 1.30 | 0.20 | 0.01 | 0.17 |
| 浙江 | 淡水养殖 | 网箱养殖 | 黄颡鱼 | 4.52 | 0.65 | 0.00 | 1.13 |
| 浙江 | 淡水养殖 | 网箱养殖 | 鲫鱼 | 26.95 | 9.13 | 0.00 | 0.16 |
| 浙江 | 淡水养殖 | 网箱养殖 | 加州鲈 | 68.03 | 16.26 | 0.95 | 39.64 |
| 浙江 | 淡水养殖 | 网箱养殖 | 鲢鱼 | −1.23 | −1.11 | −0.02 | −1.48 |
| 浙江 | 海水养殖 | 网箱养殖 | 鲈鱼 | 68.03 | 16.26 | 0.95 | 39.64 |
| 浙江 | 海水养殖 | 网箱养殖 | 美国红鱼 | 17.59 | 1.43 | 0.04 | 0.46 |
| 浙江 | 淡水养殖 | 网箱养殖 | 南美白对虾（淡） | 1.98 | 0.68 | 0.58 | 31.05 |
| 浙江 | 淡水养殖 | 网箱养殖 | 其他 | 23.04 | 4.68 | 0.68 | 5.87 |
| 浙江 | 海水养殖 | 网箱养殖 | 石斑鱼 | 17.59 | 1.43 | 0.04 | 0.46 |
| 浙江 | 淡水养殖 | 网箱养殖 | 鲟鱼 | 4.52 | 0.65 | 0.00 | 1.13 |
| 浙江 | 淡水养殖 | 网箱养殖 | 鳙鱼 | −1.23 | −1.11 | −0.02 | −1.48 |
| 浙江 | 淡水养殖 | 围栏养殖 | 鳊鱼 | 2.04 | 0.95 | 1.60 | 7.72 |
| 浙江 | 淡水养殖 | 围栏养殖 | 草鱼 | 2.04 | 0.95 | 1.60 | 7.72 |
| 浙江 | 海水养殖 | 围栏养殖 | 大黄鱼 | 49.70 | 10.46 | 1.29 | 50.23 |
| 浙江 | 淡水养殖 | 围栏养殖 | 鲫鱼 | 26.95 | 9.13 | 0.00 | 0.16 |
| 浙江 | 淡水养殖 | 围栏养殖 | 鲢鱼 | −1.23 | −1.11 | −0.02 | −1.48 |
| 浙江 | 海水养殖 | 围栏养殖 | 青蟹 | 30.33 | 6.23 | 2.53 | 107.00 |
| 浙江 | 淡水养殖 | 围栏养殖 | 青鱼 | 4.52 | 0.65 | 0.00 | 1.13 |
| 浙江 | 海水养殖 | 围栏养殖 | 梭子蟹 | 30.33 | 6.23 | 2.53 | 107.00 |
| 浙江 | 淡水养殖 | 围栏养殖 | 鳙鱼 | −1.23 | −1.11 | −0.02 | −1.48 |
| 浙江 | 海水养殖 | 浅海筏式 | 牡蛎 | −0.17 | −0.01 | 0.00 | −7.24 |
| 浙江 | 海水养殖 | 浅海筏式 | 其他 | −0.17 | −0.01 | 0.00 | −7.24 |
| 浙江 | 海水养殖 | 浅海筏式 | 扇贝 | −0.17 | −0.01 | 0.00 | −7.24 |
| 浙江 | 海水养殖 | 浅海筏式 | 贻贝 | −0.17 | −0.01 | 0.00 | −7.24 |
| 浙江 | 海水养殖 | 滩涂养殖 | 斑节对虾 | 0.27 | 0.07 | 0.01 | 2.62 |
| 浙江 | 海水养殖 | 滩涂养殖 | 蛏 | −0.10 | −0.01 | 0.00 | −1.64 |
| 浙江 | 海水养殖 | 滩涂养殖 | 蛤 | −0.10 | −0.01 | 0.00 | −1.64 |
| 浙江 | 海水养殖 | 滩涂养殖 | 蚶 | −0.10 | −0.01 | 0.00 | −1.64 |
| 浙江 | 海水养殖 | 滩涂养殖 | 螺 | 0.76 | 0.10 | 0.09 | 2.22 |
| 浙江 | 海水养殖 | 滩涂养殖 | 牡蛎 | −0.17 | −0.01 | 0.00 | −7.24 |
| 浙江 | 海水养殖 | 滩涂养殖 | 南美白对虾（海） | 4.81 | 1.38 | 0.34 | 53.01 |
| 浙江 | 海水养殖 | 滩涂养殖 | 其他 | −0.10 | −0.01 | 0.00 | −1.64 |
| 浙江 | 海水养殖 | 滩涂养殖 | 青蟹 | 30.33 | 6.23 | 2.53 | 107.00 |
| 浙江 | 海水养殖 | 滩涂养殖 | 扇贝 | −0.17 | −0.01 | 0.00 | −7.24 |
| 浙江 | 淡水养殖 | 其他 | 鳊鱼 | 7.75 | 1.83 | 1.97 | 14.84 |
| 浙江 | 淡水养殖 | 其他 | 鳖 | 7.75 | 1.83 | 1.97 | 14.84 |

| 省份 | 养殖水体 | 养殖模式 | 养殖种类 | 总氮/（克/千克） | 总磷/（克/千克） | 氨氮/（克/千克） | COD/（克/千克） |
|------|----------|----------|----------|------------------|------------------|------------------|------------------|
| 浙江 | 淡水养殖 | 其他 | 草鱼 | 7.75 | 1.83 | 1.97 | 14.84 |
| 浙江 | 海水养殖 | 其他 | 蛏 | −0.10 | −0.01 | 0.00 | −1.64 |
| 浙江 | 淡水养殖 | 其他 | 鳜鱼 | 7.75 | 1.83 | 1.97 | 14.84 |
| 浙江 | 海水养殖 | 其他 | 蚶 | −0.10 | −0.01 | 0.00 | −1.64 |
| 浙江 | 淡水养殖 | 其他 | 河蚌 | 0.74 | 0.16 | 0.07 | 2.18 |
| 浙江 | 淡水养殖 | 其他 | 河蟹 | 5.22 | 1.19 | 0.96 | 23.00 |
| 浙江 | 淡水养殖 | 其他 | 黄颡鱼 | 7.75 | 1.83 | 1.97 | 14.84 |
| 浙江 | 淡水养殖 | 其他 | 黄鳝 | 7.75 | 1.83 | 1.97 | 14.84 |
| 浙江 | 淡水养殖 | 其他 | 鮰鱼 | 7.75 | 1.83 | 1.97 | 14.84 |
| 浙江 | 淡水养殖 | 其他 | 鲫鱼 | 7.75 | 1.83 | 1.97 | 14.84 |
| 浙江 | 淡水养殖 | 其他 | 加州鲈 | 7.75 | 1.83 | 1.97 | 14.84 |
| 浙江 | 淡水养殖 | 其他 | 克氏原螯虾 | 5.22 | 1.19 | 0.96 | 23.00 |
| 浙江 | 淡水养殖 | 其他 | 鲤鱼 | 7.75 | 1.83 | 1.97 | 14.84 |
| 浙江 | 淡水养殖 | 其他 | 鲢鱼 | −1.23 | −1.11 | −0.02 | −1.48 |
| 浙江 | 海水养殖 | 其他 | 鲈鱼 | 10.94 | 1.74 | 0.34 | 8.78 |
| 浙江 | 淡水养殖 | 其他 | 罗非鱼 | 7.75 | 1.83 | 1.97 | 14.84 |
| 浙江 | 淡水养殖 | 其他 | 螺 | 0.74 | 0.16 | 0.07 | 2.18 |
| 浙江 | 淡水养殖 | 其他 | 南美白对虾（淡） | 5.22 | 1.19 | 0.96 | 23.00 |
| 浙江 | 淡水养殖 | 其他 | 泥鳅 | 7.75 | 1.83 | 1.97 | 14.84 |
| 浙江 | 淡水养殖 | 其他 | 鲶鱼 | 7.75 | 1.83 | 1.97 | 14.84 |
| 浙江 | 淡水养殖 | 其他 | 其他 | 7.75 | 1.83 | 1.97 | 14.84 |
| 浙江 | 淡水养殖 | 其他 | 青虾 | 5.22 | 1.19 | 0.96 | 23.00 |
| 浙江 | 淡水养殖 | 其他 | 青鱼 | 7.75 | 1.83 | 1.97 | 14.84 |
| 浙江 | 海水养殖 | 其他 | 石斑鱼 | 7.75 | 1.83 | 1.97 | 14.84 |
| 浙江 | 淡水养殖 | 其他 | 蛙 | 7.75 | 1.83 | 1.97 | 14.84 |
| 浙江 | 淡水养殖 | 其他 | 乌鳢 | 7.75 | 1.83 | 1.97 | 14.84 |
| 浙江 | 淡水养殖 | 其他 | 蚬 | 0.74 | 0.16 | 0.07 | 2.18 |
| 浙江 | 淡水养殖 | 其他 | 鳙鱼 | −1.23 | −1.11 | −0.02 | −1.48 |
| 浙江 | 海水养殖 | 其他 | 其他 | 10.94 | 1.74 | 0.34 | 8.78 |
| 浙江 | 淡水养殖 | 其他 | 淡水珍珠 | 0.76 | 0.10 | 0.09 | 2.22 |
| 浙江 | 海水养殖 | 池塘养殖 | 螺 | 0.76 | 0.10 | 0.09 | 2.22 |
| 浙江 | 海水养殖 | 其他 | 大黄鱼 | 4.59 | 0.68 | 0.99 | 34.23 |
| 浙江 | 海水养殖 | 池塘养殖 | 鲈鱼 | 0.78 | 0.15 | 0.12 | 2.19 |
| 浙江 | 淡水养殖 | 池塘养殖 | 青蟹 | −3.62 | 0.30 | −1.88 | 4.56 |
| 浙江 | 海水养殖 | 池塘养殖 | 其他 | 3.53 | 0.76 | 1.10 | 13.95 |
| 浙江 | 海水养殖 | 浅海筏式 | 鲍 | 2.51 | 0.96 | 0.07 | 8.12 |
| 浙江 | 淡水养殖 | 其他 | 鲈鱼 | 0.78 | 0.15 | 0.12 | 2.19 |
| 浙江 | 海水养殖 | 网箱养殖 | 鲆鱼 | 0.47 | 0.04 | 0.01 | 1.40 |
| 浙江 | 淡水养殖 | 工厂化养殖 | 石斑鱼 | 1.70 | 0.21 | 0.07 | 1.75 |
| 浙江 | 淡水养殖 | 其他 | 石斑鱼 | 1.70 | 0.21 | 0.07 | 1.75 |

| 省份 | 养殖水体 | 养殖模式 | 养殖种类 | 总氮/（克/千克） | 总磷/（克/千克） | 氨氮/（克/千克） | COD/（克/千克） |
|---|---|---|---|---|---|---|---|
| 重庆 | 淡水养殖 | 池塘养殖 | 鳊鱼 | 0.82 | 0.08 | 0.52 | 9.02 |
| 重庆 | 淡水养殖 | 池塘养殖 | 鳖 | 8.89 | 2.20 | 2.81 | 53.17 |
| 重庆 | 淡水养殖 | 池塘养殖 | 草鱼 | 2.50 | 0.49 | 0.99 | 7.42 |
| 重庆 | 淡水养殖 | 池塘养殖 | 短盖巨脂鲤 | 2.49 | 0.21 | 0.56 | 10.74 |
| 重庆 | 淡水养殖 | 池塘养殖 | 龟 | 8.89 | 2.20 | 2.81 | 53.17 |
| 重庆 | 淡水养殖 | 池塘养殖 | 鲑鱼 | 4.52 | 0.65 | 0.00 | 1.13 |
| 重庆 | 淡水养殖 | 池塘养殖 | 鳜鱼 | 5.19 | 0.36 | 2.83 | 28.35 |
| 重庆 | 淡水养殖 | 池塘养殖 | 河蚌 | 2.22 | 0.25 | 0.19 | 4.63 |
| 重庆 | 淡水养殖 | 池塘养殖 | 河蟹 | 4.74 | 0.40 | 1.39 | 42.96 |
| 重庆 | 淡水养殖 | 池塘养殖 | 黄颡鱼 | 2.92 | 0.18 | 0.85 | 13.68 |
| 重庆 | 淡水养殖 | 池塘养殖 | 黄鳝 | 3.78 | 0.99 | 0.81 | 104.99 |
| 重庆 | 淡水养殖 | 池塘养殖 | 鮰鱼 | 4.79 | 0.23 | 2.93 | 2.39 |
| 重庆 | 淡水养殖 | 池塘养殖 | 鲫鱼 | 6.34 | 1.11 | 1.18 | 10.66 |
| 重庆 | 淡水养殖 | 池塘养殖 | 加州鲈 | 1.44 | 0.58 | 0.33 | 6.95 |
| 重庆 | 淡水养殖 | 池塘养殖 | 克氏原螯虾 | 2.89 | 2.54 | 1.38 | 13.76 |
| 重庆 | 淡水养殖 | 池塘养殖 | 鲤鱼 | 5.84 | 0.58 | 1.24 | 16.64 |
| 重庆 | 淡水养殖 | 池塘养殖 | 鲢鱼 | −1.23 | −1.11 | −0.02 | −1.48 |
| 重庆 | 淡水养殖 | 池塘养殖 | 鲈鱼 | 1.44 | 0.58 | 0.33 | 6.95 |
| 重庆 | 淡水养殖 | 池塘养殖 | 罗非鱼 | 3.11 | 0.68 | 2.97 | 55.90 |
| 重庆 | 淡水养殖 | 池塘养殖 | 罗氏沼虾 | 0.29 | 0.08 | 0.07 | 0.08 |
| 重庆 | 淡水养殖 | 池塘养殖 | 螺 | 2.22 | 0.25 | 0.19 | 4.63 |
| 重庆 | 淡水养殖 | 池塘养殖 | 南美白对虾（淡） | 1.98 | 0.68 | 0.58 | 31.05 |
| 重庆 | 淡水养殖 | 池塘养殖 | 泥鳅 | 2.49 | 0.21 | 0.56 | 10.74 |
| 重庆 | 淡水养殖 | 池塘养殖 | 鲶鱼 | 0.41 | 0.06 | 0.10 | 1.55 |
| 重庆 | 淡水养殖 | 池塘养殖 | 其他 | 3.53 | 0.76 | 1.10 | 13.95 |
| 重庆 | 淡水养殖 | 池塘养殖 | 青虾 | 0.94 | 0.34 | 0.49 | 3.96 |
| 重庆 | 淡水养殖 | 池塘养殖 | 青鱼 | 0.41 | 0.06 | 0.10 | 1.55 |
| 重庆 | 淡水养殖 | 池塘养殖 | 蛙 | 8.89 | 2.20 | 2.81 | 53.17 |
| 重庆 | 淡水养殖 | 池塘养殖 | 乌鳢 | 12.99 | 3.21 | 9.15 | 10.90 |
| 重庆 | 淡水养殖 | 池塘养殖 | 鲟鱼 | 6.78 | 5.32 | 4.06 | 56.70 |
| 重庆 | 淡水养殖 | 池塘养殖 | 鳙鱼 | −1.23 | −1.11 | −0.02 | −1.48 |
| 重庆 | 淡水养殖 | 池塘养殖 | 长吻鮠 | 2.49 | 0.21 | 0.56 | 10.74 |
| 重庆 | 淡水养殖 | 池塘养殖 | 鳟鱼 | 0.43 | 0.01 | 0.08 | 0.04 |
| 重庆 | 淡水养殖 | 工厂化养殖 | 南美白对虾（淡） | 1.98 | 0.68 | 0.58 | 31.05 |
| 重庆 | 淡水养殖 | 工厂化养殖 | 其他 | 7.28 | 2.67 | 3.41 | 20.40 |
| 重庆 | 淡水养殖 | 工厂化养殖 | 鲟鱼 | 6.78 | 5.32 | 4.06 | 56.70 |
| 重庆 | 淡水养殖 | 网箱养殖 | 草鱼 | 26.11 | 3.71 | 0.50 | 21.77 |
| 重庆 | 淡水养殖 | 网箱养殖 | 黄颡鱼 | 4.52 | 0.65 | 0.00 | 1.13 |
| 重庆 | 淡水养殖 | 网箱养殖 | 鮰鱼 | 39.17 | 8.64 | 0.03 | 0.09 |

| 省份 | 养殖水体 | 养殖模式 | 养殖种类 | 总氮/（克/千克） | 总磷/（克/千克） | 氨氮/（克/千克） | COD/（克/千克） |
|------|----------|----------|----------|------------------|------------------|------------------|------------------|
| 重庆 | 淡水养殖 | 网箱养殖 | 鲫鱼 | 26.95 | 9.13 | 0.00 | 0.16 |
| 重庆 | 淡水养殖 | 网箱养殖 | 加州鲈 | 68.03 | 16.26 | 0.95 | 39.64 |
| 重庆 | 淡水养殖 | 网箱养殖 | 鲤鱼 | 10.35 | 4.99 | 0.07 | 0.13 |
| 重庆 | 淡水养殖 | 网箱养殖 | 鲢鱼 | −1.23 | −1.11 | −0.02 | −1.48 |
| 重庆 | 淡水养殖 | 网箱养殖 | 鲶鱼 | 4.52 | 0.65 | 0.00 | 1.13 |
| 重庆 | 淡水养殖 | 网箱养殖 | 其他 | 23.04 | 4.68 | 0.68 | 5.87 |
| 重庆 | 淡水养殖 | 网箱养殖 | 鲟鱼 | 4.52 | 0.65 | 0.00 | 1.13 |
| 重庆 | 淡水养殖 | 网箱养殖 | 鳙鱼 | −1.23 | −1.11 | −0.02 | −1.48 |
| 重庆 | 淡水养殖 | 围栏养殖 | 草鱼 | 26.11 | 3.71 | 0.50 | 21.77 |
| 重庆 | 淡水养殖 | 围栏养殖 | 鲤鱼 | 10.35 | 4.99 | 0.07 | 0.13 |
| 重庆 | 淡水养殖 | 围栏养殖 | 鲢鱼 | −1.23 | −1.11 | −0.02 | −1.48 |
| 重庆 | 淡水养殖 | 围栏养殖 | 鳙鱼 | −1.23 | −1.11 | −0.02 | −1.48 |
| 重庆 | 淡水养殖 | 其他 | 鳊鱼 | 7.75 | 1.83 | 1.97 | 14.84 |
| 重庆 | 淡水养殖 | 其他 | 草鱼 | 7.75 | 1.83 | 1.97 | 14.84 |
| 重庆 | 淡水养殖 | 其他 | 鳜鱼 | 7.75 | 1.83 | 1.97 | 14.84 |
| 重庆 | 淡水养殖 | 其他 | 河蟹 | 5.22 | 1.19 | 0.96 | 23.00 |
| 重庆 | 淡水养殖 | 其他 | 黄颡鱼 | 7.75 | 1.83 | 1.97 | 14.84 |
| 重庆 | 淡水养殖 | 其他 | 黄鳝 | 7.75 | 1.83 | 1.97 | 14.84 |
| 重庆 | 淡水养殖 | 其他 | 鲫鱼 | 7.75 | 1.83 | 1.97 | 14.84 |
| 重庆 | 淡水养殖 | 其他 | 克氏原螯虾 | 5.22 | 1.19 | 0.96 | 23.00 |
| 重庆 | 淡水养殖 | 其他 | 鲤鱼 | 7.75 | 1.83 | 1.97 | 14.84 |
| 重庆 | 淡水养殖 | 其他 | 鲢鱼 | −1.23 | −1.11 | −0.02 | −1.48 |
| 重庆 | 淡水养殖 | 其他 | 鲈鱼 | 7.75 | 1.83 | 1.97 | 14.84 |
| 重庆 | 淡水养殖 | 其他 | 泥鳅 | 7.75 | 1.83 | 1.97 | 14.84 |
| 重庆 | 淡水养殖 | 其他 | 其他 | 7.75 | 1.83 | 1.97 | 14.84 |
| 重庆 | 淡水养殖 | 其他 | 青虾 | 5.22 | 1.19 | 0.96 | 23.00 |
| 重庆 | 淡水养殖 | 其他 | 青鱼 | 7.75 | 1.83 | 1.97 | 14.84 |
| 重庆 | 淡水养殖 | 其他 | 蛙 | 7.75 | 1.83 | 1.97 | 14.84 |
| 重庆 | 淡水养殖 | 其他 | 鲟鱼 | 7.75 | 1.83 | 1.97 | 14.84 |
| 重庆 | 淡水养殖 | 其他 | 鳙鱼 | −1.23 | −1.11 | −0.02 | −1.48 |
| 重庆 | 淡水养殖 | 其他 | 鳟鱼 | 7.75 | 1.83 | 1.97 | 14.84 |

表 2-7-2  水产养殖业产污系数

| 省名 | 养殖水体 | 养殖模式 | 养殖种类 | 总氮/（克/千克） | 总磷/（克/千克） | 氨氮/（克/千克） | COD/（克/千克） |
|---|---|---|---|---|---|---|---|
| 安徽 | 淡水养殖 | 池塘养殖 | 鳊鱼 | 10.11 | 1.36 | 3.96 | 45.07 |
| 安徽 | 淡水养殖 | 池塘养殖 | 鳖 | 9.74 | 2.24 | 3.03 | 55.07 |
| 安徽 | 淡水养殖 | 池塘养殖 | 草鱼 | 10.11 | 1.36 | 3.96 | 45.07 |
| 安徽 | 淡水养殖 | 池塘养殖 | 淡水珍珠 | 1.43 | 0.14 | 0.11 | 6.35 |
| 安徽 | 淡水养殖 | 池塘养殖 | 短盖巨脂鲤 | 2.49 | 0.21 | 0.56 | 10.74 |
| 安徽 | 淡水养殖 | 池塘养殖 | 龟 | 9.74 | 2.24 | 3.03 | 55.07 |
| 安徽 | 淡水养殖 | 池塘养殖 | 鳜鱼 | 6.14 | 0.74 | 0.54 | 96.20 |
| 安徽 | 淡水养殖 | 池塘养殖 | 河蚌 | 1.43 | 0.14 | 0.11 | 6.35 |
| 安徽 | 淡水养殖 | 池塘养殖 | 河蟹 | 2.62 | 0.75 | 1.57 | 45.66 |
| 安徽 | 淡水养殖 | 池塘养殖 | 黄颡鱼 | 5.76 | 0.30 | 1.79 | 21.43 |
| 安徽 | 淡水养殖 | 池塘养殖 | 黄鳝 | 5.37 | 1.83 | 0.91 | 115.75 |
| 安徽 | 淡水养殖 | 池塘养殖 | 鮰鱼 | 2.98 | 1.57 | 2.68 | 4.81 |
| 安徽 | 淡水养殖 | 池塘养殖 | 鲫鱼 | 7.06 | 1.19 | 1.30 | 12.73 |
| 安徽 | 淡水养殖 | 池塘养殖 | 加州鲈 | 12.56 | 2.01 | 4.22 | 245.00 |
| 安徽 | 淡水养殖 | 池塘养殖 | 克氏原螯虾 | 2.71 | 0.58 | 0.69 | 2.54 |
| 安徽 | 淡水养殖 | 池塘养殖 | 鲤鱼 | 12.62 | 0.56 | 0.51 | 20.99 |
| 安徽 | 淡水养殖 | 池塘养殖 | 鲢鱼 | −1.56 | −1.13 | −0.02 | −2.95 |
| 安徽 | 淡水养殖 | 池塘养殖 | 鲈鱼 | 12.56 | 2.01 | 4.22 | 245.00 |
| 安徽 | 淡水养殖 | 池塘养殖 | 罗非鱼 | 5.14 | 1.08 | 4.88 | 85.75 |
| 安徽 | 淡水养殖 | 池塘养殖 | 罗氏沼虾 | 0.32 | 0.04 | 0.08 | 3.28 |
| 安徽 | 淡水养殖 | 池塘养殖 | 螺 | 1.43 | 0.14 | 0.11 | 6.35 |
| 安徽 | 淡水养殖 | 池塘养殖 | 鳗鲡 | 43.94 | 10.15 | 26.30 | 76.32 |
| 安徽 | 淡水养殖 | 池塘养殖 | 南美白对虾（淡） | 3.28 | 0.68 | 1.80 | 47.21 |
| 安徽 | 淡水养殖 | 池塘养殖 | 泥鳅 | 2.49 | 0.21 | 0.56 | 10.74 |
| 安徽 | 淡水养殖 | 池塘养殖 | 鲶鱼 | 0.41 | 0.06 | 0.10 | 1.55 |
| 安徽 | 淡水养殖 | 池塘养殖 | 其他 | 5.88 | 1.13 | 1.63 | 25.86 |
| 安徽 | 淡水养殖 | 池塘养殖 | 青虾 | 2.61 | 0.55 | 0.22 | 2.96 |
| 安徽 | 淡水养殖 | 池塘养殖 | 青蟹 | 4.02 | 0.41 | 1.77 | 33.82 |
| 安徽 | 淡水养殖 | 池塘养殖 | 青鱼 | 5.56 | 0.22 | 0.18 | 21.37 |
| 安徽 | 淡水养殖 | 池塘养殖 | 蛙 | 9.74 | 2.24 | 3.03 | 55.07 |
| 安徽 | 淡水养殖 | 池塘养殖 | 乌鳢 | 14.07 | 3.41 | 10.12 | 11.67 |
| 安徽 | 淡水养殖 | 池塘养殖 | 蚬 | 1.43 | 0.14 | 0.11 | 6.35 |
| 安徽 | 淡水养殖 | 池塘养殖 | 鲟鱼 | 6.79 | 5.33 | 4.06 | 56.73 |
| 安徽 | 淡水养殖 | 池塘养殖 | 鳙鱼 | −1.56 | −1.13 | −0.02 | −2.95 |
| 安徽 | 淡水养殖 | 池塘养殖 | 长吻鮠 | 2.49 | 0.21 | 0.56 | 10.74 |
| 安徽 | 淡水养殖 | 池塘养殖 | 鳟鱼 | 0.45 | 0.01 | 0.12 | 0.04 |
| 安徽 | 淡水养殖 | 工厂化养殖 | 鳖 | 9.74 | 2.24 | 3.03 | 55.07 |
| 安徽 | 淡水养殖 | 工厂化养殖 | 草鱼 | 10.11 | 1.36 | 3.96 | 45.07 |

| 省名 | 养殖水体 | 养殖模式 | 养殖种类 | 总氮/（克/千克） | 总磷/（克/千克） | 氨氮/（克/千克） | COD/（克/千克） |
|------|----------|----------|----------|------------------|------------------|------------------|------------------|
| 安徽 | 淡水养殖 | 工厂化养殖 | 龟 | 9.74 | 2.24 | 3.03 | 55.07 |
| 安徽 | 淡水养殖 | 工厂化养殖 | 黄颡鱼 | 5.76 | 0.30 | 1.79 | 21.43 |
| 安徽 | 淡水养殖 | 工厂化养殖 | 加州鲈 | 12.56 | 2.01 | 4.22 | 245.00 |
| 安徽 | 淡水养殖 | 工厂化养殖 | 罗氏沼虾 | 0.32 | 0.04 | 0.08 | 3.28 |
| 安徽 | 淡水养殖 | 工厂化养殖 | 鳗鲡 | 43.94 | 10.15 | 26.30 | 76.32 |
| 安徽 | 淡水养殖 | 工厂化养殖 | 南美白对虾（淡） | 3.28 | 0.68 | 1.80 | 47.21 |
| 安徽 | 淡水养殖 | 工厂化养殖 | 青鱼 | 0.41 | 0.06 | 0.10 | 1.55 |
| 安徽 | 淡水养殖 | 工厂化养殖 | 鲟鱼 | 6.79 | 5.33 | 4.06 | 56.73 |
| 安徽 | 淡水养殖 | 网箱养殖 | 鳊鱼 | 2.04 | 0.95 | 1.60 | 7.72 |
| 安徽 | 淡水养殖 | 网箱养殖 | 草鱼 | 36.56 | 9.32 | 0.06 | 0.26 |
| 安徽 | 淡水养殖 | 网箱养殖 | 黄颡鱼 | 4.52 | 0.65 | 0.00 | 1.13 |
| 安徽 | 淡水养殖 | 网箱养殖 | 黄鳝 | 4.52 | 0.65 | 0.00 | 1.13 |
| 安徽 | 淡水养殖 | 网箱养殖 | 鮰鱼 | 39.17 | 8.64 | 0.03 | 0.09 |
| 安徽 | 淡水养殖 | 网箱养殖 | 鲫鱼 | 26.95 | 9.13 | 0.00 | 0.16 |
| 安徽 | 淡水养殖 | 网箱养殖 | 鲤鱼 | 10.35 | 4.99 | 0.07 | 0.13 |
| 安徽 | 淡水养殖 | 网箱养殖 | 鲢鱼 | −1.56 | −1.13 | −0.02 | −2.95 |
| 安徽 | 淡水养殖 | 网箱养殖 | 罗非鱼 | 18.13 | 5.61 | 12.21 | 9.39 |
| 安徽 | 淡水养殖 | 网箱养殖 | 泥鳅 | 2.28 | 0.53 | 1.60 | 0.40 |
| 安徽 | 淡水养殖 | 网箱养殖 | 鲶鱼 | 4.52 | 0.65 | 0.00 | 1.13 |
| 安徽 | 淡水养殖 | 网箱养殖 | 青鱼 | 4.52 | 0.65 | 0.00 | 1.13 |
| 安徽 | 淡水养殖 | 网箱养殖 | 乌鳢 | 4.52 | 0.65 | 0.00 | 1.13 |
| 安徽 | 淡水养殖 | 网箱养殖 | 鳙鱼 | −1.56 | −1.13 | −0.02 | −2.95 |
| 安徽 | 淡水养殖 | 围栏养殖 | 鳊鱼 | 2.04 | 0.95 | 1.60 | 7.72 |
| 安徽 | 淡水养殖 | 围栏养殖 | 鳖 | 9.74 | 2.24 | 3.03 | 55.07 |
| 安徽 | 淡水养殖 | 围栏养殖 | 草鱼 | 2.04 | 0.95 | 1.60 | 7.72 |
| 安徽 | 淡水养殖 | 围栏养殖 | 短盖巨脂鲤 | 10.35 | 4.99 | 0.07 | 0.13 |
| 安徽 | 淡水养殖 | 围栏养殖 | 龟 | 9.74 | 2.24 | 3.03 | 55.07 |
| 安徽 | 淡水养殖 | 围栏养殖 | 鳜鱼 | 4.52 | 0.65 | 0.00 | 1.13 |
| 安徽 | 淡水养殖 | 围栏养殖 | 河蚌 | 1.43 | 0.14 | 0.11 | 6.35 |
| 安徽 | 淡水养殖 | 围栏养殖 | 河蟹 | 9.04 | 4.52 | 0.92 | 30.80 |
| 安徽 | 淡水养殖 | 围栏养殖 | 黄颡鱼 | 4.52 | 0.65 | 0.00 | 1.13 |
| 安徽 | 淡水养殖 | 围栏养殖 | 黄鳝 | 4.52 | 0.65 | 0.00 | 1.13 |
| 安徽 | 淡水养殖 | 围栏养殖 | 鮰鱼 | 39.17 | 8.64 | 0.03 | 0.09 |
| 安徽 | 淡水养殖 | 围栏养殖 | 鲫鱼 | 26.95 | 9.13 | 0.00 | 0.16 |
| 安徽 | 淡水养殖 | 围栏养殖 | 克氏原螯虾 | 2.71 | 0.58 | 0.69 | 2.54 |
| 安徽 | 淡水养殖 | 围栏养殖 | 鲤鱼 | 2.28 | 0.53 | 1.60 | 0.40 |
| 安徽 | 淡水养殖 | 围栏养殖 | 鲢鱼 | −1.56 | −1.13 | −0.02 | −2.95 |
| 安徽 | 淡水养殖 | 围栏养殖 | 螺 | 1.43 | 0.14 | 0.11 | 6.35 |
| 安徽 | 淡水养殖 | 围栏养殖 | 泥鳅 | 2.28 | 0.53 | 1.60 | 0.40 |
| 安徽 | 淡水养殖 | 围栏养殖 | 鲶鱼 | 4.52 | 0.65 | 0.00 | 1.13 |

| 省名 | 养殖水体 | 养殖模式 | 养殖种类 | 总氮/（克/千克） | 总磷/（克/千克） | 氨氮/（克/千克） | COD/（克/千克） |
|---|---|---|---|---|---|---|---|
| 安徽 | 淡水养殖 | 围栏养殖 | 其他 | 4.10 | 1.84 | 1.06 | 25.41 |
| 安徽 | 淡水养殖 | 围栏养殖 | 青虾 | 1.02 | 0.36 | 0.54 | 4.40 |
| 安徽 | 淡水养殖 | 围栏养殖 | 青鱼 | 4.52 | 0.65 | 0.00 | 1.13 |
| 安徽 | 淡水养殖 | 围栏养殖 | 蛙 | 9.74 | 2.24 | 3.03 | 55.07 |
| 安徽 | 淡水养殖 | 围栏养殖 | 乌鳢 | 4.52 | 0.65 | 0.00 | 1.13 |
| 安徽 | 淡水养殖 | 围栏养殖 | 蚬 | 1.43 | 0.14 | 0.11 | 6.35 |
| 安徽 | 淡水养殖 | 围栏养殖 | 银鱼 | 4.77 | 1.92 | 1.18 | 29.10 |
| 安徽 | 淡水养殖 | 围栏养殖 | 鳙鱼 | −1.56 | −1.13 | −0.02 | −2.95 |
| 安徽 | 淡水养殖 | 滩涂 | 草鱼 | 10.11 | 1.36 | 3.96 | 45.07 |
| 安徽 | 淡水养殖 | 滩涂 | 鲫鱼 | 26.95 | 9.13 | 0.00 | 0.16 |
| 安徽 | 淡水养殖 | 滩涂 | 克氏原螯虾 | 2.71 | 0.58 | 0.69 | 2.54 |
| 安徽 | 淡水养殖 | 滩涂 | 鲤鱼 | 2.28 | 0.53 | 1.60 | 0.40 |
| 安徽 | 淡水养殖 | 滩涂 | 鲢鱼 | −1.56 | −1.13 | −0.02 | −2.95 |
| 安徽 | 淡水养殖 | 滩涂 | 泥鳅 | 10.35 | 4.99 | 0.07 | 0.13 |
| 安徽 | 淡水养殖 | 滩涂 | 青鱼 | 4.52 | 0.65 | 0.00 | 1.13 |
| 安徽 | 淡水养殖 | 滩涂养殖 | 河蟹 | 2.62 | 0.75 | 1.57 | 45.66 |
| 安徽 | 淡水养殖 | 滩涂 | 鳙鱼 | −1.56 | −1.13 | −0.02 | −2.95 |
| 安徽 | 淡水养殖 | 其他 | 鳊鱼 | 9.87 | 2.11 | 2.45 | 23.07 |
| 安徽 | 淡水养殖 | 其他 | 鳖 | 9.87 | 2.11 | 2.45 | 23.07 |
| 安徽 | 淡水养殖 | 其他 | 加州鲈 | 5.34 | 0.77 | 0.16 | 13.60 |
| 安徽 | 淡水养殖 | 其他 | 草鱼 | 9.87 | 2.11 | 2.45 | 23.07 |
| 安徽 | 淡水养殖 | 其他 | 淡水珍珠 | 0.79 | 0.16 | 0.07 | 2.54 |
| 安徽 | 淡水养殖 | 其他 | 短盖巨脂鲤 | 9.87 | 2.11 | 2.45 | 23.07 |
| 安徽 | 淡水养殖 | 其他 | 龟 | 9.87 | 2.11 | 2.45 | 23.07 |
| 安徽 | 淡水养殖 | 其他 | 鳜鱼 | 9.87 | 2.11 | 2.45 | 23.07 |
| 安徽 | 淡水养殖 | 其他 | 河蚌 | 0.79 | 0.16 | 0.07 | 2.54 |
| 安徽 | 淡水养殖 | 其他 | 河蟹 | 6.78 | 1.33 | 1.33 | 35.87 |
| 安徽 | 淡水养殖 | 其他 | 黄颡鱼 | 9.87 | 2.11 | 2.45 | 23.07 |
| 安徽 | 淡水养殖 | 其他 | 黄鳝 | 9.87 | 2.11 | 2.45 | 23.07 |
| 安徽 | 淡水养殖 | 其他 | 鲴鱼 | 9.87 | 2.11 | 2.45 | 23.07 |
| 安徽 | 淡水养殖 | 其他 | 鲫鱼 | 9.87 | 2.11 | 2.45 | 23.07 |
| 安徽 | 淡水养殖 | 其他 | 克氏原螯虾 | 2.71 | 0.58 | 0.69 | 2.54 |
| 安徽 | 淡水养殖 | 其他 | 鲤鱼 | 9.87 | 2.11 | 2.45 | 23.07 |
| 安徽 | 淡水养殖 | 其他 | 鲢鱼 | −1.56 | −1.13 | −0.02 | −2.95 |
| 安徽 | 淡水养殖 | 其他 | 罗非鱼 | 9.87 | 2.11 | 2.45 | 23.07 |
| 安徽 | 淡水养殖 | 其他 | 罗氏沼虾 | 6.78 | 1.33 | 1.33 | 35.87 |
| 安徽 | 淡水养殖 | 其他 | 螺 | 0.79 | 0.16 | 0.07 | 2.54 |
| 安徽 | 淡水养殖 | 其他 | 泥鳅 | 9.87 | 2.11 | 2.45 | 23.07 |
| 安徽 | 淡水养殖 | 其他 | 鲶鱼 | 9.87 | 2.11 | 2.45 | 23.07 |
| 安徽 | 淡水养殖 | 其他 | 其他 | 9.87 | 2.11 | 2.45 | 23.07 |

| 省名 | 养殖水体 | 养殖模式 | 养殖种类 | 总氮/（克/千克） | 总磷/（克/千克） | 氨氮/（克/千克） | COD/（克/千克） |
|---|---|---|---|---|---|---|---|
| 安徽 | 淡水养殖 | 其他 | 青虾 | 6.78 | 1.33 | 1.33 | 35.87 |
| 安徽 | 淡水养殖 | 其他 | 青鱼 | 9.87 | 2.11 | 2.45 | 23.07 |
| 安徽 | 淡水养殖 | 其他 | 蛙 | 9.87 | 2.11 | 2.45 | 23.07 |
| 安徽 | 淡水养殖 | 其他 | 乌鳢 | 9.87 | 2.11 | 2.45 | 23.07 |
| 安徽 | 淡水养殖 | 其他 | 蚬 | 0.79 | 0.16 | 0.07 | 2.54 |
| 安徽 | 淡水养殖 | 其他 | 鲟鱼 | 9.87 | 2.11 | 2.45 | 23.07 |
| 安徽 | 淡水养殖 | 其他 | 银鱼 | 9.87 | 2.11 | 2.45 | 23.07 |
| 安徽 | 淡水养殖 | 其他 | 鳙鱼 | −1.56 | −1.13 | −0.02 | −2.95 |
| 北京 | 淡水养殖 | 池塘养殖 | 鳊鱼 | 5.12 | 1.17 | −0.10 | 17.70 |
| 北京 | 淡水养殖 | 池塘养殖 | 鳖 | 9.74 | 2.24 | 3.03 | 55.07 |
| 北京 | 淡水养殖 | 池塘养殖 | 草鱼 | 10.11 | 1.36 | 3.96 | 45.07 |
| 北京 | 淡水养殖 | 池塘养殖 | 龟 | 9.74 | 2.24 | 3.03 | 55.07 |
| 北京 | 淡水养殖 | 池塘养殖 | 鲫鱼 | 7.06 | 1.19 | 1.30 | 12.73 |
| 北京 | 淡水养殖 | 池塘养殖 | 鲤鱼 | 12.62 | 0.56 | 0.51 | 20.99 |
| 北京 | 淡水养殖 | 池塘养殖 | 鲢鱼 | −1.56 | −1.13 | −0.02 | −2.95 |
| 北京 | 淡水养殖 | 池塘养殖 | 鲈鱼 | 12.56 | 2.01 | 4.22 | 245.00 |
| 北京 | 淡水养殖 | 池塘养殖 | 加州鲈 | 5.34 | 0.77 | 0.16 | 13.60 |
| 北京 | 淡水养殖 | 池塘养殖 | 乌鳢 | 1.61 | 0.66 | 0.99 | 1.87 |
| 北京 | 淡水养殖 | 池塘养殖 | 鮰鱼 | 2.98 | 1.57 | 2.68 | 4.81 |
| 北京 | 淡水养殖 | 池塘养殖 | 罗非鱼 | 3.96 | 0.19 | 0.48 | 16.27 |
| 北京 | 淡水养殖 | 池塘养殖 | 南美白对虾（淡） | 7.28 | 0.65 | 1.27 | 32.01 |
| 北京 | 淡水养殖 | 池塘养殖 | 鲶鱼 | 0.41 | 0.06 | 0.10 | 1.55 |
| 北京 | 淡水养殖 | 池塘养殖 | 其他 | 5.88 | 1.13 | 1.63 | 25.86 |
| 北京 | 淡水养殖 | 池塘养殖 | 青鱼 | 0.41 | 0.06 | 0.10 | 1.55 |
| 北京 | 淡水养殖 | 池塘养殖 | 鲟鱼 | 3.80 | 1.32 | 0.45 | 20.06 |
| 北京 | 淡水养殖 | 池塘养殖 | 鳙鱼 | −1.56 | −1.13 | −0.02 | −2.95 |
| 北京 | 淡水养殖 | 池塘养殖 | 鳟鱼 | 0.45 | 0.01 | 0.12 | 0.04 |
| 北京 | 淡水养殖 | 工厂化养殖 | 鮰鱼 | 7.06 | 0.27 | 1.40 | 10.81 |
| 北京 | 淡水养殖 | 工厂化养殖 | 罗非鱼 | 3.96 | 0.19 | 0.48 | 16.27 |
| 北京 | 淡水养殖 | 工厂化养殖 | 其他 | 7.56 | 2.71 | 3.44 | 20.94 |
| 北京 | 淡水养殖 | 工厂化养殖 | 鲟鱼 | 3.80 | 1.32 | 0.45 | 20.06 |
| 北京 | 淡水养殖 | 工厂化养殖 | 鳟鱼 | 0.45 | 0.01 | 0.12 | 0.04 |
| 北京 | 淡水养殖 | 其他 | 其他 | 9.87 | 2.11 | 2.45 | 23.07 |
| 兵团 | 淡水养殖 | 池塘养殖 | 鳊鱼 | 5.12 | 1.17 | −0.10 | 17.70 |
| 兵团 | 淡水养殖 | 池塘养殖 | 草鱼 | 10.11 | 1.36 | 3.96 | 45.07 |
| 兵团 | 淡水养殖 | 池塘养殖 | 鲑鱼 | 4.52 | 0.65 | 0.00 | 1.13 |
| 兵团 | 淡水养殖 | 池塘养殖 | 河蟹 | 12.88 | 4.93 | 8.68 | 63.16 |
| 兵团 | 淡水养殖 | 池塘养殖 | 黄颡鱼 | 5.76 | 0.30 | 1.79 | 21.43 |

| 省名 | 养殖水体 | 养殖模式 | 养殖种类 | 总氮/（克/千克） | 总磷/（克/千克） | 氨氮/（克/千克） | COD/（克/千克） |
|---|---|---|---|---|---|---|---|
| 兵团 | 淡水养殖 | 池塘养殖 | 鲴鱼 | 7.06 | 0.27 | 1.40 | 10.81 |
| 兵团 | 淡水养殖 | 池塘养殖 | 鲫鱼 | 7.06 | 1.19 | 1.30 | 12.73 |
| 兵团 | 淡水养殖 | 池塘养殖 | 加州鲈 | 12.56 | 2.01 | 4.22 | 245.00 |
| 兵团 | 淡水养殖 | 池塘养殖 | 鲤鱼 | 9.82 | 1.53 | 0.93 | 5.96 |
| 兵团 | 淡水养殖 | 池塘养殖 | 鲢鱼 | −1.56 | −1.13 | −0.02 | −2.95 |
| 兵团 | 淡水养殖 | 池塘养殖 | 罗非鱼 | 3.96 | 0.19 | 0.48 | 16.27 |
| 兵团 | 淡水养殖 | 池塘养殖 | 罗氏沼虾 | 0.32 | 0.04 | 0.08 | 3.28 |
| 兵团 | 淡水养殖 | 池塘养殖 | 南美白对虾（淡） | 7.28 | 0.65 | 1.27 | 32.01 |
| 兵团 | 淡水养殖 | 池塘养殖 | 泥鳅 | 9.82 | 1.53 | 0.93 | 5.96 |
| 兵团 | 淡水养殖 | 池塘养殖 | 鲶鱼 | 0.41 | 0.06 | 0.10 | 1.55 |
| 兵团 | 淡水养殖 | 池塘养殖 | 其他 | 5.88 | 1.13 | 1.63 | 25.86 |
| 兵团 | 淡水养殖 | 池塘养殖 | 青鱼 | 0.41 | 0.06 | 0.10 | 1.55 |
| 兵团 | 淡水养殖 | 池塘养殖 | 蛙 | 9.74 | 2.24 | 3.03 | 55.07 |
| 兵团 | 淡水养殖 | 池塘养殖 | 鲟鱼 | 3.80 | 1.32 | 0.45 | 20.06 |
| 兵团 | 淡水养殖 | 池塘养殖 | 鳙鱼 | −1.56 | −1.13 | −0.02 | −2.95 |
| 兵团 | 淡水养殖 | 池塘养殖 | 鳟鱼 | 0.45 | 0.01 | 0.12 | 0.04 |
| 兵团 | 淡水养殖 | 工厂化养殖 | 河蟹 | 9.04 | 4.52 | 0.92 | 30.80 |
| 兵团 | 淡水养殖 | 工厂化养殖 | 克氏原螯虾 | 4.07 | 2.64 | 1.54 | 23.04 |
| 兵团 | 淡水养殖 | 工厂化养殖 | 南美白对虾（淡） | 7.28 | 0.65 | 1.27 | 32.01 |
| 兵团 | 淡水养殖 | 工厂化养殖 | 鲟鱼 | 3.80 | 1.32 | 0.45 | 20.06 |
| 兵团 | 淡水养殖 | 工厂化养殖 | 鳟鱼 | 0.45 | 0.01 | 0.12 | 0.04 |
| 兵团 | 淡水养殖 | 其他 | 草鱼 | 9.87 | 2.11 | 2.45 | 23.07 |
| 兵团 | 淡水养殖 | 其他 | 河蟹 | 6.78 | 1.33 | 1.33 | 35.87 |
| 兵团 | 淡水养殖 | 其他 | 黄颡鱼 | 9.87 | 2.11 | 2.45 | 23.07 |
| 兵团 | 淡水养殖 | 其他 | 鲫鱼 | 9.87 | 2.11 | 2.45 | 23.07 |
| 兵团 | 淡水养殖 | 其他 | 鲤鱼 | 9.87 | 2.11 | 2.45 | 23.07 |
| 兵团 | 淡水养殖 | 其他 | 鲢鱼 | −1.56 | −1.13 | −0.02 | −2.95 |
| 兵团 | 淡水养殖 | 其他 | 罗氏沼虾 | 6.78 | 1.33 | 1.33 | 35.87 |
| 兵团 | 淡水养殖 | 其他 | 南美白对虾（淡） | 6.78 | 1.33 | 1.33 | 35.87 |
| 兵团 | 淡水养殖 | 其他 | 泥鳅 | 9.87 | 2.11 | 2.45 | 23.07 |
| 兵团 | 淡水养殖 | 其他 | 鲶鱼 | 9.87 | 2.11 | 2.45 | 23.07 |
| 兵团 | 淡水养殖 | 其他 | 其他 | 9.87 | 2.11 | 2.45 | 23.07 |
| 兵团 | 淡水养殖 | 其他 | 蛙 | 9.87 | 2.11 | 2.45 | 23.07 |
| 兵团 | 淡水养殖 | 其他 | 鲟鱼 | 9.87 | 2.11 | 2.45 | 23.07 |
| 兵团 | 淡水养殖 | 其他 | 鳙鱼 | −1.56 | −1.13 | −0.02 | −2.95 |
| 福建 | 海水养殖 | 池塘养殖 | 斑节对虾 | 0.83 | 0.42 | 0.05 | 10.46 |
| 福建 | 淡水养殖 | 池塘养殖 | 鳊鱼 | 3.17 | 0.92 | 0.49 | 24.40 |
| 福建 | 淡水养殖 | 池塘养殖 | 鳖 | 9.74 | 2.24 | 3.03 | 55.07 |
| 福建 | 淡水养殖 | 池塘养殖 | 草鱼 | 10.11 | 1.36 | 3.96 | 45.07 |

| 省名 | 养殖水体 | 养殖模式 | 养殖种类 | 总氮/（克/千克） | 总磷/（克/千克） | 氨氮/（克/千克） | COD/（克/千克） |
|---|---|---|---|---|---|---|---|
| 福建 | 海水养殖 | 池塘养殖 | 蛏 | -0.10 | -0.01 | 0.00 | -1.64 |
| 福建 | 海水养殖 | 池塘养殖 | 大黄鱼 | 4.59 | 0.68 | 0.99 | 34.23 |
| 福建 | 海水养殖 | 池塘养殖 | 鲷鱼 | 5.27 | 0.49 | 0.28 | 18.21 |
| 福建 | 海水养殖 | 池塘养殖 | 鲽鱼 | 3.18 | 0.79 | 0.38 | 22.62 |
| 福建 | 淡水养殖 | 池塘养殖 | 短盖巨脂鲤 | 2.49 | 0.21 | 0.56 | 10.74 |
| 福建 | 淡水养殖 | 池塘养殖 | 龟 | 9.74 | 2.24 | 3.03 | 55.07 |
| 福建 | 淡水养殖 | 池塘养殖 | 鳜鱼 | 2.57 | 1.56 | 0.17 | 0.10 |
| 福建 | 海水养殖 | 池塘养殖 | 蛤 | -0.10 | -0.01 | 0.00 | -1.64 |
| 福建 | 海水养殖 | 池塘养殖 | 海参 | 10.43 | 0.23 | 0.11 | 12.86 |
| 福建 | 海水养殖 | 池塘养殖 | 海蜇 | 15.94 | 1.75 | 1.79 | 99.20 |
| 福建 | 海水养殖 | 池塘养殖 | 蚶 | -0.10 | -0.01 | 0.00 | -1.64 |
| 福建 | 淡水养殖 | 池塘养殖 | 河蚌 | 1.43 | 0.14 | 0.11 | 6.35 |
| 福建 | 淡水养殖 | 池塘养殖 | 河豚 | 8.90 | 1.48 | 1.37 | 35.30 |
| 福建 | 淡水养殖 | 池塘养殖 | 河蟹 | 2.62 | 0.75 | 1.57 | 45.66 |
| 福建 | 淡水养殖 | 池塘养殖 | 黄颡鱼 | 5.76 | 0.30 | 1.79 | 21.43 |
| 福建 | 淡水养殖 | 池塘养殖 | 黄鳝 | 5.37 | 1.83 | 0.91 | 115.75 |
| 福建 | 淡水养殖 | 池塘养殖 | 鮰鱼 | 9.81 | 2.16 | 4.13 | 51.99 |
| 福建 | 淡水养殖 | 池塘养殖 | 鲫鱼 | 7.06 | 1.19 | 1.30 | 12.73 |
| 福建 | 淡水养殖 | 池塘养殖 | 加州鲈 | 5.34 | 0.77 | 0.16 | 13.60 |
| 福建 | 淡水养殖 | 池塘养殖 | 克氏原螯虾 | 2.71 | 0.58 | 0.69 | 2.54 |
| 福建 | 淡水养殖 | 池塘养殖 | 鲤鱼 | 15.80 | 1.72 | 2.39 | 26.59 |
| 福建 | 淡水养殖 | 池塘养殖 | 鲢鱼 | -1.56 | -1.13 | -0.02 | -2.95 |
| 福建 | 淡水养殖 | 池塘养殖 | 鲈鱼 | 5.34 | 0.77 | 0.16 | 13.60 |
| 福建 | 淡水养殖 | 池塘养殖 | 罗非鱼 | 18.06 | 5.13 | 0.35 | 29.38 |
| 福建 | 淡水养殖 | 池塘养殖 | 罗氏沼虾 | 0.42 | 0.14 | 0.10 | 0.32 |
| 福建 | 淡水养殖 | 池塘养殖 | 螺 | 1.43 | 0.14 | 0.11 | 6.35 |
| 福建 | 淡水养殖 | 池塘养殖 | 鳗鲡 | 63.10 | 8.87 | 37.25 | 25.45 |
| 福建 | 海水养殖 | 池塘养殖 | 美国红鱼 | 3.18 | 0.79 | 0.38 | 22.62 |
| 福建 | 淡水养殖 | 池塘养殖 | 南美白对虾（淡） | 3.28 | 0.68 | 1.80 | 47.21 |
| 福建 | 海水养殖 | 池塘养殖 | 南美白对虾（海） | 3.28 | 0.68 | 1.80 | 47.21 |
| 福建 | 淡水养殖 | 池塘养殖 | 泥鳅 | 2.49 | 0.21 | 0.56 | 10.74 |
| 福建 | 淡水养殖 | 池塘养殖 | 鲶鱼 | 0.41 | 0.06 | 0.10 | 1.55 |
| 福建 | 海水养殖 | 池塘养殖 | 鲆鱼 | 3.18 | 0.79 | 0.38 | 22.62 |
| 福建 | 淡水养殖 | 池塘养殖 | 其他 | 5.88 | 1.13 | 1.63 | 25.86 |
| 福建 | 淡水养殖 | 池塘养殖 | 青虾 | 2.61 | 0.55 | 0.22 | 2.96 |
| 福建 | 海水养殖 | 池塘养殖 | 青蟹 | 4.02 | 0.41 | 1.77 | 33.82 |
| 福建 | 淡水养殖 | 池塘养殖 | 青鱼 | 0.41 | 0.06 | 0.10 | 1.55 |
| 福建 | 海水养殖 | 池塘养殖 | 日本对虾 | 0.83 | 0.42 | 0.05 | 10.46 |
| 福建 | 海水养殖 | 池塘养殖 | 石斑鱼 | 1.99 | 0.26 | 0.09 | 2.24 |
| 福建 | 海水养殖 | 池塘养殖 | 梭子蟹 | 10.13 | -0.54 | 3.27 | 36.25 |

| 省名 | 养殖水体 | 养殖模式 | 养殖种类 | 总氮/（克/千克） | 总磷/（克/千克） | 氨氮/（克/千克） | COD/（克/千克） |
|------|----------|----------|----------|------------------|------------------|------------------|------------------|
| 福建 | 淡水养殖 | 池塘养殖 | 蛙 | 9.74 | 2.24 | 3.03 | 55.07 |
| 福建 | 淡水养殖 | 池塘养殖 | 乌鳢 | 1.61 | 0.66 | 0.99 | 1.87 |
| 福建 | 淡水养殖 | 池塘养殖 | 蚬 | 1.43 | 0.14 | 0.11 | 6.35 |
| 福建 | 淡水养殖 | 池塘养殖 | 鲟鱼 | 7.52 | 1.67 | 3.98 | 12.41 |
| 福建 | 海水养殖 | 池塘养殖 | 贻贝 | −0.17 | −0.01 | 0.00 | −7.24 |
| 福建 | 淡水养殖 | 池塘养殖 | 鳙鱼 | −1.56 | −1.13 | −0.02 | −2.95 |
| 福建 | 淡水养殖 | 池塘养殖 | 长吻鮠 | 2.49 | 0.21 | 0.56 | 10.74 |
| 福建 | 海水养殖 | 池塘养殖 | 中国对虾 | 0.83 | 0.42 | 0.05 | 10.46 |
| 福建 | 淡水养殖 | 池塘养殖 | 鳟鱼 | 0.45 | 0.01 | 0.12 | 0.04 |
| 福建 | 海水养殖 | 工厂化养殖 | 鲍 | 1.24 | −0.08 | 0.02 | −0.01 |
| 福建 | 淡水养殖 | 工厂化养殖 | 鳖 | 9.74 | 2.24 | 3.03 | 55.07 |
| 福建 | 淡水养殖 | 工厂化养殖 | 草鱼 | 0.96 | 0.21 | 0.11 | −2.21 |
| 福建 | 海水养殖 | 工厂化养殖 | 鲷鱼 | 5.96 | 0.52 | 1.19 | 0.57 |
| 福建 | 淡水养殖 | 工厂化养殖 | 龟 | 9.74 | 2.24 | 3.03 | 55.07 |
| 福建 | 海水养殖 | 工厂化养殖 | 蛤 | −0.10 | −0.01 | 0.00 | −1.64 |
| 福建 | 海水养殖 | 工厂化养殖 | 螺 | 1.43 | 0.14 | 0.11 | 6.35 |
| 福建 | 淡水养殖 | 工厂化养殖 | 鳗鲡 | 63.10 | 8.87 | 37.25 | 25.45 |
| 福建 | 海水养殖 | 工厂化养殖 | 美国红鱼 | 5.96 | 0.52 | 1.19 | 0.57 |
| 福建 | 海水养殖 | 工厂化养殖 | 南美白对虾（海） | 7.17 | 1.90 | 0.91 | 89.58 |
| 福建 | 海水养殖 | 工厂化养殖 | 鲆鱼 | 3.71 | 1.86 | 1.97 | 7.75 |
| 福建 | 淡水养殖 | 工厂化养殖 | 其他 | 7.56 | 2.71 | 3.44 | 20.94 |
| 福建 | 海水养殖 | 工厂化养殖 | 其他 | 7.56 | 2.71 | 3.44 | 20.94 |
| 福建 | 海水养殖 | 工厂化养殖 | 青蟹 | 4.02 | 0.41 | 1.77 | 33.82 |
| 福建 | 海水养殖 | 工厂化养殖 | 石斑鱼 | 5.96 | 0.52 | 1.19 | 0.57 |
| 福建 | 海水养殖 | 工厂化养殖 | 梭子蟹 | 10.13 | −0.54 | 3.27 | 36.25 |
| 福建 | 淡水养殖 | 工厂化养殖 | 蛙 | 9.74 | 2.24 | 3.03 | 55.07 |
| 福建 | 淡水养殖 | 工厂化养殖 | 鲟鱼 | 7.52 | 1.67 | 3.98 | 12.41 |
| 福建 | 淡水养殖 | 工厂化养殖 | 鳟鱼 | 0.45 | 0.01 | 0.12 | 0.04 |
| 福建 | 海水养殖 | 网箱养殖 | 鲍 | 1.24 | −0.08 | 0.02 | −0.01 |
| 福建 | 淡水养殖 | 网箱养殖 | 鳊鱼 | 16.79 | 3.29 | 0.12 | 0.18 |
| 福建 | 淡水养殖 | 网箱养殖 | 草鱼 | 16.79 | 3.29 | 0.12 | 0.18 |
| 福建 | 海水养殖 | 网箱养殖 | 蛏 | −0.10 | −0.01 | 0.00 | −1.64 |
| 福建 | 淡水养殖 | 网箱养殖 | 长吻鮠 | 9.82 | 1.53 | 0.93 | 5.96 |
| 福建 | 海水养殖 | 网箱养殖 | 大黄鱼 | 37.02 | 7.27 | 0.00 | −0.07 |
| 福建 | 海水养殖 | 网箱养殖 | 鲷鱼 | 17.59 | 1.43 | 0.04 | 0.46 |
| 福建 | 海水养殖 | 网箱养殖 | 鲽鱼 | 17.59 | 1.43 | 0.04 | 0.46 |
| 福建 | 淡水养殖 | 网箱养殖 | 鳜鱼 | 4.52 | 0.65 | 0.00 | 1.13 |
| 福建 | 海水养殖 | 网箱养殖 | 海参 | 1.30 | 0.20 | 0.01 | 0.17 |
| 福建 | 海水养殖 | 网箱养殖 | 河豚 | 48.68 | 5.63 | 0.09 | 13.36 |
| 福建 | 淡水养殖 | 网箱养殖 | 黄颡鱼 | 4.52 | 0.65 | 0.00 | 1.13 |

| 省名 | 养殖水体 | 养殖模式 | 养殖种类 | 总氮/（克/千克） | 总磷/（克/千克） | 氨氮/（克/千克） | COD/（克/千克） |
|---|---|---|---|---|---|---|---|
| 福建 | 淡水养殖 | 网箱养殖 | 鲴鱼 | 39.17 | 8.64 | 0.03 | 0.09 |
| 福建 | 淡水养殖 | 网箱养殖 | 鲫鱼 | 26.95 | 9.13 | 0.00 | 0.16 |
| 福建 | 淡水养殖 | 网箱养殖 | 加州鲈 | 68.03 | 16.26 | 0.95 | 39.64 |
| 福建 | 海水养殖 | 网箱养殖 | 军曹鱼 | 32.06 | 2.73 | 0.10 | 1.86 |
| 福建 | 淡水养殖 | 网箱养殖 | 鲤鱼 | 2.28 | 0.53 | 1.60 | 0.40 |
| 福建 | 淡水养殖 | 网箱养殖 | 鲢鱼 | −1.56 | −1.13 | −0.02 | −2.95 |
| 福建 | 海水养殖 | 网箱养殖 | 鲈鱼 | 68.03 | 16.26 | 0.95 | 39.64 |
| 福建 | 淡水养殖 | 网箱养殖 | 鲈鱼 | 68.03 | 16.26 | 0.95 | 39.64 |
| 福建 | 淡水养殖 | 网箱养殖 | 罗非鱼 | 18.13 | 5.61 | 12.21 | 9.39 |
| 福建 | 淡水养殖 | 网箱养殖 | 鳗鲡 | 4.52 | 0.65 | 0.00 | 1.13 |
| 福建 | 海水养殖 | 网箱养殖 | 美国红鱼 | 17.59 | 1.43 | 0.04 | 0.46 |
| 福建 | 海水养殖 | 网箱养殖 | 牡蛎 | −0.17 | −0.01 | 0.00 | −7.24 |
| 福建 | 海水养殖 | 网箱养殖 | 南美白对虾（海） | 2.48 | 0.96 | 1.17 | 17.78 |
| 福建 | 淡水养殖 | 网箱养殖 | 鲶鱼 | 4.52 | 0.65 | 0.00 | 1.13 |
| 福建 | 海水养殖 | 网箱养殖 | 鲆鱼 | 17.59 | 1.43 | 0.04 | 0.46 |
| 福建 | 海水养殖 | 网箱养殖 | 其他 | 23.04 | 4.68 | 0.68 | 5.87 |
| 福建 | 淡水养殖 | 网箱养殖 | 其他 | 23.04 | 4.68 | 0.68 | 5.87 |
| 福建 | 淡水养殖 | 网箱养殖 | 青鱼 | 4.52 | 0.65 | 0.00 | 1.13 |
| 福建 | 海水养殖 | 网箱养殖 | 扇贝 | −0.17 | −0.01 | 0.00 | −7.24 |
| 福建 | 海水养殖 | 网箱养殖 | 石斑鱼 | 17.59 | 1.43 | 0.04 | 0.46 |
| 福建 | 淡水养殖 | 网箱养殖 | 鲟鱼 | 4.52 | 0.65 | 0.00 | 1.13 |
| 福建 | 淡水养殖 | 网箱养殖 | 鳙鱼 | −1.56 | −1.13 | −0.02 | −2.95 |
| 福建 | 海水养殖 | 网箱养殖 | 鲕鱼 | 17.59 | 1.43 | 0.04 | 0.46 |
| 福建 | 海水养殖 | 围栏养殖 | 斑节对虾 | 0.83 | 0.42 | 0.05 | 10.46 |
| 福建 | 淡水养殖 | 围栏养殖 | 草鱼 | 16.79 | 3.29 | 0.12 | 0.18 |
| 福建 | 海水养殖 | 围栏养殖 | 大黄鱼 | 37.02 | 7.27 | 0.00 | −0.07 |
| 福建 | 海水养殖 | 围栏养殖 | 鲷鱼 | 17.59 | 1.43 | 0.04 | 0.46 |
| 福建 | 淡水养殖 | 围栏养殖 | 鳜鱼 | 4.52 | 0.65 | 0.00 | 1.13 |
| 福建 | 海水养殖 | 围栏养殖 | 南美白对虾（海） | 2.48 | 0.96 | 1.17 | 17.78 |
| 福建 | 海水养殖 | 围栏养殖 | 其他 | 4.10 | 1.84 | 1.06 | 25.41 |
| 福建 | 海水养殖 | 围栏养殖 | 青蟹 | 30.33 | 6.23 | 2.53 | 107.00 |
| 福建 | 淡水养殖 | 围栏养殖 | 鳙鱼 | −1.56 | −1.13 | −0.02 | −2.95 |
| 福建 | 海水养殖 | 浅海阀式 | 鲍 | 1.24 | −0.08 | 0.02 | −0.01 |
| 福建 | 海水养殖 | 浅海阀式 | 海参 | 1.30 | 0.20 | 0.01 | 0.17 |
| 福建 | 海水养殖 | 浅海阀式 | 牡蛎 | −0.17 | −0.01 | 0.00 | −7.24 |
| 福建 | 海水养殖 | 浅海阀式 | 南美白对虾（海） | 2.48 | 0.96 | 1.17 | 17.78 |
| 福建 | 海水养殖 | 浅海阀式 | 其他 | −0.17 | −0.01 | 0.00 | −7.24 |
| 福建 | 海水养殖 | 浅海阀式 | 扇贝 | −0.17 | −0.01 | 0.00 | −7.24 |
| 福建 | 海水养殖 | 浅海阀式 | 贻贝 | −0.17 | −0.01 | 0.00 | −7.24 |
| 福建 | 海水养殖 | 滩涂 | 斑节对虾 | 0.83 | 0.42 | 0.05 | 10.46 |

| 省名 | 养殖水体 | 养殖模式 | 养殖种类 | 总氮/（克/千克） | 总磷/（克/千克） | 氨氮/（克/千克） | COD/（克/千克） |
|---|---|---|---|---|---|---|---|
| 福建 | 海水养殖 | 滩涂 | 鲍 | 1.24 | −0.08 | 0.02 | −0.01 |
| 福建 | 海水养殖 | 滩涂 | 蛏 | −0.10 | −0.01 | 0.00 | −1.64 |
| 福建 | 海水养殖 | 滩涂 | 蛤 | −0.10 | −0.01 | 0.00 | −1.64 |
| 福建 | 海水养殖 | 滩涂 | 蚶 | −0.10 | −0.01 | 0.00 | −1.64 |
| 福建 | 海水养殖 | 滩涂 | 鲈鱼 | 68.03 | 16.26 | 0.95 | 39.64 |
| 福建 | 海水养殖 | 滩涂 | 螺 | 1.43 | 0.14 | 0.11 | 6.35 |
| 福建 | 海水养殖 | 滩涂 | 牡蛎 | −0.17 | −0.01 | 0.00 | −7.24 |
| 福建 | 海水养殖 | 滩涂 | 南美白对虾（海） | 7.17 | 1.90 | 0.91 | 89.58 |
| 福建 | 海水养殖 | 滩涂 | 其他 | −0.10 | −0.01 | 0.00 | −1.64 |
| 福建 | 海水养殖 | 滩涂 | 青蟹 | 30.33 | 6.23 | 2.53 | 107.00 |
| 福建 | 海水养殖 | 滩涂 | 日本对虾 | 0.83 | 0.42 | 0.05 | 10.46 |
| 福建 | 海水养殖 | 滩涂 | 扇贝 | −0.17 | −0.01 | 0.00 | −7.24 |
| 福建 | 海水养殖 | 滩涂 | 梭子蟹 | 30.33 | 6.23 | 2.53 | 107.00 |
| 福建 | 海水养殖 | 滩涂 | 贻贝 | −0.17 | −0.01 | 0.00 | −7.24 |
| 福建 | 海水养殖 | 其他 | 斑节对虾 | 6.78 | 1.33 | 1.33 | 35.87 |
| 福建 | 海水养殖 | 其他 | 鲍 | 0.79 | 0.16 | 0.07 | 2.54 |
| 福建 | 淡水养殖 | 其他 | 鳊鱼 | 9.87 | 2.11 | 2.45 | 23.07 |
| 福建 | 淡水养殖 | 其他 | 鳖 | 9.87 | 2.11 | 2.45 | 23.07 |
| 福建 | 淡水养殖 | 其他 | 草鱼 | 9.87 | 2.11 | 2.45 | 23.07 |
| 福建 | 海水养殖 | 其他 | 蛏 | −0.10 | −0.01 | 0.00 | −1.64 |
| 福建 | 淡水养殖 | 其他 | 淡水珍珠 | 0.79 | 0.16 | 0.07 | 2.54 |
| 福建 | 淡水养殖 | 其他 | 短盖巨脂鲤 | 9.87 | 2.11 | 2.45 | 23.07 |
| 福建 | 淡水养殖 | 其他 | 鳜鱼 | 9.87 | 2.11 | 2.45 | 23.07 |
| 福建 | 海水养殖 | 其他 | 蛤 | −0.10 | −0.01 | 0.00 | −1.64 |
| 福建 | 海水养殖 | 其他 | 海参 | 12.01 | 1.90 | 0.39 | 12.05 |
| 福建 | 海水养殖 | 其他 | 海蜇 | 12.01 | 1.90 | 0.39 | 12.05 |
| 福建 | 淡水养殖 | 其他 | 河蚌 | 0.79 | 0.16 | 0.07 | 2.54 |
| 福建 | 淡水养殖 | 其他 | 河蟹 | 6.78 | 1.33 | 1.33 | 35.87 |
| 福建 | 淡水养殖 | 其他 | 黄颡鱼 | 9.87 | 2.11 | 2.45 | 23.07 |
| 福建 | 淡水养殖 | 其他 | 黄鳝 | 9.87 | 2.11 | 2.45 | 23.07 |
| 福建 | 淡水养殖 | 其他 | 鮰鱼 | 9.87 | 2.11 | 2.45 | 23.07 |
| 福建 | 淡水养殖 | 其他 | 鲫鱼 | 9.87 | 2.11 | 2.45 | 23.07 |
| 福建 | 淡水养殖 | 其他 | 加州鲈 | 9.87 | 2.11 | 2.45 | 23.07 |
| 福建 | 淡水养殖 | 其他 | 鲤鱼 | 9.87 | 2.11 | 2.45 | 23.07 |
| 福建 | 淡水养殖 | 其他 | 鲢鱼 | −1.56 | −1.13 | −0.02 | −2.95 |
| 福建 | 海水养殖 | 其他 | 鲈鱼 | 12.01 | 1.90 | 0.39 | 12.05 |
| 福建 | 淡水养殖 | 其他 | 鲈鱼 | 9.87 | 2.11 | 2.45 | 23.07 |
| 福建 | 淡水养殖 | 其他 | 罗非鱼 | 9.87 | 2.11 | 2.45 | 23.07 |
| 福建 | 淡水养殖 | 其他 | 罗氏沼虾 | 6.78 | 1.33 | 1.33 | 35.87 |
| 福建 | 淡水养殖 | 其他 | 螺 | 0.79 | 0.16 | 0.07 | 2.54 |

| 省名 | 养殖水体 | 养殖模式 | 养殖种类 | 总氮/（克/千克） | 总磷/（克/千克） | 氨氮/（克/千克） | COD/（克/千克） |
|---|---|---|---|---|---|---|---|
| 福建 | 海水养殖 | 其他 | 螺 | 0.79 | 0.16 | 0.07 | 2.54 |
| 福建 | 淡水养殖 | 其他 | 鳗鲡 | 9.87 | 2.11 | 2.45 | 23.07 |
| 福建 | 海水养殖 | 其他 | 牡蛎 | −0.17 | −0.01 | 0.00 | −7.24 |
| 福建 | 淡水养殖 | 其他 | 南美白对虾（淡） | 6.78 | 1.33 | 1.33 | 35.87 |
| 福建 | 海水养殖 | 其他 | 南美白对虾（海） | 4.55 | 0.70 | 0.81 | 44.72 |
| 福建 | 淡水养殖 | 其他 | 泥鳅 | 9.87 | 2.11 | 2.45 | 23.07 |
| 福建 | 淡水养殖 | 其他 | 鲶鱼 | 9.87 | 2.11 | 2.45 | 23.07 |
| 福建 | 淡水养殖 | 其他 | 其他 | 9.87 | 2.11 | 2.45 | 23.07 |
| 福建 | 海水养殖 | 其他 | 其他 | 12.01 | 1.90 | 0.39 | 12.05 |
| 福建 | 淡水养殖 | 其他 | 青虾 | 6.78 | 1.33 | 1.33 | 35.87 |
| 福建 | 淡水养殖 | 其他 | 青鱼 | 9.87 | 2.11 | 2.45 | 23.07 |
| 福建 | 海水养殖 | 其他 | 石斑鱼 | 12.01 | 1.90 | 0.39 | 12.05 |
| 福建 | 海水养殖 | 其他 | 梭子蟹 | 10.13 | −0.54 | 3.27 | 36.25 |
| 福建 | 淡水养殖 | 其他 | 蛙 | 9.87 | 2.11 | 2.45 | 23.07 |
| 福建 | 淡水养殖 | 其他 | 乌鳢 | 9.87 | 2.11 | 2.45 | 23.07 |
| 福建 | 淡水养殖 | 其他 | 蚬 | 0.79 | 0.16 | 0.07 | 2.54 |
| 福建 | 淡水养殖 | 其他 | 鲟鱼 | 9.87 | 2.11 | 2.45 | 23.07 |
| 福建 | 海水养殖 | 其他 | 贻贝 | −0.17 | −0.01 | 0.00 | −7.24 |
| 福建 | 淡水养殖 | 其他 | 鳙鱼 | −1.56 | −1.13 | −0.02 | −2.95 |
| 福建 | 淡水养殖 | 其他 | 长吻鮠 | 9.87 | 2.11 | 2.45 | 23.07 |
| 福建 | 淡水养殖 | 其他 | 鳟鱼 | 9.87 | 2.11 | 2.45 | 23.07 |
| 福建 | 淡水养殖 | 网箱养殖 | 长吻鮠 | 9.82 | 1.53 | 0.93 | 5.96 |
| 福建 | 海水养殖 | 池塘养殖 | 河豚 | 1.99 | 0.45 | 0.32 | 3.80 |
| 福建 | 淡水养殖 | 网箱养殖 | 石斑鱼 | 1.99 | 0.26 | 0.09 | 2.24 |
| 福建 | 海水养殖 | 围栏养殖 | 蛏 | −0.10 | −0.01 | 0.00 | −1.64 |
| 福建 | 海水养殖 | 池塘养殖 | 河豚 | 1.99 | 0.45 | 0.32 | 3.80 |
| 福建 | 海水养殖 | 池塘养殖 | 鲈鱼 | 5.34 | 0.77 | 0.16 | 13.60 |
| 福建 | 淡水养殖 | 池塘养殖 | 石斑鱼 | 1.99 | 0.26 | 0.09 | 2.24 |
| 福建 | 海水养殖 | 池塘养殖 | 其他 | 5.88 | 1.13 | 1.63 | 25.86 |
| 福建 | 海水养殖 | 池塘养殖 | 螺 | 1.43 | 0.14 | 0.11 | 6.35 |
| | | | | | | | |
| 甘肃 | 淡水养殖 | 池塘养殖 | 鳊鱼 | 5.12 | 1.17 | −0.10 | 17.70 |
| 甘肃 | 淡水养殖 | 池塘养殖 | 草鱼 | 10.11 | 1.36 | 3.96 | 45.07 |
| 甘肃 | 淡水养殖 | 池塘养殖 | 鲑鱼 | 4.52 | 0.65 | 0.00 | 1.13 |
| 甘肃 | 淡水养殖 | 池塘养殖 | 河蟹 | 12.88 | 4.93 | 8.68 | 63.16 |
| 甘肃 | 淡水养殖 | 池塘养殖 | 黄颡鱼 | 5.76 | 0.30 | 1.79 | 21.43 |
| 甘肃 | 淡水养殖 | 池塘养殖 | 鮰鱼 | 7.06 | 0.27 | 1.40 | 10.81 |
| 甘肃 | 淡水养殖 | 池塘养殖 | 鲫鱼 | 7.06 | 1.19 | 1.30 | 12.73 |
| 甘肃 | 淡水养殖 | 池塘养殖 | 克氏原螯虾 | 4.07 | 2.64 | 1.54 | 23.04 |
| 甘肃 | 淡水养殖 | 池塘养殖 | 鲤鱼 | 12.62 | 0.56 | 0.51 | 20.99 |

| 省名 | 养殖水体 | 养殖模式 | 养殖种类 | 总氮/（克/千克） | 总磷/（克/千克） | 氨氮/（克/千克） | COD/（克/千克） |
|------|----------|----------|----------|----------------|----------------|----------------|----------------|
| 甘肃 | 淡水养殖 | 池塘养殖 | 鲢鱼 | −1.56 | −1.13 | −0.02 | −2.95 |
| 甘肃 | 淡水养殖 | 池塘养殖 | 罗非鱼 | 3.96 | 0.19 | 0.48 | 16.27 |
| 甘肃 | 淡水养殖 | 池塘养殖 | 南美白对虾（淡） | 7.28 | 0.65 | 1.27 | 32.01 |
| 甘肃 | 淡水养殖 | 池塘养殖 | 泥鳅 | 9.82 | 1.53 | 0.93 | 5.96 |
| 甘肃 | 淡水养殖 | 池塘养殖 | 鲶鱼 | 0.41 | 0.06 | 0.10 | 1.55 |
| 甘肃 | 淡水养殖 | 池塘养殖 | 其他 | 5.88 | 1.13 | 1.63 | 25.86 |
| 甘肃 | 淡水养殖 | 池塘养殖 | 青鱼 | 0.41 | 0.06 | 0.10 | 1.55 |
| 甘肃 | 淡水养殖 | 池塘养殖 | 鲟鱼 | 3.80 | 1.32 | 0.45 | 20.06 |
| 甘肃 | 淡水养殖 | 池塘养殖 | 鳙鱼 | −1.56 | −1.13 | −0.02 | −2.95 |
| 甘肃 | 淡水养殖 | 池塘养殖 | 鳟鱼 | 0.45 | 0.01 | 0.12 | 0.04 |
| 甘肃 | 淡水养殖 | 工厂化养殖 | 鳖 | 9.74 | 2.24 | 3.03 | 55.07 |
| 甘肃 | 淡水养殖 | 工厂化养殖 | 鲑鱼 | 4.52 | 0.65 | 0.00 | 1.13 |
| 甘肃 | 淡水养殖 | 工厂化养殖 | 罗非鱼 | 3.96 | 0.19 | 0.48 | 16.27 |
| 甘肃 | 淡水养殖 | 工厂化养殖 | 其他 | 7.56 | 2.71 | 3.44 | 20.94 |
| 甘肃 | 淡水养殖 | 工厂化养殖 | 鲟鱼 | 3.80 | 1.32 | 0.45 | 20.06 |
| 甘肃 | 淡水养殖 | 工厂化养殖 | 鳟鱼 | 0.45 | 0.01 | 0.12 | 0.04 |
| 甘肃 | 淡水养殖 | 网箱养殖 | 鳊鱼 | 5.73 | 1.29 | 0.33 | 8.77 |
| 甘肃 | 淡水养殖 | 网箱养殖 | 鲑鱼 | 4.52 | 0.65 | 0.00 | 1.13 |
| 甘肃 | 淡水养殖 | 网箱养殖 | 加州鲈 | 68.03 | 16.26 | 0.95 | 39.64 |
| 甘肃 | 淡水养殖 | 网箱养殖 | 鲤鱼 | 10.35 | 4.99 | 0.07 | 0.13 |
| 甘肃 | 淡水养殖 | 网箱养殖 | 鲈鱼 | 68.03 | 16.26 | 0.95 | 39.64 |
| 甘肃 | 淡水养殖 | 网箱养殖 | 其他 | 23.04 | 4.68 | 0.68 | 5.87 |
| 甘肃 | 淡水养殖 | 网箱养殖 | 鲟鱼 | 4.52 | 0.65 | 0.00 | 1.13 |
| 甘肃 | 淡水养殖 | 网箱养殖 | 鳟鱼 | 3.67 | 0.71 | 0.18 | 0.46 |
| 甘肃 | 淡水养殖 | 其他 | 草鱼 | 9.87 | 2.11 | 2.45 | 23.07 |
| 甘肃 | 淡水养殖 | 其他 | 河蟹 | 6.78 | 1.33 | 1.33 | 35.87 |
| 甘肃 | 淡水养殖 | 其他 | 鲫鱼 | 9.87 | 2.11 | 2.45 | 23.07 |
| 甘肃 | 淡水养殖 | 其他 | 鲤鱼 | 9.87 | 2.11 | 2.45 | 23.07 |
| 甘肃 | 淡水养殖 | 其他 | 鲢鱼 | −1.56 | −1.13 | −0.02 | −2.95 |
| 甘肃 | 淡水养殖 | 其他 | 鲟鱼 | 9.87 | 2.11 | 2.45 | 23.07 |
| 甘肃 | 淡水养殖 | 其他 | 鳙鱼 | −1.56 | −1.13 | −0.02 | −2.95 |
| 甘肃 | 淡水养殖 | 其他 | 鳟鱼 | 9.87 | 2.11 | 2.45 | 23.07 |
| 甘肃 | 淡水养殖 | 其他 | 其他 | 9.87 | 2.11 | 2.45 | 23.07 |
| 广东 | 海水养殖 | 池塘养殖 | 斑节对虾 | 0.83 | 0.42 | 0.05 | 10.46 |
| 广东 | 淡水养殖 | 池塘养殖 | 鳊鱼 | 0.96 | 0.21 | 0.11 | −2.21 |
| 广东 | 淡水养殖 | 池塘养殖 | 鳖 | 9.74 | 2.24 | 3.03 | 55.07 |
| 广东 | 淡水养殖 | 池塘养殖 | 草鱼 | 0.96 | 0.21 | 0.11 | −2.21 |
| 广东 | 海水养殖 | 池塘养殖 | 蛏 | −0.10 | −0.01 | 0.00 | −1.64 |
| 广东 | 淡水养殖 | 池塘养殖 | 池沼公鱼 | 15.94 | 1.75 | 1.79 | 99.20 |

| 省名 | 养殖水体 | 养殖模式 | 养殖种类 | 总氮/（克/千克） | 总磷/（克/千克） | 氨氮/（克/千克） | COD/（克/千克） |
|---|---|---|---|---|---|---|---|
| 广东 | 海水养殖 | 池塘养殖 | 大黄鱼 | 4.59 | 0.68 | 0.99 | 34.23 |
| 广东 | 海水养殖 | 池塘养殖 | 鲷鱼 | 2.10 | 0.27 | 1.03 | 4.61 |
| 广东 | 淡水养殖 | 池塘养殖 | 短盖巨脂鲤 | 2.49 | 0.21 | 0.56 | 10.74 |
| 广东 | 淡水养殖 | 池塘养殖 | 龟 | 9.74 | 2.24 | 3.03 | 55.07 |
| 广东 | 淡水养殖 | 池塘养殖 | 鲑鱼 | 4.52 | 0.65 | 0.00 | 1.13 |
| 广东 | 淡水养殖 | 池塘养殖 | 鳜鱼 | 2.57 | 1.56 | 0.17 | 0.10 |
| 广东 | 海水养殖 | 池塘养殖 | 蛤 | -0.10 | -0.01 | 0.00 | -1.64 |
| 广东 | 淡水养殖 | 池塘养殖 | 河豚 | 8.90 | 1.48 | 1.37 | 35.30 |
| 广东 | 淡水养殖 | 池塘养殖 | 河蟹 | 2.62 | 0.75 | 1.57 | 45.66 |
| 广东 | 淡水养殖 | 池塘养殖 | 黄颡鱼 | 5.76 | 0.30 | 1.79 | 21.43 |
| 广东 | 淡水养殖 | 池塘养殖 | 黄鳝 | 5.37 | 1.83 | 0.91 | 115.75 |
| 广东 | 淡水养殖 | 池塘养殖 | 鮰鱼 | 9.81 | 2.16 | 4.13 | 51.99 |
| 广东 | 淡水养殖 | 池塘养殖 | 鲫鱼 | 7.06 | 1.19 | 1.30 | 12.73 |
| 广东 | 淡水养殖 | 池塘养殖 | 加州鲈 | 13.99 | 3.20 | 0.06 | 10.86 |
| 广东 | 淡水养殖 | 池塘养殖 | 鲤鱼 | 15.80 | 1.72 | 2.39 | 26.59 |
| 广东 | 淡水养殖 | 池塘养殖 | 鲢鱼 | -1.56 | -1.13 | -0.02 | -2.95 |
| 广东 | 淡水养殖 | 池塘养殖 | 鲈鱼 | 13.99 | 3.20 | 0.06 | 10.86 |
| 广东 | 淡水养殖 | 池塘养殖 | 罗非鱼 | 34.48 | 5.29 | 4.14 | 25.71 |
| 广东 | 淡水养殖 | 池塘养殖 | 罗氏沼虾 | 0.42 | 0.14 | 0.10 | 0.32 |
| 广东 | 淡水养殖 | 池塘养殖 | 螺 | 1.43 | 0.14 | 0.11 | 6.35 |
| 广东 | 淡水养殖 | 池塘养殖 | 鳗鲡 | 22.55 | 6.06 | 8.31 | 28.43 |
| 广东 | 海水养殖 | 池塘养殖 | 牡蛎 | -0.17 | -0.01 | 0.00 | -7.24 |
| 广东 | 淡水养殖 | 池塘养殖 | 南美白对虾（淡） | 3.28 | 0.68 | 1.80 | 47.21 |
| 广东 | 海水养殖 | 池塘养殖 | 南美白对虾（海） | 1.50 | 0.39 | 0.20 | 149.76 |
| 广东 | 淡水养殖 | 池塘养殖 | 泥鳅 | 2.49 | 0.21 | 0.56 | 10.74 |
| 广东 | 淡水养殖 | 池塘养殖 | 鲶鱼 | 0.41 | 0.06 | 0.10 | 1.55 |
| 广东 | 淡水养殖 | 池塘养殖 | 其他 | 5.88 | 1.13 | 1.63 | 25.86 |
| 广东 | 淡水养殖 | 池塘养殖 | 青虾 | 2.61 | 0.55 | 0.22 | 2.96 |
| 广东 | 海水养殖 | 池塘养殖 | 青蟹 | -1.37 | 0.41 | -1.20 | 64.56 |
| 广东 | 淡水养殖 | 池塘养殖 | 青鱼 | 0.41 | 0.06 | 0.10 | 1.55 |
| 广东 | 海水养殖 | 池塘养殖 | 日本对虾 | 0.83 | 0.42 | 0.05 | 10.46 |
| 广东 | 海水养殖 | 池塘养殖 | 扇贝 | -0.17 | -0.01 | 0.00 | -7.24 |
| 广东 | 海水养殖 | 池塘养殖 | 石斑鱼 | 1.99 | 0.26 | 0.09 | 2.24 |
| 广东 | 海水养殖 | 池塘养殖 | 梭子蟹 | 10.13 | -0.54 | 3.27 | 36.25 |
| 广东 | 淡水养殖 | 池塘养殖 | 蛙 | 9.74 | 2.24 | 3.03 | 55.07 |
| 广东 | 淡水养殖 | 池塘养殖 | 乌鳢 | 1.61 | 0.66 | 0.99 | 1.87 |
| 广东 | 淡水养殖 | 池塘养殖 | 蚬 | 1.43 | 0.14 | 0.11 | 6.35 |
| 广东 | 淡水养殖 | 池塘养殖 | 鲟鱼 | 7.52 | 1.67 | 3.98 | 12.41 |
| 广东 | 淡水养殖 | 池塘养殖 | 鳙鱼 | -1.56 | -1.13 | -0.02 | -2.95 |
| 广东 | 海水养殖 | 池塘养殖 | 鲻鱼 | 1.99 | 0.26 | 0.09 | 2.24 |

| 省名 | 养殖水体 | 养殖模式 | 养殖种类 | 总氮/（克/千克） | 总磷/（克/千克） | 氨氮/（克/千克） | COD/（克/千克） |
|---|---|---|---|---|---|---|---|
| 广东 | 淡水养殖 | 池塘养殖 | 长吻鮠 | 2.49 | 0.21 | 0.56 | 10.74 |
| 广东 | 海水养殖 | 池塘养殖 | 中国对虾 | 0.83 | 0.42 | 0.05 | 10.46 |
| 广东 | 淡水养殖 | 池塘养殖 | 鳟鱼 | 0.45 | 0.01 | 0.12 | 0.04 |
| 广东 | 淡水养殖 | 工厂化养殖 | 鳖 | 9.74 | 2.24 | 3.03 | 55.07 |
| 广东 | 淡水养殖 | 工厂化养殖 | 草鱼 | 0.96 | 0.21 | 0.11 | −2.21 |
| 广东 | 海水养殖 | 工厂化养殖 | 鲷鱼 | 2.10 | 0.27 | 1.03 | 4.61 |
| 广东 | 淡水养殖 | 工厂化养殖 | 龟 | 9.74 | 2.24 | 3.03 | 55.07 |
| 广东 | 淡水养殖 | 工厂化养殖 | 鲤鱼 | 2.49 | 0.21 | 0.56 | 10.74 |
| 广东 | 淡水养殖 | 工厂化养殖 | 南美白对虾（淡） | 2.48 | 0.96 | 1.17 | 17.78 |
| 广东 | 海水养殖 | 工厂化养殖 | 南美白对虾（海） | 2.48 | 0.96 | 1.17 | 17.78 |
| 广东 | 淡水养殖 | 工厂化养殖 | 鲶鱼 | 0.41 | 0.06 | 0.10 | 1.55 |
| 广东 | 海水养殖 | 工厂化养殖 | 其他 | 7.56 | 2.71 | 3.44 | 20.94 |
| 广东 | 淡水养殖 | 工厂化养殖 | 其他 | 7.56 | 2.71 | 3.44 | 20.94 |
| 广东 | 淡水养殖 | 工厂化养殖 | 青鱼 | 0.41 | 0.06 | 0.10 | 1.55 |
| 广东 | 海水养殖 | 工厂化养殖 | 石斑鱼 | 1.99 | 0.26 | 0.09 | 2.24 |
| 广东 | 淡水养殖 | 工厂化养殖 | 蛙 | 9.74 | 2.24 | 3.03 | 55.07 |
| 广东 | 淡水养殖 | 工厂化养殖 | 鲟鱼 | 7.52 | 1.67 | 3.98 | 12.41 |
| 广东 | 淡水养殖 | 工厂化养殖 | 长吻鮠 | 2.49 | 0.21 | 0.56 | 10.74 |
| 广东 | 淡水养殖 | 网箱养殖 | 鳊鱼 | 16.79 | 3.29 | 0.12 | 0.18 |
| 广东 | 淡水养殖 | 网箱养殖 | 草鱼 | 36.56 | 9.32 | 0.06 | 0.26 |
| 广东 | 海水养殖 | 网箱养殖 | 大黄鱼 | 37.02 | 7.27 | 0.00 | −0.07 |
| 广东 | 海水养殖 | 网箱养殖 | 鲷鱼 | 17.59 | 1.43 | 0.04 | 0.46 |
| 广东 | 海水养殖 | 网箱养殖 | 鲽鱼 | 17.59 | 1.43 | 0.04 | 0.46 |
| 广东 | 淡水养殖 | 网箱养殖 | 鳜鱼 | 4.52 | 0.65 | 0.00 | 1.13 |
| 广东 | 淡水养殖 | 网箱养殖 | 黄颡鱼 | 4.52 | 0.65 | 0.00 | 1.13 |
| 广东 | 淡水养殖 | 网箱养殖 | 鮰鱼 | 39.17 | 8.64 | 0.03 | 0.09 |
| 广东 | 海水养殖 | 网箱养殖 | 加州鲈 | 68.03 | 16.26 | 0.95 | 39.64 |
| 广东 | 淡水养殖 | 网箱养殖 | 加州鲈 | 68.03 | 16.26 | 0.95 | 39.64 |
| 广东 | 海水养殖 | 网箱养殖 | 军曹鱼 | 32.06 | 2.73 | 0.10 | 1.86 |
| 广东 | 淡水养殖 | 网箱养殖 | 鲢鱼 | −1.56 | −1.13 | −0.02 | −2.95 |
| 广东 | 海水养殖 | 网箱养殖 | 鲈鱼 | 68.03 | 16.26 | 0.95 | 39.64 |
| 广东 | 淡水养殖 | 网箱养殖 | 罗非鱼 | 18.13 | 5.61 | 12.21 | 9.39 |
| 广东 | 海水养殖 | 网箱养殖 | 美国红鱼 | 17.59 | 1.43 | 0.04 | 0.46 |
| 广东 | 海水养殖 | 网箱养殖 | 牡蛎 | −0.17 | −0.01 | 0.00 | −7.24 |
| 广东 | 海水养殖 | 网箱养殖 | 鲆鱼 | 17.59 | 1.43 | 0.04 | 0.46 |
| 广东 | 海水养殖 | 网箱养殖 | 其他 | 23.04 | 4.68 | 0.68 | 5.87 |
| 广东 | 淡水养殖 | 网箱养殖 | 其他 | 23.04 | 4.68 | 0.68 | 5.87 |
| 广东 | 淡水养殖 | 网箱养殖 | 青鱼 | 4.52 | 0.65 | 0.00 | 1.13 |
| 广东 | 海水养殖 | 网箱养殖 | 石斑鱼 | 17.59 | 1.43 | 0.04 | 0.46 |
| 广东 | 淡水养殖 | 网箱养殖 | 鲟鱼 | 4.52 | 0.65 | 0.00 | 1.13 |

| 省名 | 养殖水体 | 养殖模式 | 养殖种类 | 总氮/（克/千克） | 总磷/（克/千克） | 氨氮/（克/千克） | COD/（克/千克） |
|------|----------|----------|----------|------------------|------------------|------------------|------------------|
| 广东 | 淡水养殖 | 网箱养殖 | 鳙鱼 | −1.56 | −1.13 | −0.02 | −2.95 |
| 广东 | 海水养殖 | 网箱养殖 | 鲕鱼 | 17.59 | 1.43 | 0.04 | 0.46 |
| 广东 | 淡水养殖 | 围栏养殖 | 黄鳝 | 4.52 | 0.65 | 0.00 | 1.13 |
| 广东 | 淡水养殖 | 围栏养殖 | 鲢鱼 | −1.56 | −1.13 | −0.02 | −2.95 |
| 广东 | 淡水养殖 | 围栏养殖 | 鲈鱼 | 68.03 | 16.26 | 0.95 | 39.64 |
| 广东 | 海水养殖 | 围栏养殖 | 牡蛎 | −0.17 | −0.01 | 0.00 | −7.24 |
| 广东 | 海水养殖 | 围栏养殖 | 南美白对虾（海） | 2.48 | 0.96 | 1.17 | 17.78 |
| 广东 | 淡水养殖 | 围栏养殖 | 鲶鱼 | 4.52 | 0.65 | 0.00 | 1.13 |
| 广东 | 淡水养殖 | 围栏养殖 | 鳙鱼 | −1.56 | −1.13 | −0.02 | −2.95 |
| 广东 | 海水养殖 | 浅海阀式 | 鲍 | 1.24 | −0.08 | 0.02 | −0.01 |
| 广东 | 海水养殖 | 浅海阀式 | 蛤 | −0.10 | −0.01 | 0.00 | −1.64 |
| 广东 | 海水养殖 | 浅海阀式 | 牡蛎 | −0.17 | −0.01 | 0.00 | −7.24 |
| 广东 | 海水养殖 | 浅海阀式 | 其他 | −0.17 | −0.01 | 0.00 | −7.24 |
| 广东 | 海水养殖 | 浅海阀式 | 扇贝 | −0.17 | −0.01 | 0.00 | −7.24 |
| 广东 | 海水养殖 | 浅海阀式 | 石斑鱼 | 17.59 | 1.43 | 0.04 | 0.46 |
| 广东 | 海水养殖 | 浅海阀式 | 贻贝 | −0.17 | −0.01 | 0.00 | −7.24 |
| 广东 | 淡水养殖 | 滩涂 | 草鱼 | 36.56 | 9.32 | 0.06 | 0.26 |
| 广东 | 海水养殖 | 滩涂 | 大黄鱼 | 49.70 | 10.46 | 1.29 | 50.23 |
| 广东 | 海水养殖 | 滩涂 | 蛤 | −0.10 | −0.01 | 0.00 | −1.64 |
| 广东 | 海水养殖 | 滩涂 | 蚶 | −0.10 | −0.01 | 0.00 | −1.64 |
| 广东 | 海水养殖 | 滩涂 | 鲈鱼 | 68.03 | 16.26 | 0.95 | 39.64 |
| 广东 | 海水养殖 | 滩涂 | 螺 | 1.43 | 0.14 | 0.11 | 6.35 |
| 广东 | 海水养殖 | 滩涂 | 牡蛎 | −0.17 | −0.01 | 0.00 | −7.24 |
| 广东 | 淡水养殖 | 滩涂 | 南美白对虾（淡） | 3.28 | 0.68 | 1.80 | 47.21 |
| 广东 | 海水养殖 | 滩涂 | 南美白对虾（海） | 1.50 | 0.39 | 0.20 | 149.76 |
| 广东 | 海水养殖 | 滩涂 | 其他 | −0.10 | −0.01 | 0.00 | −1.64 |
| 广东 | 海水养殖 | 滩涂 | 青蟹 | 30.33 | 6.23 | 2.53 | 107.00 |
| 广东 | 海水养殖 | 滩涂 | 贻贝 | −0.17 | −0.01 | 0.00 | −7.24 |
| 广东 | 淡水养殖 | 其他 | 鳊鱼 | 9.87 | 2.11 | 2.45 | 23.07 |
| 广东 | 淡水养殖 | 其他 | 鳖 | 9.87 | 2.11 | 2.45 | 23.07 |
| 广东 | 淡水养殖 | 其他 | 草鱼 | 9.87 | 2.11 | 2.45 | 23.07 |
| 广东 | 海水养殖 | 其他 | 大黄鱼 | 12.01 | 1.90 | 0.39 | 12.05 |
| 广东 | 淡水养殖 | 其他 | 短盖巨脂鲤 | 9.87 | 2.11 | 2.45 | 23.07 |
| 广东 | 淡水养殖 | 其他 | 鳜鱼 | 9.87 | 2.11 | 2.45 | 23.07 |
| 广东 | 淡水养殖 | 其他 | 河蟹 | 6.78 | 1.33 | 1.33 | 35.87 |
| 广东 | 淡水养殖 | 其他 | 黄颡鱼 | 9.87 | 2.11 | 2.45 | 23.07 |
| 广东 | 淡水养殖 | 其他 | 鲴鱼 | 9.87 | 2.11 | 2.45 | 23.07 |
| 广东 | 淡水养殖 | 其他 | 鲫鱼 | 9.87 | 2.11 | 2.45 | 23.07 |
| 广东 | 淡水养殖 | 其他 | 加州鲈 | 9.87 | 2.11 | 2.45 | 23.07 |
| 广东 | 淡水养殖 | 其他 | 鲤鱼 | 9.87 | 2.11 | 2.45 | 23.07 |

| 省名 | 养殖水体 | 养殖模式 | 养殖种类 | 总氮/（克/千克） | 总磷/（克/千克） | 氨氮/（克/千克） | COD/（克/千克） |
|------|----------|----------|----------|------------------|------------------|------------------|-----------------|
| 广东 | 淡水养殖 | 其他 | 鲢鱼 | -1.56 | -1.13 | -0.02 | -2.95 |
| 广东 | 淡水养殖 | 其他 | 罗非鱼 | 9.87 | 2.11 | 2.45 | 23.07 |
| 广东 | 淡水养殖 | 其他 | 鳗鲡 | 9.87 | 2.11 | 2.45 | 23.07 |
| 广东 | 海水养殖 | 其他 | 南美白对虾（海） | 4.55 | 0.70 | 0.81 | 44.72 |
| 广东 | 淡水养殖 | 其他 | 泥鳅 | 9.66 | 2.15 | 1.92 | 20.58 |
| 广东 | 淡水养殖 | 其他 | 鲶鱼 | 9.66 | 2.15 | 1.92 | 20.58 |
| 广东 | 海水养殖 | 其他 | 其他 | 12.01 | 1.90 | 0.39 | 12.05 |
| 广东 | 淡水养殖 | 其他 | 其他 | 9.87 | 2.11 | 2.45 | 23.07 |
| 广东 | 淡水养殖 | 其他 | 青鱼 | 9.87 | 2.11 | 2.45 | 23.07 |
| 广东 | 淡水养殖 | 其他 | 蛙 | 9.87 | 2.11 | 2.45 | 23.07 |
| 广东 | 淡水养殖 | 其他 | 乌鳢 | 9.87 | 2.11 | 2.45 | 23.07 |
| 广东 | 淡水养殖 | 其他 | 鳙鱼 | -1.56 | -1.13 | -0.02 | -2.95 |
| 广东 | 淡水养殖 | 池塘养殖 | 青蟹 | -1.37 | 0.41 | -1.20 | 64.56 |
| 广东 | 淡水养殖 | 池塘养殖 | 银鱼 | 2.60 | 0.65 | -0.02 | 9.46 |
| 广东 | 海水养殖 | 池塘养殖 | 罗氏沼虾 | 0.32 | 0.04 | 0.08 | 3.28 |
| 广东 | 海水养殖 | 池塘养殖 | 鲈鱼 | 5.34 | 0.77 | 0.16 | 13.60 |
| 广东 | 海水养殖 | 池塘养殖 | 军曹鱼 | 5.34 | 0.77 | 0.16 | 13.60 |
| 广东 | 海水养殖 | 池塘养殖 | 美国红鱼 | 0.39 | 0.10 | 0.00 | 0.05 |
| 广东 | 海水养殖 | 池塘养殖 | 罗非鱼 | 5.65 | 0.59 | 1.03 | 20.00 |
| 广东 | 海水养殖 | 浅海筏式 | 江珧 | 1.43 | 0.14 | 0.11 | 6.35 |
| 广东 | 海水养殖 | 浅海筏式 | 海水珍珠 | 1.43 | 0.14 | 0.11 | 6.35 |
| 广东 | 海水养殖 | 池塘养殖 | 海参 | 10.43 | 0.23 | 0.11 | 12.86 |
| 广东 | 淡水养殖 | 其他 | 南美白对虾（淡） | 3.28 | 0.68 | 1.80 | 47.21 |
| 广东 | 海水养殖 | 池塘养殖 | 其他 | 5.88 | 1.13 | 1.63 | 25.86 |
| 广东 | 海水养殖 | 网箱养殖 | 南美白对虾（海） | 1.50 | 0.39 | 0.20 | 149.76 |
| 广东 | 淡水养殖 | 池塘养殖 | 石斑鱼 | 1.99 | 0.26 | 0.09 | 2.24 |
| 广东 | 淡水养殖 | 其他 | 龟 | 9.74 | 2.24 | 3.03 | 55.07 |
| 广东 | 淡水养殖 | 滩涂养殖 | 其他 | 5.88 | 1.13 | 1.63 | 25.86 |
| 广东 | 淡水养殖 | 滩涂养殖 | 鲢鱼 | -1.56 | -1.13 | -0.02 | -2.95 |
| 广东 | 淡水养殖 | 滩涂养殖 | 鲫鱼 | 3.16 | 0.48 | 1.54 | 12.21 |
| 广东 | 淡水养殖 | 滩涂养殖 | 鳙鱼 | -1.56 | -1.13 | -0.02 | -2.95 |
| 广东 | 海水养殖 | 网箱养殖 | 南美白对虾（海） | 1.50 | 0.39 | 0.20 | 149.76 |
| 广东 | 海水养殖 | 浅海筏式 | 南美白对虾（海） | 1.50 | 0.39 | 0.20 | 149.76 |
| 广东 | 海水养殖 | 其他 | 牡蛎 | -0.17 | -0.01 | 0.00 | -7.24 |
| 广东 | 海水养殖 | 其他 | 鲈鱼 | 5.34 | 0.77 | 0.16 | 13.60 |
| 广东 | 海水养殖 | 其他 | 斑节对虾 | 0.83 | 0.42 | 0.05 | 10.46 |
| 广东 | 海水养殖 | 其他 | 日本对虾 | 0.83 | 0.42 | 0.05 | 10.46 |
| 广东 | 海水养殖 | 围栏养殖 | 鲈鱼 | 5.34 | 0.77 | 0.16 | 13.60 |
| 广东 | 海水养殖 | 池塘养殖 | 海胆 | 4.84 | 0.52 | 3.66 | 36.29 |
| 广东 | 海水养殖 | 池塘养殖 | 海水珍珠 | 1.43 | 0.14 | 0.11 | 6.35 |

| 省名 | 养殖水体 | 养殖模式 | 养殖种类 | 总氮/（克/千克） | 总磷/（克/千克） | 氨氮/（克/千克） | COD/（克/千克） |
|------|---------|---------|---------|------|------|------|------|
| 广东 | 淡水养殖 | 池塘养殖 | 河蚌 | 1.43 | 0.14 | 0.11 | 6.35 |
| 广东 | 海水养殖 | 池塘养殖 | 江珧 | 1.43 | 0.14 | 0.11 | 6.35 |
| 广东 | 海水养殖 | 池塘养殖 | 贻贝 | −0.17 | −0.01 | 0.00 | −7.24 |
| 广东 | 海水养殖 | 池塘养殖 | 鲽鱼 | 3.18 | 0.79 | 0.38 | 22.62 |
| 广东 | 海水养殖 | 池塘养殖 | 鲆鱼 | 0.55 | 0.06 | 0.05 | 2.39 |
| 广东 | 海水养殖 | 池塘养殖 | 螺 | 1.43 | 0.14 | 0.11 | 6.35 |
| 广东 | 淡水养殖 | 池塘养殖 | 淡水珍珠 | 1.43 | 0.14 | 0.11 | 6.35 |
| 广东 | 海水养殖 | 池塘养殖 | 蚶 | −0.10 | −0.01 | 0.00 | −1.64 |
| 广东 | 海水养殖 | 池塘养殖 | 鲍 | 2.54 | 0.98 | 0.07 | 8.35 |
| 广东 | 淡水养殖 | 滩涂养殖 | 青鱼 | 0.41 | 0.06 | 0.10 | 1.55 |
| 广东 | 淡水养殖 | 滩涂养殖 | 罗非鱼 | 5.65 | 0.59 | 1.03 | 20.00 |
| 广东 | 淡水养殖 | 滩涂养殖 | 鲤鱼 | 9.82 | 1.53 | 0.93 | 5.96 |
| 广东 | 海水养殖 | 滩涂养殖 | 军曹鱼 | 5.34 | 0.77 | 0.16 | 13.60 |
| 广东 | 海水养殖 | 浅海筏式 | 鲥鱼 | 1.70 | 0.21 | 0.07 | 1.75 |
| 广东 | 海水养殖 | 滩涂养殖 | 鲷鱼 | 0.39 | 0.10 | 0.00 | 0.05 |
| 广东 | 海水养殖 | 浅海筏式 | 斑节对虾 | 0.83 | 0.42 | 0.05 | 10.46 |
| 广东 | 海水养殖 | 网箱养殖 | 中国对虾 | 0.83 | 0.42 | 0.05 | 10.46 |
| 广东 | 淡水养殖 | 滩涂养殖 | 鲈鱼 | 5.34 | 0.77 | 0.16 | 13.60 |
| 广东 | 海水养殖 | 工厂化养殖 | 鲍 | 2.54 | 0.98 | 0.07 | 8.35 |
| 广东 | 海水养殖 | 池塘养殖 | 鲈鱼 | 5.34 | 0.77 | 0.16 | 13.60 |
| 广西 | 海水养殖 | 池塘养殖 | 斑节对虾 | 0.83 | 0.42 | 0.05 | 10.46 |
| 广西 | 淡水养殖 | 池塘养殖 | 鳊鱼 | 3.17 | 0.92 | 0.49 | 24.40 |
| 广西 | 淡水养殖 | 池塘养殖 | 鳖 | 9.74 | 2.24 | 3.03 | 55.07 |
| 广西 | 淡水养殖 | 池塘养殖 | 草鱼 | 10.11 | 1.36 | 3.96 | 45.07 |
| 广西 | 海水养殖 | 池塘养殖 | 鲷鱼 | 2.10 | 0.27 | 1.03 | 4.61 |
| 广西 | 淡水养殖 | 池塘养殖 | 短盖巨脂鲤 | 2.49 | 0.21 | 0.56 | 10.74 |
| 广西 | 淡水养殖 | 池塘养殖 | 龟 | 9.74 | 2.24 | 3.03 | 55.07 |
| 广西 | 淡水养殖 | 池塘养殖 | 鳜鱼 | 2.57 | 1.56 | 0.17 | 0.10 |
| 广西 | 淡水养殖 | 池塘养殖 | 河蚌 | 1.43 | 0.14 | 0.11 | 6.35 |
| 广西 | 淡水养殖 | 池塘养殖 | 河蟹 | 2.62 | 0.75 | 1.57 | 45.66 |
| 广西 | 淡水养殖 | 池塘养殖 | 黄颡鱼 | 5.76 | 0.30 | 1.79 | 21.43 |
| 广西 | 淡水养殖 | 池塘养殖 | 黄鳝 | 5.37 | 1.83 | 0.91 | 115.75 |
| 广西 | 淡水养殖 | 池塘养殖 | 鮰鱼 | 9.81 | 2.16 | 4.13 | 51.99 |
| 广西 | 淡水养殖 | 池塘养殖 | 鲫鱼 | 7.06 | 1.19 | 1.30 | 12.73 |
| 广西 | 淡水养殖 | 池塘养殖 | 克氏原螯虾 | 2.71 | 0.58 | 0.69 | 2.54 |
| 广西 | 淡水养殖 | 池塘养殖 | 鲤鱼 | 15.80 | 1.72 | 2.39 | 26.59 |
| 广西 | 淡水养殖 | 池塘养殖 | 鲢鱼 | −1.56 | −1.13 | −0.02 | −2.95 |
| 广西 | 淡水养殖 | 池塘养殖 | 鲈鱼 | 5.34 | 0.77 | 0.16 | 13.60 |
| 广西 | 淡水养殖 | 池塘养殖 | 罗非鱼 | 18.06 | 5.13 | 0.35 | 29.38 |

| 省名 | 养殖水体 | 养殖模式 | 养殖种类 | 总氮/（克/千克） | 总磷/（克/千克） | 氨氮/（克/千克） | COD/（克/千克） |
|---|---|---|---|---|---|---|---|
| 广西 | 淡水养殖 | 池塘养殖 | 罗氏沼虾 | 0.42 | 0.14 | 0.10 | 0.32 |
| 广西 | 淡水养殖 | 池塘养殖 | 螺 | 1.43 | 0.14 | 0.11 | 6.35 |
| 广西 | 淡水养殖 | 池塘养殖 | 南美白对虾（淡） | 3.28 | 0.68 | 1.80 | 47.21 |
| 广西 | 海水养殖 | 池塘养殖 | 南美白对虾（海） | 3.28 | 0.68 | 1.80 | 47.21 |
| 广西 | 淡水养殖 | 池塘养殖 | 泥鳅 | 2.49 | 0.21 | 0.56 | 10.74 |
| 广西 | 淡水养殖 | 池塘养殖 | 鲶鱼 | 0.41 | 0.06 | 0.10 | 1.55 |
| 广西 | 淡水养殖 | 池塘养殖 | 其他 | 5.88 | 1.13 | 1.63 | 25.86 |
| 广西 | 淡水养殖 | 池塘养殖 | 青虾 | 2.61 | 0.55 | 0.22 | 2.96 |
| 广西 | 海水养殖 | 池塘养殖 | 青蟹 | −1.37 | 0.41 | −1.20 | 64.56 |
| 广西 | 淡水养殖 | 池塘养殖 | 青鱼 | 0.41 | 0.06 | 0.10 | 1.55 |
| 广西 | 海水养殖 | 池塘养殖 | 日本对虾 | 0.83 | 0.42 | 0.05 | 10.46 |
| 广西 | 海水养殖 | 池塘养殖 | 石斑鱼 | 1.99 | 0.26 | 0.09 | 2.24 |
| 广西 | 淡水养殖 | 池塘养殖 | 蛙 | 9.74 | 2.24 | 3.03 | 55.07 |
| 广西 | 淡水养殖 | 池塘养殖 | 乌鳢 | 1.61 | 0.66 | 0.99 | 1.87 |
| 广西 | 淡水养殖 | 池塘养殖 | 蚬 | 1.43 | 0.14 | 0.11 | 6.35 |
| 广西 | 淡水养殖 | 池塘养殖 | 鲟鱼 | 7.52 | 1.67 | 3.98 | 12.41 |
| 广西 | 淡水养殖 | 池塘养殖 | 银鱼 | 15.94 | 1.75 | 1.79 | 99.20 |
| 广西 | 淡水养殖 | 池塘养殖 | 鳙鱼 | −1.56 | −1.13 | −0.02 | −2.95 |
| 广西 | 淡水养殖 | 池塘养殖 | 长吻鮠 | 2.49 | 0.21 | 0.56 | 10.74 |
| 广西 | 淡水养殖 | 工厂化养殖 | 草鱼 | 0.96 | 0.21 | 0.11 | −2.21 |
| 广西 | 淡水养殖 | 工厂化养殖 | 龟 | 9.74 | 2.24 | 3.03 | 55.07 |
| 广西 | 淡水养殖 | 工厂化养殖 | 鲴鱼 | 9.81 | 2.16 | 4.13 | 51.99 |
| 广西 | 淡水养殖 | 工厂化养殖 | 鲤鱼 | 2.49 | 0.21 | 0.56 | 10.74 |
| 广西 | 淡水养殖 | 工厂化养殖 | 鳗鲡 | 63.10 | 8.87 | 37.25 | 25.45 |
| 广西 | 淡水养殖 | 工厂化养殖 | 鲶鱼 | 0.41 | 0.06 | 0.10 | 1.55 |
| 广西 | 淡水养殖 | 工厂化养殖 | 蛙 | 9.74 | 2.24 | 3.03 | 55.07 |
| 广西 | 淡水养殖 | 工厂化养殖 | 鲟鱼 | 7.52 | 1.67 | 3.98 | 12.41 |
| 广西 | 淡水养殖 | 工厂化养殖 | 鳙鱼 | −1.56 | −1.13 | −0.02 | −2.95 |
| 广西 | 淡水养殖 | 网箱养殖 | 鳊鱼 | 36.56 | 9.32 | 0.06 | 0.26 |
| 广西 | 淡水养殖 | 网箱养殖 | 草鱼 | 36.56 | 9.32 | 0.06 | 0.26 |
| 广西 | 海水养殖 | 网箱养殖 | 鲷鱼 | 17.59 | 1.43 | 0.04 | 0.46 |
| 广西 | 淡水养殖 | 网箱养殖 | 鳜鱼 | 4.52 | 0.65 | 0.00 | 1.13 |
| 广西 | 淡水养殖 | 网箱养殖 | 黄颡鱼 | 4.52 | 0.65 | 0.00 | 1.13 |
| 广西 | 淡水养殖 | 网箱养殖 | 鲴鱼 | 39.17 | 8.64 | 0.03 | 0.09 |
| 广西 | 淡水养殖 | 网箱养殖 | 鲫鱼 | 26.95 | 9.13 | 0.00 | 0.16 |
| 广西 | 淡水养殖 | 网箱养殖 | 加州鲈 | 68.03 | 16.26 | 0.95 | 39.64 |
| 广西 | 淡水养殖 | 网箱养殖 | 鲤鱼 | 25.50 | 8.84 | 0.00 | 0.29 |
| 广西 | 淡水养殖 | 网箱养殖 | 鲢鱼 | −1.56 | −1.13 | −0.02 | −2.95 |
| 广西 | 海水养殖 | 网箱养殖 | 鲈鱼 | 68.03 | 16.26 | 0.95 | 39.64 |
| 广西 | 淡水养殖 | 网箱养殖 | 罗非鱼 | 18.13 | 5.61 | 12.21 | 9.39 |

| 省名 | 养殖水体 | 养殖模式 | 养殖种类 | 总氮/（克/千克） | 总磷/（克/千克） | 氨氮/（克/千克） | COD/（克/千克） |
|---|---|---|---|---|---|---|---|
| 广西 | 海水养殖 | 网箱养殖 | 美国红鱼 | 17.59 | 1.43 | 0.04 | 0.46 |
| 广西 | 淡水养殖 | 网箱养殖 | 鲶鱼 | 4.52 | 0.65 | 0.00 | 1.13 |
| 广西 | 淡水养殖 | 网箱养殖 | 其他 | 23.04 | 4.68 | 0.68 | 5.87 |
| 广西 | 海水养殖 | 网箱养殖 | 其他 | 23.04 | 4.68 | 0.68 | 5.87 |
| 广西 | 淡水养殖 | 网箱养殖 | 青鱼 | 4.52 | 0.65 | 0.00 | 1.13 |
| 广西 | 海水养殖 | 网箱养殖 | 石斑鱼 | 17.59 | 1.43 | 0.04 | 0.46 |
| 广西 | 淡水养殖 | 网箱养殖 | 鲟鱼 | 4.52 | 0.65 | 0.00 | 1.13 |
| 广西 | 淡水养殖 | 网箱养殖 | 鳙鱼 | −1.56 | −1.13 | −0.02 | −2.95 |
| 广西 | 淡水养殖 | 网箱养殖 | 长吻鮠 | 10.35 | 4.99 | 0.07 | 0.13 |
| 广西 | 淡水养殖 | 围栏养殖 | 鳊鱼 | 36.56 | 9.32 | 0.06 | 0.26 |
| 广西 | 淡水养殖 | 围栏养殖 | 草鱼 | 36.56 | 9.32 | 0.06 | 0.26 |
| 广西 | 淡水养殖 | 围栏养殖 | 鲫鱼 | 26.95 | 9.13 | 0.00 | 0.16 |
| 广西 | 淡水养殖 | 围栏养殖 | 鲤鱼 | 10.35 | 4.99 | 0.07 | 0.13 |
| 广西 | 淡水养殖 | 围栏养殖 | 鲢鱼 | −1.56 | −1.13 | −0.02 | −2.95 |
| 广西 | 淡水养殖 | 围栏养殖 | 罗非鱼 | 18.13 | 5.61 | 12.21 | 9.39 |
| 广西 | 淡水养殖 | 围栏养殖 | 鲶鱼 | 4.52 | 0.65 | 0.00 | 1.13 |
| 广西 | 淡水养殖 | 围栏养殖 | 青鱼 | 4.52 | 0.65 | 0.00 | 1.13 |
| 广西 | 淡水养殖 | 围栏养殖 | 鳙鱼 | −1.56 | −1.13 | −0.02 | −2.95 |
| 广西 | 海水养殖 | 浅海阀式 | 牡蛎 | −0.17 | −0.01 | 0.00 | −7.24 |
| 广西 | 海水养殖 | 滩涂 | 蛤 | −0.10 | −0.01 | 0.00 | −1.64 |
| 广西 | 海水养殖 | 滩涂 | 螺 | 1.43 | 0.14 | 0.11 | 6.35 |
| 广西 | 淡水养殖 | 滩涂 | 螺 | 1.43 | 0.14 | 0.11 | 6.35 |
| 广西 | 海水养殖 | 滩涂 | 牡蛎 | −0.17 | −0.01 | 0.00 | −7.24 |
| 广西 | 海水养殖 | 滩涂 | 其他 | −0.10 | −0.01 | 0.00 | −1.64 |
| 广西 | 海水养殖 | 滩涂 | 扇贝 | −0.17 | −0.01 | 0.00 | −7.24 |
| 广西 | 海水养殖 | 滩涂 | 贻贝 | −0.17 | −0.01 | 0.00 | −7.24 |
| 广西 | 淡水养殖 | 其他 | 鳊鱼 | 9.87 | 2.11 | 2.45 | 23.07 |
| 广西 | 淡水养殖 | 其他 | 鳖 | 9.87 | 2.11 | 2.45 | 23.07 |
| 广西 | 淡水养殖 | 其他 | 草鱼 | 9.87 | 2.11 | 2.45 | 23.07 |
| 广西 | 淡水养殖 | 其他 | 短盖巨脂鲤 | 9.87 | 2.11 | 2.45 | 23.07 |
| 广西 | 淡水养殖 | 其他 | 龟 | 9.87 | 2.11 | 2.45 | 23.07 |
| 广西 | 淡水养殖 | 其他 | 鳜鱼 | 9.87 | 2.11 | 2.45 | 23.07 |
| 广西 | 海水养殖 | 其他 | 蛤 | −0.10 | −0.01 | 0.00 | −1.64 |
| 广西 | 海水养殖 | 其他 | 海水珍珠 | 0.79 | 0.16 | 0.07 | 2.54 |
| 广西 | 淡水养殖 | 其他 | 河蚌 | 0.79 | 0.16 | 0.07 | 2.54 |
| 广西 | 淡水养殖 | 其他 | 河蟹 | 6.78 | 1.33 | 1.33 | 35.87 |
| 广西 | 淡水养殖 | 其他 | 黄鳝 | 9.87 | 2.11 | 2.45 | 23.07 |
| 广西 | 淡水养殖 | 其他 | 鮰鱼 | 9.87 | 2.11 | 2.45 | 23.07 |
| 广西 | 淡水养殖 | 其他 | 鲫鱼 | 9.87 | 2.11 | 2.45 | 23.07 |
| 广西 | 淡水养殖 | 其他 | 克氏原螯虾 | 6.78 | 1.33 | 1.33 | 35.87 |

| 省名 | 养殖水体 | 养殖模式 | 养殖种类 | 总氮/（克/千克） | 总磷/（克/千克） | 氨氮/（克/千克） | COD/（克/千克） |
|------|----------|----------|----------|------------------|------------------|------------------|------------------|
| 广西 | 淡水养殖 | 其他 | 鲤鱼 | 9.87 | 2.11 | 2.45 | 23.07 |
| 广西 | 淡水养殖 | 其他 | 鲢鱼 | −1.56 | −1.13 | −0.02 | −2.95 |
| 广西 | 淡水养殖 | 其他 | 罗非鱼 | 9.87 | 2.11 | 2.45 | 23.07 |
| 广西 | 淡水养殖 | 其他 | 罗氏沼虾 | 6.78 | 1.33 | 1.33 | 35.87 |
| 广西 | 淡水养殖 | 其他 | 螺 | 0.79 | 0.16 | 0.07 | 2.54 |
| 广西 | 淡水养殖 | 其他 | 南美白对虾（淡） | 6.78 | 1.33 | 1.33 | 35.87 |
| 广西 | 淡水养殖 | 其他 | 泥鳅 | 9.87 | 2.11 | 2.45 | 23.07 |
| 广西 | 淡水养殖 | 其他 | 鲶鱼 | 9.87 | 2.11 | 2.45 | 23.07 |
| 广西 | 海水养殖 | 其他 | 其他 | 12.01 | 1.90 | 0.39 | 12.05 |
| 广西 | 淡水养殖 | 其他 | 其他 | 9.87 | 2.11 | 2.45 | 23.07 |
| 广西 | 淡水养殖 | 其他 | 青虾 | 6.78 | 1.33 | 1.33 | 35.87 |
| 广西 | 淡水养殖 | 其他 | 青鱼 | 9.87 | 2.11 | 2.45 | 23.07 |
| 广西 | 淡水养殖 | 其他 | 蛙 | 9.87 | 2.11 | 2.45 | 23.07 |
| 广西 | 淡水养殖 | 其他 | 乌鳢 | 9.87 | 2.11 | 2.45 | 23.07 |
| 广西 | 淡水养殖 | 其他 | 蚬 | 0.79 | 0.16 | 0.07 | 2.54 |
| 广西 | 淡水养殖 | 其他 | 鳙鱼 | −1.56 | −1.13 | −0.02 | −2.95 |
| 广西 | 淡水养殖 | 其他 | 黄颡鱼 | 5.76 | 0.30 | 1.79 | 21.43 |
| 广西 | 海水养殖 | 池塘养殖 | 美国红鱼 | 0.39 | 0.10 | 0.00 | 0.05 |
| 广西 | 海水养殖 | 池塘养殖 | 鲈鱼 | 5.34 | 0.77 | 0.16 | 13.60 |
| 广西 | 海水养殖 | 滩涂养殖 | 蚶 | −0.10 | −0.01 | 0.00 | −1.64 |
| | | | | | | | |
| 贵州 | 淡水养殖 | 池塘养殖 | 鳊鱼 | 0.90 | 0.09 | 0.56 | 9.67 |
| 贵州 | 淡水养殖 | 池塘养殖 | 鳖 | 9.74 | 2.24 | 3.03 | 55.07 |
| 贵州 | 淡水养殖 | 池塘养殖 | 草鱼 | 10.11 | 1.36 | 3.96 | 45.07 |
| 贵州 | 淡水养殖 | 池塘养殖 | 鲑鱼 | 4.52 | 0.65 | 0.00 | 1.13 |
| 贵州 | 淡水养殖 | 池塘养殖 | 鳜鱼 | 2.57 | 1.56 | 0.17 | 0.10 |
| 贵州 | 淡水养殖 | 池塘养殖 | 河蚌 | 2.22 | 0.25 | 0.19 | 4.63 |
| 贵州 | 淡水养殖 | 池塘养殖 | 河蟹 | 9.04 | 4.52 | 0.92 | 30.80 |
| 贵州 | 淡水养殖 | 池塘养殖 | 黄颡鱼 | 5.76 | 0.30 | 1.79 | 21.43 |
| 贵州 | 淡水养殖 | 池塘养殖 | 黄鳝 | 5.37 | 1.83 | 0.91 | 115.75 |
| 贵州 | 淡水养殖 | 池塘养殖 | 鲴鱼 | 9.81 | 2.16 | 4.13 | 51.99 |
| 贵州 | 淡水养殖 | 池塘养殖 | 鲫鱼 | 7.06 | 1.19 | 1.30 | 12.73 |
| 贵州 | 淡水养殖 | 池塘养殖 | 加州鲈 | 1.44 | 0.59 | 0.34 | 7.06 |
| 贵州 | 淡水养殖 | 池塘养殖 | 克氏原螯虾 | 4.07 | 2.64 | 1.54 | 23.04 |
| 贵州 | 淡水养殖 | 池塘养殖 | 鲤鱼 | 15.80 | 1.72 | 2.39 | 26.59 |
| 贵州 | 淡水养殖 | 池塘养殖 | 鲢鱼 | −1.56 | −1.13 | −0.02 | −2.95 |
| 贵州 | 淡水养殖 | 池塘养殖 | 鲈鱼 | 1.44 | 0.59 | 0.34 | 7.06 |
| 贵州 | 淡水养殖 | 池塘养殖 | 罗非鱼 | 5.65 | 0.59 | 1.03 | 20.00 |
| 贵州 | 淡水养殖 | 池塘养殖 | 罗氏沼虾 | 0.42 | 0.14 | 0.10 | 0.32 |
| 贵州 | 淡水养殖 | 池塘养殖 | 螺 | 2.22 | 0.25 | 0.19 | 4.63 |

| 省名 | 养殖水体 | 养殖模式 | 养殖种类 | 总氮/（克/千克） | 总磷/（克/千克） | 氨氮/（克/千克） | COD/（克/千克） |
|------|----------|----------|----------|------|------|------|------|
| 贵州 | 淡水养殖 | 池塘养殖 | 南美白对虾（淡） | 3.28 | 0.68 | 1.80 | 47.21 |
| 贵州 | 淡水养殖 | 池塘养殖 | 泥鳅 | 2.49 | 0.21 | 0.56 | 10.74 |
| 贵州 | 淡水养殖 | 池塘养殖 | 鲶鱼 | 0.41 | 0.06 | 0.10 | 1.55 |
| 贵州 | 淡水养殖 | 池塘养殖 | 其他 | 5.88 | 1.13 | 1.63 | 25.86 |
| 贵州 | 淡水养殖 | 池塘养殖 | 青虾 | 1.02 | 0.36 | 0.54 | 4.40 |
| 贵州 | 淡水养殖 | 池塘养殖 | 青鱼 | 0.41 | 0.06 | 0.10 | 1.55 |
| 贵州 | 淡水养殖 | 池塘养殖 | 蛙 | 9.74 | 2.24 | 3.03 | 55.07 |
| 贵州 | 淡水养殖 | 池塘养殖 | 乌鳢 | 1.61 | 0.66 | 0.99 | 1.87 |
| 贵州 | 淡水养殖 | 池塘养殖 | 鲟鱼 | 7.52 | 1.67 | 3.98 | 12.41 |
| 贵州 | 淡水养殖 | 池塘养殖 | 鳙鱼 | −1.56 | −1.13 | −0.02 | −2.95 |
| 贵州 | 淡水养殖 | 池塘养殖 | 长吻鮠 | 2.49 | 0.21 | 0.56 | 10.74 |
| 贵州 | 淡水养殖 | 池塘养殖 | 鳟鱼 | 0.45 | 0.01 | 0.12 | 0.04 |
| 贵州 | 淡水养殖 | 工厂化养殖 | 鲑鱼 | 4.52 | 0.65 | 0.00 | 1.13 |
| 贵州 | 淡水养殖 | 工厂化养殖 | 鲈鱼 | 1.44 | 0.59 | 0.34 | 7.06 |
| 贵州 | 淡水养殖 | 工厂化养殖 | 其他 | 7.56 | 2.71 | 3.44 | 20.94 |
| 贵州 | 淡水养殖 | 工厂化养殖 | 蛙 | 9.74 | 2.24 | 3.03 | 55.07 |
| 贵州 | 淡水养殖 | 工厂化养殖 | 鲟鱼 | 7.52 | 1.67 | 3.98 | 12.41 |
| 贵州 | 淡水养殖 | 工厂化养殖 | 鳟鱼 | 0.45 | 0.01 | 0.12 | 0.04 |
| 贵州 | 淡水养殖 | 网箱养殖 | 鳊鱼 | 36.56 | 9.32 | 0.06 | 0.26 |
| 贵州 | 淡水养殖 | 网箱养殖 | 草鱼 | 36.56 | 9.32 | 0.06 | 0.26 |
| 贵州 | 淡水养殖 | 网箱养殖 | 鳜鱼 | 4.52 | 0.65 | 0.00 | 1.13 |
| 贵州 | 淡水养殖 | 网箱养殖 | 黄颡鱼 | 4.52 | 0.65 | 0.00 | 1.13 |
| 贵州 | 淡水养殖 | 网箱养殖 | 黄鳝 | 4.52 | 0.65 | 0.00 | 1.13 |
| 贵州 | 淡水养殖 | 网箱养殖 | 鮰鱼 | 39.17 | 8.64 | 0.03 | 0.09 |
| 贵州 | 淡水养殖 | 网箱养殖 | 鲫鱼 | 26.95 | 9.13 | 0.00 | 0.16 |
| 贵州 | 淡水养殖 | 网箱养殖 | 加州鲈 | 68.03 | 16.26 | 0.95 | 39.64 |
| 贵州 | 淡水养殖 | 网箱养殖 | 鲤鱼 | 2.28 | 0.53 | 1.60 | 0.40 |
| 贵州 | 淡水养殖 | 网箱养殖 | 鲢鱼 | −1.56 | −1.13 | −0.02 | −2.95 |
| 贵州 | 淡水养殖 | 网箱养殖 | 鲈鱼 | 68.03 | 16.26 | 0.95 | 39.64 |
| 贵州 | 淡水养殖 | 网箱养殖 | 罗非鱼 | 18.13 | 5.61 | 12.21 | 9.39 |
| 贵州 | 淡水养殖 | 网箱养殖 | 鲶鱼 | 4.52 | 0.65 | 0.00 | 1.13 |
| 贵州 | 淡水养殖 | 网箱养殖 | 其他 | 23.04 | 4.68 | 0.68 | 5.87 |
| 贵州 | 淡水养殖 | 网箱养殖 | 青鱼 | 4.52 | 0.65 | 0.00 | 1.13 |
| 贵州 | 淡水养殖 | 网箱养殖 | 鲟鱼 | 4.52 | 0.65 | 0.00 | 1.13 |
| 贵州 | 淡水养殖 | 网箱养殖 | 鳙鱼 | −1.56 | −1.13 | −0.02 | −2.95 |
| 贵州 | 淡水养殖 | 网箱养殖 | 长吻鮠 | 10.35 | 4.99 | 0.07 | 0.13 |
| 贵州 | 淡水养殖 | 围栏养殖 | 草鱼 | 36.56 | 9.32 | 0.06 | 0.26 |
| 贵州 | 淡水养殖 | 围栏养殖 | 鲫鱼 | 26.95 | 9.13 | 0.00 | 0.16 |
| 贵州 | 淡水养殖 | 围栏养殖 | 鲤鱼 | 10.35 | 4.99 | 0.07 | 0.13 |
| 贵州 | 淡水养殖 | 围栏养殖 | 鲢鱼 | −1.56 | −1.13 | −0.02 | −2.95 |

| 省名 | 养殖水体 | 养殖模式 | 养殖种类 | 总氮/（克/千克） | 总磷/（克/千克） | 氨氮/（克/千克） | COD/（克/千克） |
|---|---|---|---|---|---|---|---|
| 贵州 | 淡水养殖 | 围栏养殖 | 鳙鱼 | -1.56 | -1.13 | -0.02 | -2.95 |
| 贵州 | 淡水养殖 | 滩涂 | 草鱼 | 36.56 | 9.32 | 0.06 | 0.26 |
| 贵州 | 淡水养殖 | 滩涂 | 黄颡鱼 | 4.52 | 0.65 | 0.00 | 1.13 |
| 贵州 | 淡水养殖 | 滩涂 | 鲫鱼 | 26.95 | 9.13 | 0.00 | 0.16 |
| 贵州 | 淡水养殖 | 滩涂 | 鲤鱼 | 10.35 | 4.99 | 0.07 | 0.13 |
| 贵州 | 淡水养殖 | 滩涂 | 鲢鱼 | -1.56 | -1.13 | -0.02 | -2.95 |
| 贵州 | 淡水养殖 | 滩涂 | 青鱼 | 4.52 | 0.65 | 0.00 | 1.13 |
| 贵州 | 淡水养殖 | 滩涂 | 鳙鱼 | -1.56 | -1.13 | -0.02 | -2.95 |
| 贵州 | 淡水养殖 | 其他 | 鳊鱼 | 9.87 | 2.11 | 2.45 | 23.07 |
| 贵州 | 淡水养殖 | 其他 | 草鱼 | 9.87 | 2.11 | 2.45 | 23.07 |
| 贵州 | 淡水养殖 | 其他 | 鲑鱼 | 9.87 | 2.11 | 2.45 | 23.07 |
| 贵州 | 淡水养殖 | 其他 | 河蚌 | 0.79 | 0.16 | 0.07 | 2.54 |
| 贵州 | 淡水养殖 | 其他 | 河蟹 | 6.78 | 1.33 | 1.33 | 35.87 |
| 贵州 | 淡水养殖 | 其他 | 黄颡鱼 | 9.87 | 2.11 | 2.45 | 23.07 |
| 贵州 | 淡水养殖 | 其他 | 黄鳝 | 9.87 | 2.11 | 2.45 | 23.07 |
| 贵州 | 淡水养殖 | 其他 | 鲴鱼 | 9.87 | 2.11 | 2.45 | 23.07 |
| 贵州 | 淡水养殖 | 其他 | 鲫鱼 | 9.87 | 2.11 | 2.45 | 23.07 |
| 贵州 | 淡水养殖 | 其他 | 克氏原螯虾 | 6.78 | 1.33 | 1.33 | 35.87 |
| 贵州 | 淡水养殖 | 其他 | 鲤鱼 | 9.87 | 2.11 | 2.45 | 23.07 |
| 贵州 | 淡水养殖 | 其他 | 鲢鱼 | -1.56 | -1.13 | -0.02 | -2.95 |
| 贵州 | 淡水养殖 | 其他 | 罗氏沼虾 | 6.78 | 1.33 | 1.33 | 35.87 |
| 贵州 | 淡水养殖 | 其他 | 螺 | 0.79 | 0.16 | 0.07 | 2.54 |
| 贵州 | 淡水养殖 | 其他 | 南美白对虾（淡） | 6.78 | 1.33 | 1.33 | 35.87 |
| 贵州 | 淡水养殖 | 其他 | 泥鳅 | 9.87 | 2.11 | 2.45 | 23.07 |
| 贵州 | 淡水养殖 | 其他 | 鲶鱼 | 9.87 | 2.11 | 2.45 | 23.07 |
| 贵州 | 淡水养殖 | 其他 | 其他 | 9.87 | 2.11 | 2.45 | 23.07 |
| 贵州 | 淡水养殖 | 其他 | 青虾 | 6.78 | 1.33 | 1.33 | 35.87 |
| 贵州 | 淡水养殖 | 其他 | 青鱼 | 9.87 | 2.11 | 2.45 | 23.07 |
| 贵州 | 淡水养殖 | 其他 | 蛙 | 9.87 | 2.11 | 2.45 | 23.07 |
| 贵州 | 淡水养殖 | 其他 | 鲟鱼 | 9.87 | 2.11 | 2.45 | 23.07 |
| 贵州 | 淡水养殖 | 其他 | 鳙鱼 | -1.56 | -1.13 | -0.02 | -2.95 |
| 贵州 | 淡水养殖 | 其他 | 鳟鱼 | 9.87 | 2.11 | 2.45 | 23.07 |
| 贵州 | 淡水养殖 | 工厂化养殖 | 草鱼 | 2.04 | 0.95 | 1.60 | 7.72 |
| 贵州 | 淡水养殖 | 其他 | 鲈鱼 | 5.34 | 0.77 | 0.16 | 13.60 |
| 贵州 | 淡水养殖 | 其他 | 长吻鮠 | 9.82 | 1.53 | 0.93 | 5.96 |
| 贵州 | 淡水养殖 | 工厂化养殖 | 鲤鱼 | 9.82 | 1.53 | 0.93 | 5.96 |
| 贵州 | 淡水养殖 | 其他 | 鳖 | 9.74 | 2.24 | 3.03 | 55.07 |
| 海南 | 海水养殖 | 池塘养殖 | 斑节对虾 | 0.83 | 0.42 | 0.05 | 10.46 |
| 海南 | 淡水养殖 | 池塘养殖 | 鳊鱼 | 3.17 | 0.92 | 0.49 | 24.40 |

| 省名 | 养殖水体 | 养殖模式 | 养殖种类 | 总氮/（克/千克） | 总磷/（克/千克） | 氨氮/（克/千克） | COD/（克/千克） |
|---|---|---|---|---|---|---|---|
| 海南 | 淡水养殖 | 池塘养殖 | 鳖 | 9.74 | 2.24 | 3.03 | 55.07 |
| 海南 | 淡水养殖 | 池塘养殖 | 草鱼 | 10.11 | 1.36 | 3.96 | 45.07 |
| 海南 | 淡水养殖 | 池塘养殖 | 龟 | 9.74 | 2.24 | 3.03 | 55.07 |
| 海南 | 海水养殖 | 池塘养殖 | 蚶 | −0.10 | −0.01 | 0.00 | −1.64 |
| 海南 | 淡水养殖 | 池塘养殖 | 鲫鱼 | 7.06 | 1.19 | 1.30 | 12.73 |
| 海南 | 淡水养殖 | 池塘养殖 | 鲤鱼 | 15.80 | 1.72 | 2.39 | 26.59 |
| 海南 | 淡水养殖 | 池塘养殖 | 鲢鱼 | −1.56 | −1.13 | −0.02 | −2.95 |
| 海南 | 淡水养殖 | 池塘养殖 | 罗非鱼 | 18.06 | 5.13 | 0.35 | 29.38 |
| 海南 | 淡水养殖 | 池塘养殖 | 罗氏沼虾 | 0.42 | 0.14 | 0.10 | 0.32 |
| 海南 | 海水养殖 | 池塘养殖 | 螺 | 2.22 | 0.25 | 0.19 | 4.63 |
| 海南 | 淡水养殖 | 池塘养殖 | 鳗鲡 | 63.10 | 8.87 | 37.25 | 25.45 |
| 海南 | 淡水养殖 | 池塘养殖 | 南美白对虾（淡） | 3.28 | 0.68 | 1.80 | 47.21 |
| 海南 | 海水养殖 | 池塘养殖 | 南美白对虾（海） | 4.22 | 0.28 | 0.38 | 18.87 |
| 海南 | 淡水养殖 | 池塘养殖 | 泥鳅 | 2.49 | 0.21 | 0.56 | 10.74 |
| 海南 | 淡水养殖 | 池塘养殖 | 鲶鱼 | 0.41 | 0.06 | 0.10 | 1.55 |
| 海南 | 淡水养殖 | 池塘养殖 | 其他 | 5.88 | 1.13 | 1.63 | 25.86 |
| 海南 | 海水养殖 | 池塘养殖 | 青蟹 | −1.37 | 0.41 | −1.20 | 64.56 |
| 海南 | 淡水养殖 | 池塘养殖 | 青鱼 | 0.41 | 0.06 | 0.10 | 1.55 |
| 海南 | 海水养殖 | 池塘养殖 | 石斑鱼 | 1.99 | 0.26 | 0.09 | 2.24 |
| 海南 | 淡水养殖 | 池塘养殖 | 蛙 | 9.74 | 2.24 | 3.03 | 55.07 |
| 海南 | 淡水养殖 | 池塘养殖 | 鲟鱼 | 7.52 | 1.67 | 3.98 | 12.41 |
| 海南 | 淡水养殖 | 池塘养殖 | 鳙鱼 | −1.56 | −1.13 | −0.02 | −2.95 |
| 海南 | 海水养殖 | 池塘养殖 | 中国对虾 | 0.83 | 0.42 | 0.05 | 10.46 |
| 海南 | 淡水养殖 | 工厂化养殖 | 罗非鱼 | 18.06 | 5.13 | 0.35 | 29.38 |
| 海南 | 淡水养殖 | 工厂化养殖 | 螺 | 1.43 | 0.14 | 0.11 | 6.35 |
| 海南 | 海水养殖 | 工厂化养殖 | 螺 | 1.43 | 0.14 | 0.11 | 6.35 |
| 海南 | 海水养殖 | 工厂化养殖 | 南美白对虾（海） | 4.22 | 0.28 | 0.38 | 18.87 |
| 海南 | 海水养殖 | 工厂化养殖 | 其他 | 7.56 | 2.71 | 3.44 | 20.94 |
| 海南 | 淡水养殖 | 工厂化养殖 | 其他 | 7.56 | 2.71 | 3.44 | 20.94 |
| 海南 | 海水养殖 | 工厂化养殖 | 石斑鱼 | 1.99 | 0.26 | 0.09 | 2.24 |
| 海南 | 海水养殖 | 网箱养殖 | 鲍 | 1.24 | −0.08 | 0.02 | −0.01 |
| 海南 | 海水养殖 | 网箱养殖 | 鲷鱼 | 17.59 | 1.43 | 0.04 | 0.46 |
| 海南 | 海水养殖 | 网箱养殖 | 海参 | 1.30 | 0.20 | 0.01 | 0.17 |
| 海南 | 海水养殖 | 网箱养殖 | 海水珍珠 | −0.17 | −0.01 | 0.00 | 0.02 |
| 海南 | 海水养殖 | 网箱养殖 | 军曹鱼 | 32.06 | 2.73 | 0.10 | 1.86 |
| 海南 | 海水养殖 | 网箱养殖 | 美国红鱼 | 17.59 | 1.43 | 0.04 | 0.46 |
| 海南 | 海水养殖 | 网箱养殖 | 其他 | 23.04 | 4.68 | 0.68 | 5.87 |
| 海南 | 海水养殖 | 网箱养殖 | 石斑鱼 | 17.59 | 1.43 | 0.04 | 0.46 |
| 海南 | 海水养殖 | 围栏养殖 | 美国红鱼 | 17.59 | 1.43 | 0.04 | 0.46 |
| 海南 | 海水养殖 | 围栏养殖 | 石斑鱼 | 17.59 | 1.43 | 0.04 | 0.46 |

| 省名 | 养殖水体 | 养殖模式 | 养殖种类 | 总氮/（克/千克） | 总磷/（克/千克） | 氨氮/（克/千克） | COD/（克/千克） |
|---|---|---|---|---|---|---|---|
| 海南 | 海水养殖 | 浅海阀式 | 牡蛎 | -0.17 | -0.01 | 0.00 | -7.24 |
| 海南 | 海水养殖 | 滩涂 | 蛤 | -0.10 | -0.01 | 0.00 | -1.64 |
| 海南 | 淡水养殖 | 滩涂 | 罗非鱼 | 18.13 | 5.61 | 12.21 | 9.39 |
| 海南 | 海水养殖 | 滩涂 | 牡蛎 | -0.17 | -0.01 | 0.00 | -7.24 |
| 海南 | 海水养殖 | 滩涂 | 南美白对虾（海） | 2.32 | 0.15 | 0.29 | 12.58 |
| 海南 | 海水养殖 | 滩涂 | 青蟹 | 30.33 | 6.23 | 2.53 | 107.00 |
| 海南 | 淡水养殖 | 其他 | 鳖 | 9.87 | 2.11 | 2.45 | 23.07 |
| 海南 | 淡水养殖 | 其他 | 草鱼 | 9.87 | 2.11 | 2.45 | 23.07 |
| 海南 | 淡水养殖 | 其他 | 鲫鱼 | 9.87 | 2.11 | 2.45 | 23.07 |
| 海南 | 淡水养殖 | 其他 | 鲤鱼 | 9.87 | 2.11 | 2.45 | 23.07 |
| 海南 | 淡水养殖 | 其他 | 鲢鱼 | -1.56 | -1.13 | -0.02 | -2.95 |
| 海南 | 淡水养殖 | 其他 | 罗非鱼 | 9.87 | 2.11 | 2.45 | 23.07 |
| 海南 | 淡水养殖 | 其他 | 其他 | 12.01 | 1.90 | 0.39 | 12.05 |
| 海南 | 淡水养殖 | 其他 | 青鱼 | 9.87 | 2.11 | 2.45 | 23.07 |
| 海南 | 淡水养殖 | 其他 | 鳙鱼 | -1.56 | -1.13 | -0.02 | -2.95 |
| 海南 | 淡水养殖 | 其他 | 其他 | 9.87 | 2.11 | 2.45 | 23.07 |
| 海南 | 海水养殖 | 滩涂养殖 | 罗非鱼 | 5.65 | 0.59 | 1.03 | 20.00 |
| 海南 | 海水养殖 | 池塘养殖 | 其他 | 5.88 | 1.13 | 1.63 | 25.86 |
| 海南 | 海水养殖 | 浅海筏式 | 海水珍珠 | 1.43 | 0.14 | 0.11 | 6.35 |
| 海南 | 淡水养殖 | 池塘养殖 | 青虾 | 1.02 | 0.36 | 0.54 | 4.40 |
| 海南 | 海水养殖 | 其他 | 青蟹 | -1.37 | 0.41 | -1.20 | 64.56 |
| 海南 | 淡水养殖 | 池塘养殖 | 短盖巨脂鲤 | 2.49 | 0.21 | 0.56 | 10.74 |
| 海南 | 淡水养殖 | 池塘养殖 | 石斑鱼 | 1.99 | 0.26 | 0.09 | 2.24 |
| 海南 | 淡水养殖 | 池塘养殖 | 长吻鮠 | 9.82 | 1.53 | 0.93 | 5.96 |
| 海南 | 海水养殖 | 工厂化养殖 | 斑节对虾 | 0.83 | 0.42 | 0.05 | 10.46 |
| 海南 | 海水养殖 | 其他 | 石斑鱼 | 1.99 | 0.26 | 0.09 | 2.24 |
| 海南 | 淡水养殖 | 工厂化养殖 | 鳊鱼 | 0.90 | 0.09 | 0.56 | 9.67 |
| 海南 | 淡水养殖 | 工厂化养殖 | 鲢鱼 | -1.56 | -1.13 | -0.02 | -2.95 |
| 河北 | 淡水养殖 | 池塘养殖 | 鳊鱼 | 5.12 | 1.17 | -0.10 | 17.70 |
| 河北 | 淡水养殖 | 池塘养殖 | 鳖 | 9.74 | 2.24 | 3.03 | 55.07 |
| 河北 | 淡水养殖 | 池塘养殖 | 草鱼 | 10.11 | 1.36 | 3.96 | 45.07 |
| 河北 | 淡水养殖 | 池塘养殖 | 鲽鱼 | 5.96 | 0.52 | 1.19 | 0.57 |
| 河北 | 淡水养殖 | 池塘养殖 | 短盖巨脂鲤 | 9.82 | 1.53 | 0.93 | 5.96 |
| 河北 | 海水养殖 | 池塘养殖 | 海参 | 1.50 | 0.12 | 0.05 | 4.36 |
| 河北 | 海水养殖 | 池塘养殖 | 河豚 | 14.18 | 0.70 | 0.20 | 11.68 |
| 河北 | 淡水养殖 | 池塘养殖 | 河蟹 | 4.74 | 0.40 | 1.39 | 42.96 |
| 河北 | 淡水养殖 | 池塘养殖 | 黄颡鱼 | 5.76 | 0.30 | 1.79 | 21.43 |
| 河北 | 淡水养殖 | 池塘养殖 | 鮰鱼 | 8.25 | 0.90 | 2.94 | 20.30 |
| 河北 | 淡水养殖 | 池塘养殖 | 鲫鱼 | 7.06 | 1.19 | 1.30 | 12.73 |

| 省名 | 养殖水体 | 养殖模式 | 养殖种类 | 总氮/（克/千克） | 总磷/（克/千克） | 氨氮/（克/千克） | COD/（克/千克） |
|------|----------|----------|----------|----------|----------|----------|----------|
| 河北 | 淡水养殖 | 池塘养殖 | 加州鲈 | 5.34 | 0.77 | 0.16 | 13.60 |
| 河北 | 淡水养殖 | 池塘养殖 | 克氏原螯虾 | 4.07 | 2.64 | 1.54 | 23.04 |
| 河北 | 淡水养殖 | 池塘养殖 | 鲤鱼 | 12.62 | 0.56 | 0.51 | 20.99 |
| 河北 | 淡水养殖 | 池塘养殖 | 鲢鱼 | -1.56 | -1.13 | -0.02 | -2.95 |
| 河北 | 淡水养殖 | 池塘养殖 | 鲈鱼 | 5.34 | 0.77 | 0.16 | 13.60 |
| 河北 | 淡水养殖 | 池塘养殖 | 罗非鱼 | 3.96 | 0.19 | 0.48 | 16.27 |
| 河北 | 淡水养殖 | 池塘养殖 | 南美白对虾（淡） | 7.28 | 0.65 | 1.27 | 32.01 |
| 河北 | 海水养殖 | 池塘养殖 | 南美白对虾（海） | 1.64 | 1.19 | 0.01 | 44.18 |
| 河北 | 淡水养殖 | 池塘养殖 | 泥鳅 | 9.82 | 1.53 | 0.93 | 5.96 |
| 河北 | 淡水养殖 | 池塘养殖 | 鲶鱼 | 0.41 | 0.06 | 0.10 | 1.55 |
| 河北 | 海水养殖 | 池塘养殖 | 鲆鱼 | 0.55 | 0.06 | 0.05 | 2.39 |
| 河北 | 淡水养殖 | 池塘养殖 | 其他 | 5.88 | 1.13 | 1.63 | 25.86 |
| 河北 | 淡水养殖 | 池塘养殖 | 青虾 | 1.02 | 0.36 | 0.54 | 4.40 |
| 河北 | 淡水养殖 | 池塘养殖 | 青鱼 | 0.41 | 0.06 | 0.10 | 1.55 |
| 河北 | 海水养殖 | 池塘养殖 | 日本对虾 | 0.83 | 0.42 | 0.05 | 10.46 |
| 河北 | 海水养殖 | 池塘养殖 | 梭子蟹 | 7.93 | 1.57 | 1.77 | 2.45 |
| 河北 | 淡水养殖 | 池塘养殖 | 鲟鱼 | 3.80 | 1.32 | 0.45 | 20.06 |
| 河北 | 淡水养殖 | 池塘养殖 | 鳙鱼 | -1.56 | -1.13 | -0.02 | -2.95 |
| 河北 | 海水养殖 | 池塘养殖 | 中国对虾 | 0.83 | 0.42 | 0.05 | 10.46 |
| 河北 | 淡水养殖 | 池塘养殖 | 鳟鱼 | 0.45 | 0.01 | 0.12 | 0.04 |
| 河北 | 海水养殖 | 工厂化养殖 | 斑节对虾 | 0.83 | 0.42 | 0.05 | 10.46 |
| 河北 | 淡水养殖 | 工厂化养殖 | 鳖 | 9.74 | 2.24 | 3.03 | 55.07 |
| 河北 | 淡水养殖 | 工厂化养殖 | 草鱼 | 3.53 | 0.44 | 0.49 | 13.08 |
| 河北 | 海水养殖 | 工厂化养殖 | 鲽鱼 | 5.96 | 0.52 | 1.19 | 0.57 |
| 河北 | 海水养殖 | 工厂化养殖 | 海参 | 6.65 | 0.48 | 0.33 | 19.56 |
| 河北 | 海水养殖 | 工厂化养殖 | 河豚 | 14.18 | 0.70 | 0.20 | 11.68 |
| 河北 | 淡水养殖 | 工厂化养殖 | 鲤鱼 | 15.80 | 1.72 | 2.39 | 26.59 |
| 河北 | 海水养殖 | 工厂化养殖 | 南美白对虾（海） | 1.64 | 1.19 | 0.01 | 44.18 |
| 河北 | 淡水养殖 | 工厂化养殖 | 泥鳅 | 15.80 | 1.72 | 2.39 | 26.59 |
| 河北 | 海水养殖 | 工厂化养殖 | 鲆鱼 | 2.69 | 0.27 | 0.77 | 4.89 |
| 河北 | 海水养殖 | 工厂化养殖 | 其他 | 7.56 | 2.71 | 3.44 | 20.94 |
| 河北 | 海水养殖 | 工厂化养殖 | 日本对虾 | 0.83 | 0.42 | 0.05 | 10.46 |
| 河北 | 海水养殖 | 工厂化养殖 | 梭子蟹 | 7.93 | 1.57 | 1.77 | 2.45 |
| 河北 | 淡水养殖 | 工厂化养殖 | 鲟鱼 | 3.80 | 1.32 | 0.45 | 20.06 |
| 河北 | 海水养殖 | 工厂化养殖 | 中国对虾 | 0.83 | 0.42 | 0.05 | 10.46 |
| 河北 | 淡水养殖 | 工厂化养殖 | 鳟鱼 | 0.45 | 0.01 | 0.12 | 0.04 |
| 河北 | 淡水养殖 | 网箱养殖 | 草鱼 | 5.73 | 1.29 | 0.33 | 8.77 |
| 河北 | 淡水养殖 | 网箱养殖 | 池沼公鱼 | 6.37 | 0.52 | 2.83 | 29.96 |
| 河北 | 淡水养殖 | 网箱养殖 | 鲫鱼 | 26.95 | 9.13 | 0.00 | 0.16 |
| 河北 | 淡水养殖 | 网箱养殖 | 鲤鱼 | 25.50 | 8.84 | 0.00 | 0.29 |

| 省名 | 养殖水体 | 养殖模式 | 养殖种类 | 总氮/（克/千克） | 总磷/（克/千克） | 氨氮/（克/千克） | COD/（克/千克） |
|------|---------|---------|---------|----------|----------|----------|---------|
| 河北 | 淡水养殖 | 网箱养殖 | 鲢鱼 | -1.56 | -1.13 | -0.02 | -2.95 |
| 河北 | 淡水养殖 | 网箱养殖 | 罗非鱼 | 18.13 | 5.61 | 12.21 | 9.39 |
| 河北 | 淡水养殖 | 网箱养殖 | 青鱼 | 4.52 | 0.65 | 0.00 | 1.13 |
| 河北 | 淡水养殖 | 网箱养殖 | 鳙鱼 | -1.56 | -1.13 | -0.02 | -2.95 |
| 河北 | 淡水养殖 | 围栏养殖 | 青鱼 | 4.52 | 0.65 | 0.00 | 1.13 |
| 河北 | 海水养殖 | 浅海阀式 | 扇贝 | -0.17 | -0.01 | 0.00 | -7.24 |
| 河北 | 海水养殖 | 滩涂 | 蛤 | -0.10 | -0.01 | 0.00 | -1.64 |
| 河北 | 海水养殖 | 滩涂 | 南美白对虾（海） | 1.64 | 1.19 | 0.01 | 44.18 |
| 河北 | 淡水养殖 | 其他 | 鳖 | 9.87 | 2.11 | 2.45 | 23.07 |
| 河北 | 淡水养殖 | 其他 | 草鱼 | 9.87 | 2.11 | 2.45 | 23.07 |
| 河北 | 淡水养殖 | 其他 | 池沼公鱼 | 9.87 | 2.11 | 2.45 | 23.07 |
| 河北 | 海水养殖 | 其他 | 海参 | 12.01 | 1.90 | 0.39 | 12.05 |
| 河北 | 淡水养殖 | 其他 | 河蟹 | 6.78 | 1.33 | 1.33 | 35.87 |
| 河北 | 淡水养殖 | 其他 | 鲫鱼 | 9.87 | 2.11 | 2.45 | 23.07 |
| 河北 | 淡水养殖 | 其他 | 鲤鱼 | 9.87 | 2.11 | 2.45 | 23.07 |
| 河北 | 淡水养殖 | 其他 | 鲢鱼 | -1.56 | -1.13 | -0.02 | -2.95 |
| 河北 | 淡水养殖 | 其他 | 罗非鱼 | 9.87 | 2.11 | 2.45 | 23.07 |
| 河北 | 海水养殖 | 其他 | 南美白对虾（海） | 4.55 | 0.70 | 0.81 | 44.72 |
| 河北 | 淡水养殖 | 其他 | 鲶鱼 | 9.87 | 2.11 | 2.45 | 23.07 |
| 河北 | 淡水养殖 | 其他 | 其他 | 9.87 | 2.11 | 2.45 | 23.07 |
| 河北 | 淡水养殖 | 其他 | 青虾 | 6.78 | 1.33 | 1.33 | 35.87 |
| 河北 | 淡水养殖 | 其他 | 青鱼 | 9.66 | 2.15 | 1.92 | 20.58 |
| 河北 | 淡水养殖 | 其他 | 鲟鱼 | 9.87 | 2.11 | 2.45 | 23.07 |
| 河北 | 淡水养殖 | 其他 | 银鱼 | 9.87 | 2.11 | 2.45 | 23.07 |
| 河北 | 淡水养殖 | 其他 | 鳙鱼 | -1.56 | -1.13 | -0.02 | -2.95 |
| 河北 | 淡水养殖 | 其他 | 鳟鱼 | 9.87 | 2.11 | 2.45 | 23.07 |
| 河北 | 海水养殖 | 其他 | 其他 | 12.01 | 1.90 | 0.39 | 12.05 |
| 河北 | 海水养殖 | 浅海筏式 | 贻贝 | -0.17 | -0.01 | 0.00 | -7.24 |
| 河北 | 淡水养殖 | 池塘养殖 | 黄鳝 | 5.37 | 1.83 | 0.91 | 115.75 |
| 河北 | 淡水养殖 | 池塘养殖 | 鳜鱼 | 6.14 | 0.74 | 0.54 | 96.20 |
| 河北 | 淡水养殖 | 池塘养殖 | 乌鳢 | 1.61 | 0.66 | 0.99 | 1.87 |
| 河南 | 淡水养殖 | 池塘养殖 | 鳊鱼 | 5.12 | 1.17 | -0.10 | 17.70 |
| 河南 | 淡水养殖 | 池塘养殖 | 鳖 | 9.74 | 2.24 | 3.03 | 55.07 |
| 河南 | 淡水养殖 | 池塘养殖 | 草鱼 | 10.11 | 1.36 | 3.96 | 45.07 |
| 河南 | 淡水养殖 | 池塘养殖 | 短盖巨脂鲤 | 9.82 | 1.53 | 0.93 | 5.96 |
| 河南 | 淡水养殖 | 池塘养殖 | 龟 | 9.74 | 2.24 | 3.03 | 55.07 |
| 河南 | 淡水养殖 | 池塘养殖 | 鲑鱼 | 4.52 | 0.65 | 0.00 | 1.13 |
| 河南 | 淡水养殖 | 池塘养殖 | 鳜鱼 | 18.26 | 0.81 | 3.11 | 31.98 |
| 河南 | 淡水养殖 | 池塘养殖 | 河蟹 | 4.74 | 0.40 | 1.39 | 42.96 |

| 省名 | 养殖水体 | 养殖模式 | 养殖种类 | 总氮/（克/千克） | 总磷/（克/千克） | 氨氮/（克/千克） | COD/（克/千克） |
|------|---------|---------|---------|------------|------------|------------|------------|
| 河南 | 淡水养殖 | 池塘养殖 | 黄颡鱼 | 5.76 | 0.30 | 1.79 | 21.43 |
| 河南 | 淡水养殖 | 池塘养殖 | 黄鳝 | 5.37 | 1.83 | 0.91 | 115.75 |
| 河南 | 淡水养殖 | 池塘养殖 | 鮰鱼 | 8.25 | 0.90 | 2.94 | 20.30 |
| 河南 | 淡水养殖 | 池塘养殖 | 鲫鱼 | 7.06 | 1.19 | 1.30 | 12.73 |
| 河南 | 淡水养殖 | 池塘养殖 | 加州鲈 | 12.56 | 2.01 | 4.22 | 245.00 |
| 河南 | 淡水养殖 | 池塘养殖 | 克氏原螯虾 | 4.07 | 2.64 | 1.54 | 23.04 |
| 河南 | 淡水养殖 | 池塘养殖 | 鲤鱼 | 15.80 | 1.72 | 2.39 | 26.59 |
| 河南 | 淡水养殖 | 池塘养殖 | 鲢鱼 | -1.56 | -1.13 | -0.02 | -2.95 |
| 河南 | 淡水养殖 | 池塘养殖 | 鲈鱼 | 12.56 | 2.01 | 4.22 | 245.00 |
| 河南 | 淡水养殖 | 池塘养殖 | 罗非鱼 | 3.96 | 0.19 | 0.48 | 16.27 |
| 河南 | 淡水养殖 | 池塘养殖 | 螺 | 2.22 | 0.25 | 0.19 | 4.63 |
| 河南 | 淡水养殖 | 池塘养殖 | 南美白对虾（淡） | 7.28 | 0.65 | 1.27 | 32.01 |
| 河南 | 淡水养殖 | 池塘养殖 | 泥鳅 | 9.82 | 1.53 | 0.93 | 5.96 |
| 河南 | 淡水养殖 | 池塘养殖 | 鲶鱼 | 0.41 | 0.06 | 0.10 | 1.55 |
| 河南 | 淡水养殖 | 池塘养殖 | 其他 | 5.88 | 1.13 | 1.63 | 25.86 |
| 河南 | 淡水养殖 | 池塘养殖 | 青虾 | 1.02 | 0.36 | 0.54 | 4.40 |
| 河南 | 淡水养殖 | 池塘养殖 | 青鱼 | 0.41 | 0.06 | 0.10 | 1.55 |
| 河南 | 淡水养殖 | 池塘养殖 | 蛙 | 9.74 | 2.24 | 3.03 | 55.07 |
| 河南 | 淡水养殖 | 池塘养殖 | 乌鳢 | 4.07 | 0.34 | 1.16 | 17.79 |
| 河南 | 淡水养殖 | 池塘养殖 | 鲟鱼 | 3.80 | 1.32 | 0.45 | 20.06 |
| 河南 | 淡水养殖 | 池塘养殖 | 银鱼 | 6.65 | 2.00 | 3.22 | 38.22 |
| 河南 | 淡水养殖 | 池塘养殖 | 鳙鱼 | -1.56 | -1.13 | -0.02 | -2.95 |
| 河南 | 淡水养殖 | 池塘养殖 | 长吻鮠 | 9.82 | 1.53 | 0.93 | 5.96 |
| 河南 | 淡水养殖 | 池塘养殖 | 鳟鱼 | 0.45 | 0.01 | 0.12 | 0.04 |
| 河南 | 淡水养殖 | 工厂化养殖 | 草鱼 | 3.53 | 0.44 | 0.49 | 13.08 |
| 河南 | 淡水养殖 | 工厂化养殖 | 鳜鱼 | 18.26 | 0.81 | 3.11 | 31.98 |
| 河南 | 淡水养殖 | 工厂化养殖 | 鲫鱼 | 3.76 | 0.82 | 0.19 | 15.00 |
| 河南 | 淡水养殖 | 工厂化养殖 | 鲤鱼 | 15.80 | 1.72 | 2.39 | 26.59 |
| 河南 | 淡水养殖 | 工厂化养殖 | 鲢鱼 | -1.56 | -1.13 | -0.02 | -2.95 |
| 河南 | 淡水养殖 | 工厂化养殖 | 鲈鱼 | 12.56 | 2.01 | 4.22 | 245.00 |
| 河南 | 淡水养殖 | 工厂化养殖 | 罗非鱼 | 3.96 | 0.19 | 0.48 | 16.27 |
| 河南 | 淡水养殖 | 工厂化养殖 | 南美白对虾（淡） | 7.28 | 0.65 | 1.27 | 32.01 |
| 河南 | 淡水养殖 | 工厂化养殖 | 泥鳅 | 15.80 | 1.72 | 2.39 | 26.59 |
| 河南 | 淡水养殖 | 工厂化养殖 | 鲶鱼 | 0.41 | 0.06 | 0.10 | 1.55 |
| 河南 | 淡水养殖 | 工厂化养殖 | 其他 | 7.56 | 2.71 | 3.44 | 20.94 |
| 河南 | 淡水养殖 | 工厂化养殖 | 蛙 | 9.74 | 2.24 | 3.03 | 55.07 |
| 河南 | 淡水养殖 | 工厂化养殖 | 鲟鱼 | 6.79 | 5.33 | 4.06 | 56.73 |
| 河南 | 淡水养殖 | 工厂化养殖 | 鳙鱼 | -1.56 | -1.13 | -0.02 | -2.95 |
| 河南 | 淡水养殖 | 工厂化养殖 | 鳟鱼 | 0.45 | 0.01 | 0.12 | 0.04 |
| 河南 | 淡水养殖 | 网箱养殖 | 草鱼 | 5.73 | 1.29 | 0.33 | 8.77 |

| 省名 | 养殖水体 | 养殖模式 | 养殖种类 | 总氮/（克/千克） | 总磷/（克/千克） | 氨氮/（克/千克） | COD/（克/千克） |
|------|---------|---------|---------|---------|---------|---------|---------|
| 河南 | 淡水养殖 | 网箱养殖 | 黄鳝 | 4.52 | 0.65 | 0.00 | 1.13 |
| 河南 | 淡水养殖 | 网箱养殖 | 鲫鱼 | 26.95 | 9.13 | 0.00 | 0.16 |
| 河南 | 淡水养殖 | 网箱养殖 | 鲤鱼 | 25.50 | 8.84 | 0.00 | 0.29 |
| 河南 | 淡水养殖 | 网箱养殖 | 鲢鱼 | −1.56 | −1.13 | −0.02 | −2.95 |
| 河南 | 淡水养殖 | 网箱养殖 | 青鱼 | 4.52 | 0.65 | 0.00 | 1.13 |
| 河南 | 淡水养殖 | 网箱养殖 | 银鱼 | 4.77 | 1.92 | 1.18 | 29.10 |
| 河南 | 淡水养殖 | 网箱养殖 | 鳙鱼 | −1.56 | −1.13 | −0.02 | −2.95 |
| 河南 | 淡水养殖 | 围栏养殖 | 鳖 | 9.74 | 2.24 | 3.03 | 55.07 |
| 河南 | 淡水养殖 | 围栏养殖 | 草鱼 | 5.73 | 1.29 | 0.33 | 8.77 |
| 河南 | 淡水养殖 | 围栏养殖 | 鲫鱼 | 26.95 | 9.13 | 0.00 | 0.16 |
| 河南 | 淡水养殖 | 围栏养殖 | 鲤鱼 | 2.28 | 0.53 | 1.60 | 0.40 |
| 河南 | 淡水养殖 | 围栏养殖 | 鲢鱼 | −1.56 | −1.13 | −0.02 | −2.95 |
| 河南 | 淡水养殖 | 围栏养殖 | 鳙鱼 | −1.56 | −1.13 | −0.02 | −2.95 |
| 河南 | 淡水养殖 | 滩涂 | 草鱼 | 5.73 | 1.29 | 0.33 | 8.77 |
| 河南 | 淡水养殖 | 滩涂 | 鲤鱼 | 2.28 | 0.53 | 1.60 | 0.40 |
| 河南 | 淡水养殖 | 滩涂 | 鲢鱼 | −1.56 | −1.13 | −0.02 | −2.95 |
| 河南 | 淡水养殖 | 滩涂 | 青鱼 | 4.52 | 0.65 | 0.00 | 1.13 |
| 河南 | 淡水养殖 | 滩涂 | 鳙鱼 | −1.56 | −1.13 | −0.02 | −2.95 |
| 河南 | 淡水养殖 | 其他 | 鳊鱼 | 9.66 | 2.15 | 1.92 | 20.58 |
| 河南 | 淡水养殖 | 其他 | 鳖 | 9.87 | 2.11 | 2.45 | 23.07 |
| 河南 | 淡水养殖 | 其他 | 草鱼 | 9.87 | 2.11 | 2.45 | 23.07 |
| 河南 | 淡水养殖 | 其他 | 河蟹 | 6.78 | 1.33 | 1.33 | 35.87 |
| 河南 | 淡水养殖 | 其他 | 鲫鱼 | 9.87 | 2.11 | 2.45 | 23.07 |
| 河南 | 淡水养殖 | 其他 | 克氏原螯虾 | 6.78 | 1.33 | 1.33 | 35.87 |
| 河南 | 淡水养殖 | 其他 | 鲤鱼 | 9.87 | 2.11 | 2.45 | 23.07 |
| 河南 | 淡水养殖 | 其他 | 鲢鱼 | −1.56 | −1.13 | −0.02 | −2.95 |
| 河南 | 淡水养殖 | 其他 | 鲈鱼 | 9.87 | 2.11 | 2.45 | 23.07 |
| 河南 | 淡水养殖 | 其他 | 泥鳅 | 9.66 | 2.15 | 1.92 | 20.58 |
| 河南 | 淡水养殖 | 其他 | 鲶鱼 | 9.87 | 2.11 | 2.45 | 23.07 |
| 河南 | 淡水养殖 | 其他 | 其他 | 9.87 | 2.11 | 2.45 | 23.07 |
| 河南 | 淡水养殖 | 其他 | 青鱼 | 9.87 | 2.11 | 2.45 | 23.07 |
| 河南 | 淡水养殖 | 其他 | 鲟鱼 | 9.66 | 2.15 | 1.92 | 20.58 |
| 河南 | 淡水养殖 | 其他 | 鳙鱼 | −1.56 | −1.13 | −0.02 | −2.95 |
| 黑龙江 | 淡水养殖 | 池塘养殖 | 鳊鱼 | 5.12 | 1.17 | −0.10 | 17.70 |
| 黑龙江 | 淡水养殖 | 池塘养殖 | 草鱼 | 10.11 | 1.36 | 3.96 | 45.07 |
| 黑龙江 | 淡水养殖 | 池塘养殖 | 鳜鱼 | 6.14 | 0.74 | 0.54 | 96.20 |
| 黑龙江 | 淡水养殖 | 池塘养殖 | 河蟹 | 12.88 | 4.93 | 8.68 | 63.16 |
| 黑龙江 | 淡水养殖 | 池塘养殖 | 黄颡鱼 | 5.76 | 0.30 | 1.79 | 21.43 |
| 黑龙江 | 淡水养殖 | 池塘养殖 | 鲫鱼 | 7.25 | 0.52 | 3.58 | 22.11 |

| 省名 | 养殖水体 | 养殖模式 | 养殖种类 | 总氮/（克/千克） | 总磷/（克/千克） | 氨氮/（克/千克） | COD/（克/千克） |
|------|----------|----------|----------|------|------|------|------|
| 黑龙江 | 淡水养殖 | 池塘养殖 | 鲤鱼 | 12.62 | 0.56 | 0.51 | 20.99 |
| 黑龙江 | 淡水养殖 | 池塘养殖 | 鲢鱼 | −1.56 | −1.13 | −0.02 | −2.95 |
| 黑龙江 | 淡水养殖 | 池塘养殖 | 泥鳅 | 6.37 | 0.52 | 2.83 | 29.96 |
| 黑龙江 | 淡水养殖 | 池塘养殖 | 鲶鱼 | 6.34 | 0.55 | 3.33 | 31.27 |
| 黑龙江 | 淡水养殖 | 池塘养殖 | 其他 | 5.88 | 1.13 | 1.63 | 25.86 |
| 黑龙江 | 淡水养殖 | 池塘养殖 | 青鱼 | 6.34 | 0.55 | 3.33 | 31.27 |
| 黑龙江 | 淡水养殖 | 池塘养殖 | 乌鳢 | 4.07 | 0.34 | 1.16 | 17.79 |
| 黑龙江 | 淡水养殖 | 池塘养殖 | 鳙鱼 | −1.56 | −1.13 | −0.02 | −2.95 |
| 黑龙江 | 淡水养殖 | 工厂化养殖 | 鲤鱼 | 6.37 | 0.52 | 2.83 | 29.96 |
| 黑龙江 | 淡水养殖 | 网箱养殖 | 草鱼 | 17.48 | 1.02 | 0.24 | 0.38 |
| 黑龙江 | 淡水养殖 | 网箱养殖 | 鲫鱼 | 26.95 | 9.13 | 0.00 | 0.16 |
| 黑龙江 | 淡水养殖 | 网箱养殖 | 鲤鱼 | 25.50 | 8.84 | 0.00 | 0.29 |
| 黑龙江 | 淡水养殖 | 网箱养殖 | 鲢鱼 | −1.56 | −1.13 | −0.02 | −2.95 |
| 黑龙江 | 淡水养殖 | 网箱养殖 | 鲶鱼 | 15.01 | 1.90 | 0.15 | 1.87 |
| 黑龙江 | 淡水养殖 | 网箱养殖 | 鲟鱼 | 15.01 | 1.90 | 0.15 | 1.87 |
| 黑龙江 | 淡水养殖 | 网箱养殖 | 鳙鱼 | −1.56 | −1.13 | −0.02 | −2.95 |
| 黑龙江 | 淡水养殖 | 围栏养殖 | 草鱼 | 17.48 | 1.02 | 0.24 | 0.38 |
| 黑龙江 | 淡水养殖 | 围栏养殖 | 鲫鱼 | 26.95 | 9.13 | 0.00 | 0.16 |
| 黑龙江 | 淡水养殖 | 围栏养殖 | 鲤鱼 | 2.04 | 0.95 | 1.60 | 7.72 |
| 黑龙江 | 淡水养殖 | 围栏养殖 | 鲢鱼 | −1.56 | −1.13 | −0.02 | −2.95 |
| 黑龙江 | 淡水养殖 | 围栏养殖 | 鳙鱼 | −1.56 | −1.13 | −0.02 | −2.95 |
| 黑龙江 | 淡水养殖 | 滩涂 | 草鱼 | 17.48 | 1.02 | 0.24 | 0.38 |
| 黑龙江 | 淡水养殖 | 滩涂 | 河蟹 | 9.04 | 4.52 | 0.92 | 30.80 |
| 黑龙江 | 淡水养殖 | 滩涂 | 鲫鱼 | 26.95 | 9.13 | 0.00 | 0.16 |
| 黑龙江 | 淡水养殖 | 滩涂 | 鲤鱼 | 6.37 | 0.52 | 2.83 | 29.96 |
| 黑龙江 | 淡水养殖 | 滩涂 | 鲢鱼 | −1.56 | −1.13 | −0.02 | −2.95 |
| 黑龙江 | 淡水养殖 | 滩涂 | 泥鳅 | 6.37 | 0.52 | 2.83 | 29.96 |
| 黑龙江 | 淡水养殖 | 滩涂 | 鲶鱼 | 15.01 | 1.90 | 0.15 | 1.87 |
| 黑龙江 | 淡水养殖 | 滩涂 | 其他 | −0.10 | −0.01 | 0.00 | −1.64 |
| 黑龙江 | 淡水养殖 | 滩涂 | 青鱼 | 15.01 | 1.90 | 0.15 | 1.87 |
| 黑龙江 | 淡水养殖 | 滩涂 | 鳙鱼 | −1.56 | −1.13 | −0.02 | −2.95 |
| 黑龙江 | 淡水养殖 | 其他 | 鳊鱼 | 9.87 | 2.11 | 2.45 | 23.07 |
| 黑龙江 | 淡水养殖 | 其他 | 草鱼 | 9.87 | 2.11 | 2.45 | 23.07 |
| 黑龙江 | 淡水养殖 | 其他 | 鳜鱼 | 9.87 | 2.11 | 2.45 | 23.07 |
| 黑龙江 | 淡水养殖 | 其他 | 河蟹 | 6.78 | 1.33 | 1.33 | 35.87 |
| 黑龙江 | 淡水养殖 | 其他 | 黄颡鱼 | 9.87 | 2.11 | 2.45 | 23.07 |
| 黑龙江 | 淡水养殖 | 其他 | 鲫鱼 | 9.87 | 2.11 | 2.45 | 23.07 |
| 黑龙江 | 淡水养殖 | 其他 | 鲤鱼 | 9.87 | 2.11 | 2.45 | 23.07 |
| 黑龙江 | 淡水养殖 | 其他 | 鲢鱼 | −1.56 | −1.13 | −0.02 | −2.95 |
| 黑龙江 | 淡水养殖 | 其他 | 泥鳅 | 9.87 | 2.11 | 2.45 | 23.07 |

| 省名 | 养殖水体 | 养殖模式 | 养殖种类 | 总氮/（克/千克） | 总磷/（克/千克） | 氨氮/（克/千克） | COD/（克/千克） |
|------|----------|----------|----------|----------|----------|----------|----------|
| 黑龙江 | 淡水养殖 | 其他 | 鲶鱼 | 9.87 | 2.11 | 2.45 | 23.07 |
| 黑龙江 | 淡水养殖 | 其他 | 其他 | 9.87 | 2.11 | 2.45 | 23.07 |
| 黑龙江 | 淡水养殖 | 其他 | 青鱼 | 9.87 | 2.11 | 2.45 | 23.07 |
| 黑龙江 | 淡水养殖 | 其他 | 乌鳢 | 9.87 | 2.11 | 2.45 | 23.07 |
| 黑龙江 | 淡水养殖 | 其他 | 鲟鱼 | 9.87 | 2.11 | 2.45 | 23.07 |
| 黑龙江 | 淡水养殖 | 其他 | 银鱼 | 9.87 | 2.11 | 2.45 | 23.07 |
| 黑龙江 | 淡水养殖 | 其他 | 鳙鱼 | −1.56 | −1.13 | −0.02 | −2.95 |
| 黑龙江 | 淡水养殖 | 其他 | 池沼公鱼 | 15.94 | 1.75 | 1.79 | 99.20 |
| 黑龙江 | 淡水养殖 | 工厂化养殖 | 鲶鱼 | 0.41 | 0.06 | 0.10 | 1.55 |
| 黑龙江 | 淡水养殖 | 工厂化养殖 | 泥鳅 | 9.82 | 1.53 | 0.93 | 5.96 |
| 黑龙江 | 淡水养殖 | 工厂化养殖 | 鲫鱼 | 3.16 | 0.48 | 1.54 | 12.21 |
| 黑龙江 | 淡水养殖 | 工厂化养殖 | 草鱼 | 3.53 | 0.44 | 0.49 | 13.08 |
| 黑龙江 | 淡水养殖 | 围栏养殖 | 鲟鱼 | 3.80 | 1.32 | 0.45 | 20.06 |
| 黑龙江 | 淡水养殖 | 池塘养殖 | 鳟鱼 | 0.45 | 0.01 | 0.12 | 0.04 |
| 黑龙江 | 淡水养殖 | 围栏养殖 | 其他 | 5.88 | 1.13 | 1.63 | 25.86 |
| 湖北 | 淡水养殖 | 池塘养殖 | 鳊鱼 | 0.90 | 0.09 | 0.56 | 9.67 |
| 湖北 | 淡水养殖 | 池塘养殖 | 鳖 | 9.74 | 2.24 | 3.03 | 55.07 |
| 湖北 | 淡水养殖 | 池塘养殖 | 草鱼 | 0.97 | 0.29 | 0.11 | 44.25 |
| 湖北 | 淡水养殖 | 池塘养殖 | 短盖巨脂鲤 | 2.49 | 0.21 | 0.56 | 10.74 |
| 湖北 | 淡水养殖 | 池塘养殖 | 龟 | 9.74 | 2.24 | 3.03 | 55.07 |
| 湖北 | 淡水养殖 | 池塘养殖 | 鳜鱼 | 18.26 | 0.81 | 3.11 | 31.98 |
| 湖北 | 淡水养殖 | 池塘养殖 | 河蚌 | 2.22 | 0.25 | 0.19 | 4.63 |
| 湖北 | 淡水养殖 | 池塘养殖 | 河蟹 | 4.74 | 0.40 | 1.39 | 42.96 |
| 湖北 | 淡水养殖 | 池塘养殖 | 黄颡鱼 | 5.76 | 0.30 | 1.79 | 21.43 |
| 湖北 | 淡水养殖 | 池塘养殖 | 黄鳝 | 5.37 | 1.83 | 0.91 | 115.75 |
| 湖北 | 淡水养殖 | 池塘养殖 | 鲴鱼 | 2.98 | 1.57 | 2.68 | 4.81 |
| 湖北 | 淡水养殖 | 池塘养殖 | 鲫鱼 | 7.06 | 1.19 | 1.30 | 12.73 |
| 湖北 | 淡水养殖 | 池塘养殖 | 加州鲈 | 12.56 | 2.01 | 4.22 | 245.00 |
| 湖北 | 淡水养殖 | 池塘养殖 | 克氏原螯虾 | 2.71 | 0.58 | 0.69 | 2.54 |
| 湖北 | 淡水养殖 | 池塘养殖 | 鲤鱼 | 2.49 | 0.21 | 0.56 | 10.74 |
| 湖北 | 淡水养殖 | 池塘养殖 | 鲢鱼 | −1.56 | −1.13 | −0.02 | −2.95 |
| 湖北 | 淡水养殖 | 池塘养殖 | 鲈鱼 | 12.56 | 2.01 | 4.22 | 245.00 |
| 湖北 | 淡水养殖 | 池塘养殖 | 罗非鱼 | 5.14 | 1.08 | 4.88 | 85.75 |
| 湖北 | 淡水养殖 | 池塘养殖 | 罗氏沼虾 | 16.41 | 0.17 | 3.86 | 38.87 |
| 湖北 | 淡水养殖 | 池塘养殖 | 螺 | 2.22 | 0.25 | 0.19 | 4.63 |
| 湖北 | 淡水养殖 | 池塘养殖 | 南美白对虾（淡） | 3.28 | 0.68 | 1.80 | 47.21 |
| 湖北 | 淡水养殖 | 池塘养殖 | 泥鳅 | 2.49 | 0.21 | 0.56 | 10.74 |
| 湖北 | 淡水养殖 | 池塘养殖 | 鲶鱼 | 0.41 | 0.06 | 0.10 | 1.55 |
| 湖北 | 淡水养殖 | 池塘养殖 | 其他 | 5.88 | 1.13 | 1.63 | 25.86 |

| 省名 | 养殖水体 | 养殖模式 | 养殖种类 | 总氮/（克/千克） | 总磷/（克/千克） | 氨氮/（克/千克） | COD/（克/千克） |
|---|---|---|---|---|---|---|---|
| 湖北 | 淡水养殖 | 池塘养殖 | 青虾 | 1.02 | 0.36 | 0.54 | 4.40 |
| 湖北 | 淡水养殖 | 池塘养殖 | 青鱼 | 5.56 | 0.22 | 0.18 | 21.37 |
| 湖北 | 淡水养殖 | 池塘养殖 | 蛙 | 9.74 | 2.24 | 3.03 | 55.07 |
| 湖北 | 淡水养殖 | 池塘养殖 | 乌鳢 | 14.07 | 3.41 | 10.12 | 11.67 |
| 湖北 | 淡水养殖 | 池塘养殖 | 蚬 | 2.22 | 0.25 | 0.19 | 4.63 |
| 湖北 | 淡水养殖 | 池塘养殖 | 鲟鱼 | 6.79 | 5.33 | 4.06 | 56.73 |
| 湖北 | 淡水养殖 | 池塘养殖 | 银鱼 | 2.60 | 0.65 | −0.02 | 9.46 |
| 湖北 | 淡水养殖 | 池塘养殖 | 鳙鱼 | −1.56 | −1.13 | −0.02 | −2.95 |
| 湖北 | 淡水养殖 | 池塘养殖 | 长吻鮠 | 2.49 | 0.21 | 0.56 | 10.74 |
| 湖北 | 淡水养殖 | 池塘养殖 | 鳟鱼 | 0.45 | 0.01 | 0.12 | 0.04 |
| 湖北 | 淡水养殖 | 工厂化养殖 | 鳖 | 9.74 | 2.24 | 3.03 | 55.07 |
| 湖北 | 淡水养殖 | 工厂化养殖 | 草鱼 | 0.97 | 0.29 | 0.11 | 44.25 |
| 湖北 | 淡水养殖 | 工厂化养殖 | 龟 | 9.74 | 2.24 | 3.03 | 55.07 |
| 湖北 | 淡水养殖 | 工厂化养殖 | 加州鲈 | 12.56 | 2.01 | 4.22 | 245.00 |
| 湖北 | 淡水养殖 | 工厂化养殖 | 鲤鱼 | 2.49 | 0.21 | 0.56 | 10.74 |
| 湖北 | 淡水养殖 | 工厂化养殖 | 鲈鱼 | 12.56 | 2.01 | 4.22 | 245.00 |
| 湖北 | 淡水养殖 | 工厂化养殖 | 鳗鲡 | 40.16 | 27.60 | 24.58 | 37.38 |
| 湖北 | 淡水养殖 | 工厂化养殖 | 鲟鱼 | 6.79 | 5.33 | 4.06 | 56.73 |
| 湖北 | 淡水养殖 | 网箱养殖 | 鳊鱼 | 26.11 | 3.71 | 0.50 | 21.77 |
| 湖北 | 淡水养殖 | 网箱养殖 | 草鱼 | 36.56 | 9.32 | 0.06 | 0.26 |
| 湖北 | 淡水养殖 | 网箱养殖 | 鳜鱼 | 4.52 | 0.65 | 0.00 | 1.13 |
| 湖北 | 淡水养殖 | 网箱养殖 | 黄颡鱼 | 4.52 | 0.65 | 0.00 | 1.13 |
| 湖北 | 淡水养殖 | 网箱养殖 | 黄鳝 | 4.52 | 0.65 | 0.00 | 1.13 |
| 湖北 | 淡水养殖 | 网箱养殖 | 鮰鱼 | 39.17 | 8.64 | 0.03 | 0.09 |
| 湖北 | 淡水养殖 | 网箱养殖 | 鲫鱼 | 26.95 | 9.13 | 0.00 | 0.16 |
| 湖北 | 淡水养殖 | 网箱养殖 | 鲤鱼 | 25.50 | 8.84 | 0.00 | 0.29 |
| 湖北 | 淡水养殖 | 网箱养殖 | 鲢鱼 | −1.56 | −1.13 | −0.02 | −2.95 |
| 湖北 | 淡水养殖 | 网箱养殖 | 鲈鱼 | 68.03 | 16.26 | 0.95 | 39.64 |
| 湖北 | 淡水养殖 | 网箱养殖 | 泥鳅 | 2.28 | 0.53 | 1.60 | 0.40 |
| 湖北 | 淡水养殖 | 网箱养殖 | 鲶鱼 | 4.52 | 0.65 | 0.00 | 1.13 |
| 湖北 | 淡水养殖 | 网箱养殖 | 青鱼 | 4.52 | 0.65 | 0.00 | 1.13 |
| 湖北 | 淡水养殖 | 网箱养殖 | 鲟鱼 | 4.52 | 0.65 | 0.00 | 1.13 |
| 湖北 | 淡水养殖 | 网箱养殖 | 鳙鱼 | −1.56 | −1.13 | −0.02 | −2.95 |
| 湖北 | 淡水养殖 | 网箱养殖 | 长吻鮠 | 10.35 | 4.99 | 0.07 | 0.13 |
| 湖北 | 淡水养殖 | 围栏养殖 | 鳊鱼 | 26.11 | 3.71 | 0.50 | 21.77 |
| 湖北 | 淡水养殖 | 围栏养殖 | 鳖 | 9.74 | 2.24 | 3.03 | 55.07 |
| 湖北 | 淡水养殖 | 围栏养殖 | 草鱼 | 26.11 | 3.71 | 0.50 | 21.77 |
| 湖北 | 淡水养殖 | 围栏养殖 | 鳜鱼 | 4.52 | 0.65 | 0.00 | 1.13 |
| 湖北 | 淡水养殖 | 围栏养殖 | 黄颡鱼 | 4.52 | 0.65 | 0.00 | 1.13 |
| 湖北 | 淡水养殖 | 围栏养殖 | 黄鳝 | 4.52 | 0.65 | 0.00 | 1.13 |

| 省名 | 养殖水体 | 养殖模式 | 养殖种类 | 总氮/（克/千克） | 总磷/（克/千克） | 氨氮/（克/千克） | COD/（克/千克） |
|---|---|---|---|---|---|---|---|
| 湖北 | 淡水养殖 | 围栏养殖 | 鮰鱼 | 39.17 | 8.64 | 0.03 | 0.09 |
| 湖北 | 淡水养殖 | 围栏养殖 | 鲫鱼 | 26.95 | 9.13 | 0.00 | 0.16 |
| 湖北 | 淡水养殖 | 围栏养殖 | 鲤鱼 | 2.28 | 0.53 | 1.60 | 0.40 |
| 湖北 | 淡水养殖 | 围栏养殖 | 鲢鱼 | −1.56 | −1.13 | −0.02 | −2.95 |
| 湖北 | 淡水养殖 | 围栏养殖 | 泥鳅 | 2.28 | 0.53 | 1.60 | 0.40 |
| 湖北 | 淡水养殖 | 围栏养殖 | 青虾 | 1.02 | 0.36 | 0.54 | 4.40 |
| 湖北 | 淡水养殖 | 围栏养殖 | 青鱼 | 4.52 | 0.65 | 0.00 | 1.13 |
| 湖北 | 淡水养殖 | 围栏养殖 | 蛙 | 9.74 | 2.24 | 3.03 | 55.07 |
| 湖北 | 淡水养殖 | 围栏养殖 | 鳙鱼 | −1.56 | −1.13 | −0.02 | −2.95 |
| 湖北 | 淡水养殖 | 滩涂 | 鳊鱼 | 26.11 | 3.71 | 0.50 | 21.77 |
| 湖北 | 淡水养殖 | 滩涂 | 鳖 | 9.74 | 2.24 | 3.03 | 55.07 |
| 湖北 | 淡水养殖 | 滩涂 | 草鱼 | 26.11 | 3.71 | 0.50 | 21.77 |
| 湖北 | 淡水养殖 | 滩涂 | 龟 | 9.74 | 2.24 | 3.03 | 55.07 |
| 湖北 | 淡水养殖 | 滩涂 | 河蟹 | 9.04 | 4.52 | 0.92 | 30.80 |
| 湖北 | 淡水养殖 | 滩涂 | 黄颡鱼 | 4.52 | 0.65 | 0.00 | 1.13 |
| 湖北 | 淡水养殖 | 滩涂 | 鲫鱼 | 26.95 | 9.13 | 0.00 | 0.16 |
| 湖北 | 淡水养殖 | 滩涂 | 克氏原螯虾 | 2.71 | 0.58 | 0.69 | 2.54 |
| 湖北 | 淡水养殖 | 滩涂 | 鲤鱼 | 10.35 | 4.99 | 0.07 | 0.13 |
| 湖北 | 淡水养殖 | 滩涂 | 鲢鱼 | −1.56 | −1.13 | −0.02 | −2.95 |
| 湖北 | 淡水养殖 | 滩涂 | 青虾 | 1.02 | 0.36 | 0.54 | 4.40 |
| 湖北 | 淡水养殖 | 滩涂 | 青鱼 | 4.52 | 0.65 | 0.00 | 1.13 |
| 湖北 | 淡水养殖 | 滩涂 | 鳙鱼 | −1.56 | −1.13 | −0.02 | −2.95 |
| 湖北 | 淡水养殖 | 其他 | 鳊鱼 | 9.87 | 2.11 | 2.45 | 23.07 |
| 湖北 | 淡水养殖 | 其他 | 鳖 | 9.87 | 2.11 | 2.45 | 23.07 |
| 湖北 | 淡水养殖 | 其他 | 草鱼 | 9.87 | 2.11 | 2.45 | 23.07 |
| 湖北 | 淡水养殖 | 其他 | 龟 | 9.87 | 2.11 | 2.45 | 23.07 |
| 湖北 | 淡水养殖 | 其他 | 鳜鱼 | 9.87 | 2.11 | 2.45 | 23.07 |
| 湖北 | 淡水养殖 | 其他 | 河蚌 | 0.79 | 0.16 | 0.07 | 2.54 |
| 湖北 | 淡水养殖 | 其他 | 河豚 | 9.87 | 2.11 | 2.45 | 23.07 |
| 湖北 | 淡水养殖 | 其他 | 河蟹 | 6.78 | 1.33 | 1.33 | 35.87 |
| 湖北 | 淡水养殖 | 其他 | 黄颡鱼 | 9.87 | 2.11 | 2.45 | 23.07 |
| 湖北 | 淡水养殖 | 其他 | 黄鳝 | 9.87 | 2.11 | 2.45 | 23.07 |
| 湖北 | 淡水养殖 | 其他 | 鮰鱼 | 9.87 | 2.11 | 2.45 | 23.07 |
| 湖北 | 淡水养殖 | 其他 | 鲫鱼 | 9.87 | 2.11 | 2.45 | 23.07 |
| 湖北 | 淡水养殖 | 其他 | 加州鲈 | 9.87 | 2.11 | 2.45 | 23.07 |
| 湖北 | 淡水养殖 | 其他 | 克氏原螯虾 | 2.71 | 0.58 | 0.69 | 2.54 |
| 湖北 | 淡水养殖 | 其他 | 鲤鱼 | 9.87 | 2.11 | 2.45 | 23.07 |
| 湖北 | 淡水养殖 | 其他 | 鲢鱼 | −1.56 | −1.13 | −0.02 | −2.95 |
| 湖北 | 淡水养殖 | 其他 | 鲈鱼 | 9.87 | 2.11 | 2.45 | 23.07 |
| 湖北 | 淡水养殖 | 其他 | 罗氏沼虾 | 6.78 | 1.33 | 1.33 | 35.87 |

| 省名 | 养殖水体 | 养殖模式 | 养殖种类 | 总氮/（克/千克） | 总磷/（克/千克） | 氨氮/（克/千克） | COD/（克/千克） |
|------|----------|----------|----------|------------------|------------------|------------------|------------------|
| 湖北 | 淡水养殖 | 其他 | 螺 | 0.79 | 0.16 | 0.07 | 2.54 |
| 湖北 | 淡水养殖 | 其他 | 泥鳅 | 9.87 | 2.11 | 2.45 | 23.07 |
| 湖北 | 淡水养殖 | 其他 | 鲶鱼 | 9.87 | 2.11 | 2.45 | 23.07 |
| 湖北 | 淡水养殖 | 其他 | 其他 | 9.87 | 2.11 | 2.45 | 23.07 |
| 湖北 | 淡水养殖 | 其他 | 青虾 | 6.78 | 1.33 | 1.33 | 35.87 |
| 湖北 | 淡水养殖 | 其他 | 青鱼 | 9.87 | 2.11 | 2.45 | 23.07 |
| 湖北 | 淡水养殖 | 其他 | 蛙 | 9.87 | 2.11 | 2.45 | 23.07 |
| 湖北 | 淡水养殖 | 其他 | 乌鳢 | 9.87 | 2.11 | 2.45 | 23.07 |
| 湖北 | 淡水养殖 | 其他 | 蚬 | 0.79 | 0.16 | 0.07 | 2.54 |
| 湖北 | 淡水养殖 | 其他 | 鲟鱼 | 9.87 | 2.11 | 2.45 | 23.07 |
| 湖北 | 淡水养殖 | 其他 | 银鱼 | 9.87 | 2.11 | 2.45 | 23.07 |
| 湖北 | 淡水养殖 | 其他 | 鳙鱼 | −1.56 | −1.13 | −0.02 | −2.95 |
| 湖北 | 淡水养殖 | 工厂化养殖 | 其他 | 5.88 | 1.13 | 1.63 | 25.86 |
| 湖北 | 淡水养殖 | 工厂化养殖 | 黄鳝 | 5.37 | 1.83 | 0.91 | 115.75 |
| 湖北 | 淡水养殖 | 滩涂养殖 | 鲟鱼 | 3.80 | 1.32 | 0.45 | 20.06 |
| 湖北 | 淡水养殖 | 滩涂养殖 | 其他 | 5.88 | 1.13 | 1.63 | 25.86 |
| 湖北 | 淡水养殖 | 滩涂养殖 | 鲶鱼 | 0.41 | 0.06 | 0.10 | 1.55 |
| 湖北 | 淡水养殖 | 滩涂养殖 | 鳜鱼 | 6.14 | 0.74 | 0.54 | 96.20 |
| 湖北 | 淡水养殖 | 工厂化养殖 | 鳊鱼 | 0.90 | 0.09 | 0.56 | 9.67 |
| 湖北 | 淡水养殖 | 工厂化养殖 | 鲫鱼 | 3.16 | 0.48 | 1.54 | 12.21 |
| 湖北 | 淡水养殖 | 工厂化养殖 | 鲢鱼 | −1.56 | −1.13 | −0.02 | −2.95 |
| 湖北 | 淡水养殖 | 工厂化养殖 | 鲶鱼 | 0.41 | 0.06 | 0.10 | 1.55 |
| 湖北 | 淡水养殖 | 工厂化养殖 | 鳙鱼 | −1.56 | −1.13 | −0.02 | −2.95 |
| 湖南 | 淡水养殖 | 池塘养殖 | 鳊鱼 | 0.90 | 0.09 | 0.56 | 9.67 |
| 湖南 | 淡水养殖 | 池塘养殖 | 鳖 | 9.74 | 2.24 | 3.03 | 55.07 |
| 湖南 | 淡水养殖 | 池塘养殖 | 草鱼 | 10.11 | 1.36 | 3.96 | 45.07 |
| 湖南 | 淡水养殖 | 池塘养殖 | 淡水珍珠 | 2.22 | 0.25 | 0.19 | 4.63 |
| 湖南 | 淡水养殖 | 池塘养殖 | 龟 | 9.74 | 2.24 | 3.03 | 55.07 |
| 湖南 | 淡水养殖 | 池塘养殖 | 鳜鱼 | 18.26 | 0.81 | 3.11 | 31.98 |
| 湖南 | 淡水养殖 | 池塘养殖 | 河蚌 | 2.22 | 0.25 | 0.19 | 4.63 |
| 湖南 | 淡水养殖 | 池塘养殖 | 河蟹 | 4.74 | 0.40 | 1.39 | 42.96 |
| 湖南 | 淡水养殖 | 池塘养殖 | 黄颡鱼 | 5.76 | 0.30 | 1.79 | 21.43 |
| 湖南 | 淡水养殖 | 池塘养殖 | 黄鳝 | 5.37 | 1.83 | 0.91 | 115.75 |
| 湖南 | 淡水养殖 | 池塘养殖 | 鲴鱼 | 2.98 | 1.57 | 2.68 | 4.81 |
| 湖南 | 淡水养殖 | 池塘养殖 | 鲫鱼 | 7.06 | 1.19 | 1.30 | 12.73 |
| 湖南 | 淡水养殖 | 池塘养殖 | 加州鲈 | 12.56 | 2.01 | 4.22 | 245.00 |
| 湖南 | 淡水养殖 | 池塘养殖 | 克氏原螯虾 | 2.71 | 0.58 | 0.69 | 2.54 |
| 湖南 | 淡水养殖 | 池塘养殖 | 鲤鱼 | 15.80 | 1.72 | 2.39 | 26.59 |
| 湖南 | 淡水养殖 | 池塘养殖 | 鲢鱼 | −1.56 | −1.13 | −0.02 | −2.95 |

| 省名 | 养殖水体 | 养殖模式 | 养殖种类 | 总氮/（克/千克） | 总磷/（克/千克） | 氨氮/（克/千克） | COD/（克/千克） |
|------|----------|----------|----------|------------------|------------------|------------------|-----------------|
| 湖南 | 淡水养殖 | 池塘养殖 | 鲈鱼 | 12.56 | 2.01 | 4.22 | 245.00 |
| 湖南 | 淡水养殖 | 池塘养殖 | 罗非鱼 | 5.14 | 1.08 | 4.88 | 85.75 |
| 湖南 | 淡水养殖 | 池塘养殖 | 罗氏沼虾 | 16.41 | 0.17 | 3.86 | 38.87 |
| 湖南 | 淡水养殖 | 池塘养殖 | 螺 | 2.22 | 0.25 | 0.19 | 4.63 |
| 湖南 | 淡水养殖 | 池塘养殖 | 南美白对虾（淡） | 3.28 | 0.68 | 1.80 | 47.21 |
| 湖南 | 淡水养殖 | 池塘养殖 | 泥鳅 | 2.49 | 0.21 | 0.56 | 10.74 |
| 湖南 | 淡水养殖 | 池塘养殖 | 鲶鱼 | 0.41 | 0.06 | 0.10 | 1.55 |
| 湖南 | 淡水养殖 | 池塘养殖 | 其他 | 5.88 | 1.13 | 1.63 | 25.86 |
| 湖南 | 淡水养殖 | 池塘养殖 | 青虾 | 1.02 | 0.36 | 0.54 | 4.40 |
| 湖南 | 淡水养殖 | 池塘养殖 | 青鱼 | 0.41 | 0.06 | 0.10 | 1.55 |
| 湖南 | 淡水养殖 | 池塘养殖 | 蛙 | 9.74 | 2.24 | 3.03 | 55.07 |
| 湖南 | 淡水养殖 | 池塘养殖 | 乌鳢 | 14.07 | 3.41 | 10.12 | 11.67 |
| 湖南 | 淡水养殖 | 池塘养殖 | 鲟鱼 | 6.79 | 5.33 | 4.06 | 56.73 |
| 湖南 | 淡水养殖 | 池塘养殖 | 鳙鱼 | -1.56 | -1.13 | -0.02 | -2.95 |
| 湖南 | 淡水养殖 | 池塘养殖 | 长吻鮠 | 2.49 | 0.21 | 0.56 | 10.74 |
| 湖南 | 淡水养殖 | 池塘养殖 | 鳟鱼 | 0.45 | 0.01 | 0.12 | 0.04 |
| 湖南 | 淡水养殖 | 工厂化养殖 | 草鱼 | 0.97 | 0.29 | 0.11 | 44.25 |
| 湖南 | 淡水养殖 | 工厂化养殖 | 鲫鱼 | 2.07 | 0.99 | 0.31 | 5.75 |
| 湖南 | 淡水养殖 | 工厂化养殖 | 鲤鱼 | 2.49 | 0.21 | 0.56 | 10.74 |
| 湖南 | 淡水养殖 | 工厂化养殖 | 鲢鱼 | -1.56 | -1.13 | -0.02 | -2.95 |
| 湖南 | 淡水养殖 | 工厂化养殖 | 鲈鱼 | 12.56 | 2.01 | 4.22 | 245.00 |
| 湖南 | 淡水养殖 | 工厂化养殖 | 南美白对虾（淡） | 3.28 | 0.68 | 1.80 | 47.21 |
| 湖南 | 淡水养殖 | 工厂化养殖 | 泥鳅 | 2.49 | 0.21 | 0.56 | 10.74 |
| 湖南 | 淡水养殖 | 工厂化养殖 | 鲶鱼 | 0.41 | 0.06 | 0.10 | 1.55 |
| 湖南 | 淡水养殖 | 工厂化养殖 | 其他 | 7.56 | 2.71 | 3.44 | 20.94 |
| 湖南 | 淡水养殖 | 工厂化养殖 | 青鱼 | 0.41 | 0.06 | 0.10 | 1.55 |
| 湖南 | 淡水养殖 | 工厂化养殖 | 鲟鱼 | 6.79 | 5.33 | 4.06 | 56.73 |
| 湖南 | 淡水养殖 | 工厂化养殖 | 鳙鱼 | -1.56 | -1.13 | -0.02 | -2.95 |
| 湖南 | 淡水养殖 | 工厂化养殖 | 鳟鱼 | 0.45 | 0.01 | 0.12 | 0.04 |
| 湖南 | 淡水养殖 | 网箱养殖 | 鳊鱼 | 26.11 | 3.71 | 0.50 | 21.77 |
| 湖南 | 淡水养殖 | 网箱养殖 | 草鱼 | 26.11 | 3.71 | 0.50 | 21.77 |
| 湖南 | 淡水养殖 | 网箱养殖 | 鳜鱼 | 4.52 | 0.65 | 0.00 | 1.13 |
| 湖南 | 淡水养殖 | 网箱养殖 | 黄颡鱼 | 4.52 | 0.65 | 0.00 | 1.13 |
| 湖南 | 淡水养殖 | 网箱养殖 | 黄鳝 | 4.52 | 0.65 | 0.00 | 1.13 |
| 湖南 | 淡水养殖 | 网箱养殖 | 鲖鱼 | 39.17 | 8.64 | 0.03 | 0.09 |
| 湖南 | 淡水养殖 | 网箱养殖 | 鲫鱼 | 26.95 | 9.13 | 0.00 | 0.16 |
| 湖南 | 淡水养殖 | 网箱养殖 | 鲤鱼 | 25.50 | 8.84 | 0.00 | 0.29 |
| 湖南 | 淡水养殖 | 网箱养殖 | 鲢鱼 | -1.56 | -1.13 | -0.02 | -2.95 |
| 湖南 | 淡水养殖 | 网箱养殖 | 鲈鱼 | 68.03 | 16.26 | 0.95 | 39.64 |
| 湖南 | 淡水养殖 | 网箱养殖 | 鲶鱼 | 4.52 | 0.65 | 0.00 | 1.13 |

| 省名 | 养殖水体 | 养殖模式 | 养殖种类 | 总氮/（克/千克） | 总磷/（克/千克） | 氨氮/（克/千克） | COD/（克/千克） |
|---|---|---|---|---|---|---|---|
| 湖南 | 淡水养殖 | 网箱养殖 | 其他 | 23.04 | 4.68 | 0.68 | 5.87 |
| 湖南 | 淡水养殖 | 网箱养殖 | 青鱼 | 4.52 | 0.65 | 0.00 | 1.13 |
| 湖南 | 淡水养殖 | 网箱养殖 | 乌鳢 | 4.52 | 0.65 | 0.00 | 1.13 |
| 湖南 | 淡水养殖 | 网箱养殖 | 鲟鱼 | 4.52 | 0.65 | 0.00 | 1.13 |
| 湖南 | 淡水养殖 | 网箱养殖 | 鳙鱼 | −1.56 | −1.13 | −0.02 | −2.95 |
| 湖南 | 淡水养殖 | 网箱养殖 | 鳟鱼 | 18.16 | 6.43 | 0.01 | 3.50 |
| 湖南 | 淡水养殖 | 围栏养殖 | 鳖 | 9.74 | 2.24 | 3.03 | 55.07 |
| 湖南 | 淡水养殖 | 围栏养殖 | 草鱼 | 26.11 | 3.71 | 0.50 | 21.77 |
| 湖南 | 淡水养殖 | 围栏养殖 | 河蟹 | 9.04 | 4.52 | 0.92 | 30.80 |
| 湖南 | 淡水养殖 | 围栏养殖 | 鲴鱼 | 39.17 | 8.64 | 0.03 | 0.09 |
| 湖南 | 淡水养殖 | 围栏养殖 | 鲤鱼 | 2.28 | 0.53 | 1.60 | 0.40 |
| 湖南 | 淡水养殖 | 围栏养殖 | 鲢鱼 | −1.56 | −1.13 | −0.02 | −2.95 |
| 湖南 | 淡水养殖 | 围栏养殖 | 鲈鱼 | 68.03 | 16.26 | 0.95 | 39.64 |
| 湖南 | 淡水养殖 | 围栏养殖 | 泥鳅 | 2.28 | 0.53 | 1.60 | 0.40 |
| 湖南 | 淡水养殖 | 围栏养殖 | 其他 | 4.10 | 1.84 | 1.06 | 25.41 |
| 湖南 | 淡水养殖 | 围栏养殖 | 青鱼 | 4.52 | 0.65 | 0.00 | 1.13 |
| 湖南 | 淡水养殖 | 围栏养殖 | 蛙 | 9.74 | 2.24 | 3.03 | 55.07 |
| 湖南 | 淡水养殖 | 围栏养殖 | 鳙鱼 | −1.56 | −1.13 | −0.02 | −2.95 |
| 湖南 | 淡水养殖 | 滩涂 | 鳊鱼 | 26.11 | 3.71 | 0.50 | 21.77 |
| 湖南 | 淡水养殖 | 滩涂 | 草鱼 | 26.11 | 3.71 | 0.50 | 21.77 |
| 湖南 | 淡水养殖 | 滩涂 | 鳜鱼 | 4.52 | 0.65 | 0.00 | 1.13 |
| 湖南 | 淡水养殖 | 滩涂 | 河蚌 | 1.43 | 0.14 | 0.11 | 6.35 |
| 湖南 | 淡水养殖 | 滩涂 | 黄颡鱼 | 4.52 | 0.65 | 0.00 | 1.13 |
| 湖南 | 淡水养殖 | 滩涂 | 鲫鱼 | 26.95 | 9.13 | 0.00 | 0.16 |
| 湖南 | 淡水养殖 | 滩涂 | 鲤鱼 | 10.35 | 4.99 | 0.07 | 0.13 |
| 湖南 | 淡水养殖 | 滩涂 | 鲢鱼 | −1.56 | −1.13 | −0.02 | −2.95 |
| 湖南 | 淡水养殖 | 滩涂 | 螺 | 1.43 | 0.14 | 0.11 | 6.35 |
| 湖南 | 淡水养殖 | 滩涂 | 鲶鱼 | 4.52 | 0.65 | 0.00 | 1.13 |
| 湖南 | 淡水养殖 | 滩涂 | 青鱼 | 4.52 | 0.65 | 0.00 | 1.13 |
| 湖南 | 淡水养殖 | 滩涂 | 乌鳢 | 4.52 | 0.65 | 0.00 | 1.13 |
| 湖南 | 淡水养殖 | 滩涂 | 鳙鱼 | −1.56 | −1.13 | −0.02 | −2.95 |
| 湖南 | 淡水养殖 | 其他 | 鳊鱼 | 9.87 | 2.11 | 2.45 | 23.07 |
| 湖南 | 淡水养殖 | 其他 | 鳖 | 9.87 | 2.11 | 2.45 | 23.07 |
| 湖南 | 淡水养殖 | 其他 | 草鱼 | 9.87 | 2.11 | 2.45 | 23.07 |
| 湖南 | 淡水养殖 | 其他 | 淡水珍珠 | 1.82 | 0.19 | 0.15 | 5.49 |
| 湖南 | 淡水养殖 | 其他 | 鳜鱼 | 9.87 | 2.11 | 2.45 | 23.07 |
| 湖南 | 淡水养殖 | 其他 | 河蟹 | 6.78 | 1.33 | 1.33 | 35.87 |
| 湖南 | 淡水养殖 | 其他 | 黄颡鱼 | 9.87 | 2.11 | 2.45 | 23.07 |
| 湖南 | 淡水养殖 | 其他 | 黄鳝 | 9.87 | 2.11 | 2.45 | 23.07 |
| 湖南 | 淡水养殖 | 其他 | 鲴鱼 | 9.87 | 2.11 | 2.45 | 23.07 |

| 省名 | 养殖水体 | 养殖模式 | 养殖种类 | 总氮/（克/千克） | 总磷/（克/千克） | 氨氮/（克/千克） | COD/（克/千克） |
|---|---|---|---|---|---|---|---|
| 湖南 | 淡水养殖 | 其他 | 鲫鱼 | 9.87 | 2.11 | 2.45 | 23.07 |
| 湖南 | 淡水养殖 | 其他 | 加州鲈 | 9.87 | 2.11 | 2.45 | 23.07 |
| 湖南 | 淡水养殖 | 其他 | 克氏原螯虾 | 2.71 | 0.58 | 0.69 | 2.54 |
| 湖南 | 淡水养殖 | 其他 | 鲤鱼 | 9.87 | 2.11 | 2.45 | 23.07 |
| 湖南 | 淡水养殖 | 其他 | 鲢鱼 | −1.56 | −1.13 | −0.02 | −2.95 |
| 湖南 | 淡水养殖 | 其他 | 螺 | 0.79 | 0.16 | 0.07 | 2.54 |
| 湖南 | 淡水养殖 | 其他 | 泥鳅 | 9.87 | 2.11 | 2.45 | 23.07 |
| 湖南 | 淡水养殖 | 其他 | 鲶鱼 | 9.87 | 2.11 | 2.45 | 23.07 |
| 湖南 | 淡水养殖 | 其他 | 其他 | 9.87 | 2.11 | 2.45 | 23.07 |
| 湖南 | 淡水养殖 | 其他 | 青虾 | 6.78 | 1.33 | 1.33 | 35.87 |
| 湖南 | 淡水养殖 | 其他 | 青鱼 | 9.87 | 2.11 | 2.45 | 23.07 |
| 湖南 | 淡水养殖 | 其他 | 蛙 | 9.87 | 2.11 | 2.45 | 23.07 |
| 湖南 | 淡水养殖 | 其他 | 乌鳢 | 9.87 | 2.11 | 2.45 | 23.07 |
| 湖南 | 淡水养殖 | 其他 | 鲟鱼 | 9.87 | 2.11 | 2.45 | 23.07 |
| 湖南 | 淡水养殖 | 其他 | 银鱼 | 9.87 | 2.11 | 2.45 | 23.07 |
| 湖南 | 淡水养殖 | 其他 | 鳙鱼 | −1.56 | −1.13 | −0.02 | −2.95 |
| 湖南 | 淡水养殖 | 池塘养殖 | 银鱼 | 2.60 | 0.65 | −0.02 | 9.46 |
| 湖南 | 淡水养殖 | 其他 | 河蚌 | 1.43 | 0.14 | 0.11 | 6.35 |
| 湖南 | 淡水养殖 | 其他 | 龟 | 9.74 | 2.24 | 3.03 | 55.07 |
| 湖南 | 淡水养殖 | 池塘养殖 | 蚬 | 1.43 | 0.14 | 0.11 | 6.35 |
| 湖南 | 淡水养殖 | 工厂化养殖 | 鳗鲡 | 40.16 | 27.60 | 24.58 | 37.38 |
| 湖南 | 淡水养殖 | 网箱养殖 | 长吻鮠 | 9.82 | 1.53 | 0.93 | 5.96 |
| 湖南 | 淡水养殖 | 围栏养殖 | 鲶鱼 | 0.41 | 0.06 | 0.10 | 1.55 |
| 湖南 | 淡水养殖 | 滩涂养殖 | 其他 | 5.88 | 1.13 | 1.63 | 25.86 |
| 湖南 | 淡水养殖 | 围栏养殖 | 鲫鱼 | 3.16 | 0.48 | 1.54 | 12.21 |
| 湖南 | 淡水养殖 | 围栏养殖 | 鳊鱼 | 0.90 | 0.09 | 0.56 | 9.67 |
| 吉林 | 淡水养殖 | 池塘养殖 | 鳊鱼 | 5.12 | 1.17 | −0.10 | 17.70 |
| 吉林 | 淡水养殖 | 池塘养殖 | 草鱼 | 10.11 | 1.36 | 3.96 | 45.07 |
| 吉林 | 淡水养殖 | 池塘养殖 | 鲑鱼 | 15.01 | 1.90 | 0.15 | 1.87 |
| 吉林 | 淡水养殖 | 池塘养殖 | 鳜鱼 | 6.14 | 0.74 | 0.54 | 96.20 |
| 吉林 | 淡水养殖 | 池塘养殖 | 河蟹 | 12.88 | 4.93 | 8.68 | 63.16 |
| 吉林 | 淡水养殖 | 池塘养殖 | 黄颡鱼 | 5.76 | 0.30 | 1.79 | 21.43 |
| 吉林 | 淡水养殖 | 池塘养殖 | 鮰鱼 | 7.06 | 0.27 | 1.40 | 10.81 |
| 吉林 | 淡水养殖 | 池塘养殖 | 鲫鱼 | 7.06 | 1.19 | 1.30 | 12.73 |
| 吉林 | 淡水养殖 | 池塘养殖 | 鲤鱼 | 12.62 | 0.56 | 0.51 | 20.99 |
| 吉林 | 淡水养殖 | 池塘养殖 | 鲢鱼 | −1.56 | −1.13 | −0.02 | −2.95 |
| 吉林 | 淡水养殖 | 池塘养殖 | 美国红鱼 | 0.39 | 0.10 | 0.00 | 0.05 |
| 吉林 | 淡水养殖 | 池塘养殖 | 南美白对虾（淡） | 7.28 | 0.65 | 1.27 | 32.01 |
| 吉林 | 淡水养殖 | 池塘养殖 | 泥鳅 | 6.37 | 0.52 | 2.83 | 29.96 |

| 省名 | 养殖水体 | 养殖模式 | 养殖种类 | 总氮/（克/千克） | 总磷/（克/千克） | 氨氮/（克/千克） | COD/（克/千克） |
|---|---|---|---|---|---|---|---|
| 吉林 | 淡水养殖 | 池塘养殖 | 鲶鱼 | 5.56 | 0.22 | 0.18 | 21.37 |
| 吉林 | 淡水养殖 | 池塘养殖 | 其他 | 5.88 | 1.13 | 1.63 | 25.86 |
| 吉林 | 淡水养殖 | 池塘养殖 | 青虾 | 2.61 | 0.55 | 0.22 | 2.96 |
| 吉林 | 淡水养殖 | 池塘养殖 | 青鱼 | 5.56 | 0.22 | 0.18 | 21.37 |
| 吉林 | 淡水养殖 | 池塘养殖 | 蛙 | 9.74 | 2.24 | 3.03 | 55.07 |
| 吉林 | 淡水养殖 | 池塘养殖 | 乌鳢 | 4.07 | 0.34 | 1.16 | 17.79 |
| 吉林 | 淡水养殖 | 池塘养殖 | 鲟鱼 | 3.80 | 1.32 | 0.45 | 20.06 |
| 吉林 | 淡水养殖 | 池塘养殖 | 鳙鱼 | −1.56 | −1.13 | −0.02 | −2.95 |
| 吉林 | 淡水养殖 | 池塘养殖 | 鳟鱼 | 1.99 | 0.07 | 1.69 | 1.55 |
| 吉林 | 淡水养殖 | 工厂化养殖 | 草鱼 | 10.11 | 1.36 | 3.96 | 45.07 |
| 吉林 | 淡水养殖 | 工厂化养殖 | 鲷鱼 | 5.96 | 0.52 | 1.19 | 0.57 |
| 吉林 | 淡水养殖 | 工厂化养殖 | 鲑鱼 | 15.01 | 1.90 | 0.15 | 1.87 |
| 吉林 | 淡水养殖 | 工厂化养殖 | 鲫鱼 | 7.25 | 0.52 | 3.58 | 22.11 |
| 吉林 | 淡水养殖 | 工厂化养殖 | 鲤鱼 | 6.37 | 0.52 | 2.83 | 29.96 |
| 吉林 | 淡水养殖 | 工厂化养殖 | 鲢鱼 | −1.56 | −1.13 | −0.02 | −2.95 |
| 吉林 | 淡水养殖 | 工厂化养殖 | 罗非鱼 | 3.96 | 0.19 | 0.48 | 16.27 |
| 吉林 | 淡水养殖 | 工厂化养殖 | 鲶鱼 | 5.56 | 0.22 | 0.18 | 21.37 |
| 吉林 | 淡水养殖 | 工厂化养殖 | 其他 | 7.56 | 2.71 | 3.44 | 20.94 |
| 吉林 | 淡水养殖 | 工厂化养殖 | 青鱼 | 5.56 | 0.22 | 0.18 | 21.37 |
| 吉林 | 淡水养殖 | 工厂化养殖 | 鲟鱼 | 3.80 | 1.32 | 0.45 | 20.06 |
| 吉林 | 淡水养殖 | 工厂化养殖 | 鳙鱼 | −1.56 | −1.13 | −0.02 | −2.95 |
| 吉林 | 淡水养殖 | 工厂化养殖 | 鳟鱼 | 1.99 | 0.07 | 1.69 | 1.55 |
| 吉林 | 淡水养殖 | 网箱养殖 | 草鱼 | 17.48 | 1.02 | 0.24 | 0.38 |
| 吉林 | 淡水养殖 | 网箱养殖 | 鳜鱼 | 15.01 | 1.90 | 0.15 | 1.87 |
| 吉林 | 淡水养殖 | 网箱养殖 | 鲫鱼 | 26.95 | 9.13 | 0.00 | 0.16 |
| 吉林 | 淡水养殖 | 网箱养殖 | 鲤鱼 | 25.50 | 8.84 | 0.00 | 0.29 |
| 吉林 | 淡水养殖 | 网箱养殖 | 鲢鱼 | −1.56 | −1.13 | −0.02 | −2.95 |
| 吉林 | 淡水养殖 | 网箱养殖 | 其他 | 23.04 | 4.68 | 0.68 | 5.87 |
| 吉林 | 淡水养殖 | 网箱养殖 | 青鱼 | 15.01 | 1.90 | 0.15 | 1.87 |
| 吉林 | 淡水养殖 | 网箱养殖 | 鲟鱼 | 15.01 | 1.90 | 0.15 | 1.87 |
| 吉林 | 淡水养殖 | 网箱养殖 | 鳙鱼 | −1.56 | −1.13 | −0.02 | −2.95 |
| 吉林 | 淡水养殖 | 网箱养殖 | 鳟鱼 | 18.54 | 0.73 | 0.01 | 0.06 |
| 吉林 | 淡水养殖 | 围栏养殖 | 鳊鱼 | 17.48 | 1.02 | 0.24 | 0.38 |
| 吉林 | 淡水养殖 | 围栏养殖 | 草鱼 | 17.48 | 1.02 | 0.24 | 0.38 |
| 吉林 | 淡水养殖 | 围栏养殖 | 鲫鱼 | 26.95 | 9.13 | 0.00 | 0.16 |
| 吉林 | 淡水养殖 | 围栏养殖 | 鲤鱼 | 25.50 | 8.84 | 0.00 | 0.29 |
| 吉林 | 淡水养殖 | 围栏养殖 | 鲢鱼 | −1.56 | −1.13 | −0.02 | −2.95 |
| 吉林 | 淡水养殖 | 围栏养殖 | 鳙鱼 | −1.56 | −1.13 | −0.02 | −2.95 |
| 吉林 | 淡水养殖 | 其他 | 草鱼 | 9.87 | 2.11 | 2.45 | 23.07 |
| 吉林 | 淡水养殖 | 其他 | 鳜鱼 | 9.87 | 2.11 | 2.45 | 23.07 |

| 省名 | 养殖水体 | 养殖模式 | 养殖种类 | 总氮/（克/千克） | 总磷/（克/千克） | 氨氮/（克/千克） | COD/（克/千克） |
|---|---|---|---|---|---|---|---|
| 吉林 | 淡水养殖 | 其他 | 河蟹 | 6.78 | 1.33 | 1.33 | 35.87 |
| 吉林 | 淡水养殖 | 其他 | 黄颡鱼 | 9.87 | 2.11 | 2.45 | 23.07 |
| 吉林 | 淡水养殖 | 其他 | 鲫鱼 | 9.87 | 2.11 | 2.45 | 23.07 |
| 吉林 | 淡水养殖 | 其他 | 鲤鱼 | 9.87 | 2.11 | 2.45 | 23.07 |
| 吉林 | 淡水养殖 | 其他 | 鲢鱼 | −1.56 | −1.13 | −0.02 | −2.95 |
| 吉林 | 淡水养殖 | 其他 | 泥鳅 | 9.87 | 2.11 | 2.45 | 23.07 |
| 吉林 | 淡水养殖 | 其他 | 其他 | 9.87 | 2.11 | 2.45 | 23.07 |
| 吉林 | 淡水养殖 | 其他 | 青鱼 | 9.87 | 2.11 | 2.45 | 23.07 |
| 吉林 | 淡水养殖 | 其他 | 鳙鱼 | −1.56 | −1.13 | −0.02 | −2.95 |
| 吉林 | 淡水养殖 | 池塘养殖 | 鲈鱼 | 5.34 | 0.77 | 0.16 | 13.60 |
| 吉林 | 淡水养殖 | 池塘养殖 | 加州鲈 | 5.34 | 0.77 | 0.16 | 13.60 |
| 江苏 | 海水养殖 | 池塘养殖 | 斑节对虾 | 0.83 | 0.42 | 0.05 | 10.46 |
| 江苏 | 淡水养殖 | 池塘养殖 | 鳊鱼 | 3.17 | 0.92 | 0.49 | 24.40 |
| 江苏 | 淡水养殖 | 池塘养殖 | 鳖 | 9.74 | 2.24 | 3.03 | 55.07 |
| 江苏 | 淡水养殖 | 池塘养殖 | 草鱼 | 10.11 | 1.36 | 3.96 | 45.07 |
| 江苏 | 海水养殖 | 池塘养殖 | 蛏 | −0.10 | −0.01 | 0.00 | −1.64 |
| 江苏 | 淡水养殖 | 池塘养殖 | 淡水珍珠 | 1.43 | 0.14 | 0.11 | 6.35 |
| 江苏 | 淡水养殖 | 池塘养殖 | 短盖巨脂鲤 | 9.82 | 1.53 | 0.93 | 5.96 |
| 江苏 | 淡水养殖 | 池塘养殖 | 龟 | 9.74 | 2.24 | 3.03 | 55.07 |
| 江苏 | 淡水养殖 | 池塘养殖 | 鲑鱼 | 4.52 | 0.65 | 0.00 | 1.13 |
| 江苏 | 淡水养殖 | 池塘养殖 | 鳜鱼 | 2.37 | 0.76 | 1.74 | 4.50 |
| 江苏 | 海水养殖 | 池塘养殖 | 蛤 | −0.10 | −0.01 | 0.00 | −1.64 |
| 江苏 | 海水养殖 | 池塘养殖 | 蚶 | −0.10 | −0.01 | 0.00 | −1.64 |
| 江苏 | 淡水养殖 | 池塘养殖 | 河蚌 | 1.43 | 0.14 | 0.11 | 6.35 |
| 江苏 | 淡水养殖 | 池塘养殖 | 河豚 | 8.90 | 1.48 | 1.37 | 35.30 |
| 江苏 | 淡水养殖 | 池塘养殖 | 河蟹 | 2.62 | 0.75 | 1.57 | 45.66 |
| 江苏 | 淡水养殖 | 池塘养殖 | 黄颡鱼 | 5.76 | 0.30 | 1.79 | 21.43 |
| 江苏 | 淡水养殖 | 池塘养殖 | 黄鳝 | 5.37 | 1.83 | 0.91 | 115.75 |
| 江苏 | 淡水养殖 | 池塘养殖 | 鮰鱼 | 8.25 | 0.90 | 2.94 | 20.30 |
| 江苏 | 淡水养殖 | 池塘养殖 | 鲫鱼 | 3.45 | 0.49 | 0.29 | 18.85 |
| 江苏 | 淡水养殖 | 池塘养殖 | 加州鲈 | 12.56 | 2.01 | 4.22 | 245.00 |
| 江苏 | 淡水养殖 | 池塘养殖 | 克氏原螯虾 | 2.71 | 0.58 | 0.69 | 2.54 |
| 江苏 | 淡水养殖 | 池塘养殖 | 鲤鱼 | 15.80 | 1.72 | 2.39 | 26.59 |
| 江苏 | 淡水养殖 | 池塘养殖 | 鲢鱼 | −1.56 | −1.13 | −0.02 | −2.95 |
| 江苏 | 淡水养殖 | 池塘养殖 | 鲈鱼 | 12.56 | 2.01 | 4.22 | 245.00 |
| 江苏 | 淡水养殖 | 池塘养殖 | 罗氏沼虾 | 5.81 | 0.29 | 2.58 | 19.42 |
| 江苏 | 淡水养殖 | 池塘养殖 | 螺 | 1.43 | 0.14 | 0.11 | 6.35 |
| 江苏 | 淡水养殖 | 池塘养殖 | 鳗鲡 | 43.94 | 10.15 | 26.30 | 76.32 |
| 江苏 | 海水养殖 | 池塘养殖 | 美国红鱼 | 0.39 | 0.10 | 0.00 | 0.05 |

| 省名 | 养殖水体 | 养殖模式 | 养殖种类 | 总氮/（克/千克） | 总磷/（克/千克） | 氨氮/（克/千克） | COD/（克/千克） |
|------|---------|---------|---------|------|------|------|------|
| 江苏 | 淡水养殖 | 池塘养殖 | 南美白对虾（淡） | 3.28 | 0.68 | 1.80 | 47.21 |
| 江苏 | 海水养殖 | 池塘养殖 | 南美白对虾（海） | 3.28 | 0.68 | 1.80 | 47.21 |
| 江苏 | 淡水养殖 | 池塘养殖 | 泥鳅 | 9.82 | 1.53 | 0.93 | 5.96 |
| 江苏 | 淡水养殖 | 池塘养殖 | 鲶鱼 | 0.41 | 0.06 | 0.10 | 1.55 |
| 江苏 | 淡水养殖 | 池塘养殖 | 其他 | 5.88 | 1.13 | 1.63 | 25.86 |
| 江苏 | 淡水养殖 | 池塘养殖 | 青虾 | 2.61 | 0.55 | 0.22 | 2.96 |
| 江苏 | 海水养殖 | 池塘养殖 | 青蟹 | 4.02 | 0.41 | 1.77 | 33.82 |
| 江苏 | 淡水养殖 | 池塘养殖 | 青鱼 | 5.56 | 0.22 | 0.18 | 21.37 |
| 江苏 | 海水养殖 | 池塘养殖 | 日本对虾 | 0.83 | 0.42 | 0.05 | 10.46 |
| 江苏 | 海水养殖 | 池塘养殖 | 梭子蟹 | 10.13 | −0.54 | 3.27 | 36.25 |
| 江苏 | 淡水养殖 | 池塘养殖 | 蛙 | 9.74 | 2.24 | 3.03 | 55.07 |
| 江苏 | 淡水养殖 | 池塘养殖 | 乌鳢 | 4.07 | 0.34 | 1.16 | 17.79 |
| 江苏 | 淡水养殖 | 池塘养殖 | 鲟鱼 | 6.79 | 5.33 | 4.06 | 56.73 |
| 江苏 | 海水养殖 | 池塘养殖 | 贻贝 | −0.17 | −0.01 | 0.00 | −7.24 |
| 江苏 | 淡水养殖 | 池塘养殖 | 银鱼 | 15.94 | 1.75 | 1.79 | 99.20 |
| 江苏 | 淡水养殖 | 池塘养殖 | 鳙鱼 | −1.56 | −1.13 | −0.02 | −2.95 |
| 江苏 | 淡水养殖 | 池塘养殖 | 长吻鮠 | 9.82 | 1.53 | 0.93 | 5.96 |
| 江苏 | 海水养殖 | 池塘养殖 | 中国对虾 | 0.83 | 0.42 | 0.05 | 10.46 |
| 江苏 | 淡水养殖 | 池塘养殖 | 鳟鱼 | 0.45 | 0.01 | 0.12 | 0.04 |
| 江苏 | 淡水养殖 | 工厂化养殖 | 鳖 | 9.74 | 2.24 | 3.03 | 55.07 |
| 江苏 | 淡水养殖 | 工厂化养殖 | 草鱼 | 10.11 | 1.36 | 3.96 | 45.07 |
| 江苏 | 淡水养殖 | 工厂化养殖 | 龟 | 9.74 | 2.24 | 3.03 | 55.07 |
| 江苏 | 淡水养殖 | 工厂化养殖 | 河豚 | 8.90 | 1.48 | 1.37 | 35.30 |
| 江苏 | 淡水养殖 | 工厂化养殖 | 河蟹 | 2.62 | 0.75 | 1.57 | 45.66 |
| 江苏 | 淡水养殖 | 工厂化养殖 | 黄鳝 | 5.37 | 1.83 | 0.91 | 115.75 |
| 江苏 | 淡水养殖 | 工厂化养殖 | 鲫鱼 | 3.45 | 0.49 | 0.29 | 18.85 |
| 江苏 | 淡水养殖 | 工厂化养殖 | 克氏原螯虾 | 2.71 | 0.58 | 0.69 | 2.54 |
| 江苏 | 淡水养殖 | 工厂化养殖 | 鲈鱼 | 12.56 | 2.01 | 4.22 | 245.00 |
| 江苏 | 淡水养殖 | 工厂化养殖 | 罗氏沼虾 | 5.81 | 0.29 | 2.58 | 19.42 |
| 江苏 | 淡水养殖 | 工厂化养殖 | 鳗鲡 | 43.94 | 10.15 | 26.30 | 76.32 |
| 江苏 | 淡水养殖 | 工厂化养殖 | 南美白对虾（淡） | 3.28 | 0.68 | 1.80 | 47.21 |
| 江苏 | 海水养殖 | 工厂化养殖 | 南美白对虾（海） | 8.67 | 0.31 | 1.12 | 4.20 |
| 江苏 | 海水养殖 | 工厂化养殖 | 鲆鱼 | 3.71 | 1.86 | 1.97 | 7.75 |
| 江苏 | 淡水养殖 | 工厂化养殖 | 其他 | 7.56 | 2.71 | 3.44 | 20.94 |
| 江苏 | 淡水养殖 | 工厂化养殖 | 青虾 | 2.61 | 0.55 | 0.22 | 2.96 |
| 江苏 | 淡水养殖 | 工厂化养殖 | 鲟鱼 | 6.79 | 5.33 | 4.06 | 56.73 |
| 江苏 | 淡水养殖 | 网箱养殖 | 鳊鱼 | 2.04 | 0.95 | 1.60 | 7.72 |
| 江苏 | 淡水养殖 | 网箱养殖 | 草鱼 | 36.56 | 9.32 | 0.06 | 0.26 |
| 江苏 | 海水养殖 | 网箱养殖 | 海参 | 1.30 | 0.20 | 0.01 | 0.17 |
| 江苏 | 淡水养殖 | 网箱养殖 | 河豚 | 48.68 | 5.63 | 0.09 | 13.36 |

| 省名 | 养殖水体 | 养殖模式 | 养殖种类 | 总氮/（克/千克） | 总磷/（克/千克） | 氨氮/（克/千克） | COD/（克/千克） |
|------|----------|----------|----------|------------------|------------------|------------------|------------------|
| 江苏 | 淡水养殖 | 网箱养殖 | 河蟹 | 9.04 | 4.52 | 0.92 | 30.80 |
| 江苏 | 淡水养殖 | 网箱养殖 | 鲫鱼 | 26.95 | 9.13 | 0.00 | 0.16 |
| 江苏 | 淡水养殖 | 网箱养殖 | 鲤鱼 | 2.28 | 0.53 | 1.60 | 0.40 |
| 江苏 | 淡水养殖 | 网箱养殖 | 鲢鱼 | −1.56 | −1.13 | −0.02 | −2.95 |
| 江苏 | 淡水养殖 | 网箱养殖 | 罗非鱼 | 18.13 | 5.61 | 12.21 | 9.39 |
| 江苏 | 淡水养殖 | 网箱养殖 | 青鱼 | 4.52 | 0.65 | 0.00 | 1.13 |
| 江苏 | 淡水养殖 | 网箱养殖 | 鲟鱼 | 4.52 | 0.65 | 0.00 | 1.13 |
| 江苏 | 淡水养殖 | 网箱养殖 | 鳙鱼 | −1.56 | −1.13 | −0.02 | −2.95 |
| 江苏 | 淡水养殖 | 围栏养殖 | 鳊鱼 | 2.04 | 0.95 | 1.60 | 7.72 |
| 江苏 | 淡水养殖 | 围栏养殖 | 草鱼 | 2.04 | 0.95 | 1.60 | 7.72 |
| 江苏 | 淡水养殖 | 围栏养殖 | 鳜鱼 | 4.52 | 0.65 | 0.00 | 1.13 |
| 江苏 | 淡水养殖 | 围栏养殖 | 河蟹 | 9.04 | 4.52 | 0.92 | 30.80 |
| 江苏 | 淡水养殖 | 围栏养殖 | 鲫鱼 | 26.95 | 9.13 | 0.00 | 0.16 |
| 江苏 | 淡水养殖 | 围栏养殖 | 克氏原螯虾 | 2.71 | 0.58 | 0.69 | 2.54 |
| 江苏 | 淡水养殖 | 围栏养殖 | 鲤鱼 | 10.35 | 4.99 | 0.07 | 0.13 |
| 江苏 | 淡水养殖 | 围栏养殖 | 鲢鱼 | −1.56 | −1.13 | −0.02 | −2.95 |
| 江苏 | 淡水养殖 | 围栏养殖 | 鲶鱼 | 4.52 | 0.65 | 0.00 | 1.13 |
| 江苏 | 淡水养殖 | 围栏养殖 | 青虾 | 2.61 | 0.55 | 0.22 | 2.96 |
| 江苏 | 淡水养殖 | 围栏养殖 | 青鱼 | 4.52 | 0.65 | 0.00 | 1.13 |
| 江苏 | 淡水养殖 | 围栏养殖 | 鳙鱼 | −1.56 | −1.13 | −0.02 | −2.95 |
| 江苏 | 淡水养殖 | 围栏养殖 | 长吻鮠 | 2.28 | 0.53 | 1.60 | 0.40 |
| 江苏 | 海水养殖 | 浅海阀式 | 蛏 | −0.10 | −0.01 | 0.00 | −1.64 |
| 江苏 | 海水养殖 | 浅海阀式 | 其他 | −0.17 | −0.01 | 0.00 | −7.24 |
| 江苏 | 海水养殖 | 滩涂 | 蛏 | −0.10 | −0.01 | 0.00 | −1.64 |
| 江苏 | 海水养殖 | 滩涂 | 大黄鱼 | 49.70 | 10.46 | 1.29 | 50.23 |
| 江苏 | 海水养殖 | 滩涂 | 蛤 | −0.10 | −0.01 | 0.00 | −1.64 |
| 江苏 | 海水养殖 | 滩涂 | 蚶 | −0.10 | −0.01 | 0.00 | −1.64 |
| 江苏 | 海水养殖 | 滩涂 | 牡蛎 | −0.17 | −0.01 | 0.00 | −7.24 |
| 江苏 | 海水养殖 | 滩涂 | 南美白对虾（海） | 7.17 | 1.90 | 0.91 | 89.58 |
| 江苏 | 海水养殖 | 滩涂 | 其他 | −0.10 | −0.01 | 0.00 | −1.64 |
| 江苏 | 海水养殖 | 滩涂 | 梭子蟹 | 30.33 | 6.23 | 2.53 | 107.00 |
| 江苏 | 海水养殖 | 滩涂 | 贻贝 | −0.17 | −0.01 | 0.00 | −7.24 |
| 江苏 | 海水养殖 | 滩涂 | 中国对虾 | 0.83 | 0.42 | 0.05 | 10.46 |
| 江苏 | 淡水养殖 | 其他 | 鳊鱼 | 9.87 | 2.11 | 2.45 | 23.07 |
| 江苏 | 淡水养殖 | 其他 | 鳖 | 9.87 | 2.11 | 2.45 | 23.07 |
| 江苏 | 淡水养殖 | 其他 | 草鱼 | 9.87 | 2.11 | 2.45 | 23.07 |
| 江苏 | 淡水养殖 | 其他 | 鳜鱼 | 9.87 | 2.11 | 2.45 | 23.07 |
| 江苏 | 淡水养殖 | 其他 | 河蟹 | 6.78 | 1.33 | 1.33 | 35.87 |
| 江苏 | 淡水养殖 | 其他 | 黄颡鱼 | 9.87 | 2.11 | 2.45 | 23.07 |
| 江苏 | 淡水养殖 | 其他 | 黄鳝 | 9.87 | 2.11 | 2.45 | 23.07 |

| 省名 | 养殖水体 | 养殖模式 | 养殖种类 | 总氮/（克/千克） | 总磷/（克/千克） | 氨氮/（克/千克） | COD/（克/千克） |
|---|---|---|---|---|---|---|---|
| 江苏 | 淡水养殖 | 其他 | 鲫鱼 | 9.87 | 2.11 | 2.45 | 23.07 |
| 江苏 | 淡水养殖 | 其他 | 克氏原螯虾 | 2.71 | 0.58 | 0.69 | 2.54 |
| 江苏 | 淡水养殖 | 其他 | 鲤鱼 | 9.87 | 2.11 | 2.45 | 23.07 |
| 江苏 | 淡水养殖 | 其他 | 鲢鱼 | −1.56 | −1.13 | −0.02 | −2.95 |
| 江苏 | 淡水养殖 | 其他 | 罗氏沼虾 | 6.78 | 1.33 | 1.33 | 35.87 |
| 江苏 | 淡水养殖 | 其他 | 南美白对虾（淡） | 6.78 | 1.33 | 1.33 | 35.87 |
| 江苏 | 淡水养殖 | 其他 | 泥鳅 | 9.87 | 2.11 | 2.45 | 23.07 |
| 江苏 | 淡水养殖 | 其他 | 青虾 | 6.78 | 1.33 | 1.33 | 35.87 |
| 江苏 | 淡水养殖 | 其他 | 青鱼 | 9.87 | 2.11 | 2.45 | 23.07 |
| 江苏 | 淡水养殖 | 其他 | 鳙鱼 | −1.56 | −1.13 | −0.02 | −2.95 |
| 江苏 | 淡水养殖 | 其他 | 其他 | 9.87 | 2.11 | 2.45 | 23.07 |
| 江苏 | 海水养殖 | 其他 | 其他 | 12.01 | 1.90 | 0.39 | 12.05 |
| 江苏 | 淡水养殖 | 滩涂养殖 | 鲟鱼 | 3.80 | 1.32 | 0.45 | 20.06 |
| 江苏 | 淡水养殖 | 滩涂养殖 | 鳙鱼 | −1.56 | −1.13 | −0.02 | −2.95 |
| 江苏 | 淡水养殖 | 工厂化养殖 | 鲑鱼 | 4.52 | 0.65 | 0.00 | 1.13 |
| 江苏 | 淡水养殖 | 滩涂养殖 | 青虾 | 1.02 | 0.36 | 0.54 | 4.40 |
| 江苏 | 淡水养殖 | 滩涂养殖 | 鲫鱼 | 3.16 | 0.48 | 1.54 | 12.21 |
| 江苏 | 淡水养殖 | 其他 | 鲑鱼 | 4.52 | 0.65 | 0.00 | 1.13 |
| 江苏 | 淡水养殖 | 工厂化养殖 | 鲢鱼 | −1.56 | −1.13 | −0.02 | −2.95 |
| 江苏 | 淡水养殖 | 工厂化养殖 | 青鱼 | 0.41 | 0.06 | 0.10 | 1.55 |
| 江苏 | 淡水养殖 | 网箱养殖 | 黄鳝 | 5.37 | 1.83 | 0.91 | 115.75 |
| 江苏 | 淡水养殖 | 工厂化养殖 | 加州鲈 | 5.34 | 0.77 | 0.16 | 13.60 |
| 江苏 | 淡水养殖 | 池塘养殖 | 罗非鱼 | 5.65 | 0.59 | 1.03 | 20.00 |
| 江苏 | 淡水养殖 | 工厂化养殖 | 鳊鱼 | 3.17 | 0.92 | 0.49 | 24.40 |
| 江苏 | 海水养殖 | 池塘养殖 | 大黄鱼 | 4.59 | 0.68 | 0.99 | 34.23 |
| 江苏 | 海水养殖 | 工厂化养殖 | 河豚 | 1.99 | 0.45 | 0.32 | 3.80 |
| 江苏 | 淡水养殖 | 池塘养殖 | 美国红鱼 | 0.39 | 0.10 | 0.00 | 0.05 |
| 江苏 | 海水养殖 | 池塘养殖 | 鲈鱼 | 5.34 | 0.77 | 0.16 | 13.60 |
| 江苏 | 海水养殖 | 池塘养殖 | 扇贝 | −0.17 | −0.01 | 0.00 | −7.24 |
| 江苏 | 淡水养殖 | 网箱养殖 | 黄颡鱼 | 5.76 | 0.30 | 1.79 | 21.43 |
| 江苏 | 淡水养殖 | 网箱养殖 | 泥鳅 | 9.82 | 1.53 | 0.93 | 5.96 |
| 江苏 | 淡水养殖 | 工厂化养殖 | 鳊鱼 | 3.17 | 0.92 | 0.49 | 24.40 |
| 江苏 | 淡水养殖 | 工厂化养殖 | 加州鲈 | 5.34 | 0.77 | 0.16 | 13.60 |
| 江苏 | 淡水养殖 | 池塘养殖 | 青蟹 | −1.37 | 0.41 | −1.20 | 64.56 |
| 江苏 | 淡水养殖 | 网箱养殖 | 鮰鱼 | 2.98 | 1.57 | 2.68 | 4.81 |
| 江苏 | 淡水养殖 | 围栏养殖 | 其他 | 5.88 | 1.13 | 1.63 | 25.86 |
| 江苏 | 淡水养殖 | 池塘养殖 | 蚬 | 1.43 | 0.14 | 0.11 | 6.35 |
| | | | | | | | |
| 江西 | 淡水养殖 | 池塘养殖 | 鳊鱼 | 0.90 | 0.09 | 0.56 | 9.67 |
| 江西 | 淡水养殖 | 池塘养殖 | 鳖 | 9.74 | 2.24 | 3.03 | 55.07 |

| 省名 | 养殖水体 | 养殖模式 | 养殖种类 | 总氮/（克/千克） | 总磷/（克/千克） | 氨氮/（克/千克） | COD/（克/千克） |
|---|---|---|---|---|---|---|---|
| 江西 | 淡水养殖 | 池塘养殖 | 草鱼 | 10.11 | 1.36 | 3.96 | 45.07 |
| 江西 | 淡水养殖 | 池塘养殖 | 淡水珍珠 | 1.43 | 0.14 | 0.11 | 6.35 |
| 江西 | 淡水养殖 | 池塘养殖 | 短盖巨脂鲤 | 10.11 | 1.36 | 3.96 | 45.07 |
| 江西 | 淡水养殖 | 池塘养殖 | 龟 | 9.74 | 2.24 | 3.03 | 55.07 |
| 江西 | 淡水养殖 | 池塘养殖 | 鲑鱼 | 4.52 | 0.65 | 0.00 | 1.13 |
| 江西 | 淡水养殖 | 池塘养殖 | 鳜鱼 | 18.26 | 0.81 | 3.11 | 31.98 |
| 江西 | 淡水养殖 | 池塘养殖 | 河蚌 | 2.22 | 0.25 | 0.19 | 4.63 |
| 江西 | 淡水养殖 | 池塘养殖 | 河蟹 | 9.04 | 4.52 | 0.92 | 30.80 |
| 江西 | 淡水养殖 | 池塘养殖 | 黄颡鱼 | 5.76 | 0.30 | 1.79 | 21.43 |
| 江西 | 淡水养殖 | 池塘养殖 | 黄鳝 | 5.37 | 1.83 | 0.91 | 115.75 |
| 江西 | 淡水养殖 | 池塘养殖 | 鲴鱼 | 8.25 | 0.90 | 2.94 | 20.30 |
| 江西 | 淡水养殖 | 池塘养殖 | 鲫鱼 | 7.06 | 1.19 | 1.30 | 12.73 |
| 江西 | 淡水养殖 | 池塘养殖 | 加州鲈 | 1.44 | 0.59 | 0.34 | 7.06 |
| 江西 | 淡水养殖 | 池塘养殖 | 克氏原螯虾 | 2.71 | 0.58 | 0.69 | 2.54 |
| 江西 | 淡水养殖 | 池塘养殖 | 鲤鱼 | 15.80 | 1.72 | 2.39 | 26.59 |
| 江西 | 淡水养殖 | 池塘养殖 | 鲢鱼 | −1.56 | −1.13 | −0.02 | −2.95 |
| 江西 | 淡水养殖 | 池塘养殖 | 鲈鱼 | 1.44 | 0.59 | 0.34 | 7.06 |
| 江西 | 淡水养殖 | 池塘养殖 | 罗非鱼 | 5.14 | 1.08 | 4.88 | 85.75 |
| 江西 | 淡水养殖 | 池塘养殖 | 罗氏沼虾 | 0.42 | 0.14 | 0.10 | 0.32 |
| 江西 | 淡水养殖 | 池塘养殖 | 螺 | 2.22 | 0.25 | 0.19 | 4.63 |
| 江西 | 淡水养殖 | 池塘养殖 | 鳗鲡 | 40.16 | 27.60 | 24.58 | 37.38 |
| 江西 | 淡水养殖 | 池塘养殖 | 南美白对虾（淡） | 3.28 | 0.68 | 1.80 | 47.21 |
| 江西 | 淡水养殖 | 池塘养殖 | 泥鳅 | 2.49 | 0.21 | 0.56 | 10.74 |
| 江西 | 淡水养殖 | 池塘养殖 | 鲶鱼 | 0.41 | 0.06 | 0.10 | 1.55 |
| 江西 | 淡水养殖 | 池塘养殖 | 其他 | 5.88 | 1.13 | 1.63 | 25.86 |
| 江西 | 淡水养殖 | 池塘养殖 | 青虾 | 1.02 | 0.36 | 0.54 | 4.40 |
| 江西 | 淡水养殖 | 池塘养殖 | 青鱼 | 5.56 | 0.22 | 0.18 | 21.37 |
| 江西 | 淡水养殖 | 池塘养殖 | 蛙 | 9.74 | 2.24 | 3.03 | 55.07 |
| 江西 | 淡水养殖 | 池塘养殖 | 乌鳢 | 14.07 | 3.41 | 10.12 | 11.67 |
| 江西 | 淡水养殖 | 池塘养殖 | 蚬 | 2.22 | 0.25 | 0.19 | 4.63 |
| 江西 | 淡水养殖 | 池塘养殖 | 鲟鱼 | 6.79 | 5.33 | 4.06 | 56.73 |
| 江西 | 淡水养殖 | 池塘养殖 | 银鱼 | 2.60 | 0.65 | −0.02 | 9.46 |
| 江西 | 淡水养殖 | 池塘养殖 | 鳙鱼 | −1.56 | −1.13 | −0.02 | −2.95 |
| 江西 | 淡水养殖 | 池塘养殖 | 长吻鮠 | 2.49 | 0.21 | 0.56 | 10.74 |
| 江西 | 淡水养殖 | 池塘养殖 | 鳟鱼 | 0.45 | 0.01 | 0.12 | 0.04 |
| 江西 | 淡水养殖 | 工厂化养殖 | 鳖 | 9.74 | 2.24 | 3.03 | 55.07 |
| 江西 | 淡水养殖 | 工厂化养殖 | 短盖巨脂鲤 | 2.49 | 0.21 | 0.56 | 10.74 |
| 江西 | 淡水养殖 | 工厂化养殖 | 龟 | 9.74 | 2.24 | 3.03 | 55.07 |
| 江西 | 淡水养殖 | 工厂化养殖 | 鳗鲡 | 40.16 | 27.60 | 24.58 | 37.38 |
| 江西 | 淡水养殖 | 工厂化养殖 | 其他 | 7.56 | 2.71 | 3.44 | 20.94 |

| 省名 | 养殖水体 | 养殖模式 | 养殖种类 | 总氮/（克/千克） | 总磷/（克/千克） | 氨氮/（克/千克） | COD/（克/千克） |
|---|---|---|---|---|---|---|---|
| 江西 | 淡水养殖 | 工厂化养殖 | 青鱼 | 0.41 | 0.06 | 0.10 | 1.55 |
| 江西 | 淡水养殖 | 工厂化养殖 | 鲟鱼 | 6.79 | 5.33 | 4.06 | 56.73 |
| 江西 | 淡水养殖 | 网箱养殖 | 草鱼 | 36.56 | 9.32 | 0.06 | 0.26 |
| 江西 | 淡水养殖 | 网箱养殖 | 鳜鱼 | 4.52 | 0.65 | 0.00 | 1.13 |
| 江西 | 淡水养殖 | 网箱养殖 | 河蟹 | 9.04 | 4.52 | 0.92 | 30.80 |
| 江西 | 淡水养殖 | 网箱养殖 | 黄颡鱼 | 4.52 | 0.65 | 0.00 | 1.13 |
| 江西 | 淡水养殖 | 网箱养殖 | 黄鳝 | 4.52 | 0.65 | 0.00 | 1.13 |
| 江西 | 淡水养殖 | 网箱养殖 | 鲫鱼 | 26.95 | 9.13 | 0.00 | 0.16 |
| 江西 | 淡水养殖 | 网箱养殖 | 加州鲈 | 68.03 | 16.26 | 0.95 | 39.64 |
| 江西 | 淡水养殖 | 网箱养殖 | 克氏原螯虾 | 2.71 | 0.58 | 0.69 | 2.54 |
| 江西 | 淡水养殖 | 网箱养殖 | 鲢鱼 | −1.56 | −1.13 | −0.02 | −2.95 |
| 江西 | 淡水养殖 | 网箱养殖 | 罗非鱼 | 18.13 | 5.61 | 12.21 | 9.39 |
| 江西 | 淡水养殖 | 网箱养殖 | 鳗鲡 | 4.52 | 0.65 | 0.00 | 1.13 |
| 江西 | 淡水养殖 | 网箱养殖 | 南美白对虾（淡） | 3.28 | 0.68 | 1.80 | 47.21 |
| 江西 | 淡水养殖 | 网箱养殖 | 泥鳅 | 2.28 | 0.53 | 1.60 | 0.40 |
| 江西 | 淡水养殖 | 网箱养殖 | 鲶鱼 | 4.52 | 0.65 | 0.00 | 1.13 |
| 江西 | 淡水养殖 | 网箱养殖 | 青虾 | 1.02 | 0.36 | 0.54 | 4.40 |
| 江西 | 淡水养殖 | 网箱养殖 | 蛙 | 9.74 | 2.24 | 3.03 | 55.07 |
| 江西 | 淡水养殖 | 网箱养殖 | 鳙鱼 | −1.56 | −1.13 | −0.02 | −2.95 |
| 江西 | 淡水养殖 | 围栏养殖 | 鳊鱼 | 26.11 | 3.71 | 0.50 | 21.77 |
| 江西 | 淡水养殖 | 围栏养殖 | 鳖 | 9.74 | 2.24 | 3.03 | 55.07 |
| 江西 | 淡水养殖 | 围栏养殖 | 草鱼 | 26.11 | 3.71 | 0.50 | 21.77 |
| 江西 | 淡水养殖 | 围栏养殖 | 短盖巨脂鲤 | 10.35 | 4.99 | 0.07 | 0.13 |
| 江西 | 淡水养殖 | 围栏养殖 | 龟 | 9.74 | 2.24 | 3.03 | 55.07 |
| 江西 | 淡水养殖 | 围栏养殖 | 鳜鱼 | 4.52 | 0.65 | 0.00 | 1.13 |
| 江西 | 淡水养殖 | 围栏养殖 | 河蚌 | 1.43 | 0.14 | 0.11 | 6.35 |
| 江西 | 淡水养殖 | 围栏养殖 | 河蟹 | 9.04 | 4.52 | 0.92 | 30.80 |
| 江西 | 淡水养殖 | 围栏养殖 | 黄颡鱼 | 4.52 | 0.65 | 0.00 | 1.13 |
| 江西 | 淡水养殖 | 围栏养殖 | 黄鳝 | 4.52 | 0.65 | 0.00 | 1.13 |
| 江西 | 淡水养殖 | 围栏养殖 | 鲫鱼 | 26.95 | 9.13 | 0.00 | 0.16 |
| 江西 | 淡水养殖 | 围栏养殖 | 克氏原螯虾 | 2.71 | 0.58 | 0.69 | 2.54 |
| 江西 | 淡水养殖 | 围栏养殖 | 鲤鱼 | 10.35 | 4.99 | 0.07 | 0.13 |
| 江西 | 淡水养殖 | 围栏养殖 | 鲢鱼 | −1.56 | −1.13 | −0.02 | −2.95 |
| 江西 | 淡水养殖 | 围栏养殖 | 螺 | 1.43 | 0.14 | 0.11 | 6.35 |
| 江西 | 淡水养殖 | 围栏养殖 | 南美白对虾（淡） | 3.28 | 0.68 | 1.80 | 47.21 |
| 江西 | 淡水养殖 | 围栏养殖 | 泥鳅 | 2.28 | 0.53 | 1.60 | 0.40 |
| 江西 | 淡水养殖 | 围栏养殖 | 鲶鱼 | 4.52 | 0.65 | 0.00 | 1.13 |
| 江西 | 淡水养殖 | 围栏养殖 | 其他 | 4.10 | 1.84 | 1.06 | 25.41 |
| 江西 | 淡水养殖 | 围栏养殖 | 青虾 | 1.02 | 0.36 | 0.54 | 4.40 |
| 江西 | 淡水养殖 | 围栏养殖 | 青鱼 | 4.52 | 0.65 | 0.00 | 1.13 |

| 省名 | 养殖水体 | 养殖模式 | 养殖种类 | 总氮/（克/千克） | 总磷/（克/千克） | 氨氮/（克/千克） | COD/（克/千克） |
|---|---|---|---|---|---|---|---|
| 江西 | 淡水养殖 | 围栏养殖 | 蛙 | 9.74 | 2.24 | 3.03 | 55.07 |
| 江西 | 淡水养殖 | 围栏养殖 | 乌鳢 | 4.52 | 0.65 | 0.00 | 1.13 |
| 江西 | 淡水养殖 | 围栏养殖 | 蚬 | 1.43 | 0.14 | 0.11 | 6.35 |
| 江西 | 淡水养殖 | 围栏养殖 | 鳙鱼 | −1.56 | −1.13 | −0.02 | −2.95 |
| 江西 | 淡水养殖 | 滩涂 | 草鱼 | 26.11 | 3.71 | 0.50 | 21.77 |
| 江西 | 淡水养殖 | 滩涂 | 黄颡鱼 | 4.52 | 0.65 | 0.00 | 1.13 |
| 江西 | 淡水养殖 | 滩涂 | 鲤鱼 | 10.35 | 4.99 | 0.07 | 0.13 |
| 江西 | 淡水养殖 | 滩涂 | 鲢鱼 | −1.56 | −1.13 | −0.02 | −2.95 |
| 江西 | 淡水养殖 | 滩涂 | 鲶鱼 | 4.52 | 0.65 | 0.00 | 1.13 |
| 江西 | 淡水养殖 | 滩涂 | 青鱼 | 4.52 | 0.65 | 0.00 | 1.13 |
| 江西 | 淡水养殖 | 滩涂 | 乌鳢 | 4.52 | 0.65 | 0.00 | 1.13 |
| 江西 | 淡水养殖 | 滩涂 | 鳙鱼 | −1.56 | −1.13 | −0.02 | −2.95 |
| 江西 | 淡水养殖 | 其他 | 鳊鱼 | 9.87 | 2.11 | 2.45 | 23.07 |
| 江西 | 淡水养殖 | 其他 | 鳖 | 9.87 | 2.11 | 2.45 | 23.07 |
| 江西 | 淡水养殖 | 其他 | 草鱼 | 9.87 | 2.11 | 2.45 | 23.07 |
| 江西 | 淡水养殖 | 其他 | 短盖巨脂鲤 | 9.87 | 2.11 | 2.45 | 23.07 |
| 江西 | 淡水养殖 | 其他 | 龟 | 9.87 | 2.11 | 2.45 | 23.07 |
| 江西 | 淡水养殖 | 其他 | 鳜鱼 | 9.87 | 2.11 | 2.45 | 23.07 |
| 江西 | 淡水养殖 | 其他 | 河蚌 | 0.79 | 0.16 | 0.07 | 2.54 |
| 江西 | 淡水养殖 | 其他 | 河蟹 | 6.78 | 1.33 | 1.33 | 35.87 |
| 江西 | 淡水养殖 | 其他 | 黄颡鱼 | 9.87 | 2.11 | 2.45 | 23.07 |
| 江西 | 淡水养殖 | 其他 | 黄鳝 | 9.87 | 2.11 | 2.45 | 23.07 |
| 江西 | 淡水养殖 | 其他 | 鮰鱼 | 9.87 | 2.11 | 2.45 | 23.07 |
| 江西 | 淡水养殖 | 其他 | 鲫鱼 | 9.87 | 2.11 | 2.45 | 23.07 |
| 江西 | 淡水养殖 | 其他 | 加州鲈 | 9.87 | 2.11 | 2.45 | 23.07 |
| 江西 | 淡水养殖 | 其他 | 克氏原螯虾 | 2.71 | 0.58 | 0.69 | 2.54 |
| 江西 | 淡水养殖 | 其他 | 鲤鱼 | 9.87 | 2.11 | 2.45 | 23.07 |
| 江西 | 淡水养殖 | 其他 | 鲢鱼 | −1.56 | −1.13 | −0.02 | −2.95 |
| 江西 | 淡水养殖 | 其他 | 鲈鱼 | 9.87 | 2.11 | 2.45 | 23.07 |
| 江西 | 淡水养殖 | 其他 | 罗非鱼 | 9.87 | 2.11 | 2.45 | 23.07 |
| 江西 | 淡水养殖 | 其他 | 螺 | 0.79 | 0.16 | 0.07 | 2.54 |
| 江西 | 淡水养殖 | 其他 | 泥鳅 | 9.87 | 2.11 | 2.45 | 23.07 |
| 江西 | 淡水养殖 | 其他 | 鲶鱼 | 9.87 | 2.11 | 2.45 | 23.07 |
| 江西 | 淡水养殖 | 其他 | 其他 | 9.87 | 2.11 | 2.45 | 23.07 |
| 江西 | 淡水养殖 | 其他 | 青虾 | 6.78 | 1.33 | 1.33 | 35.87 |
| 江西 | 淡水养殖 | 其他 | 青鱼 | 9.87 | 2.11 | 2.45 | 23.07 |
| 江西 | 淡水养殖 | 其他 | 蛙 | 9.87 | 2.11 | 2.45 | 23.07 |
| 江西 | 淡水养殖 | 其他 | 乌鳢 | 9.87 | 2.11 | 2.45 | 23.07 |
| 江西 | 淡水养殖 | 其他 | 蚬 | 0.79 | 0.16 | 0.07 | 2.54 |
| 江西 | 淡水养殖 | 其他 | 银鱼 | 9.87 | 2.11 | 2.45 | 23.07 |

| 省名 | 养殖水体 | 养殖模式 | 养殖种类 | 总氮/（克/千克） | 总磷/（克/千克） | 氨氮/（克/千克） | COD/（克/千克） |
|------|----------|----------|----------|------------------|------------------|------------------|------------------|
| 江西 | 淡水养殖 | 其他 | 鳙鱼 | −1.56 | −1.13 | −0.02 | −2.95 |
| 江西 | 淡水养殖 | 其他 | 中国对虾 | 0.83 | 0.42 | 0.05 | 10.46 |
| 江西 | 淡水养殖 | 其他 | 鳟鱼 | 9.87 | 2.11 | 2.45 | 23.07 |
| 江西 | 淡水养殖 | 其他 | 鲟鱼 | 3.80 | 1.32 | 0.45 | 20.06 |
| 江西 | 淡水养殖 | 其他 | 淡水珍珠 | 1.43 | 0.14 | 0.11 | 6.35 |
| 江西 | 淡水养殖 | 工厂化养殖 | 蛙 | 9.74 | 2.24 | 3.03 | 55.07 |
| 江西 | 淡水养殖 | 网箱养殖 | 鳊鱼 | 0.90 | 0.09 | 0.56 | 9.67 |
| 江西 | 淡水养殖 | 网箱养殖 | 其他 | 5.88 | 1.13 | 1.63 | 25.86 |
| 江西 | 淡水养殖 | 网箱养殖 | 鮰鱼 | 2.98 | 1.57 | 2.68 | 4.81 |
| 江西 | 淡水养殖 | 工厂化养殖 | 鳟鱼 | 0.45 | 0.01 | 0.12 | 0.04 |
| 江西 | 淡水养殖 | 工厂化养殖 | 蛙 | 9.74 | 2.24 | 3.03 | 55.07 |
| 江西 | 淡水养殖 | 工厂化养殖 | 加州鲈 | 5.34 | 0.77 | 0.16 | 13.60 |
| 江西 | 淡水养殖 | 围栏养殖 | 鮰鱼 | 2.98 | 1.57 | 2.68 | 4.81 |
| 江西 | 淡水养殖 | 工厂化养殖 | 罗非鱼 | 5.65 | 0.59 | 1.03 | 20.00 |
| 辽宁 | 淡水养殖 | 池塘养殖 | 鳊鱼 | 8.12 | −0.45 | 0.46 | 3.47 |
| 辽宁 | 淡水养殖 | 池塘养殖 | 草鱼 | 10.11 | 1.36 | 3.96 | 45.07 |
| 辽宁 | 海水养殖 | 池塘养殖 | 蛏 | −0.10 | −0.01 | 0.00 | −1.64 |
| 辽宁 | 海水养殖 | 池塘养殖 | 蛤 | −0.10 | −0.01 | 0.00 | −1.64 |
| 辽宁 | 海水养殖 | 池塘养殖 | 海参 | 1.50 | 0.12 | 0.05 | 4.36 |
| 辽宁 | 海水养殖 | 池塘养殖 | 海蜇 | 4.84 | 0.52 | 3.66 | 36.29 |
| 辽宁 | 海水养殖 | 池塘养殖 | 蚶 | −0.10 | −0.01 | 0.00 | −1.64 |
| 辽宁 | 海水养殖 | 池塘养殖 | 河豚 | 1.99 | 0.45 | 0.32 | 3.80 |
| 辽宁 | 淡水养殖 | 池塘养殖 | 河蟹 | 12.88 | 4.93 | 8.68 | 63.16 |
| 辽宁 | 淡水养殖 | 池塘养殖 | 黄颡鱼 | 5.76 | 0.30 | 1.79 | 21.43 |
| 辽宁 | 淡水养殖 | 池塘养殖 | 鲫鱼 | 7.06 | 1.19 | 1.30 | 12.73 |
| 辽宁 | 淡水养殖 | 池塘养殖 | 鲤鱼 | 12.62 | 0.56 | 0.51 | 20.99 |
| 辽宁 | 淡水养殖 | 池塘养殖 | 鲢鱼 | −1.56 | −1.13 | −0.02 | −2.95 |
| 辽宁 | 淡水养殖 | 池塘养殖 | 鲈鱼 | 5.34 | 0.77 | 0.16 | 13.60 |
| 辽宁 | 淡水养殖 | 池塘养殖 | 罗非鱼 | 3.96 | 0.19 | 0.48 | 16.27 |
| 辽宁 | 淡水养殖 | 池塘养殖 | 南美白对虾（淡） | 7.28 | 0.65 | 1.27 | 32.01 |
| 辽宁 | 海水养殖 | 池塘养殖 | 南美白对虾（海） | 1.64 | 1.19 | 0.01 | 44.18 |
| 辽宁 | 淡水养殖 | 池塘养殖 | 泥鳅 | 6.37 | 0.52 | 2.83 | 29.96 |
| 辽宁 | 淡水养殖 | 池塘养殖 | 鲶鱼 | 5.56 | 0.22 | 0.18 | 21.37 |
| 辽宁 | 海水养殖 | 池塘养殖 | 鲆鱼 | 1.06 | 0.11 | 0.05 | 1.84 |
| 辽宁 | 淡水养殖 | 池塘养殖 | 其他 | 5.88 | 1.13 | 1.63 | 25.86 |
| 辽宁 | 淡水养殖 | 池塘养殖 | 青鱼 | 5.56 | 0.22 | 0.18 | 21.37 |
| 辽宁 | 海水养殖 | 池塘养殖 | 日本对虾 | 0.83 | 0.42 | 0.05 | 10.46 |
| 辽宁 | 海水养殖 | 池塘养殖 | 梭子蟹 | 7.93 | 1.57 | 1.77 | 2.45 |
| 辽宁 | 淡水养殖 | 池塘养殖 | 蛙 | 9.74 | 2.24 | 3.03 | 55.07 |

| 省名 | 养殖水体 | 养殖模式 | 养殖种类 | 总氮/（克/千克） | 总磷/（克/千克） | 氨氮/（克/千克） | COD/（克/千克） |
|---|---|---|---|---|---|---|---|
| 辽宁 | 淡水养殖 | 池塘养殖 | 乌鳢 | 4.07 | 0.34 | 1.16 | 17.79 |
| 辽宁 | 淡水养殖 | 池塘养殖 | 鲟鱼 | 6.79 | 5.33 | 4.06 | 56.73 |
| 辽宁 | 淡水养殖 | 池塘养殖 | 鳙鱼 | −1.56 | −1.13 | −0.02 | −2.95 |
| 辽宁 | 海水养殖 | 池塘养殖 | 中国对虾 | 0.83 | 0.42 | 0.05 | 10.46 |
| 辽宁 | 淡水养殖 | 池塘养殖 | 鳟鱼 | 1.99 | 0.07 | 1.69 | 1.55 |
| 辽宁 | 海水养殖 | 工厂化养殖 | 鲑鱼 | 15.01 | 1.90 | 0.15 | 1.87 |
| 辽宁 | 海水养殖 | 工厂化养殖 | 海参 | 6.65 | 0.48 | 0.33 | 19.56 |
| 辽宁 | 淡水养殖 | 工厂化养殖 | 河蟹 | 12.88 | 4.93 | 8.68 | 63.16 |
| 辽宁 | 淡水养殖 | 工厂化养殖 | 鲤鱼 | 6.37 | 0.52 | 2.83 | 29.96 |
| 辽宁 | 淡水养殖 | 工厂化养殖 | 南美白对虾（淡） | 7.28 | 0.65 | 1.27 | 32.01 |
| 辽宁 | 海水养殖 | 工厂化养殖 | 南美白对虾（海） | 1.64 | 1.19 | 0.01 | 44.18 |
| 辽宁 | 海水养殖 | 工厂化养殖 | 鲆鱼 | 1.06 | 0.11 | 0.05 | 1.84 |
| 辽宁 | 淡水养殖 | 工厂化养殖 | 其他 | 7.56 | 2.71 | 3.44 | 20.94 |
| 辽宁 | 海水养殖 | 工厂化养殖 | 中国对虾 | 0.83 | 0.42 | 0.05 | 10.46 |
| 辽宁 | 淡水养殖 | 网箱养殖 | 鳜鱼 | 15.01 | 1.90 | 0.15 | 1.87 |
| 辽宁 | 海水养殖 | 网箱养殖 | 海参 | 1.30 | 0.20 | 0.01 | 0.17 |
| 辽宁 | 海水养殖 | 网箱养殖 | 河豚 | 48.68 | 5.63 | 0.09 | 13.36 |
| 辽宁 | 海水养殖 | 网箱养殖 | 鲆鱼 | 17.59 | 1.43 | 0.04 | 0.46 |
| 辽宁 | 淡水养殖 | 围栏养殖 | 河蟹 | 9.04 | 4.52 | 0.92 | 30.80 |
| 辽宁 | 淡水养殖 | 围栏养殖 | 鲢鱼 | −1.56 | −1.13 | −0.02 | −2.95 |
| 辽宁 | 海水养殖 | 浅海阀式 | 牡蛎 | −0.17 | −0.01 | 0.00 | −7.24 |
| 辽宁 | 海水养殖 | 浅海阀式 | 其他 | −0.17 | −0.01 | 0.00 | −7.24 |
| 辽宁 | 海水养殖 | 浅海阀式 | 扇贝 | −0.17 | −0.01 | 0.00 | −7.24 |
| 辽宁 | 海水养殖 | 浅海阀式 | 贻贝 | −0.17 | −0.01 | 0.00 | −7.24 |
| 辽宁 | 海水养殖 | 滩涂 | 鲍 | 1.24 | −0.08 | 0.02 | −0.01 |
| 辽宁 | 淡水养殖 | 滩涂 | 草鱼 | 17.48 | 1.02 | 0.24 | 0.38 |
| 辽宁 | 海水养殖 | 滩涂 | 蛏 | −0.10 | −0.01 | 0.00 | −1.64 |
| 辽宁 | 海水养殖 | 滩涂 | 蛤 | −0.10 | −0.01 | 0.00 | −1.64 |
| 辽宁 | 海水养殖 | 滩涂 | 海参 | 1.30 | 0.20 | 0.01 | 0.17 |
| 辽宁 | 海水养殖 | 滩涂 | 海胆 | 1.30 | 0.20 | 0.01 | 0.17 |
| 辽宁 | 海水养殖 | 滩涂 | 蚶 | −0.10 | −0.01 | 0.00 | −1.64 |
| 辽宁 | 淡水养殖 | 滩涂 | 鲫鱼 | 26.95 | 9.13 | 0.00 | 0.16 |
| 辽宁 | 淡水养殖 | 滩涂 | 鲤鱼 | 25.50 | 8.84 | 0.00 | 0.29 |
| 辽宁 | 淡水养殖 | 滩涂 | 鲢鱼 | −1.56 | −1.13 | −0.02 | −2.95 |
| 辽宁 | 海水养殖 | 滩涂 | 螺 | 1.43 | 0.14 | 0.11 | 6.35 |
| 辽宁 | 淡水养殖 | 滩涂 | 鲶鱼 | 15.01 | 1.90 | 0.15 | 1.87 |
| 辽宁 | 淡水养殖 | 滩涂 | 银鱼 | 4.77 | 1.92 | 1.18 | 29.10 |
| 辽宁 | 淡水养殖 | 滩涂 | 鳙鱼 | −1.56 | −1.13 | −0.02 | −2.95 |
| 辽宁 | 淡水养殖 | 其他 | 鳊鱼 | 9.66 | 2.15 | 1.92 | 20.58 |
| 辽宁 | 淡水养殖 | 其他 | 草鱼 | 9.87 | 2.11 | 2.45 | 23.07 |

| 省名 | 养殖水体 | 养殖模式 | 养殖种类 | 总氮/（克/千克） | 总磷/（克/千克） | 氨氮/（克/千克） | COD/（克/千克） |
|---|---|---|---|---|---|---|---|
| 辽宁 | 海水养殖 | 其他 | 蛏 | −0.10 | −0.01 | 0.00 | −1.64 |
| 辽宁 | 淡水养殖 | 其他 | 池沼公鱼 | 9.87 | 2.11 | 2.45 | 23.07 |
| 辽宁 | 海水养殖 | 其他 | 蛤 | −0.10 | −0.01 | 0.00 | −1.64 |
| 辽宁 | 海水养殖 | 其他 | 海参 | 12.01 | 1.90 | 0.39 | 12.05 |
| 辽宁 | 海水养殖 | 其他 | 蚶 | −0.10 | −0.01 | 0.00 | −1.64 |
| 辽宁 | 淡水养殖 | 其他 | 河蟹 | 6.78 | 1.33 | 1.33 | 35.87 |
| 辽宁 | 淡水养殖 | 其他 | 鲫鱼 | 9.87 | 2.11 | 2.45 | 23.07 |
| 辽宁 | 淡水养殖 | 其他 | 鲤鱼 | 9.87 | 2.11 | 2.45 | 23.07 |
| 辽宁 | 淡水养殖 | 其他 | 鲢鱼 | −1.56 | −1.13 | −0.02 | −2.95 |
| 辽宁 | 淡水养殖 | 其他 | 鲶鱼 | 9.87 | 2.11 | 2.45 | 23.07 |
| 辽宁 | 淡水养殖 | 其他 | 青鱼 | 9.87 | 2.11 | 2.45 | 23.07 |
| 辽宁 | 海水养殖 | 其他 | 扇贝 | −0.17 | −0.01 | 0.00 | −7.24 |
| 辽宁 | 淡水养殖 | 其他 | 蛙 | 9.87 | 2.11 | 2.45 | 23.07 |
| 辽宁 | 淡水养殖 | 其他 | 银鱼 | 9.87 | 2.11 | 2.45 | 23.07 |
| 辽宁 | 淡水养殖 | 其他 | 鳙鱼 | −1.56 | −1.13 | −0.02 | −2.95 |
| 辽宁 | 淡水养殖 | 其他 | 其他 | 9.87 | 2.11 | 2.45 | 23.07 |
| 辽宁 | 海水养殖 | 其他 | 其他 | 12.01 | 1.90 | 0.39 | 12.05 |
| 辽宁 | 海水养殖 | 滩涂养殖 | 其他 | 5.88 | 1.13 | 1.63 | 25.86 |
| 辽宁 | 海水养殖 | 工厂化养殖 | 其他 | 5.88 | 1.13 | 1.63 | 25.86 |
| 辽宁 | 海水养殖 | 滩涂养殖 | 扇贝 | −0.17 | −0.01 | 0.00 | −7.24 |
| 辽宁 | 海水养殖 | 池塘养殖 | 牡蛎 | −0.17 | −0.01 | 0.00 | −7.24 |
| 辽宁 | 海水养殖 | 其他 | 牡蛎 | −0.17 | −0.01 | 0.00 | −7.24 |
| 辽宁 | 淡水养殖 | 其他 | 泥鳅 | 9.82 | 1.53 | 0.93 | 5.96 |
| 辽宁 | 海水养殖 | 其他 | 鲆鱼 | 0.55 | 0.06 | 0.05 | 2.39 |
| 辽宁 | 海水养殖 | 池塘养殖 | 扇贝 | −0.17 | −0.01 | 0.00 | −7.24 |
| 辽宁 | 海水养殖 | 其他 | 鲈鱼 | 5.34 | 0.77 | 0.16 | 13.60 |
| 辽宁 | 海水养殖 | 池塘养殖 | 其他 | 5.88 | 1.13 | 1.63 | 25.86 |
| 辽宁 | 淡水养殖 | 网箱养殖 | 草鱼 | 5.73 | 1.29 | 0.33 | 8.77 |
| 辽宁 | 淡水养殖 | 网箱养殖 | 鲤鱼 | 9.82 | 1.53 | 0.93 | 5.96 |
| 辽宁 | 淡水养殖 | 工厂化养殖 | 鲟鱼 | 3.80 | 1.32 | 0.45 | 20.06 |
| 辽宁 | 海水养殖 | 网箱养殖 | 其他 | 5.88 | 1.13 | 1.63 | 25.86 |
| | | | | | | | |
| 内蒙古 | 淡水养殖 | 池塘养殖 | 鳊鱼 | 5.12 | 1.17 | −0.10 | 17.70 |
| 内蒙古 | 淡水养殖 | 池塘养殖 | 草鱼 | 10.11 | 1.36 | 3.96 | 45.07 |
| 内蒙古 | 淡水养殖 | 池塘养殖 | 鳜鱼 | 18.26 | 0.81 | 3.11 | 31.98 |
| 内蒙古 | 淡水养殖 | 池塘养殖 | 河蟹 | 12.88 | 4.93 | 8.68 | 63.16 |
| 内蒙古 | 淡水养殖 | 池塘养殖 | 黄颡鱼 | 5.76 | 0.30 | 1.79 | 21.43 |
| 内蒙古 | 淡水养殖 | 池塘养殖 | 鲴鱼 | 7.06 | 0.27 | 1.40 | 10.81 |
| 内蒙古 | 淡水养殖 | 池塘养殖 | 鲫鱼 | 7.06 | 1.19 | 1.30 | 12.73 |
| 内蒙古 | 淡水养殖 | 池塘养殖 | 加州鲈 | 12.56 | 2.01 | 4.22 | 245.00 |

| 省名 | 养殖水体 | 养殖模式 | 养殖种类 | 总氮/（克/千克） | 总磷/（克/千克） | 氨氮/（克/千克） | COD/（克/千克） |
|---|---|---|---|---|---|---|---|
| 内蒙古 | 淡水养殖 | 池塘养殖 | 鲤鱼 | 9.82 | 1.53 | 0.93 | 5.96 |
| 内蒙古 | 淡水养殖 | 池塘养殖 | 鲢鱼 | −1.56 | −1.13 | −0.02 | −2.95 |
| 内蒙古 | 淡水养殖 | 池塘养殖 | 罗非鱼 | 3.96 | 0.19 | 0.48 | 16.27 |
| 内蒙古 | 淡水养殖 | 池塘养殖 | 南美白对虾（淡） | 7.28 | 0.65 | 1.27 | 32.01 |
| 内蒙古 | 淡水养殖 | 池塘养殖 | 泥鳅 | 9.82 | 1.53 | 0.93 | 5.96 |
| 内蒙古 | 淡水养殖 | 池塘养殖 | 鲶鱼 | 5.56 | 0.22 | 0.18 | 21.37 |
| 内蒙古 | 淡水养殖 | 池塘养殖 | 其他 | 5.88 | 1.13 | 1.63 | 25.86 |
| 内蒙古 | 淡水养殖 | 池塘养殖 | 青鱼 | 5.56 | 0.22 | 0.18 | 21.37 |
| 内蒙古 | 淡水养殖 | 池塘养殖 | 乌鳢 | 4.07 | 0.34 | 1.16 | 17.79 |
| 内蒙古 | 淡水养殖 | 池塘养殖 | 鲟鱼 | 3.80 | 1.32 | 0.45 | 20.06 |
| 内蒙古 | 淡水养殖 | 池塘养殖 | 鳙鱼 | −1.56 | −1.13 | −0.02 | −2.95 |
| 内蒙古 | 淡水养殖 | 池塘养殖 | 鳟鱼 | 0.45 | 0.01 | 0.12 | 0.04 |
| 内蒙古 | 淡水养殖 | 工厂化养殖 | 罗非鱼 | 3.96 | 0.19 | 0.48 | 16.27 |
| 内蒙古 | 淡水养殖 | 工厂化养殖 | 鲟鱼 | 3.80 | 1.32 | 0.45 | 20.06 |
| 内蒙古 | 淡水养殖 | 网箱养殖 | 草鱼 | 5.73 | 1.29 | 0.33 | 8.77 |
| 内蒙古 | 淡水养殖 | 网箱养殖 | 鲤鱼类 | 25.50 | 8.84 | 0.00 | 0.29 |
| 内蒙古 | 淡水养殖 | 网箱养殖 | 鳙鱼 | −1.56 | −1.13 | −0.02 | −2.95 |
| 内蒙古 | 淡水养殖 | 滩涂 | 鳊鱼 | 5.73 | 1.29 | 0.33 | 8.77 |
| 内蒙古 | 淡水养殖 | 滩涂 | 草鱼 | 5.73 | 1.29 | 0.33 | 8.77 |
| 内蒙古 | 淡水养殖 | 滩涂 | 河蟹 | 9.04 | 4.52 | 0.92 | 30.80 |
| 内蒙古 | 淡水养殖 | 滩涂 | 鲫鱼 | 26.95 | 9.13 | 0.00 | 0.16 |
| 内蒙古 | 淡水养殖 | 滩涂 | 鲤鱼 | 10.35 | 4.99 | 0.07 | 0.13 |
| 内蒙古 | 淡水养殖 | 滩涂 | 鲢鱼 | −1.56 | −1.13 | −0.02 | −2.95 |
| 内蒙古 | 淡水养殖 | 滩涂 | 鲶鱼 | 4.52 | 0.65 | 0.00 | 1.13 |
| 内蒙古 | 淡水养殖 | 滩涂 | 鳙鱼 | −1.56 | −1.13 | −0.02 | −2.95 |
| 内蒙古 | 淡水养殖 | 其他 | 鲫鱼 | 9.87 | 2.11 | 2.45 | 23.07 |
| 内蒙古 | 淡水养殖 | 其他 | 鲤鱼 | 9.87 | 2.11 | 2.45 | 23.07 |
| 内蒙古 | 淡水养殖 | 其他 | 其他 | 9.87 | 2.11 | 2.45 | 23.07 |
| 内蒙古 | 淡水养殖 | 其他 | 草鱼 | 10.11 | 1.36 | 3.96 | 45.07 |
| 内蒙古 | 淡水养殖 | 其他 | 鲢鱼 | −1.56 | −1.13 | −0.02 | −2.95 |
| 宁夏 | 淡水养殖 | 池塘养殖 | 鳊鱼 | 6.13 | 0.98 | 5.75 | 16.18 |
| 宁夏 | 淡水养殖 | 池塘养殖 | 草鱼 | 6.13 | 0.98 | 5.75 | 16.18 |
| 宁夏 | 淡水养殖 | 池塘养殖 | 鲑鱼 | 4.52 | 0.65 | 0.00 | 1.13 |
| 宁夏 | 淡水养殖 | 池塘养殖 | 河蟹 | 4.74 | 0.40 | 1.39 | 42.96 |
| 宁夏 | 淡水养殖 | 池塘养殖 | 鮰鱼 | 7.06 | 0.27 | 1.40 | 10.81 |
| 宁夏 | 淡水养殖 | 池塘养殖 | 鲫鱼 | 3.08 | 1.29 | 0.49 | 21.14 |
| 宁夏 | 淡水养殖 | 池塘养殖 | 加州鲈 | 12.56 | 2.01 | 4.22 | 245.00 |
| 宁夏 | 淡水养殖 | 池塘养殖 | 鲤鱼 | 9.82 | 1.53 | 0.93 | 5.96 |
| 宁夏 | 淡水养殖 | 池塘养殖 | 鲢鱼 | −1.56 | −1.13 | −0.02 | −2.95 |

| 省名 | 养殖水体 | 养殖模式 | 养殖种类 | 总氮/（克/千克） | 总磷/（克/千克） | 氨氮/（克/千克） | COD/（克/千克） |
|---|---|---|---|---|---|---|---|
| 宁夏 | 淡水养殖 | 池塘养殖 | 鲈鱼 | 12.56 | 2.01 | 4.22 | 245.00 |
| 宁夏 | 淡水养殖 | 池塘养殖 | 南美白对虾（淡） | 7.28 | 0.65 | 1.27 | 32.01 |
| 宁夏 | 淡水养殖 | 池塘养殖 | 泥鳅 | 9.82 | 1.53 | 0.93 | 5.96 |
| 宁夏 | 淡水养殖 | 池塘养殖 | 鲶鱼 | 0.41 | 0.06 | 0.10 | 1.55 |
| 宁夏 | 淡水养殖 | 池塘养殖 | 其他 | 5.88 | 1.13 | 1.63 | 25.86 |
| 宁夏 | 淡水养殖 | 池塘养殖 | 乌鳢 | 4.07 | 0.34 | 1.16 | 17.79 |
| 宁夏 | 淡水养殖 | 池塘养殖 | 鲟鱼 | 3.80 | 1.32 | 0.45 | 20.06 |
| 宁夏 | 淡水养殖 | 池塘养殖 | 鳙鱼 | −1.56 | −1.13 | −0.02 | −2.95 |
| 宁夏 | 淡水养殖 | 池塘养殖 | 鳟鱼 | 0.45 | 0.01 | 0.12 | 0.04 |
| 宁夏 | 淡水养殖 | 工厂化养殖 | 加州鲈 | 12.56 | 2.01 | 4.22 | 245.00 |
| 宁夏 | 淡水养殖 | 工厂化养殖 | 南美白对虾（淡） | 7.28 | 0.65 | 1.27 | 32.01 |
| 宁夏 | 淡水养殖 | 工厂化养殖 | 泥鳅 | 9.82 | 1.53 | 0.93 | 5.96 |
| 宁夏 | 淡水养殖 | 工厂化养殖 | 鲟鱼 | 3.80 | 1.32 | 0.45 | 20.06 |
| 宁夏 | 淡水养殖 | 滩涂 | 草鱼 | 5.73 | 1.29 | 0.33 | 8.77 |
| 宁夏 | 淡水养殖 | 滩涂 | 河蟹 | 9.04 | 4.52 | 0.92 | 30.80 |
| 宁夏 | 淡水养殖 | 滩涂 | 鲫鱼 | 26.95 | 9.13 | 0.00 | 0.16 |
| 宁夏 | 淡水养殖 | 滩涂 | 鲤鱼 | 10.35 | 4.99 | 0.07 | 0.13 |
| 宁夏 | 淡水养殖 | 滩涂 | 鲢鱼 | −1.56 | −1.13 | −0.02 | −2.95 |
| 宁夏 | 淡水养殖 | 滩涂 | 鲶鱼 | 4.52 | 0.65 | 0.00 | 1.13 |
| 宁夏 | 淡水养殖 | 滩涂 | 鳙鱼 | −1.56 | −1.13 | −0.02 | −2.95 |
| 宁夏 | 淡水养殖 | 其他 | 草鱼 | 9.87 | 2.11 | 2.45 | 23.07 |
| 宁夏 | 淡水养殖 | 其他 | 鮰鱼 | 9.87 | 2.11 | 2.45 | 23.07 |
| 宁夏 | 淡水养殖 | 其他 | 鲫鱼 | 9.87 | 2.11 | 2.45 | 23.07 |
| 宁夏 | 淡水养殖 | 其他 | 鲫鱼 | 9.87 | 2.11 | 2.45 | 23.07 |
| 宁夏 | 淡水养殖 | 其他 | 加州鲈 | 9.87 | 2.11 | 2.45 | 23.07 |
| 宁夏 | 淡水养殖 | 其他 | 鲤鱼 | 9.87 | 2.11 | 2.45 | 23.07 |
| 宁夏 | 淡水养殖 | 其他 | 鲢鱼 | −1.56 | −1.13 | −0.02 | −2.95 |
| 宁夏 | 淡水养殖 | 其他 | 鲶鱼 | 9.87 | 2.11 | 2.45 | 23.07 |
| 宁夏 | 淡水养殖 | 其他 | 乌鳢 | 9.87 | 2.11 | 2.45 | 23.07 |
| 宁夏 | 淡水养殖 | 其他 | 鳙鱼 | −1.56 | −1.13 | −0.02 | −2.95 |
| 宁夏 | 淡水养殖 | 其他 | 其他 | 9.87 | 2.11 | 2.45 | 23.07 |
| 宁夏 | 淡水养殖 | 工厂化养殖 | 鲈鱼 | 5.34 | 0.77 | 0.16 | 13.60 |
| 宁夏 | 淡水养殖 | 工厂化养殖 | 黄颡鱼 | 5.76 | 0.30 | 1.79 | 21.43 |
| 宁夏 | 淡水养殖 | 工厂化养殖 | 鮰鱼 | 2.98 | 1.57 | 2.68 | 4.81 |
| 宁夏 | 淡水养殖 | 滩涂养殖 | 鮰鱼 | 2.98 | 1.57 | 2.68 | 4.81 |
| 宁夏 | 淡水养殖 | 滩涂养殖 | 南美白对虾（淡） | 3.28 | 0.68 | 1.80 | 47.21 |
| 青海 | 淡水养殖 | 池塘养殖 | 草鱼 | 10.11 | 1.36 | 3.96 | 45.07 |
| 青海 | 淡水养殖 | 池塘养殖 | 河蟹 | 4.74 | 0.40 | 1.39 | 42.96 |
| 青海 | 淡水养殖 | 池塘养殖 | 鲫鱼 | 7.06 | 1.19 | 1.30 | 12.73 |

| 省名 | 养殖水体 | 养殖模式 | 养殖种类 | 总氮/（克/千克） | 总磷/（克/千克） | 氨氮/（克/千克） | COD/（克/千克） |
|---|---|---|---|---|---|---|---|
| 青海 | 淡水养殖 | 池塘养殖 | 鲤鱼 | 12.62 | 0.56 | 0.51 | 20.99 |
| 青海 | 淡水养殖 | 池塘养殖 | 鳟鱼 | 0.45 | 0.01 | 0.12 | 0.04 |
| 青海 | 淡水养殖 | 网箱养殖 | 鲑鱼 | 4.52 | 0.65 | 0.00 | 1.13 |
| 青海 | 淡水养殖 | 网箱养殖 | 河蟹 | 9.04 | 4.52 | 0.92 | 30.80 |
| 青海 | 淡水养殖 | 网箱养殖 | 鳟鱼 | 7.57 | 1.20 | 0.05 | 0.24 |
| 青海 | 淡水养殖 | 其他 | 其他 | 9.87 | 2.11 | 2.45 | 23.07 |
| 山东 | 海水养殖 | 池塘养殖 | 斑节对虾 | 0.83 | 0.42 | 0.05 | 10.46 |
| 山东 | 海水养殖 | 池塘养殖 | 鲍 | 2.54 | 0.98 | 0.07 | 8.35 |
| 山东 | 淡水养殖 | 池塘养殖 | 鳊鱼 | 3.53 | 0.44 | 0.49 | 13.08 |
| 山东 | 淡水养殖 | 池塘养殖 | 鳖 | 9.74 | 2.24 | 3.03 | 55.07 |
| 山东 | 淡水养殖 | 池塘养殖 | 草鱼 | 3.53 | 0.44 | 0.49 | 13.08 |
| 山东 | 海水养殖 | 池塘养殖 | 蛏 | −0.10 | −0.01 | 0.00 | −1.64 |
| 山东 | 海水养殖 | 池塘养殖 | 鲽鱼 | 5.96 | 0.52 | 1.19 | 0.57 |
| 山东 | 淡水养殖 | 池塘养殖 | 短盖巨脂鲤 | 15.80 | 1.72 | 2.39 | 26.59 |
| 山东 | 淡水养殖 | 池塘养殖 | 龟 | 9.74 | 2.24 | 3.03 | 55.07 |
| 山东 | 淡水养殖 | 池塘养殖 | 鲑鱼 | 4.52 | 0.65 | 0.00 | 1.13 |
| 山东 | 淡水养殖 | 池塘养殖 | 鳜鱼 | 2.37 | 0.76 | 1.74 | 4.50 |
| 山东 | 海水养殖 | 池塘养殖 | 蛤 | −0.10 | −0.01 | 0.00 | −1.64 |
| 山东 | 海水养殖 | 池塘养殖 | 海参 | 10.43 | 0.23 | 0.11 | 12.86 |
| 山东 | 海水养殖 | 池塘养殖 | 海蜇 | 4.84 | 0.52 | 3.66 | 36.29 |
| 山东 | 淡水养殖 | 池塘养殖 | 河蚌 | 1.43 | 0.14 | 0.11 | 6.35 |
| 山东 | 淡水养殖 | 池塘养殖 | 河蟹 | 12.88 | 4.93 | 8.68 | 63.16 |
| 山东 | 淡水养殖 | 池塘养殖 | 黄颡鱼 | 5.76 | 0.30 | 1.79 | 21.43 |
| 山东 | 淡水养殖 | 池塘养殖 | 黄鳝 | 5.37 | 1.83 | 0.91 | 115.75 |
| 山东 | 淡水养殖 | 池塘养殖 | 鲴鱼 | 8.25 | 0.90 | 2.94 | 20.30 |
| 山东 | 淡水养殖 | 池塘养殖 | 鲫鱼 | 7.06 | 1.19 | 1.30 | 12.73 |
| 山东 | 淡水养殖 | 池塘养殖 | 加州鲈 | 5.34 | 0.77 | 0.16 | 13.60 |
| 山东 | 淡水养殖 | 池塘养殖 | 克氏原螯虾 | 4.07 | 2.64 | 1.54 | 23.04 |
| 山东 | 淡水养殖 | 池塘养殖 | 鲤鱼 | 15.80 | 1.72 | 2.39 | 26.59 |
| 山东 | 淡水养殖 | 池塘养殖 | 鲢鱼 | −1.56 | −1.13 | −0.02 | −2.95 |
| 山东 | 淡水养殖 | 池塘养殖 | 鲈鱼 | 5.34 | 0.77 | 0.16 | 13.60 |
| 山东 | 淡水养殖 | 池塘养殖 | 罗非鱼 | 3.96 | 0.19 | 0.48 | 16.27 |
| 山东 | 淡水养殖 | 池塘养殖 | 罗氏沼虾 | 5.81 | 0.29 | 2.58 | 19.42 |
| 山东 | 淡水养殖 | 池塘养殖 | 螺 | 1.43 | 0.14 | 0.11 | 6.35 |
| 山东 | 海水养殖 | 池塘养殖 | 牡蛎 | −0.17 | −0.01 | 0.00 | 0.02 |
| 山东 | 淡水养殖 | 池塘养殖 | 南美白对虾（淡） | 7.28 | 0.65 | 1.27 | 32.01 |
| 山东 | 海水养殖 | 池塘养殖 | 南美白对虾（海） | 7.28 | 0.65 | 1.27 | 32.01 |
| 山东 | 淡水养殖 | 池塘养殖 | 泥鳅 | 15.80 | 1.72 | 2.39 | 26.59 |
| 山东 | 淡水养殖 | 池塘养殖 | 鲶鱼 | 6.34 | 0.55 | 3.33 | 31.27 |

| 省名 | 养殖水体 | 养殖模式 | 养殖种类 | 总氮/（克/千克） | 总磷/（克/千克） | 氨氮/（克/千克） | COD/（克/千克） |
|---|---|---|---|---|---|---|---|
| 山东 | 海水养殖 | 池塘养殖 | 鲆鱼 | 0.55 | 0.06 | 0.05 | 2.39 |
| 山东 | 淡水养殖 | 池塘养殖 | 其他 | 5.88 | 1.13 | 1.63 | 25.86 |
| 山东 | 淡水养殖 | 池塘养殖 | 青虾 | 2.61 | 0.55 | 0.22 | 2.96 |
| 山东 | 淡水养殖 | 池塘养殖 | 青鱼 | 5.56 | 0.22 | 0.18 | 21.37 |
| 山东 | 海水养殖 | 池塘养殖 | 日本对虾 | 0.83 | 0.42 | 0.05 | 10.46 |
| 山东 | 海水养殖 | 池塘养殖 | 梭子蟹 | 4.66 | 0.88 | 0.00 | 11.91 |
| 山东 | 淡水养殖 | 池塘养殖 | 蛙 | 9.74 | 2.24 | 3.03 | 55.07 |
| 山东 | 淡水养殖 | 池塘养殖 | 乌鳢 | 4.07 | 0.34 | 1.16 | 17.79 |
| 山东 | 淡水养殖 | 池塘养殖 | 蚬 | 1.43 | 0.14 | 0.11 | 6.35 |
| 山东 | 淡水养殖 | 池塘养殖 | 鲟鱼 | 6.79 | 5.33 | 4.06 | 56.73 |
| 山东 | 淡水养殖 | 池塘养殖 | 银鱼 | 6.65 | 2.00 | 3.22 | 38.22 |
| 山东 | 淡水养殖 | 池塘养殖 | 鳙鱼 | −1.56 | −1.13 | −0.02 | −2.95 |
| 山东 | 海水养殖 | 池塘养殖 | 中国对虾 | 0.83 | 0.42 | 0.05 | 10.46 |
| 山东 | 海水养殖 | 工厂化养殖 | 斑节对虾 | 0.83 | 0.42 | 0.05 | 10.46 |
| 山东 | 海水养殖 | 工厂化养殖 | 鲍 | 2.54 | 0.98 | 0.07 | 8.35 |
| 山东 | 淡水养殖 | 工厂化养殖 | 鳖 | 9.74 | 2.24 | 3.03 | 55.07 |
| 山东 | 淡水养殖 | 工厂化养殖 | 草鱼 | 3.53 | 0.44 | 0.49 | 13.08 |
| 山东 | 海水养殖 | 工厂化养殖 | 鲽鱼 | 5.96 | 0.52 | 1.19 | 0.57 |
| 山东 | 海水养殖 | 工厂化养殖 | 海参 | 6.11 | 0.46 | −0.25 | 17.86 |
| 山东 | 海水养殖 | 工厂化养殖 | 海蜇 | 4.84 | 0.52 | 3.66 | 36.29 |
| 山东 | 淡水养殖 | 工厂化养殖 | 河蟹 | 12.88 | 4.93 | 8.68 | 63.16 |
| 山东 | 淡水养殖 | 工厂化养殖 | 黄颡鱼 | 5.76 | 0.30 | 1.79 | 21.43 |
| 山东 | 淡水养殖 | 工厂化养殖 | 黄鳝 | 5.37 | 1.83 | 0.91 | 115.75 |
| 山东 | 淡水养殖 | 工厂化养殖 | 鲫鱼 | 3.08 | 1.29 | 0.49 | 21.14 |
| 山东 | 淡水养殖 | 工厂化养殖 | 加州鲈 | 5.34 | 0.77 | 0.16 | 13.60 |
| 山东 | 淡水养殖 | 工厂化养殖 | 鲤鱼 | 15.80 | 1.72 | 2.39 | 26.59 |
| 山东 | 淡水养殖 | 工厂化养殖 | 鲈鱼 | 5.34 | 0.77 | 0.16 | 13.60 |
| 山东 | 淡水养殖 | 工厂化养殖 | 罗非鱼 | 3.96 | 0.19 | 0.48 | 16.27 |
| 山东 | 海水养殖 | 工厂化养殖 | 牡蛎 | −0.17 | −0.01 | 0.00 | 0.02 |
| 山东 | 淡水养殖 | 工厂化养殖 | 南美白对虾（淡） | 7.28 | 0.65 | 1.27 | 32.01 |
| 山东 | 海水养殖 | 工厂化养殖 | 南美白对虾（海） | 7.28 | 0.65 | 1.27 | 32.01 |
| 山东 | 淡水养殖 | 工厂化养殖 | 泥鳅 | 15.80 | 1.72 | 2.39 | 26.59 |
| 山东 | 淡水养殖 | 工厂化养殖 | 鲶鱼 | 5.56 | 0.22 | 0.18 | 21.37 |
| 山东 | 海水养殖 | 工厂化养殖 | 鲆鱼 | 2.69 | 0.27 | 0.77 | 4.89 |
| 山东 | 海水养殖 | 工厂化养殖 | 其他 | 7.56 | 2.71 | 3.44 | 20.94 |
| 山东 | 淡水养殖 | 工厂化养殖 | 其他 | 7.56 | 2.71 | 3.44 | 20.94 |
| 山东 | 海水养殖 | 工厂化养殖 | 日本对虾 | 0.83 | 0.42 | 0.05 | 10.46 |
| 山东 | 海水养殖 | 工厂化养殖 | 扇贝 | −0.17 | −0.01 | 0.00 | 0.02 |
| 山东 | 海水养殖 | 工厂化养殖 | 石斑鱼 | 5.96 | 0.52 | 1.19 | 0.57 |
| 山东 | 海水养殖 | 工厂化养殖 | 梭子蟹 | 4.66 | 0.88 | 0.00 | 11.91 |

| 省名 | 养殖水体 | 养殖模式 | 养殖种类 | 总氮/（克/千克） | 总磷/（克/千克） | 氨氮/（克/千克） | COD/（克/千克） |
|---|---|---|---|---|---|---|---|
| 山东 | 淡水养殖 | 工厂化养殖 | 鲟鱼 | 6.79 | 5.33 | 4.06 | 56.73 |
| 山东 | 海水养殖 | 工厂化养殖 | 中国对虾 | 0.83 | 0.42 | 0.05 | 10.46 |
| 山东 | 淡水养殖 | 工厂化养殖 | 鳟鱼 | 0.45 | 0.01 | 0.12 | 0.04 |
| 山东 | 淡水养殖 | 网箱养殖 | 鳊鱼 | 5.73 | 1.29 | 0.33 | 8.77 |
| 山东 | 淡水养殖 | 网箱养殖 | 草鱼 | 5.73 | 1.29 | 0.33 | 8.77 |
| 山东 | 淡水养殖 | 网箱养殖 | 鳜鱼 | 4.52 | 0.65 | 0.00 | 1.13 |
| 山东 | 淡水养殖 | 网箱养殖 | 黄颡鱼 | 4.52 | 0.65 | 0.00 | 1.13 |
| 山东 | 淡水养殖 | 网箱养殖 | 鮰鱼 | 39.17 | 8.64 | 0.03 | 0.09 |
| 山东 | 淡水养殖 | 网箱养殖 | 鲫鱼 | 26.95 | 9.13 | 0.00 | 0.16 |
| 山东 | 淡水养殖 | 网箱养殖 | 鲤鱼 | 25.50 | 8.84 | 0.00 | 0.29 |
| 山东 | 淡水养殖 | 网箱养殖 | 鲢鱼 | −1.56 | −1.13 | −0.02 | −2.95 |
| 山东 | 海水养殖 | 网箱养殖 | 鲈鱼 | 68.03 | 16.26 | 0.95 | 39.64 |
| 山东 | 淡水养殖 | 网箱养殖 | 罗非鱼 | 18.13 | 5.61 | 12.21 | 9.39 |
| 山东 | 淡水养殖 | 网箱养殖 | 南美白对虾（淡） | 7.28 | 0.65 | 1.27 | 32.01 |
| 山东 | 海水养殖 | 网箱养殖 | 其他 | 23.04 | 4.68 | 0.68 | 5.87 |
| 山东 | 淡水养殖 | 网箱养殖 | 青鱼 | 4.52 | 0.65 | 0.00 | 1.13 |
| 山东 | 淡水养殖 | 网箱养殖 | 鲟鱼 | 4.52 | 0.65 | 0.00 | 1.13 |
| 山东 | 淡水养殖 | 网箱养殖 | 鳙鱼 | −1.56 | −1.13 | −0.02 | −2.95 |
| 山东 | 海水养殖 | 围栏养殖 | 海参 | 1.30 | 0.20 | 0.01 | 0.17 |
| 山东 | 海水养殖 | 浅海阀式 | 蛤 | −0.10 | −0.01 | 0.00 | −1.64 |
| 山东 | 海水养殖 | 浅海阀式 | 蚶 | −0.10 | −0.01 | 0.00 | −1.64 |
| 山东 | 海水养殖 | 浅海阀式 | 牡蛎 | −0.17 | −0.01 | 0.00 | 0.02 |
| 山东 | 海水养殖 | 浅海阀式 | 其他 | −0.17 | −0.01 | 0.00 | 0.02 |
| 山东 | 海水养殖 | 浅海阀式 | 扇贝 | −0.17 | −0.01 | 0.00 | 0.02 |
| 山东 | 海水养殖 | 浅海阀式 | 贻贝 | −0.17 | −0.01 | 0.00 | 0.02 |
| 山东 | 海水养殖 | 滩涂 | 鲍 | 1.24 | −0.08 | 0.02 | −0.01 |
| 山东 | 海水养殖 | 滩涂 | 蛏 | −0.10 | −0.01 | 0.00 | −1.64 |
| 山东 | 海水养殖 | 滩涂 | 蛤 | −0.10 | −0.01 | 0.00 | −1.64 |
| 山东 | 海水养殖 | 滩涂 | 海参 | 1.30 | 0.20 | 0.01 | 0.17 |
| 山东 | 海水养殖 | 滩涂 | 蚶 | −0.10 | −0.01 | 0.00 | −1.64 |
| 山东 | 海水养殖 | 滩涂 | 螺 | 1.43 | 0.14 | 0.11 | 6.35 |
| 山东 | 海水养殖 | 滩涂 | 牡蛎 | −0.17 | −0.01 | 0.00 | 0.02 |
| 山东 | 海水养殖 | 其他 | 鲍 | 0.79 | 0.16 | 0.07 | 2.54 |
| 山东 | 淡水养殖 | 其他 | 鳊鱼 | 9.87 | 2.11 | 2.45 | 23.07 |
| 山东 | 淡水养殖 | 其他 | 草鱼 | 9.87 | 2.11 | 2.45 | 23.07 |
| 山东 | 海水养殖 | 其他 | 蛤 | −0.10 | −0.01 | 0.00 | −1.64 |
| 山东 | 海水养殖 | 其他 | 海参 | 12.01 | 1.90 | 0.39 | 12.05 |
| 山东 | 海水养殖 | 其他 | 海胆 | 12.01 | 1.90 | 0.39 | 12.05 |
| 山东 | 淡水养殖 | 其他 | 鲫鱼 | 9.87 | 2.11 | 2.45 | 23.07 |
| 山东 | 淡水养殖 | 其他 | 克氏原螯虾 | 6.78 | 1.33 | 1.33 | 35.87 |

| 省名 | 养殖水体 | 养殖模式 | 养殖种类 | 总氮/（克/千克） | 总磷/（克/千克） | 氨氮/（克/千克） | COD/（克/千克） |
|---|---|---|---|---|---|---|---|
| 山东 | 淡水养殖 | 其他 | 鲤鱼 | 9.87 | 2.11 | 2.45 | 23.07 |
| 山东 | 淡水养殖 | 其他 | 鲢鱼 | -1.56 | -1.13 | -0.02 | -2.95 |
| 山东 | 淡水养殖 | 其他 | 南美白对虾（淡） | 6.78 | 1.33 | 1.33 | 35.87 |
| 山东 | 海水养殖 | 其他 | 其他 | 12.01 | 1.90 | 0.39 | 12.05 |
| 山东 | 淡水养殖 | 其他 | 青虾 | 6.78 | 1.33 | 1.33 | 35.87 |
| 山东 | 淡水养殖 | 其他 | 青鱼 | 9.66 | 2.15 | 1.92 | 20.58 |
| 山东 | 海水养殖 | 其他 | 扇贝 | 0.79 | 0.16 | 0.07 | 2.54 |
| 山东 | 淡水养殖 | 其他 | 鲟鱼 | 9.87 | 2.11 | 2.45 | 23.07 |
| 山东 | 淡水养殖 | 其他 | 鳙鱼 | -1.56 | -1.13 | -0.02 | -2.95 |
| 山东 | 淡水养殖 | 其他 | 其他 | 9.87 | 2.11 | 2.45 | 23.07 |
| 山东 | 淡水养殖 | 工厂化养殖 | 石斑鱼 | 1.99 | 0.26 | 0.09 | 2.24 |
| 山东 | 海水养殖 | 网箱养殖 | 河豚 | 1.99 | 0.45 | 0.32 | 3.80 |
| 山东 | 淡水养殖 | 其他 | 银鱼 | 2.60 | 0.65 | -0.02 | 9.46 |
| 山东 | 淡水养殖 | 其他 | 鲶鱼 | 0.41 | 0.06 | 0.10 | 1.55 |
| 山东 | 海水养殖 | 池塘养殖 | 河豚 | 1.99 | 0.45 | 0.32 | 3.80 |
| 山东 | 海水养殖 | 网箱养殖 | 河豚 | 1.99 | 0.45 | 0.32 | 3.80 |
| 山东 | 海水养殖 | 工厂化养殖 | 河豚 | 1.99 | 0.45 | 0.32 | 3.80 |
| 山东 | 淡水养殖 | 网箱养殖 | 河豚 | 1.99 | 0.45 | 0.32 | 3.80 |
| 山东 | 淡水养殖 | 工厂化养殖 | 河豚 | 1.99 | 0.45 | 0.32 | 3.80 |
| 山东 | 海水养殖 | 网箱养殖 | 鲆鱼 | 0.55 | 0.06 | 0.05 | 2.39 |
| 山东 | 海水养殖 | 工厂化养殖 | 鲷鱼 | 2.10 | 0.27 | 1.03 | 4.61 |
| 山东 | 海水养殖 | 浅海筏式 | 鲍 | 2.54 | 0.98 | 0.07 | 8.35 |
| 山东 | 海水养殖 | 浅海筏式 | 海参 | 10.43 | 0.23 | 0.11 | 12.86 |
| 山东 | 海水养殖 | 工厂化养殖 | 鲈鱼 | 5.34 | 0.77 | 0.16 | 13.60 |
| 山东 | 海水养殖 | 围栏养殖 | 蛤 | -0.10 | -0.01 | 0.00 | -1.64 |
| 山东 | 海水养殖 | 浅海筏式 | 鲍 | 2.54 | 0.98 | 0.07 | 8.35 |
| 山东 | 淡水养殖 | 其他 | 泥鳅 | 9.82 | 1.53 | 0.93 | 5.96 |
| 山东 | 淡水养殖 | 工厂化养殖 | 乌鳢 | 1.61 | 0.66 | 0.99 | 1.87 |
| 山西 | 淡水养殖 | 池塘养殖 | 鳖 | 9.74 | 2.24 | 3.03 | 55.07 |
| 山西 | 淡水养殖 | 池塘养殖 | 草鱼 | 10.11 | 1.36 | 3.96 | 45.07 |
| 山西 | 淡水养殖 | 池塘养殖 | 鲑鱼 | 4.52 | 0.65 | 0.00 | 1.13 |
| 山西 | 淡水养殖 | 池塘养殖 | 河蟹 | 4.74 | 0.40 | 1.39 | 42.96 |
| 山西 | 淡水养殖 | 池塘养殖 | 鲴鱼 | 7.06 | 0.27 | 1.40 | 10.81 |
| 山西 | 淡水养殖 | 池塘养殖 | 鲫鱼 | 7.06 | 1.19 | 1.30 | 12.73 |
| 山西 | 淡水养殖 | 池塘养殖 | 鲤鱼 | 15.80 | 1.72 | 2.39 | 26.59 |
| 山西 | 淡水养殖 | 池塘养殖 | 鲢鱼 | -1.56 | -1.13 | -0.02 | -2.95 |
| 山西 | 淡水养殖 | 池塘养殖 | 南美白对虾（淡） | 7.28 | 0.65 | 1.27 | 32.01 |
| 山西 | 淡水养殖 | 池塘养殖 | 青鱼 | 0.41 | 0.06 | 0.10 | 1.55 |
| 山西 | 淡水养殖 | 池塘养殖 | 乌鳢 | 4.07 | 0.34 | 1.16 | 17.79 |

| 省名 | 养殖水体 | 养殖模式 | 养殖种类 | 总氮/（克/千克） | 总磷/（克/千克） | 氨氮/（克/千克） | COD/（克/千克） |
|---|---|---|---|---|---|---|---|
| 山西 | 淡水养殖 | 池塘养殖 | 鲟鱼 | 3.80 | 1.32 | 0.45 | 20.06 |
| 山西 | 淡水养殖 | 池塘养殖 | 鳙鱼 | −1.56 | −1.13 | −0.02 | −2.95 |
| 山西 | 淡水养殖 | 池塘养殖 | 鳟鱼 | 0.45 | 0.01 | 0.12 | 0.04 |
| 山西 | 淡水养殖 | 工厂化养殖 | 鲟鱼 | 3.80 | 1.32 | 0.45 | 20.06 |
| 山西 | 淡水养殖 | 工厂化养殖 | 鳟鱼 | 0.45 | 0.01 | 0.12 | 0.04 |
| 山西 | 淡水养殖 | 网箱养殖 | 草鱼 | 5.73 | 1.29 | 0.33 | 8.77 |
| 山西 | 淡水养殖 | 网箱养殖 | 鲤鱼 | 10.35 | 4.99 | 0.07 | 0.13 |
| 山西 | 淡水养殖 | 网箱养殖 | 鲟鱼 | 4.52 | 0.65 | 0.00 | 1.13 |
| 山西 | 淡水养殖 | 滩涂 | 草鱼 | 5.73 | 1.29 | 0.33 | 8.77 |
| 山西 | 淡水养殖 | 滩涂 | 鮰鱼 | 39.17 | 8.64 | 0.03 | 0.09 |
| 山西 | 淡水养殖 | 滩涂 | 鲫鱼 | 26.95 | 9.13 | 0.00 | 0.16 |
| 山西 | 淡水养殖 | 滩涂 | 鲤鱼 | 10.35 | 4.99 | 0.07 | 0.13 |
| 山西 | 淡水养殖 | 滩涂 | 鲢鱼 | −1.56 | −1.13 | −0.02 | −2.95 |
| 山西 | 淡水养殖 | 滩涂 | 鲈鱼 | 68.03 | 16.26 | 0.95 | 39.64 |
| 山西 | 淡水养殖 | 滩涂 | 罗非鱼 | 18.13 | 5.61 | 12.21 | 9.39 |
| 山西 | 淡水养殖 | 滩涂 | 青鱼 | 4.52 | 0.65 | 0.00 | 1.13 |
| 山西 | 淡水养殖 | 滩涂 | 鲟鱼 | 4.52 | 0.65 | 0.00 | 1.13 |
| 山西 | 淡水养殖 | 滩涂 | 鳟鱼 | 18.16 | 6.43 | 0.01 | 3.50 |
| 山西 | 淡水养殖 | 其他 | 草鱼 | 9.87 | 2.11 | 2.45 | 23.07 |
| 山西 | 淡水养殖 | 其他 | 鲫鱼 | 9.87 | 2.11 | 2.45 | 23.07 |
| 山西 | 淡水养殖 | 其他 | 鲤鱼 | 9.87 | 2.11 | 2.45 | 23.07 |
| 山西 | 淡水养殖 | 其他 | 鲢鱼 | −1.56 | −1.13 | −0.02 | −2.95 |
| 山西 | 淡水养殖 | 其他 | 青鱼 | 9.87 | 2.11 | 2.45 | 23.07 |
| 山西 | 淡水养殖 | 其他 | 鲟鱼 | 9.87 | 2.11 | 2.45 | 23.07 |
| 山西 | 淡水养殖 | 其他 | 鳙鱼 | −1.56 | −1.13 | −0.02 | −2.95 |
| 山西 | 淡水养殖 | 其他 | 其他 | 9.87 | 2.11 | 2.45 | 23.07 |
| 山西 | 淡水养殖 | 网箱养殖 | 鲈鱼 | 5.34 | 0.77 | 0.16 | 13.60 |
| 山西 | 淡水养殖 | 池塘养殖 | 鲶鱼 | 0.41 | 0.06 | 0.10 | 1.55 |
| 山西 | 淡水养殖 | 池塘养殖 | 青虾 | 1.02 | 0.36 | 0.54 | 4.40 |
| 山西 | 淡水养殖 | 池塘养殖 | 泥鳅 | 9.82 | 1.53 | 0.93 | 5.96 |
| 山西 | 淡水养殖 | 其他 | 鳖 | 9.74 | 2.24 | 3.03 | 55.07 |
| 山西 | 淡水养殖 | 其他 | 河蟹 | 2.62 | 0.75 | 1.57 | 45.66 |
| 山西 | 淡水养殖 | 池塘养殖 | 加州鲈 | 5.34 | 0.77 | 0.16 | 13.60 |
| 山西 | 淡水养殖 | 池塘养殖 | 黄颡鱼 | 5.76 | 0.30 | 1.79 | 21.43 |
| 山西 | 淡水养殖 | 池塘养殖 | 罗非鱼 | 5.65 | 0.59 | 1.03 | 20.00 |
| 陕西 | 淡水养殖 | 池塘养殖 | 鳊鱼 | 5.12 | 1.17 | −0.10 | 17.70 |
| 陕西 | 淡水养殖 | 池塘养殖 | 鳖 | 9.74 | 2.24 | 3.03 | 55.07 |
| 陕西 | 淡水养殖 | 池塘养殖 | 草鱼 | 10.11 | 1.36 | 3.96 | 45.07 |
| 陕西 | 淡水养殖 | 池塘养殖 | 河蟹 | 4.74 | 0.40 | 1.39 | 42.96 |

| 省名 | 养殖水体 | 养殖模式 | 养殖种类 | 总氮/（克/千克） | 总磷/（克/千克） | 氨氮/（克/千克） | COD/（克/千克） |
|---|---|---|---|---|---|---|---|
| 陕西 | 淡水养殖 | 池塘养殖 | 黄颡鱼 | 5.76 | 0.30 | 1.79 | 21.43 |
| 陕西 | 淡水养殖 | 池塘养殖 | 黄鳝 | 5.37 | 1.83 | 0.91 | 115.75 |
| 陕西 | 淡水养殖 | 池塘养殖 | 鮰鱼 | 7.06 | 0.27 | 1.40 | 10.81 |
| 陕西 | 淡水养殖 | 池塘养殖 | 鲫鱼 | 7.06 | 1.19 | 1.30 | 12.73 |
| 陕西 | 淡水养殖 | 池塘养殖 | 克氏原螯虾 | 4.07 | 2.64 | 1.54 | 23.04 |
| 陕西 | 淡水养殖 | 池塘养殖 | 鲤鱼 | 12.62 | 0.56 | 0.51 | 20.99 |
| 陕西 | 淡水养殖 | 池塘养殖 | 鲢鱼 | -1.56 | -1.13 | -0.02 | -2.95 |
| 陕西 | 淡水养殖 | 池塘养殖 | 罗非鱼 | 3.96 | 0.19 | 0.48 | 16.27 |
| 陕西 | 淡水养殖 | 池塘养殖 | 南美白对虾（淡） | 7.28 | 0.65 | 1.27 | 32.01 |
| 陕西 | 淡水养殖 | 池塘养殖 | 泥鳅 | 9.82 | 1.53 | 0.93 | 5.96 |
| 陕西 | 淡水养殖 | 池塘养殖 | 鲶鱼 | 0.41 | 0.06 | 0.10 | 1.55 |
| 陕西 | 淡水养殖 | 池塘养殖 | 其他 | 5.88 | 1.13 | 1.63 | 25.86 |
| 陕西 | 淡水养殖 | 池塘养殖 | 青鱼 | 0.41 | 0.06 | 0.10 | 1.55 |
| 陕西 | 淡水养殖 | 池塘养殖 | 乌鳢 | 4.07 | 0.34 | 1.16 | 17.79 |
| 陕西 | 淡水养殖 | 池塘养殖 | 鲟鱼 | 3.80 | 1.32 | 0.45 | 20.06 |
| 陕西 | 淡水养殖 | 池塘养殖 | 鳙鱼 | -1.56 | -1.13 | -0.02 | -2.95 |
| 陕西 | 淡水养殖 | 池塘养殖 | 鳟鱼 | 0.45 | 0.01 | 0.12 | 0.04 |
| 陕西 | 淡水养殖 | 工厂化养殖 | 鲑鱼 | 4.52 | 0.65 | 0.00 | 1.13 |
| 陕西 | 淡水养殖 | 工厂化养殖 | 其他 | 7.56 | 2.71 | 3.44 | 20.94 |
| 陕西 | 淡水养殖 | 工厂化养殖 | 鲟鱼 | 3.80 | 1.32 | 0.45 | 20.06 |
| 陕西 | 淡水养殖 | 工厂化养殖 | 鳟鱼 | 0.45 | 0.01 | 0.12 | 0.04 |
| 陕西 | 淡水养殖 | 网箱养殖 | 草鱼 | 5.73 | 1.29 | 0.33 | 8.77 |
| 陕西 | 淡水养殖 | 网箱养殖 | 鲤鱼 | 10.35 | 4.99 | 0.07 | 0.13 |
| 陕西 | 淡水养殖 | 网箱养殖 | 鲢鱼 | -1.56 | -1.13 | -0.02 | -2.95 |
| 陕西 | 淡水养殖 | 网箱养殖 | 鳙鱼 | -1.56 | -1.13 | -0.02 | -2.95 |
| 陕西 | 淡水养殖 | 围栏养殖 | 草鱼 | 5.73 | 1.29 | 0.33 | 8.77 |
| 陕西 | 淡水养殖 | 围栏养殖 | 鲤鱼 | 10.35 | 4.99 | 0.07 | 0.13 |
| 陕西 | 淡水养殖 | 围栏养殖 | 鲢鱼 | -1.56 | -1.13 | -0.02 | -2.95 |
| 陕西 | 淡水养殖 | 滩涂 | 草鱼 | 5.73 | 1.29 | 0.33 | 8.77 |
| 陕西 | 淡水养殖 | 滩涂 | 河蟹 | 9.04 | 4.52 | 0.92 | 30.80 |
| 陕西 | 淡水养殖 | 滩涂 | 鲫鱼 | 26.95 | 9.13 | 0.00 | 0.16 |
| 陕西 | 淡水养殖 | 滩涂 | 鲤鱼 | 10.35 | 4.99 | 0.07 | 0.13 |
| 陕西 | 淡水养殖 | 滩涂 | 鲢鱼 | -1.56 | -1.13 | -0.02 | -2.95 |
| 陕西 | 淡水养殖 | 滩涂 | 南美白对虾（淡） | 7.28 | 0.65 | 1.27 | 32.01 |
| 陕西 | 淡水养殖 | 滩涂 | 鳙鱼 | -1.56 | -1.13 | -0.02 | -2.95 |
| 陕西 | 淡水养殖 | 其他 | 鳖 | 9.87 | 2.11 | 2.45 | 23.07 |
| 陕西 | 淡水养殖 | 其他 | 草鱼 | 9.87 | 2.11 | 2.45 | 23.07 |
| 陕西 | 淡水养殖 | 其他 | 鲫鱼 | 9.87 | 2.11 | 2.45 | 23.07 |
| 陕西 | 淡水养殖 | 其他 | 鲤鱼 | 9.87 | 2.11 | 2.45 | 23.07 |
| 陕西 | 淡水养殖 | 其他 | 鲢鱼 | -1.56 | -1.13 | -0.02 | -2.95 |

| 省名 | 养殖水体 | 养殖模式 | 养殖种类 | 总氮/（克/千克） | 总磷/（克/千克） | 氨氮/（克/千克） | COD/（克/千克） |
|------|---------|---------|---------|----------------|----------------|----------------|----------------|
| 陕西 | 淡水养殖 | 其他 | 泥鳅 | 9.87 | 2.11 | 2.45 | 23.07 |
| 陕西 | 淡水养殖 | 其他 | 其他 | 9.87 | 2.11 | 2.45 | 23.07 |
| 陕西 | 淡水养殖 | 其他 | 鳙鱼 | −1.56 | −1.13 | −0.02 | −2.95 |
| 陕西 | 淡水养殖 | 其他 | 克氏原螯虾 | 2.71 | 0.58 | 0.69 | 2.54 |
| 陕西 | 淡水养殖 | 池塘养殖 | 鲈鱼 | 5.34 | 0.77 | 0.16 | 13.60 |
| 陕西 | 淡水养殖 | 池塘养殖 | 加州鲈 | 5.34 | 0.77 | 0.16 | 13.60 |
| 陕西 | 淡水养殖 | 其他 | 河蟹 | 2.62 | 0.75 | 1.57 | 45.66 |
| 陕西 | 淡水养殖 | 围栏养殖 | 鳙鱼 | −1.56 | −1.13 | −0.02 | −2.95 |
| 陕西 | 淡水养殖 | 其他 | 鳟鱼 | 0.45 | 0.01 | 0.12 | 0.04 |
| 陕西 | 淡水养殖 | 其他 | 鲟鱼 | 3.80 | 1.32 | 0.45 | 20.06 |
| | | | | | | | |
| 上海 | 淡水养殖 | 池塘养殖 | 鳊鱼 | 3.17 | 0.92 | 0.49 | 24.40 |
| 上海 | 淡水养殖 | 池塘养殖 | 鳖 | 9.74 | 2.24 | 3.03 | 55.07 |
| 上海 | 淡水养殖 | 池塘养殖 | 草鱼 | 10.11 | 1.36 | 3.96 | 45.07 |
| 上海 | 淡水养殖 | 池塘养殖 | 龟 | 9.74 | 2.24 | 3.03 | 55.07 |
| 上海 | 淡水养殖 | 池塘养殖 | 河豚 | 8.90 | 1.48 | 1.37 | 35.30 |
| 上海 | 淡水养殖 | 池塘养殖 | 河蟹 | 2.62 | 0.75 | 1.57 | 45.66 |
| 上海 | 淡水养殖 | 池塘养殖 | 黄颡鱼 | 5.76 | 0.30 | 1.79 | 21.43 |
| 上海 | 淡水养殖 | 池塘养殖 | 鮰鱼 | 8.25 | 0.90 | 2.94 | 20.30 |
| 上海 | 淡水养殖 | 池塘养殖 | 鲫鱼 | 7.06 | 1.19 | 1.30 | 12.73 |
| 上海 | 淡水养殖 | 池塘养殖 | 加州鲈 | 12.56 | 2.01 | 4.22 | 245.00 |
| 上海 | 淡水养殖 | 池塘养殖 | 克氏原螯虾 | 2.71 | 0.58 | 0.69 | 2.54 |
| 上海 | 淡水养殖 | 池塘养殖 | 鲤鱼 | 12.62 | 0.56 | 0.51 | 20.99 |
| 上海 | 淡水养殖 | 池塘养殖 | 鲢鱼 | −1.56 | −1.13 | −0.02 | −2.95 |
| 上海 | 淡水养殖 | 池塘养殖 | 罗氏沼虾 | 16.41 | 0.17 | 3.86 | 38.87 |
| 上海 | 淡水养殖 | 池塘养殖 | 南美白对虾（淡） | 3.28 | 0.68 | 1.80 | 47.21 |
| 上海 | 淡水养殖 | 池塘养殖 | 泥鳅 | 2.49 | 0.21 | 0.56 | 10.74 |
| 上海 | 淡水养殖 | 池塘养殖 | 其他 | 5.88 | 1.13 | 1.63 | 25.86 |
| 上海 | 淡水养殖 | 池塘养殖 | 青虾 | 2.61 | 0.55 | 0.22 | 2.96 |
| 上海 | 淡水养殖 | 池塘养殖 | 青鱼 | 0.41 | 0.06 | 0.10 | 1.55 |
| 上海 | 淡水养殖 | 池塘养殖 | 鳙鱼 | −1.56 | −1.13 | −0.02 | −2.95 |
| 上海 | 淡水养殖 | 工厂化养殖 | 南美白对虾（淡） | 3.28 | 0.68 | 1.80 | 47.21 |
| 上海 | 淡水养殖 | 工厂化养殖 | 其他 | 7.56 | 2.71 | 3.44 | 20.94 |
| 上海 | 淡水养殖 | 其他 | 鳖 | 9.74 | 2.24 | 3.03 | 55.07 |
| 上海 | 淡水养殖 | 其他 | 草鱼 | 9.87 | 2.11 | 2.45 | 23.07 |
| 上海 | 淡水养殖 | 其他 | 河蟹 | 6.78 | 1.33 | 1.33 | 35.87 |
| 上海 | 淡水养殖 | 其他 | 黄鳝 | 9.66 | 2.15 | 1.92 | 20.58 |
| 上海 | 淡水养殖 | 其他 | 鲫鱼 | 9.87 | 2.11 | 2.45 | 23.07 |
| 上海 | 淡水养殖 | 其他 | 克氏原螯虾 | 6.78 | 1.33 | 1.33 | 35.87 |
| 上海 | 淡水养殖 | 其他 | 鲢鱼 | −1.56 | −1.13 | −0.02 | −2.95 |

| 省名 | 养殖水体 | 养殖模式 | 养殖种类 | 总氮/（克/千克） | 总磷/（克/千克） | 氨氮/（克/千克） | COD/（克/千克） |
|---|---|---|---|---|---|---|---|
| 上海 | 淡水养殖 | 其他 | 泥鳅 | 9.66 | 2.15 | 1.92 | 20.58 |
| 上海 | 淡水养殖 | 其他 | 鳙鱼 | −1.56 | −1.13 | −0.02 | −2.95 |
| 上海 | 淡水养殖 | 其他 | 其他 | 9.87 | 2.11 | 2.45 | 23.07 |
| 四川 | 淡水养殖 | 池塘养殖 | 鳊鱼 | 0.97 | 0.29 | 0.11 | 44.25 |
| 四川 | 淡水养殖 | 池塘养殖 | 鳖 | 9.74 | 2.24 | 3.03 | 55.07 |
| 四川 | 淡水养殖 | 池塘养殖 | 草鱼 | 10.11 | 1.36 | 3.96 | 45.07 |
| 四川 | 淡水养殖 | 池塘养殖 | 短盖巨脂鲤 | 2.49 | 0.21 | 0.56 | 10.74 |
| 四川 | 淡水养殖 | 池塘养殖 | 龟 | 9.74 | 2.24 | 3.03 | 55.07 |
| 四川 | 淡水养殖 | 池塘养殖 | 鲑鱼 | 4.52 | 0.65 | 0.00 | 1.13 |
| 四川 | 淡水养殖 | 池塘养殖 | 鳜鱼 | 18.26 | 0.81 | 3.11 | 31.98 |
| 四川 | 淡水养殖 | 池塘养殖 | 河蚌 | 2.22 | 0.25 | 0.19 | 4.63 |
| 四川 | 淡水养殖 | 池塘养殖 | 河蟹 | 4.74 | 0.40 | 1.39 | 42.96 |
| 四川 | 淡水养殖 | 池塘养殖 | 黄颡鱼 | 5.76 | 0.30 | 1.79 | 21.43 |
| 四川 | 淡水养殖 | 池塘养殖 | 黄鳝 | 5.37 | 1.83 | 0.91 | 115.75 |
| 四川 | 淡水养殖 | 池塘养殖 | 鮰鱼 | 4.79 | 0.23 | 2.93 | 2.39 |
| 四川 | 淡水养殖 | 池塘养殖 | 鲫鱼 | 7.06 | 1.19 | 1.30 | 12.73 |
| 四川 | 淡水养殖 | 池塘养殖 | 加州鲈 | 12.56 | 2.01 | 4.22 | 245.00 |
| 四川 | 淡水养殖 | 池塘养殖 | 克氏原螯虾 | 4.07 | 2.64 | 1.54 | 23.04 |
| 四川 | 淡水养殖 | 池塘养殖 | 鲤鱼 | 15.80 | 1.72 | 2.39 | 26.59 |
| 四川 | 淡水养殖 | 池塘养殖 | 鲢鱼 | −1.56 | −1.13 | −0.02 | −2.95 |
| 四川 | 淡水养殖 | 池塘养殖 | 鲈鱼 | 12.56 | 2.01 | 4.22 | 245.00 |
| 四川 | 淡水养殖 | 池塘养殖 | 罗非鱼 | 5.14 | 1.08 | 4.88 | 85.75 |
| 四川 | 淡水养殖 | 池塘养殖 | 罗氏沼虾 | 0.32 | 0.04 | 0.08 | 3.28 |
| 四川 | 淡水养殖 | 池塘养殖 | 螺 | 2.22 | 0.25 | 0.19 | 4.63 |
| 四川 | 淡水养殖 | 池塘养殖 | 南美白对虾（淡） | 3.28 | 0.68 | 1.80 | 47.21 |
| 四川 | 淡水养殖 | 池塘养殖 | 泥鳅 | 2.49 | 0.21 | 0.56 | 10.74 |
| 四川 | 淡水养殖 | 池塘养殖 | 鲶鱼 | 0.41 | 0.06 | 0.10 | 1.55 |
| 四川 | 淡水养殖 | 池塘养殖 | 其他 | 5.88 | 1.13 | 1.63 | 25.86 |
| 四川 | 淡水养殖 | 池塘养殖 | 青虾 | 1.02 | 0.36 | 0.54 | 4.40 |
| 四川 | 淡水养殖 | 池塘养殖 | 青鱼 | 0.41 | 0.06 | 0.10 | 1.55 |
| 四川 | 淡水养殖 | 池塘养殖 | 蛙 | 9.74 | 2.24 | 3.03 | 55.07 |
| 四川 | 淡水养殖 | 池塘养殖 | 乌鳢 | 14.07 | 3.41 | 10.12 | 11.67 |
| 四川 | 淡水养殖 | 池塘养殖 | 鲟鱼 | 6.79 | 5.33 | 4.06 | 56.73 |
| 四川 | 淡水养殖 | 池塘养殖 | 鳙鱼 | −1.56 | −1.13 | −0.02 | −2.95 |
| 四川 | 淡水养殖 | 池塘养殖 | 长吻鮠 | 2.49 | 0.21 | 0.56 | 10.74 |
| 四川 | 淡水养殖 | 池塘养殖 | 鳟鱼 | 0.45 | 0.01 | 0.12 | 0.04 |
| 四川 | 淡水养殖 | 工厂化养殖 | 草鱼 | 0.97 | 0.29 | 0.11 | 44.25 |
| 四川 | 淡水养殖 | 工厂化养殖 | 鲫鱼 | 2.07 | 0.99 | 0.31 | 5.75 |
| 四川 | 淡水养殖 | 工厂化养殖 | 加州鲈 | 12.56 | 2.01 | 4.22 | 245.00 |

| 省名 | 养殖水体 | 养殖模式 | 养殖种类 | 总氮/（克/千克） | 总磷/（克/千克） | 氨氮/（克/千克） | COD/（克/千克） |
|---|---|---|---|---|---|---|---|
| 四川 | 淡水养殖 | 工厂化养殖 | 鲤鱼 | 2.49 | 0.21 | 0.56 | 10.74 |
| 四川 | 淡水养殖 | 工厂化养殖 | 南美白对虾（淡） | 3.28 | 0.68 | 1.80 | 47.21 |
| 四川 | 淡水养殖 | 工厂化养殖 | 鲶鱼 | 0.41 | 0.06 | 0.10 | 1.55 |
| 四川 | 淡水养殖 | 工厂化养殖 | 其他 | 7.56 | 2.71 | 3.44 | 20.94 |
| 四川 | 淡水养殖 | 工厂化养殖 | 鲟鱼 | 6.79 | 5.33 | 4.06 | 56.73 |
| 四川 | 淡水养殖 | 网箱养殖 | 草鱼 | 26.11 | 3.71 | 0.50 | 21.77 |
| 四川 | 淡水养殖 | 网箱养殖 | 黄颡鱼 | 4.52 | 0.65 | 0.00 | 1.13 |
| 四川 | 淡水养殖 | 网箱养殖 | 鮰鱼 | 39.17 | 8.64 | 0.03 | 0.09 |
| 四川 | 淡水养殖 | 网箱养殖 | 鲫鱼 | 26.95 | 9.13 | 0.00 | 0.16 |
| 四川 | 淡水养殖 | 网箱养殖 | 鲤鱼 | 10.35 | 4.99 | 0.07 | 0.13 |
| 四川 | 淡水养殖 | 网箱养殖 | 鲢鱼 | −1.56 | −1.13 | −0.02 | −2.95 |
| 四川 | 淡水养殖 | 网箱养殖 | 鲟鱼 | 4.52 | 0.65 | 0.00 | 1.13 |
| 四川 | 淡水养殖 | 网箱养殖 | 鳙鱼 | −1.56 | −1.13 | −0.02 | −2.95 |
| 四川 | 淡水养殖 | 滩涂 | 鳊鱼 | 26.11 | 3.71 | 0.50 | 21.77 |
| 四川 | 淡水养殖 | 滩涂 | 草鱼 | 26.11 | 3.71 | 0.50 | 21.77 |
| 四川 | 淡水养殖 | 滩涂 | 鮰鱼 | 39.17 | 8.64 | 0.03 | 0.09 |
| 四川 | 淡水养殖 | 滩涂 | 鲫鱼 | 26.95 | 9.13 | 0.00 | 0.16 |
| 四川 | 淡水养殖 | 滩涂 | 鲤鱼 | 10.35 | 4.99 | 0.07 | 0.13 |
| 四川 | 淡水养殖 | 滩涂 | 鲢鱼 | −1.56 | −1.13 | −0.02 | −2.95 |
| 四川 | 淡水养殖 | 滩涂 | 泥鳅 | 10.35 | 4.99 | 0.07 | 0.13 |
| 四川 | 淡水养殖 | 滩涂 | 鲶鱼 | 4.52 | 0.65 | 0.00 | 1.13 |
| 四川 | 淡水养殖 | 滩涂 | 其他 | −0.10 | −0.01 | 0.00 | −1.64 |
| 四川 | 淡水养殖 | 滩涂 | 鳙鱼 | −1.56 | −1.13 | −0.02 | −2.95 |
| 四川 | 淡水养殖 | 其他 | 鳊鱼 | 9.87 | 2.11 | 2.45 | 23.07 |
| 四川 | 淡水养殖 | 其他 | 鳖 | 9.87 | 2.11 | 2.45 | 23.07 |
| 四川 | 淡水养殖 | 其他 | 草鱼 | 9.87 | 2.11 | 2.45 | 23.07 |
| 四川 | 淡水养殖 | 其他 | 龟 | 9.87 | 2.11 | 2.45 | 23.07 |
| 四川 | 淡水养殖 | 其他 | 鳜鱼 | 9.87 | 2.11 | 2.45 | 23.07 |
| 四川 | 淡水养殖 | 其他 | 河蚌 | 0.79 | 0.16 | 0.07 | 2.54 |
| 四川 | 淡水养殖 | 其他 | 河蟹 | 6.78 | 1.33 | 1.33 | 35.87 |
| 四川 | 淡水养殖 | 其他 | 黄颡鱼 | 9.87 | 2.11 | 2.45 | 23.07 |
| 四川 | 淡水养殖 | 其他 | 黄鳝 | 9.87 | 2.11 | 2.45 | 23.07 |
| 四川 | 淡水养殖 | 其他 | 鮰鱼 | 9.87 | 2.11 | 2.45 | 23.07 |
| 四川 | 淡水养殖 | 其他 | 鲫鱼 | 9.87 | 2.11 | 2.45 | 23.07 |
| 四川 | 淡水养殖 | 其他 | 加州鲈 | 9.87 | 2.11 | 2.45 | 23.07 |
| 四川 | 淡水养殖 | 其他 | 克氏原螯虾 | 6.78 | 1.33 | 1.33 | 35.87 |
| 四川 | 淡水养殖 | 其他 | 鲤鱼 | 9.87 | 2.11 | 2.45 | 23.07 |
| 四川 | 淡水养殖 | 其他 | 鲢鱼 | −1.56 | −1.13 | −0.02 | −2.95 |
| 四川 | 淡水养殖 | 其他 | 鲈鱼 | 9.87 | 2.11 | 2.45 | 23.07 |
| 四川 | 淡水养殖 | 其他 | 罗非鱼 | 9.87 | 2.11 | 2.45 | 23.07 |

| 省名 | 养殖水体 | 养殖模式 | 养殖种类 | 总氮/（克/千克） | 总磷/（克/千克） | 氨氮/（克/千克） | COD/（克/千克） |
|---|---|---|---|---|---|---|---|
| 四川 | 淡水养殖 | 其他 | 罗氏沼虾 | 6.78 | 1.33 | 1.33 | 35.87 |
| 四川 | 淡水养殖 | 其他 | 螺 | 0.79 | 0.16 | 0.07 | 2.54 |
| 四川 | 淡水养殖 | 其他 | 南美白对虾（淡） | 6.78 | 1.33 | 1.33 | 35.87 |
| 四川 | 淡水养殖 | 其他 | 泥鳅 | 9.87 | 2.11 | 2.45 | 23.07 |
| 四川 | 淡水养殖 | 其他 | 鲶鱼 | 9.87 | 2.11 | 2.45 | 23.07 |
| 四川 | 淡水养殖 | 其他 | 其他 | 9.87 | 2.11 | 2.45 | 23.07 |
| 四川 | 淡水养殖 | 其他 | 青虾 | 6.78 | 1.33 | 1.33 | 35.87 |
| 四川 | 淡水养殖 | 其他 | 青鱼 | 9.87 | 2.11 | 2.45 | 23.07 |
| 四川 | 淡水养殖 | 其他 | 蛙 | 9.87 | 2.11 | 2.45 | 23.07 |
| 四川 | 淡水养殖 | 其他 | 乌鳢 | 9.87 | 2.11 | 2.45 | 23.07 |
| 四川 | 淡水养殖 | 其他 | 鲟鱼 | 9.87 | 2.11 | 2.45 | 23.07 |
| 四川 | 淡水养殖 | 其他 | 银鱼 | 9.87 | 2.11 | 2.45 | 23.07 |
| 四川 | 淡水养殖 | 其他 | 鳙鱼 | −1.56 | −1.13 | −0.02 | −2.95 |
| 四川 | 淡水养殖 | 其他 | 长吻鮠 | 9.87 | 2.11 | 2.45 | 23.07 |
| 四川 | 淡水养殖 | 其他 | 鳟鱼 | 9.87 | 2.11 | 2.45 | 23.07 |
| 四川 | 淡水养殖 | 滩涂养殖 | 黄颡鱼 | 5.76 | 0.30 | 1.79 | 21.43 |
| 四川 | 淡水养殖 | 围栏养殖 | 鲤鱼 | 9.82 | 1.53 | 0.93 | 5.96 |
| 四川 | 淡水养殖 | 围栏养殖 | 鲢鱼 | −1.56 | −1.13 | −0.02 | −2.95 |
| 四川 | 淡水养殖 | 围栏养殖 | 草鱼 | 2.04 | 0.95 | 1.60 | 7.72 |
| 四川 | 淡水养殖 | 网箱养殖 | 其他 | 5.88 | 1.13 | 1.63 | 25.86 |
| 四川 | 淡水养殖 | 网箱养殖 | 鲶鱼 | 0.41 | 0.06 | 0.10 | 1.55 |
| | | | | | | | |
| 天津 | 淡水养殖 | 池塘养殖 | 鳖 | 9.74 | 2.24 | 3.03 | 55.07 |
| 天津 | 淡水养殖 | 池塘养殖 | 草鱼 | 10.11 | 1.36 | 3.96 | 45.07 |
| 天津 | 淡水养殖 | 池塘养殖 | 河蟹 | 2.62 | 0.75 | 1.57 | 45.66 |
| 天津 | 淡水养殖 | 池塘养殖 | 鮰鱼 | 8.25 | 0.90 | 2.94 | 20.30 |
| 天津 | 淡水养殖 | 池塘养殖 | 鲫鱼 | 3.76 | 0.82 | 0.19 | 15.00 |
| 天津 | 淡水养殖 | 池塘养殖 | 鲤鱼 | 12.62 | 0.56 | 0.51 | 20.99 |
| 天津 | 淡水养殖 | 池塘养殖 | 鲢鱼 | −1.56 | −1.13 | −0.02 | −2.95 |
| 天津 | 淡水养殖 | 池塘养殖 | 罗非鱼 | 3.96 | 0.19 | 0.48 | 16.27 |
| 天津 | 淡水养殖 | 池塘养殖 | 南美白对虾（淡） | 7.28 | 0.65 | 1.27 | 32.01 |
| 天津 | 海水养殖 | 池塘养殖 | 南美白对虾（海） | 7.28 | 0.65 | 1.27 | 32.01 |
| 天津 | 淡水养殖 | 池塘养殖 | 鲶鱼 | 6.34 | 0.55 | 3.33 | 31.27 |
| 天津 | 海水养殖 | 池塘养殖 | 石斑鱼 | 5.96 | 0.52 | 1.19 | 0.57 |
| 天津 | 淡水养殖 | 池塘养殖 | 鳙鱼 | −1.56 | −1.13 | −0.02 | −2.95 |
| 天津 | 淡水养殖 | 其他 | 草鱼 | 9.87 | 2.11 | 2.45 | 23.07 |
| 天津 | 淡水养殖 | 其他 | 鲫鱼 | 9.87 | 2.11 | 2.45 | 23.07 |
| 天津 | 淡水养殖 | 其他 | 鲤鱼 | 9.87 | 2.11 | 2.45 | 23.07 |
| 天津 | 淡水养殖 | 其他 | 鲢鱼 | −1.56 | −1.13 | −0.02 | −2.95 |
| 天津 | 淡水养殖 | 其他 | 鳙鱼 | −1.56 | −1.13 | −0.02 | −2.95 |

| 省名 | 养殖水体 | 养殖模式 | 养殖种类 | 总氮/（克/千克） | 总磷/（克/千克） | 氨氮/（克/千克） | COD/（克/千克） |
|------|---------|---------|---------|------------------|------------------|------------------|------------------|
| 天津 | 淡水养殖 | 其他 | 其他 | 9.87 | 2.11 | 2.45 | 23.07 |
| 天津 | 海水养殖 | 其他 | 其他 | 12.01 | 1.90 | 0.39 | 12.05 |
| 天津 | 海水养殖 | 工厂化养殖 | 石斑鱼 | 1.99 | 0.26 | 0.09 | 2.24 |
| 天津 | 淡水养殖 | 工厂化养殖 | 其他 | 5.88 | 1.13 | 1.63 | 25.86 |
| 天津 | 淡水养殖 | 池塘养殖 | 其他 | 5.88 | 1.13 | 1.63 | 25.86 |
| 西藏 | 淡水养殖 | 池塘养殖 | 鲫鱼 | 7.06 | 1.19 | 1.30 | 12.73 |
| 西藏 | 淡水养殖 | 池塘养殖 | 鲢鱼 | −1.56 | −1.13 | −0.02 | −2.95 |
| 西藏 | 淡水养殖 | 池塘养殖 | 鲇鱼 | 6.34 | 0.55 | 3.33 | 31.27 |
| 西藏 | 淡水养殖 | 其他 | 其他 | 9.87 | 2.11 | 2.45 | 23.07 |
| 西藏 | 淡水养殖 | 其他 | 鲑鱼 | 4.52 | 0.65 | 0.00 | 1.13 |
| 西藏 | 淡水养殖 | 池塘养殖 | 鲑鱼 | 4.52 | 0.65 | 0.00 | 1.13 |
| 西藏 | 淡水养殖 | 池塘养殖 | 鲤鱼 | 9.82 | 1.53 | 0.93 | 5.96 |
| 西藏 | 淡水养殖 | 池塘养殖 | 草鱼 | 2.50 | 0.49 | 0.99 | 7.42 |
| 新疆 | 淡水养殖 | 池塘养殖 | 鳊鱼 | 1.12 | 0.26 | 0.43 | 4.22 |
| 新疆 | 淡水养殖 | 池塘养殖 | 草鱼 | 1.12 | 0.26 | 0.43 | 4.22 |
| 新疆 | 淡水养殖 | 池塘养殖 | 鲑鱼 | 4.52 | 0.65 | 0.00 | 1.13 |
| 新疆 | 淡水养殖 | 池塘养殖 | 河蟹 | 4.74 | 0.40 | 1.39 | 42.96 |
| 新疆 | 淡水养殖 | 池塘养殖 | 鲴鱼 | 7.06 | 0.27 | 1.40 | 10.81 |
| 新疆 | 淡水养殖 | 池塘养殖 | 鲫鱼 | 7.06 | 1.19 | 1.30 | 12.73 |
| 新疆 | 淡水养殖 | 池塘养殖 | 加州鲈 | 12.56 | 2.01 | 4.22 | 245.00 |
| 新疆 | 淡水养殖 | 池塘养殖 | 鲤鱼 | 9.82 | 1.53 | 0.93 | 5.96 |
| 新疆 | 淡水养殖 | 池塘养殖 | 鲢鱼 | −1.56 | −1.13 | −0.02 | −2.95 |
| 新疆 | 淡水养殖 | 池塘养殖 | 鲈鱼 | 12.56 | 2.01 | 4.22 | 245.00 |
| 新疆 | 淡水养殖 | 池塘养殖 | 罗非鱼 | 3.96 | 0.19 | 0.48 | 16.27 |
| 新疆 | 淡水养殖 | 池塘养殖 | 南美白对虾（淡） | 7.28 | 0.65 | 1.27 | 32.01 |
| 新疆 | 淡水养殖 | 池塘养殖 | 鲇鱼 | 0.41 | 0.06 | 0.10 | 1.55 |
| 新疆 | 海水养殖 | 池塘养殖 | 其他 | 5.88 | 1.13 | 1.63 | 25.86 |
| 新疆 | 淡水养殖 | 池塘养殖 | 乌鳢 | 4.07 | 0.34 | 1.16 | 17.79 |
| 新疆 | 淡水养殖 | 池塘养殖 | 鳙鱼 | −1.56 | −1.13 | −0.02 | −2.95 |
| 新疆 | 淡水养殖 | 池塘养殖 | 鳟鱼 | 0.45 | 0.01 | 0.12 | 0.04 |
| 新疆 | 淡水养殖 | 工厂化养殖 | 鲑鱼 | 4.52 | 0.65 | 0.00 | 1.13 |
| 新疆 | 淡水养殖 | 工厂化养殖 | 鲟鱼 | 3.80 | 1.32 | 0.45 | 20.06 |
| 新疆 | 淡水养殖 | 网箱养殖 | 鳊鱼 | 5.73 | 1.29 | 0.33 | 8.77 |
| 新疆 | 淡水养殖 | 网箱养殖 | 草鱼 | 5.73 | 1.29 | 0.33 | 8.77 |
| 新疆 | 淡水养殖 | 网箱养殖 | 鲑鱼 | 4.52 | 0.65 | 0.00 | 1.13 |
| 新疆 | 淡水养殖 | 网箱养殖 | 鲫鱼 | 26.95 | 9.13 | 0.00 | 0.16 |
| 新疆 | 淡水养殖 | 网箱养殖 | 鲤鱼 | 10.35 | 4.99 | 0.07 | 0.13 |
| 新疆 | 淡水养殖 | 滩涂 | 草鱼 | 5.73 | 1.29 | 0.33 | 8.77 |

| 省名 | 养殖水体 | 养殖模式 | 养殖种类 | 总氮/（克/千克） | 总磷/（克/千克） | 氨氮/（克/千克） | COD/（克/千克） |
|---|---|---|---|---|---|---|---|
| 新疆 | 淡水养殖 | 滩涂 | 鲤鱼 | 10.35 | 4.99 | 0.07 | 0.13 |
| 新疆 | 淡水养殖 | 滩涂 | 鲢鱼 | −1.56 | −1.13 | −0.02 | −2.95 |
| 新疆 | 淡水养殖 | 滩涂 | 鲈鱼 | 68.03 | 16.26 | 0.95 | 39.64 |
| 新疆 | 淡水养殖 | 其他 | 鳊鱼 | 9.66 | 2.15 | 1.92 | 20.58 |
| 新疆 | 淡水养殖 | 其他 | 草鱼 | 9.87 | 2.11 | 2.45 | 23.07 |
| 新疆 | 淡水养殖 | 其他 | 鲑鱼 | 9.87 | 2.11 | 2.45 | 23.07 |
| 新疆 | 淡水养殖 | 其他 | 鲫鱼 | 9.66 | 2.15 | 1.92 | 20.58 |
| 新疆 | 淡水养殖 | 其他 | 鲤鱼 | 9.87 | 2.11 | 2.45 | 23.07 |
| 新疆 | 淡水养殖 | 其他 | 鲢鱼 | −1.56 | −1.13 | −0.02 | −2.95 |
| 新疆 | 淡水养殖 | 其他 | 鳙鱼 | −1.56 | −1.13 | −0.02 | −2.95 |
| 新疆 | 淡水养殖 | 其他 | 其他 | 9.87 | 2.11 | 2.45 | 23.07 |
| 新疆 | 淡水养殖 | 池塘养殖 | 鲟鱼 | 3.80 | 1.32 | 0.45 | 20.06 |
| 新疆 | 淡水养殖 | 其他 | 河蟹 | 2.62 | 0.75 | 1.57 | 45.66 |
| 新疆 | 淡水养殖 | 滩涂养殖 | 其他 | 5.88 | 1.13 | 1.63 | 25.86 |
| 新疆 | 淡水养殖 | 滩涂养殖 | 鲫鱼 | 3.16 | 0.48 | 1.54 | 12.21 |
| 新疆 | 淡水养殖 | 池塘养殖 | 青蟹 | −1.37 | 0.41 | −1.20 | 64.56 |
| 新疆 | 淡水养殖 | 工厂化养殖 | 鳟鱼 | 0.45 | 0.01 | 0.12 | 0.04 |
| 新疆 | 淡水养殖 | 池塘养殖 | 青鱼 | 0.41 | 0.06 | 0.10 | 1.55 |
| 新疆 | 淡水养殖 | 滩涂养殖 | 鳙鱼 | −1.56 | −1.13 | −0.02 | −2.95 |
| 新疆 | 淡水养殖 | 滩涂养殖 | 河蟹 | 2.62 | 0.75 | 1.57 | 45.66 |
|  |  |  |  |  |  |  |  |
| 云南 | 淡水养殖 | 池塘养殖 | 鳊鱼 | 0.90 | 0.09 | 0.56 | 9.67 |
| 云南 | 淡水养殖 | 池塘养殖 | 鳖 | 9.74 | 2.24 | 3.03 | 55.07 |
| 云南 | 淡水养殖 | 池塘养殖 | 草鱼 | 10.11 | 1.36 | 3.96 | 45.07 |
| 云南 | 淡水养殖 | 池塘养殖 | 短盖巨脂鲤 | 2.49 | 0.21 | 0.56 | 10.74 |
| 云南 | 淡水养殖 | 池塘养殖 | 龟 | 9.74 | 2.24 | 3.03 | 55.07 |
| 云南 | 淡水养殖 | 池塘养殖 | 鲑鱼 | 4.52 | 0.65 | 0.00 | 1.13 |
| 云南 | 淡水养殖 | 池塘养殖 | 鳜鱼 | 2.57 | 1.56 | 0.17 | 0.10 |
| 云南 | 淡水养殖 | 池塘养殖 | 河蚌 | 2.22 | 0.25 | 0.19 | 4.63 |
| 云南 | 淡水养殖 | 池塘养殖 | 河蟹 | 9.04 | 4.52 | 0.92 | 30.80 |
| 云南 | 淡水养殖 | 池塘养殖 | 黄颡鱼 | 5.76 | 0.30 | 1.79 | 21.43 |
| 云南 | 淡水养殖 | 池塘养殖 | 黄鳝 | 5.37 | 1.83 | 0.91 | 115.75 |
| 云南 | 淡水养殖 | 池塘养殖 | 鲴鱼 | 9.81 | 2.16 | 4.13 | 51.99 |
| 云南 | 淡水养殖 | 池塘养殖 | 鲫鱼 | 3.16 | 0.48 | 1.54 | 12.21 |
| 云南 | 淡水养殖 | 池塘养殖 | 克氏原螯虾 | 4.07 | 2.64 | 1.54 | 23.04 |
| 云南 | 淡水养殖 | 池塘养殖 | 鲤鱼 | 15.80 | 1.72 | 2.39 | 26.59 |
| 云南 | 淡水养殖 | 池塘养殖 | 鲢鱼 | −1.56 | −1.13 | −0.02 | −2.95 |
| 云南 | 淡水养殖 | 池塘养殖 | 鲈鱼 | 1.44 | 0.59 | 0.34 | 7.06 |
| 云南 | 淡水养殖 | 池塘养殖 | 罗非鱼 | 5.65 | 0.59 | 1.03 | 20.00 |
| 云南 | 淡水养殖 | 池塘养殖 | 罗氏沼虾 | 0.42 | 0.14 | 0.10 | 0.32 |

| 省名 | 养殖水体 | 养殖模式 | 养殖种类 | 总氮/（克/千克） | 总磷/（克/千克） | 氨氮/（克/千克） | COD/（克/千克） |
|------|----------|----------|----------|------|------|------|------|
| 云南 | 淡水养殖 | 池塘养殖 | 螺 | 2.22 | 0.25 | 0.19 | 4.63 |
| 云南 | 淡水养殖 | 池塘养殖 | 南美白对虾（淡） | 3.28 | 0.68 | 1.80 | 47.21 |
| 云南 | 淡水养殖 | 池塘养殖 | 泥鳅 | 2.49 | 0.21 | 0.56 | 10.74 |
| 云南 | 淡水养殖 | 池塘养殖 | 鲶鱼 | 0.41 | 0.06 | 0.10 | 1.55 |
| 云南 | 淡水养殖 | 池塘养殖 | 其他 | 5.88 | 1.13 | 1.63 | 25.86 |
| 云南 | 淡水养殖 | 池塘养殖 | 青虾 | 1.02 | 0.36 | 0.54 | 4.40 |
| 云南 | 淡水养殖 | 池塘养殖 | 青鱼 | 0.41 | 0.06 | 0.10 | 1.55 |
| 云南 | 淡水养殖 | 池塘养殖 | 蛙 | 9.74 | 2.24 | 3.03 | 55.07 |
| 云南 | 淡水养殖 | 池塘养殖 | 乌鳢 | 1.61 | 0.66 | 0.99 | 1.87 |
| 云南 | 淡水养殖 | 池塘养殖 | 鲟鱼 | 7.52 | 1.67 | 3.98 | 12.41 |
| 云南 | 淡水养殖 | 池塘养殖 | 银鱼 | 2.60 | 0.65 | −0.02 | 9.46 |
| 云南 | 淡水养殖 | 池塘养殖 | 鳙鱼 | −1.56 | −1.13 | −0.02 | −2.95 |
| 云南 | 淡水养殖 | 池塘养殖 | 鳟鱼 | 0.45 | 0.01 | 0.12 | 0.04 |
| 云南 | 淡水养殖 | 工厂化养殖 | 鲑鱼 | 4.52 | 0.65 | 0.00 | 1.13 |
| 云南 | 淡水养殖 | 工厂化养殖 | 鲫鱼 | 3.16 | 0.48 | 1.54 | 12.21 |
| 云南 | 淡水养殖 | 工厂化养殖 | 鲤鱼 | 2.49 | 0.21 | 0.56 | 10.74 |
| 云南 | 淡水养殖 | 工厂化养殖 | 鲈鱼 | 1.44 | 0.59 | 0.34 | 7.06 |
| 云南 | 淡水养殖 | 工厂化养殖 | 罗非鱼 | 5.65 | 0.59 | 1.03 | 20.00 |
| 云南 | 淡水养殖 | 工厂化养殖 | 其他 | 7.56 | 2.71 | 3.44 | 20.94 |
| 云南 | 淡水养殖 | 工厂化养殖 | 鲟鱼 | 7.52 | 1.67 | 3.98 | 12.41 |
| 云南 | 淡水养殖 | 工厂化养殖 | 鳟鱼 | 0.45 | 0.01 | 0.12 | 0.04 |
| 云南 | 淡水养殖 | 网箱养殖 | 鳊鱼 | 36.56 | 9.32 | 0.06 | 0.26 |
| 云南 | 淡水养殖 | 网箱养殖 | 草鱼 | 36.56 | 9.32 | 0.06 | 0.26 |
| 云南 | 淡水养殖 | 网箱养殖 | 鲑鱼 | 4.52 | 0.65 | 0.00 | 1.13 |
| 云南 | 淡水养殖 | 网箱养殖 | 鳜鱼 | 4.52 | 0.65 | 0.00 | 1.13 |
| 云南 | 淡水养殖 | 网箱养殖 | 黄颡鱼 | 4.52 | 0.65 | 0.00 | 1.13 |
| 云南 | 淡水养殖 | 网箱养殖 | 鲴鱼 | 39.17 | 8.64 | 0.03 | 0.09 |
| 云南 | 淡水养殖 | 网箱养殖 | 鲫鱼 | 26.95 | 9.13 | 0.00 | 0.16 |
| 云南 | 淡水养殖 | 网箱养殖 | 加州鲈 | 68.03 | 16.26 | 0.95 | 39.64 |
| 云南 | 淡水养殖 | 网箱养殖 | 鲤鱼 | 10.35 | 4.99 | 0.07 | 0.13 |
| 云南 | 淡水养殖 | 网箱养殖 | 鲢鱼 | −1.56 | −1.13 | −0.02 | −2.95 |
| 云南 | 淡水养殖 | 网箱养殖 | 鲈鱼 | 68.03 | 16.26 | 0.95 | 39.64 |
| 云南 | 淡水养殖 | 网箱养殖 | 罗非鱼 | 18.13 | 5.61 | 12.21 | 9.39 |
| 云南 | 淡水养殖 | 网箱养殖 | 鲶鱼 | 4.52 | 0.65 | 0.00 | 1.13 |
| 云南 | 淡水养殖 | 网箱养殖 | 其他 | 23.04 | 4.68 | 0.68 | 5.87 |
| 云南 | 淡水养殖 | 网箱养殖 | 青鱼 | 4.52 | 0.65 | 0.00 | 1.13 |
| 云南 | 淡水养殖 | 网箱养殖 | 乌鳢 | 4.52 | 0.65 | 0.00 | 1.13 |
| 云南 | 淡水养殖 | 网箱养殖 | 鲟鱼 | 4.52 | 0.65 | 0.00 | 1.13 |
| 云南 | 淡水养殖 | 网箱养殖 | 鳙鱼 | −1.56 | −1.13 | −0.02 | −2.95 |
| 云南 | 淡水养殖 | 网箱养殖 | 长吻鮠 | 10.35 | 4.99 | 0.07 | 0.13 |

| 省名 | 养殖水体 | 养殖模式 | 养殖种类 | 总氮/（克/千克） | 总磷/（克/千克） | 氨氮/（克/千克） | COD/（克/千克） |
|---|---|---|---|---|---|---|---|
| 云南 | 淡水养殖 | 围栏养殖 | 草鱼 | 36.56 | 9.32 | 0.06 | 0.26 |
| 云南 | 淡水养殖 | 围栏养殖 | 鲫鱼 | 26.95 | 9.13 | 0.00 | 0.16 |
| 云南 | 淡水养殖 | 围栏养殖 | 鲤鱼 | 10.35 | 4.99 | 0.07 | 0.13 |
| 云南 | 淡水养殖 | 围栏养殖 | 鲢鱼 | −1.56 | −1.13 | −0.02 | −2.95 |
| 云南 | 淡水养殖 | 围栏养殖 | 罗非鱼 | 18.13 | 5.61 | 12.21 | 9.39 |
| 云南 | 淡水养殖 | 围栏养殖 | 青鱼 | 4.52 | 0.65 | 0.00 | 1.13 |
| 云南 | 淡水养殖 | 围栏养殖 | 鳙鱼 | −1.56 | −1.13 | −0.02 | −2.95 |
| 云南 | 淡水养殖 | 其他 | 草鱼 | 9.87 | 2.11 | 2.45 | 23.07 |
| 云南 | 淡水养殖 | 其他 | 河蟹 | 6.78 | 1.33 | 1.33 | 35.87 |
| 云南 | 淡水养殖 | 其他 | 黄鳝 | 9.87 | 2.11 | 2.45 | 23.07 |
| 云南 | 淡水养殖 | 其他 | 鲫鱼 | 9.87 | 2.11 | 2.45 | 23.07 |
| 云南 | 淡水养殖 | 其他 | 鲤鱼 | 9.87 | 2.11 | 2.45 | 23.07 |
| 云南 | 淡水养殖 | 其他 | 鲢鱼 | −1.56 | −1.13 | −0.02 | −2.95 |
| 云南 | 淡水养殖 | 其他 | 罗非鱼 | 9.87 | 2.11 | 2.45 | 23.07 |
| 云南 | 淡水养殖 | 其他 | 泥鳅 | 9.87 | 2.11 | 2.45 | 23.07 |
| 云南 | 淡水养殖 | 其他 | 鲶鱼 | 9.66 | 2.15 | 1.92 | 20.58 |
| 云南 | 淡水养殖 | 其他 | 其他 | 9.87 | 2.11 | 2.45 | 23.07 |
| 云南 | 淡水养殖 | 其他 | 青鱼 | 9.87 | 2.11 | 2.45 | 23.07 |
| 云南 | 淡水养殖 | 其他 | 鳙鱼 | −1.56 | −1.13 | −0.02 | −2.95 |
| 云南 | 淡水养殖 | 滩涂养殖 | 鲤鱼 | 9.82 | 1.53 | 0.93 | 5.96 |
| 云南 | 淡水养殖 | 滩涂养殖 | 鲢鱼 | −1.56 | −1.13 | −0.02 | −2.95 |
| 云南 | 淡水养殖 | 滩涂养殖 | 鲫鱼 | 3.16 | 0.48 | 1.54 | 12.21 |
| 云南 | 淡水养殖 | 滩涂养殖 | 草鱼 | 10.11 | 1.36 | 3.96 | 45.07 |
| 云南 | 淡水养殖 | 其他 | 克氏原螯虾 | 2.71 | 0.58 | 0.69 | 2.54 |
| | | | | | | | |
| 浙江 | 海水养殖 | 池塘养殖 | 斑节对虾 | 0.83 | 0.42 | 0.05 | 10.46 |
| 浙江 | 淡水养殖 | 池塘养殖 | 鳊鱼 | 3.17 | 0.92 | 0.49 | 24.40 |
| 浙江 | 淡水养殖 | 池塘养殖 | 鳖 | 9.74 | 2.24 | 3.03 | 55.07 |
| 浙江 | 淡水养殖 | 池塘养殖 | 草鱼 | 10.11 | 1.36 | 3.96 | 45.07 |
| 浙江 | 海水养殖 | 池塘养殖 | 蛏 | −0.10 | −0.01 | 0.00 | −1.64 |
| 浙江 | 淡水养殖 | 池塘养殖 | 池沼公鱼 | 15.94 | 1.75 | 1.79 | 99.20 |
| 浙江 | 海水养殖 | 池塘养殖 | 大黄鱼 | 4.59 | 0.68 | 0.99 | 34.23 |
| 浙江 | 淡水养殖 | 池塘养殖 | 淡水珍珠 | 1.43 | 0.14 | 0.11 | 6.35 |
| 浙江 | 海水养殖 | 池塘养殖 | 鲷鱼 | 0.39 | 0.10 | 0.00 | 0.05 |
| 浙江 | 淡水养殖 | 池塘养殖 | 短盖巨脂鲤 | 2.49 | 0.21 | 0.56 | 10.74 |
| 浙江 | 淡水养殖 | 池塘养殖 | 龟 | 9.74 | 2.24 | 3.03 | 55.07 |
| 浙江 | 淡水养殖 | 池塘养殖 | 鳜鱼 | 2.37 | 0.76 | 1.74 | 4.50 |
| 浙江 | 海水养殖 | 池塘养殖 | 蛤 | −0.10 | −0.01 | 0.00 | −1.64 |
| 浙江 | 海水养殖 | 池塘养殖 | 海蜇 | 15.94 | 1.75 | 1.79 | 99.20 |
| 浙江 | 海水养殖 | 池塘养殖 | 蚶 | −0.10 | −0.01 | 0.00 | −1.64 |
| 浙江 | 淡水养殖 | 池塘养殖 | 河蚌 | 1.43 | 0.14 | 0.11 | 6.35 |
| 浙江 | 淡水养殖 | 池塘养殖 | 河蟹 | 2.62 | 0.75 | 1.57 | 45.66 |

| 省名 | 养殖水体 | 养殖模式 | 养殖种类 | 总氮/（克/千克） | 总磷/（克/千克） | 氨氮/（克/千克） | COD/（克/千克） |
|---|---|---|---|---|---|---|---|
| 浙江 | 淡水养殖 | 池塘养殖 | 黄颡鱼 | 5.76 | 0.30 | 1.79 | 21.43 |
| 浙江 | 淡水养殖 | 池塘养殖 | 黄鳝 | 5.37 | 1.83 | 0.91 | 115.75 |
| 浙江 | 淡水养殖 | 池塘养殖 | 鮰鱼 | 2.98 | 1.57 | 2.68 | 4.81 |
| 浙江 | 淡水养殖 | 池塘养殖 | 鲫鱼 | 7.06 | 1.19 | 1.30 | 12.73 |
| 浙江 | 淡水养殖 | 池塘养殖 | 加州鲈 | 5.34 | 0.77 | 0.16 | 13.60 |
| 浙江 | 淡水养殖 | 池塘养殖 | 克氏原螯虾 | 2.71 | 0.58 | 0.69 | 2.54 |
| 浙江 | 淡水养殖 | 池塘养殖 | 鲤鱼 | 15.80 | 1.72 | 2.39 | 26.59 |
| 浙江 | 淡水养殖 | 池塘养殖 | 鲢鱼 | −1.56 | −1.13 | −0.02 | −2.95 |
| 浙江 | 淡水养殖 | 池塘养殖 | 鲈鱼 | 5.34 | 0.77 | 0.16 | 13.60 |
| 浙江 | 淡水养殖 | 池塘养殖 | 罗非鱼 | 5.14 | 1.08 | 4.88 | 85.75 |
| 浙江 | 淡水养殖 | 池塘养殖 | 罗氏沼虾 | 5.81 | 0.29 | 2.58 | 19.42 |
| 浙江 | 淡水养殖 | 池塘养殖 | 螺 | 1.43 | 0.14 | 0.11 | 6.35 |
| 浙江 | 淡水养殖 | 池塘养殖 | 鳗鲡 | 43.94 | 10.15 | 26.30 | 76.32 |
| 浙江 | 海水养殖 | 池塘养殖 | 美国红鱼 | 0.39 | 0.10 | 0.00 | 0.05 |
| 浙江 | 淡水养殖 | 池塘养殖 | 南美白对虾（淡） | 3.28 | 0.68 | 1.80 | 47.21 |
| 浙江 | 海水养殖 | 池塘养殖 | 南美白对虾（海） | 7.17 | 1.90 | 0.91 | 89.58 |
| 浙江 | 淡水养殖 | 池塘养殖 | 泥鳅 | 2.49 | 0.21 | 0.56 | 10.74 |
| 浙江 | 淡水养殖 | 池塘养殖 | 鲶鱼 | 0.41 | 0.06 | 0.10 | 1.55 |
| 浙江 | 淡水养殖 | 池塘养殖 | 其他 | 5.88 | 1.13 | 1.63 | 25.86 |
| 浙江 | 淡水养殖 | 池塘养殖 | 青虾 | 2.61 | 0.55 | 0.22 | 2.96 |
| 浙江 | 海水养殖 | 池塘养殖 | 青蟹 | 4.02 | 0.41 | 1.77 | 33.82 |
| 浙江 | 淡水养殖 | 池塘养殖 | 青鱼 | 5.56 | 0.22 | 0.18 | 21.37 |
| 浙江 | 海水养殖 | 池塘养殖 | 日本对虾 | 0.83 | 0.42 | 0.05 | 10.46 |
| 浙江 | 海水养殖 | 池塘养殖 | 梭子蟹 | 10.13 | −0.54 | 3.27 | 36.25 |
| 浙江 | 淡水养殖 | 池塘养殖 | 蛙 | 9.74 | 2.24 | 3.03 | 55.07 |
| 浙江 | 淡水养殖 | 池塘养殖 | 乌鳢 | 14.07 | 3.41 | 10.12 | 11.67 |
| 浙江 | 淡水养殖 | 池塘养殖 | 蚬 | 1.43 | 0.14 | 0.11 | 6.35 |
| 浙江 | 淡水养殖 | 池塘养殖 | 鲟鱼 | 6.79 | 5.33 | 4.06 | 56.73 |
| 浙江 | 海水养殖 | 池塘养殖 | 贻贝 | −0.17 | −0.01 | 0.00 | −7.24 |
| 浙江 | 淡水养殖 | 池塘养殖 | 鳙鱼 | −1.56 | −1.13 | −0.02 | −2.95 |
| 浙江 | 海水养殖 | 池塘养殖 | 中国对虾 | 0.83 | 0.42 | 0.05 | 10.46 |
| 浙江 | 淡水养殖 | 池塘养殖 | 鳟鱼 | 0.45 | 0.01 | 0.12 | 0.04 |
| 浙江 | 海水养殖 | 工厂化养殖 | 斑节对虾 | 0.83 | 0.42 | 0.05 | 10.46 |
| 浙江 | 淡水养殖 | 工厂化养殖 | 鳖 | 9.74 | 2.24 | 3.03 | 55.07 |
| 浙江 | 海水养殖 | 工厂化养殖 | 大黄鱼 | 4.59 | 0.68 | 0.99 | 34.23 |
| 浙江 | 海水养殖 | 工厂化养殖 | 鲽鱼 | 0.39 | 0.10 | 0.00 | 0.05 |
| 浙江 | 淡水养殖 | 工厂化养殖 | 龟 | 9.74 | 2.24 | 3.03 | 55.07 |
| 浙江 | 淡水养殖 | 工厂化养殖 | 鲑鱼 | 4.52 | 0.65 | 0.00 | 1.13 |
| 浙江 | 淡水养殖 | 工厂化养殖 | 鲤鱼 | 2.49 | 0.21 | 0.56 | 10.74 |
| 浙江 | 海水养殖 | 工厂化养殖 | 鲈鱼 | 13.99 | 3.20 | 0.06 | 10.86 |
| 浙江 | 淡水养殖 | 工厂化养殖 | 罗氏沼虾 | 5.81 | 0.29 | 2.58 | 19.42 |
| 浙江 | 淡水养殖 | 工厂化养殖 | 鳗鲡 | 43.94 | 10.15 | 26.30 | 76.32 |

| 省名 | 养殖水体 | 养殖模式 | 养殖种类 | 总氮/（克/千克） | 总磷/（克/千克） | 氨氮/（克/千克） | COD/（克/千克） |
|---|---|---|---|---|---|---|---|
| 浙江 | 淡水养殖 | 工厂化养殖 | 南美白对虾（淡） | 3.28 | 0.68 | 1.80 | 47.21 |
| 浙江 | 海水养殖 | 工厂化养殖 | 南美白对虾（海） | 8.67 | 0.31 | 1.12 | 4.20 |
| 浙江 | 淡水养殖 | 工厂化养殖 | 泥鳅 | 2.49 | 0.21 | 0.56 | 10.74 |
| 浙江 | 海水养殖 | 工厂化养殖 | 鲆鱼 | 0.39 | 0.10 | 0.00 | 0.05 |
| 浙江 | 淡水养殖 | 工厂化养殖 | 其他 | 7.56 | 2.71 | 3.44 | 20.94 |
| 浙江 | 海水养殖 | 工厂化养殖 | 其他 | 7.56 | 2.71 | 3.44 | 20.94 |
| 浙江 | 海水养殖 | 工厂化养殖 | 石斑鱼 | 0.39 | 0.10 | 0.00 | 0.05 |
| 浙江 | 淡水养殖 | 工厂化养殖 | 蛙 | 9.74 | 2.24 | 3.03 | 55.07 |
| 浙江 | 淡水养殖 | 工厂化养殖 | 鲟鱼 | 6.79 | 5.33 | 4.06 | 56.73 |
| 浙江 | 淡水养殖 | 网箱养殖 | 鳊鱼 | 2.04 | 0.95 | 1.60 | 7.72 |
| 浙江 | 淡水养殖 | 网箱养殖 | 草鱼 | 2.04 | 0.95 | 1.60 | 7.72 |
| 浙江 | 海水养殖 | 网箱养殖 | 大黄鱼 | 49.70 | 10.46 | 1.29 | 50.23 |
| 浙江 | 海水养殖 | 网箱养殖 | 鲷鱼 | 17.59 | 1.43 | 0.04 | 0.46 |
| 浙江 | 淡水养殖 | 网箱养殖 | 鳜鱼 | 4.52 | 0.65 | 0.00 | 1.13 |
| 浙江 | 海水养殖 | 网箱养殖 | 海参 | 1.30 | 0.20 | 0.01 | 0.17 |
| 浙江 | 淡水养殖 | 网箱养殖 | 黄颡鱼 | 4.52 | 0.65 | 0.00 | 1.13 |
| 浙江 | 淡水养殖 | 网箱养殖 | 鲫鱼 | 26.95 | 9.13 | 0.00 | 0.16 |
| 浙江 | 淡水养殖 | 网箱养殖 | 加州鲈 | 68.03 | 16.26 | 0.95 | 39.64 |
| 浙江 | 淡水养殖 | 网箱养殖 | 鲢鱼 | -1.56 | -1.13 | -0.02 | -2.95 |
| 浙江 | 海水养殖 | 网箱养殖 | 鲈鱼 | 68.03 | 16.26 | 0.95 | 39.64 |
| 浙江 | 海水养殖 | 网箱养殖 | 美国红鱼 | 17.59 | 1.43 | 0.04 | 0.46 |
| 浙江 | 淡水养殖 | 网箱养殖 | 南美白对虾（淡） | 3.28 | 0.68 | 1.80 | 47.21 |
| 浙江 | 淡水养殖 | 网箱养殖 | 其他 | 23.04 | 4.68 | 0.68 | 5.87 |
| 浙江 | 海水养殖 | 网箱养殖 | 石斑鱼 | 17.59 | 1.43 | 0.04 | 0.46 |
| 浙江 | 淡水养殖 | 网箱养殖 | 鲟鱼 | 4.52 | 0.65 | 0.00 | 1.13 |
| 浙江 | 淡水养殖 | 网箱养殖 | 鳙鱼 | -1.56 | -1.13 | -0.02 | -2.95 |
| 浙江 | 淡水养殖 | 围栏养殖 | 鳊鱼 | 2.04 | 0.95 | 1.60 | 7.72 |
| 浙江 | 淡水养殖 | 围栏养殖 | 草鱼 | 2.04 | 0.95 | 1.60 | 7.72 |
| 浙江 | 海水养殖 | 围栏养殖 | 大黄鱼 | 49.70 | 10.46 | 1.29 | 50.23 |
| 浙江 | 淡水养殖 | 围栏养殖 | 鲫鱼 | 26.95 | 9.13 | 0.00 | 0.16 |
| 浙江 | 淡水养殖 | 围栏养殖 | 鲢鱼 | -1.56 | -1.13 | -0.02 | -2.95 |
| 浙江 | 海水养殖 | 围栏养殖 | 青蟹 | 30.33 | 6.23 | 2.53 | 107.00 |
| 浙江 | 淡水养殖 | 围栏养殖 | 青鱼 | 4.52 | 0.65 | 0.00 | 1.13 |
| 浙江 | 海水养殖 | 围栏养殖 | 梭子蟹 | 30.33 | 6.23 | 2.53 | 107.00 |
| 浙江 | 淡水养殖 | 围栏养殖 | 鳙鱼 | -1.56 | -1.13 | -0.02 | -2.95 |
| 浙江 | 海水养殖 | 浅海阀式 | 牡蛎 | -0.17 | -0.01 | 0.00 | -7.24 |
| 浙江 | 海水养殖 | 浅海阀式 | 其他 | -0.17 | -0.01 | 0.00 | -7.24 |
| 浙江 | 海水养殖 | 浅海阀式 | 扇贝 | -0.17 | -0.01 | 0.00 | -7.24 |
| 浙江 | 海水养殖 | 浅海阀式 | 贻贝 | -0.17 | -0.01 | 0.00 | -7.24 |
| 浙江 | 海水养殖 | 滩涂 | 斑节对虾 | 0.83 | 0.42 | 0.05 | 10.46 |
| 浙江 | 海水养殖 | 滩涂 | 蛏 | -0.10 | -0.01 | 0.00 | -1.64 |
| 浙江 | 海水养殖 | 滩涂 | 蛤 | -0.10 | -0.01 | 0.00 | -1.64 |

| 省名 | 养殖水体 | 养殖模式 | 养殖种类 | 总氮/（克/千克） | 总磷/（克/千克） | 氨氮/（克/千克） | COD/（克/千克） |
|---|---|---|---|---|---|---|---|
| 浙江 | 海水养殖 | 滩涂 | 蚶 | −0.10 | −0.01 | 0.00 | −1.64 |
| 浙江 | 海水养殖 | 滩涂 | 螺 | 1.43 | 0.14 | 0.11 | 6.35 |
| 浙江 | 海水养殖 | 滩涂 | 牡蛎 | −0.17 | −0.01 | 0.00 | −7.24 |
| 浙江 | 海水养殖 | 滩涂 | 南美白对虾（海） | 7.17 | 1.90 | 0.91 | 89.58 |
| 浙江 | 海水养殖 | 滩涂 | 其他 | −0.10 | −0.01 | 0.00 | −1.64 |
| 浙江 | 海水养殖 | 滩涂 | 青蟹 | 30.33 | 6.23 | 2.53 | 107.00 |
| 浙江 | 海水养殖 | 滩涂 | 扇贝 | −0.17 | −0.01 | 0.00 | −7.24 |
| 浙江 | 淡水养殖 | 其他 | 鳊鱼 | 9.87 | 2.11 | 2.45 | 23.07 |
| 浙江 | 淡水养殖 | 其他 | 鳖 | 9.87 | 2.11 | 2.45 | 23.07 |
| 浙江 | 淡水养殖 | 其他 | 草鱼 | 9.87 | 2.11 | 2.45 | 23.07 |
| 浙江 | 海水养殖 | 其他 | 蛏 | −0.10 | −0.01 | 0.00 | −1.64 |
| 浙江 | 淡水养殖 | 其他 | 鳜鱼 | 9.87 | 2.11 | 2.45 | 23.07 |
| 浙江 | 海水养殖 | 其他 | 蚶 | −0.10 | −0.01 | 0.00 | −1.64 |
| 浙江 | 淡水养殖 | 其他 | 河蚌 | 0.79 | 0.16 | 0.07 | 2.54 |
| 浙江 | 淡水养殖 | 其他 | 河蟹 | 6.78 | 1.33 | 1.33 | 35.87 |
| 浙江 | 淡水养殖 | 其他 | 黄颡鱼 | 9.87 | 2.11 | 2.45 | 23.07 |
| 浙江 | 淡水养殖 | 其他 | 黄鳝 | 9.87 | 2.11 | 2.45 | 23.07 |
| 浙江 | 淡水养殖 | 其他 | 鲴鱼 | 9.87 | 2.11 | 2.45 | 23.07 |
| 浙江 | 淡水养殖 | 其他 | 鲫鱼 | 9.87 | 2.11 | 2.45 | 23.07 |
| 浙江 | 淡水养殖 | 其他 | 加州鲈 | 9.87 | 2.11 | 2.45 | 23.07 |
| 浙江 | 淡水养殖 | 其他 | 克氏原螯虾 | 6.78 | 1.33 | 1.33 | 35.87 |
| 浙江 | 淡水养殖 | 其他 | 鲤鱼 | 9.87 | 2.11 | 2.45 | 23.07 |
| 浙江 | 淡水养殖 | 其他 | 鲢鱼 | −1.56 | −1.13 | −0.02 | −2.95 |
| 浙江 | 海水养殖 | 其他 | 鲈鱼 | 12.01 | 1.90 | 0.39 | 12.05 |
| 浙江 | 淡水养殖 | 其他 | 罗非鱼 | 9.87 | 2.11 | 2.45 | 23.07 |
| 浙江 | 淡水养殖 | 其他 | 螺 | 0.79 | 0.16 | 0.07 | 2.54 |
| 浙江 | 淡水养殖 | 其他 | 南美白对虾（淡） | 6.78 | 1.33 | 1.33 | 35.87 |
| 浙江 | 淡水养殖 | 其他 | 泥鳅 | 9.87 | 2.11 | 2.45 | 23.07 |
| 浙江 | 淡水养殖 | 其他 | 鲶鱼 | 9.87 | 2.11 | 2.45 | 23.07 |
| 浙江 | 淡水养殖 | 其他 | 其他 | 9.87 | 2.11 | 2.45 | 23.07 |
| 浙江 | 淡水养殖 | 其他 | 青虾 | 6.78 | 1.33 | 1.33 | 35.87 |
| 浙江 | 淡水养殖 | 其他 | 青鱼 | 9.87 | 2.11 | 2.45 | 23.07 |
| 浙江 | 海水养殖 | 其他 | 石斑鱼 | 9.87 | 2.11 | 2.45 | 23.07 |
| 浙江 | 淡水养殖 | 其他 | 蛙 | 9.87 | 2.11 | 2.45 | 23.07 |
| 浙江 | 淡水养殖 | 其他 | 乌鳢 | 9.87 | 2.11 | 2.45 | 23.07 |
| 浙江 | 淡水养殖 | 其他 | 蚬 | 0.79 | 0.16 | 0.07 | 2.54 |
| 浙江 | 淡水养殖 | 其他 | 鳙鱼 | −1.56 | −1.13 | −0.02 | −2.95 |
| 浙江 | 海水养殖 | 其他 | 其他 | 12.01 | 1.90 | 0.39 | 12.05 |
| 浙江 | 淡水养殖 | 其他 | 淡水珍珠 | 1.43 | 0.14 | 0.11 | 6.35 |
| 浙江 | 海水养殖 | 池塘养殖 | 螺 | 1.43 | 0.14 | 0.11 | 6.35 |
| 浙江 | 海水养殖 | 其他 | 大黄鱼 | 4.59 | 0.68 | 0.99 | 34.23 |
| 浙江 | 海水养殖 | 池塘养殖 | 鲈鱼 | 5.34 | 0.77 | 0.16 | 13.60 |

| 省名 | 养殖水体 | 养殖模式 | 养殖种类 | 总氮/（克/千克） | 总磷/（克/千克） | 氨氮/（克/千克） | COD/（克/千克） |
|---|---|---|---|---|---|---|---|
| 浙江 | 淡水养殖 | 池塘养殖 | 青蟹 | −1.37 | 0.41 | −1.20 | 64.56 |
| 浙江 | 海水养殖 | 池塘养殖 | 其他 | 5.88 | 1.13 | 1.63 | 25.86 |
| 浙江 | 海水养殖 | 浅海筏式 | 鲍 | 2.54 | 0.98 | 0.07 | 8.35 |
| 浙江 | 淡水养殖 | 其他 | 鲈鱼 | 5.34 | 0.77 | 0.16 | 13.60 |
| 浙江 | 海水养殖 | 网箱养殖 | 鲆鱼 | 0.55 | 0.06 | 0.05 | 2.39 |
| 浙江 | 淡水养殖 | 工厂化养殖 | 石斑鱼 | 1.99 | 0.26 | 0.09 | 2.24 |
| 浙江 | 淡水养殖 | 其他 | 石斑鱼 | 1.99 | 0.26 | 0.09 | 2.24 |
| | | | | | | | |
| 重庆 | 淡水养殖 | 池塘养殖 | 鳊鱼 | 0.90 | 0.09 | 0.56 | 9.67 |
| 重庆 | 淡水养殖 | 池塘养殖 | 鳖 | 9.74 | 2.24 | 3.03 | 55.07 |
| 重庆 | 淡水养殖 | 池塘养殖 | 草鱼 | 10.11 | 1.36 | 3.96 | 45.07 |
| 重庆 | 淡水养殖 | 池塘养殖 | 短盖巨脂鲤 | 2.49 | 0.21 | 0.56 | 10.74 |
| 重庆 | 淡水养殖 | 池塘养殖 | 龟 | 9.74 | 2.24 | 3.03 | 55.07 |
| 重庆 | 淡水养殖 | 池塘养殖 | 鲑鱼 | 4.52 | 0.65 | 0.00 | 1.13 |
| 重庆 | 淡水养殖 | 池塘养殖 | 鳜鱼 | 18.26 | 0.81 | 3.11 | 31.98 |
| 重庆 | 淡水养殖 | 池塘养殖 | 河蚌 | 2.22 | 0.25 | 0.19 | 4.63 |
| 重庆 | 淡水养殖 | 池塘养殖 | 河蟹 | 4.74 | 0.40 | 1.39 | 42.96 |
| 重庆 | 淡水养殖 | 池塘养殖 | 黄颡鱼 | 5.76 | 0.30 | 1.79 | 21.43 |
| 重庆 | 淡水养殖 | 池塘养殖 | 黄鳝 | 5.37 | 1.83 | 0.91 | 115.75 |
| 重庆 | 淡水养殖 | 池塘养殖 | 鮰鱼 | 4.79 | 0.23 | 2.93 | 2.39 |
| 重庆 | 淡水养殖 | 池塘养殖 | 鲫鱼 | 7.06 | 1.19 | 1.30 | 12.73 |
| 重庆 | 淡水养殖 | 池塘养殖 | 加州鲈 | 1.44 | 0.59 | 0.34 | 7.06 |
| 重庆 | 淡水养殖 | 池塘养殖 | 克氏原螯虾 | 4.07 | 2.64 | 1.54 | 23.04 |
| 重庆 | 淡水养殖 | 池塘养殖 | 鲤鱼 | 15.80 | 1.72 | 2.39 | 26.59 |
| 重庆 | 淡水养殖 | 池塘养殖 | 鲢鱼 | −1.56 | −1.13 | −0.02 | −2.95 |
| 重庆 | 淡水养殖 | 池塘养殖 | 鲈鱼 | 1.44 | 0.59 | 0.34 | 7.06 |
| 重庆 | 淡水养殖 | 池塘养殖 | 罗非鱼 | 5.14 | 1.08 | 4.88 | 85.75 |
| 重庆 | 淡水养殖 | 池塘养殖 | 罗氏沼虾 | 0.42 | 0.14 | 0.10 | 0.32 |
| 重庆 | 淡水养殖 | 池塘养殖 | 螺 | 2.22 | 0.25 | 0.19 | 4.63 |
| 重庆 | 淡水养殖 | 池塘养殖 | 南美白对虾（淡） | 3.28 | 0.68 | 1.80 | 47.21 |
| 重庆 | 淡水养殖 | 池塘养殖 | 泥鳅 | 2.49 | 0.21 | 0.56 | 10.74 |
| 重庆 | 淡水养殖 | 池塘养殖 | 鲶鱼 | 0.41 | 0.06 | 0.10 | 1.55 |
| 重庆 | 淡水养殖 | 池塘养殖 | 其他 | 5.88 | 1.13 | 1.63 | 25.86 |
| 重庆 | 淡水养殖 | 池塘养殖 | 青虾 | 1.02 | 0.36 | 0.54 | 4.40 |
| 重庆 | 淡水养殖 | 池塘养殖 | 青鱼 | 0.41 | 0.06 | 0.10 | 1.55 |
| 重庆 | 淡水养殖 | 池塘养殖 | 蛙 | 9.74 | 2.24 | 3.03 | 55.07 |
| 重庆 | 淡水养殖 | 池塘养殖 | 乌鳢 | 14.07 | 3.41 | 10.12 | 11.67 |
| 重庆 | 淡水养殖 | 池塘养殖 | 鲟鱼 | 6.79 | 5.33 | 4.06 | 56.73 |
| 重庆 | 淡水养殖 | 池塘养殖 | 鳙鱼 | −1.56 | −1.13 | −0.02 | −2.95 |
| 重庆 | 淡水养殖 | 池塘养殖 | 长吻鮠 | 2.49 | 0.21 | 0.56 | 10.74 |
| 重庆 | 淡水养殖 | 池塘养殖 | 鳟鱼 | 0.45 | 0.01 | 0.12 | 0.04 |
| 重庆 | 淡水养殖 | 工厂化养殖 | 南美白对虾（淡） | 3.28 | 0.68 | 1.80 | 47.21 |

| 省名 | 养殖水体 | 养殖模式 | 养殖种类 | 总氮/（克/千克） | 总磷/（克/千克） | 氨氮/（克/千克） | COD/（克/千克） |
|---|---|---|---|---|---|---|---|
| 重庆 | 淡水养殖 | 工厂化养殖 | 其他 | 7.56 | 2.71 | 3.44 | 20.94 |
| 重庆 | 淡水养殖 | 工厂化养殖 | 鲟鱼 | 6.79 | 5.33 | 4.06 | 56.73 |
| 重庆 | 淡水养殖 | 网箱养殖 | 草鱼 | 26.11 | 3.71 | 0.50 | 21.77 |
| 重庆 | 淡水养殖 | 网箱养殖 | 黄颡鱼 | 4.52 | 0.65 | 0.00 | 1.13 |
| 重庆 | 淡水养殖 | 网箱养殖 | 鲴鱼 | 39.17 | 8.64 | 0.03 | 0.09 |
| 重庆 | 淡水养殖 | 网箱养殖 | 鲫鱼 | 26.95 | 9.13 | 0.00 | 0.16 |
| 重庆 | 淡水养殖 | 网箱养殖 | 加州鲈 | 68.03 | 16.26 | 0.95 | 39.64 |
| 重庆 | 淡水养殖 | 网箱养殖 | 鲤鱼 | 10.35 | 4.99 | 0.07 | 0.13 |
| 重庆 | 淡水养殖 | 网箱养殖 | 鲢鱼 | −1.56 | −1.13 | −0.02 | −2.95 |
| 重庆 | 淡水养殖 | 网箱养殖 | 鲶鱼 | 4.52 | 0.65 | 0.00 | 1.13 |
| 重庆 | 淡水养殖 | 网箱养殖 | 其他 | 23.04 | 4.68 | 0.68 | 5.87 |
| 重庆 | 淡水养殖 | 网箱养殖 | 鲟鱼 | 4.52 | 0.65 | 0.00 | 1.13 |
| 重庆 | 淡水养殖 | 网箱养殖 | 鳙鱼 | −1.56 | −1.13 | −0.02 | −2.95 |
| 重庆 | 淡水养殖 | 围栏养殖 | 草鱼 | 26.11 | 3.71 | 0.50 | 21.77 |
| 重庆 | 淡水养殖 | 围栏养殖 | 鲤鱼 | 10.35 | 4.99 | 0.07 | 0.13 |
| 重庆 | 淡水养殖 | 围栏养殖 | 鲢鱼 | −1.56 | −1.13 | −0.02 | −2.95 |
| 重庆 | 淡水养殖 | 围栏养殖 | 鳙鱼 | −1.56 | −1.13 | −0.02 | −2.95 |
| 重庆 | 淡水养殖 | 其他 | 鳊鱼 | 9.87 | 2.11 | 2.45 | 23.07 |
| 重庆 | 淡水养殖 | 其他 | 草鱼 | 9.87 | 2.11 | 2.45 | 23.07 |
| 重庆 | 淡水养殖 | 其他 | 鳜鱼 | 9.87 | 2.11 | 2.45 | 23.07 |
| 重庆 | 淡水养殖 | 其他 | 河蟹 | 6.78 | 1.33 | 1.33 | 35.87 |
| 重庆 | 淡水养殖 | 其他 | 黄颡鱼 | 9.87 | 2.11 | 2.45 | 23.07 |
| 重庆 | 淡水养殖 | 其他 | 黄鳝 | 9.87 | 2.11 | 2.45 | 23.07 |
| 重庆 | 淡水养殖 | 其他 | 鲫鱼 | 9.87 | 2.11 | 2.45 | 23.07 |
| 重庆 | 淡水养殖 | 其他 | 克氏原螯虾 | 6.78 | 1.33 | 1.33 | 35.87 |
| 重庆 | 淡水养殖 | 其他 | 鲤鱼 | 9.87 | 2.11 | 2.45 | 23.07 |
| 重庆 | 淡水养殖 | 其他 | 鲢鱼 | −1.56 | −1.13 | −0.02 | −2.95 |
| 重庆 | 淡水养殖 | 其他 | 鲈鱼 | 9.87 | 2.11 | 2.45 | 23.07 |
| 重庆 | 淡水养殖 | 其他 | 泥鳅 | 9.87 | 2.11 | 2.45 | 23.07 |
| 重庆 | 淡水养殖 | 其他 | 其他 | 9.87 | 2.11 | 2.45 | 23.07 |
| 重庆 | 淡水养殖 | 其他 | 青虾 | 6.78 | 1.33 | 1.33 | 35.87 |
| 重庆 | 淡水养殖 | 其他 | 青鱼 | 9.87 | 2.11 | 2.45 | 23.07 |
| 重庆 | 淡水养殖 | 其他 | 蛙 | 9.87 | 2.11 | 2.45 | 23.07 |
| 重庆 | 淡水养殖 | 其他 | 鲟鱼 | 9.87 | 2.11 | 2.45 | 23.07 |
| 重庆 | 淡水养殖 | 其他 | 鳙鱼 | −1.56 | −1.13 | −0.02 | −2.95 |
| 重庆 | 淡水养殖 | 其他 | 鳟鱼 | 9.87 | 2.11 | 2.45 | 23.07 |

第三篇

农田地膜残留系数

# 概　述

依据《国务院关于开展第二次全国污染源普查的通知》（国发〔2016〕59 号）和《第二次全国污染源普查方案》的总体要求，为定量评价全国农业生产中地膜残留污染现状，核算全国农田地膜污染的残留量，在农业农村部科技教育司和生态环境部第二次全国污染源普查工作办公室直接指导下，由中国农业科学院农业环境与可持续发展研究所、农业农村部农业生态与资源保护总站共同牵头，组织全国相关高校、科研院所、各省农业环保站、农业技术推广站等 30 多家单位，共同开展了"农田地膜残留系数"监测和核算工作。本次普查在全国 30 个省（自治区、直辖市）258 个典型样点县共布设地膜采集样点 3870 个，挖取地膜污染土壤样方 38700 个，获得全国地膜残留系数 3534 个，涵盖了棉花、玉米、花生等 21 类主要覆膜作物，在此基础上编制本篇。

# 1　适用范围

本手册给出了全国 30 个省（自治区、直辖市）21 种主要覆膜作物的地膜残留系数，可用于第二次全国污染源普查地膜残留污染量核算。涉及的污染物：残留地膜。

# 2　主要术语与解释

## 2.1　地膜

以聚乙烯为主要原料，可加入必要助剂用吹塑法生产的用于地面覆盖的薄膜。

## 2.2　地膜累积残留量

单位面积农田土壤中残留的全部地膜的净重量。

## 2.3　地膜残留系数

指定区域，不同作物覆膜种植管理模式下地膜累积残留量的加权平均值。

# 3　系数测算方法

根据《中国农业统计年鉴》的统计数据，按照全国地膜使用总量、覆盖面积以及使用强度由大到小的排序，结合气候资源、地形地貌、覆膜作物的类型、地膜覆盖比例等指标，以县为基本单元，选定 258 个典型县域开展抽样调查和原位监测。

每个调查监测县依据典型覆膜作物、覆膜年限、空间分布共设置 15 个数据采集点，每个数据采集点挖 5 个规格为 100 厘米×100 厘米的正方形样方，取 0～30 厘米土层（耕层），使用筛孔直径为 2 毫米的尼龙筛子筛检样方土壤，捡拾所有肉眼可见残膜（≥1 平方厘米），经过实验室内清洗、阴干、称重等步骤，得到单位面积农田土壤残留地膜净重量，进而计算获得地膜残留系数。

# 4　系数核算方法

## 4.1　地膜累积残留量

$$Q_{kj} = \frac{1}{m}\sum_{i=1}^{m} X_{ij}$$ （3-4-1）

式中，$Q_{kj}$——第 $k$ 类作物覆膜种植模式下第 $j$ 个监测点的地膜累积残留量；

$X_{ij}$——第 $k$ 类作物覆膜种植模式下第 $j$ 个监测点的第 $i$ 个样方地膜累积残留量；

$m$——第 $k$ 类作物覆膜种植模式下第 $j$ 个监测点的调查样方数量。

## 4.2　地膜残留系数

$$F_r = \sum_{i=1}^{n} e_k \times Q_{k,av}$$ （3-4-2）

式中，$F_r$——第 $r$ 个省地膜残留系数；

$e_k$——第 $k$ 类作物覆膜种植模式的加权系数；

$Q_{k,av}$——第 $r$ 个省第 $k$ 类作物覆膜种植模式的平均地膜累积残留量；

$n$——第 $r$ 个省作物覆膜种植模式数量。

# 5　系数手册使用方法

（1）根据《中华人民共和国行政区划代码》（GB/T 2260—2017）检索目标行政区域数字代码；

（2）确定查找的地膜残留系数类型，如省级地膜残留系数或省级分作物地膜残留系数；

（3）在系数表 3-7-1 中根据行政区划数字代码检索省（自治区、直辖市）级地膜残留系数；

（4）在系数表 3-8-1 中根据行政区划数字代码及作物类型名称检索省（自治区、直辖市）级分作物地膜残留系数；

本次调查的代表性覆膜作物类型包括：玉米、水稻、小麦、马铃薯、大豆、花生、油菜、向日葵、棉花、烟草、甘蔗、甜菜、中药材、花卉、露地蔬菜、保护地蔬菜、瓜类、果树、高粱、谷子、甘薯、其他。

# 6　系数法计算示例

以辽宁省为例，分别查找辽宁省省级地膜残留系数与省级保护地蔬菜地膜残留系数。

第一步：根据《中华人民共和国行政区划代码》（GB/T 2260—2017），检索到辽宁省级区划数字代码为210000；

第二步：确定查询系数类型为省级地膜残留系数和省级保护地蔬菜地膜残留系数；

第三步：在系数表 3-7-1 中，代码 210000 对应的地膜残留系数即为辽宁省地膜残留系数；

第四步：在系数表 3-8-1 中，代码 210000 表格中保护地蔬菜对应的地膜残留系数即为辽宁省保护地蔬菜地膜残留系数。

# 7　系数总表

表 3-7-1　全国（除上海外）分省份地膜残留系数表

| 数字代码 | 字母代码 | 省名称 | 最终系数 |
| --- | --- | --- | --- |
| 110000 | BJ | 北京 | 0.036 |
| 120000 | TJ | 天津 | 0.315 |
| 130000 | HE | 河北 | 1.593 |
| 140000 | SX | 山西 | 4.503 |
| 150000 | NM | 内蒙古 | 8.025 |
| 210000 | LN | 辽宁 | 2.683 |
| 220000 | JL | 吉林 | 1.994 |
| 230000 | HL | 黑龙江 | 0.843 |
| 320000 | JS | 江苏 | 0.625 |
| 330000 | ZJ | 浙江 | 0.039 |
| 340000 | AH | 安徽 | 0.914 |
| 350000 | FJ | 福建 | 0.656 |
| 360000 | JX | 江西 | 0.873 |
| 370000 | SD | 山东 | 0.816 |
| 410000 | HA | 河南 | 0.847 |
| 420000 | HB | 湖北 | 2.110 |
| 430000 | HN | 湖南 | 2.598 |
| 440000 | GD | 广东 | 1.583 |
| 450000 | GX | 广西 | 1.318 |

| 数字代码 | 字母代码 | 省名称 | 最终系数 |
|---|---|---|---|
| 460000 | HI | 海南 | 3.742 |
| 500000 | CQ | 重庆 | 0.967 |
| 510000 | SC | 四川 | 0.452 |
| 520000 | GZ | 贵州 | 1.857 |
| 530000 | YN | 云南 | 1.521 |
| 540000 | XZ | 西藏 | 1.915 |
| 610000 | SN | 陕西 | 2.379 |
| 620000 | GS | 甘肃 | 3.119 |
| 630000 | QH | 青海 | 2.615 |
| 640000 | NX | 宁夏 | 2.577 |
| 650000 | XJ | 新疆 | 13.637 |

# 8　分省系数表

表 3-8-1　各省（自治区、直辖市）分作物地膜残留系数表

| 区划数字代码 | 省（自治区、直辖市） | 作物 | 系数 |
|---|---|---|---|
| 110000 | 北京 | 花生 | 0.029 |
| | | 露地蔬菜 | 0.038 |
| | | 保护地蔬菜 | 0.028 |
| | | 瓜类 | 0.05 |
| | | 甘薯 | 0.025 |
| 120000 | 天津 | 玉米 | 0.826 |
| | | 棉花 | 0.656 |
| | | 露地蔬菜 | 0.138 |
| | | 保护地蔬菜 | 0.197 |
| 130000 | 河北 | 马铃薯 | 3.111 |
| | | 花生 | 1.398 |
| | | 棉花 | 1.075 |
| | | 露地蔬菜 | 0.24 |
| | | 保护地蔬菜 | 0.079 |
| | | 瓜类 | 0.119 |
| 140000 | 山西 | 玉米 | 5.378 |
| | | 马铃薯 | 0.539 |
| | | 大豆 | 5.506 |
| | | 花生 | 3.809 |
| | | 露地蔬菜 | 2.521 |

| 区划数字代码 | 省（自治区、直辖市） | 作物 | 系数 |
|---|---|---|---|
| 140000 | 山西 | 保护地蔬菜 | 0.397 |
| | | 瓜类 | 4.827 |
| | | 高粱 | 0.02 |
| | | 谷子 | 6.113 |
| | | 甘薯 | 4.327 |
| 150000 | 内蒙古 | 玉米 | 9.32 |
| | | 水稻 | 2.274 |
| | | 马铃薯 | 3.853 |
| | | 花生 | 1.296 |
| | | 向日葵 | 7.715 |
| | | 甜菜 | 1.829 |
| | | 中药材 | 2.96 |
| | | 花卉 | 0.335 |
| | | 露地蔬菜 | 2.957 |
| | | 保护地蔬菜 | 0.268 |
| | | 瓜类 | 9.11 |
| 210000 | 辽宁 | 玉米 | 6.435 |
| | | 马铃薯 | 1.148 |
| | | 花生 | 0.338 |
| | | 向日葵 | 0.639 |
| | | 露地蔬菜 | 1.309 |
| | | 保护地蔬菜 | 0.354 |
| | | 瓜类 | 1.049 |
| | | 甘薯 | 0.549 |
| 220000 | 吉林 | 玉米 | 2.092 |
| | | 小麦 | 2.053 |
| | | 马铃薯 | 4.573 |
| | | 花生 | 2.174 |
| | | 向日葵 | 1.396 |
| | | 露地蔬菜 | 0.873 |
| | | 保护地蔬菜 | 0.189 |
| | | 瓜类 | 1.283 |
| 230000 | 黑龙江 | 玉米 | 0.846 |
| | | 马铃薯 | 0.875 |
| | | 烟草 | 0.461 |
| | | 露地蔬菜 | 0.918 |
| | | 保护地蔬菜 | 0.322 |
| | | 瓜类 | 0.597 |
| 320000 | 江苏 | 保护地蔬菜 | 0.644 |
| | | 瓜类 | 0.284 |

| 区划数字代码 | 省（自治区、直辖市） | 作物 | 系数 |
|---|---|---|---|
| 330000 | 浙江 | 玉米 | 0.012 |
| | | 保护地蔬菜 | 0.064 |
| | | 瓜类 | 0.047 |
| 340000 | 安徽 | 玉米 | 0.035 |
| | | 马铃薯 | 0.367 |
| | | 大豆 | 0.076 |
| | | 花生 | 0.643 |
| | | 烟草 | 0.285 |
| | | 露地蔬菜 | 1.102 |
| | | 保护地蔬菜 | 1.083 |
| | | 瓜类 | 0.76 |
| | | 果树 | 0.256 |
| | | 甘薯 | 0.887 |
| | | 其他 | 1.889 |
| 350000 | 福建 | 烟草 | 0.656 |
| 360000 | 江西 | 烟草 | 0.475 |
| | | 露地蔬菜 | 3.576 |
| | | 保护地蔬菜 | 0.412 |
| | | 瓜类 | 0.813 |
| 370000 | 山东 | 马铃薯 | 1.868 |
| | | 花生 | 0.758 |
| | | 棉花 | 0.86 |
| | | 露地蔬菜 | 0.74 |
| | | 保护地蔬菜 | 0.177 |
| | | 瓜类 | 1.786 |
| 410000 | 河南 | 马铃薯 | 0.189 |
| | | 花生 | 1.233 |
| | | 烟草 | 1.297 |
| | | 露地蔬菜 | 0.762 |
| | | 保护地蔬菜 | 0.528 |
| | | 瓜类 | 0.898 |
| | | 果树 | 0.432 |
| 420000 | 湖北 | 玉米 | 0.792 |
| | | 马铃薯 | 0.251 |
| | | 大豆 | 1.421 |
| | | 烟草 | 1.423 |
| | | 露地蔬菜 | 0.782 |
| | | 保护地蔬菜 | 0.575 |
| | | 瓜类 | 1.158 |

| 区划数字代码 | 省（自治区、直辖市） | 作物 | 系数 |
|---|---|---|---|
| 430000 | 湖南 | 玉米 | 1.749 |
| | | 烟草 | 2.632 |
| | | 露地蔬菜 | 2.437 |
| | | 保护地蔬菜 | 2.086 |
| | | 瓜类 | 3.653 |
| | | 果树 | 1.011 |
| 440000 | 广东 | 玉米 | 1.356 |
| | | 马铃薯 | 0.321 |
| | | 花生 | 0.977 |
| | | 烟草 | 1.215 |
| | | 甘蔗 | 0.327 |
| | | 花卉 | 1.202 |
| | | 露地蔬菜 | 2.794 |
| | | 瓜类 | 1.772 |
| | | 果树 | 0.953 |
| 450000 | 广西 | 甘蔗 | 1.328 |
| | | 露地蔬菜 | 1.392 |
| | | 瓜类 | 0.841 |
| | | 果树 | 0.8 |
| 460000 | 海南 | 露地蔬菜 | 3.218 |
| | | 瓜类 | 4.77 |
| 500000 | 重庆 | 玉米 | 2.931 |
| | | 烟草 | 0.969 |
| | | 露地蔬菜 | 0.772 |
| | | 保护地蔬菜 | 0.749 |
| 510000 | 四川 | 玉米 | 0.537 |
| | | 马铃薯 | 0.296 |
| | | 花生 | 0.48 |
| | | 中药材 | 0.618 |
| | | 露地蔬菜 | 0.381 |
| | | 保护地蔬菜 | 0.716 |
| 520000 | 贵州 | 玉米 | 0.775 |
| | | 马铃薯 | 0.871 |
| | | 烟草 | 3.451 |
| | | 露地蔬菜 | 2.491 |
| | | 瓜类 | 1.461 |
| | | 果树 | 1.291 |
| 530000 | 云南 | 玉米 | 1.842 |
| | | 马铃薯 | 2.287 |
| | | 烟草 | 1.189 |

| 区划数字代码 | 省（自治区、直辖市） | 作物 | 系数 |
|---|---|---|---|
| 530000 | 云南 | 露地蔬菜 | 0.987 |
| | | 果树 | 0.793 |
| 540000 | 西藏 | 露地蔬菜 | 1.745 |
| | | 玉米 | 1.974 |
| 610000 | 陕西 | 玉米 | 3.109 |
| | | 马铃薯 | 0.97 |
| | | 露地蔬菜 | 0.667 |
| | | 保护地蔬菜 | 0.885 |
| | | 瓜类 | 1.571 |
| | | 甘薯 | 0.458 |
| 620000 | 甘肃 | 玉米 | 6.198 |
| | | 小麦 | 1.627 |
| | | 马铃薯 | 1.468 |
| | | 向日葵 | 3.741 |
| | | 棉花 | 4.764 |
| | | 中药材 | 1.123 |
| | | 花卉 | 3.044 |
| | | 露地蔬菜 | 2.317 |
| | | 保护地蔬菜 | 1.159 |
| | | 瓜类 | 3.004 |
| | | 果树 | 2.276 |
| 630000 | 青海 | 玉米 | 2.526 |
| | | 马铃薯 | 5.112 |
| | | 中药材 | 1.484 |
| | | 油菜 | 1.551 |
| 640000 | 宁夏 | 玉米 | 2.606 |
| | | 马铃薯 | 2.165 |
| | | 中药材 | 2.605 |
| | | 露地蔬菜 | 3.239 |
| 650000 | 新疆 | 玉米 | 10.17 |
| | | 向日葵 | 6.93 |
| | | 棉花 | 15.811 |
| | | 甜菜 | 11.558 |
| | | 中药材 | 3.987 |
| | | 露地蔬菜 | 5.17 |
| | | 保护地蔬菜 | 3.713 |
| | | 瓜类 | 7.505 |
| | | 果树 | 2.34 |
| | | 其他 | 0.831 |

| 区划数字代码 | 省（自治区、直辖市） | 作物 | 系数 |
|---|---|---|---|

# 第四篇

## 秸秆产生量和利用量系数

# 概　述

为保证第二次全国污染源普查工作顺利实施，确保普查数据的质量，根据国务院办公厅印发的《第二次全国污染源普查方案》的相关要求，在农业农村部科技教育司、生态环境部指导下，农业农村部农业生态与资源保护总站、农业农村部规划设计研究院、中国农业科学院农业资源与农业区划研究所共同牵头主持，会同地方农业部门、科研单位开展了"秸秆产生量和利用量系数测算工作"。历经 1 年多，在全国 120 个县、4970 个地块，对稻谷、小麦和玉米等 13 个作物品种开展秸秆产生量原位监测工作，完成 14400 户秸秆利用量农户抽样调查、120 个抽样县所有秸秆利用企业普查，获得了我国东北、华北、黄土高原、长江中下游、西南、华南、蒙新、青藏等八大分区，稻谷、小麦、玉米等 13 种农作物的草谷比、机械收获系数、人工收获系数、收集率等系数 74 组（含全国加权平均）；计算出八大分区 13 种农作物的农户分散利用比例，完成系数测算工作，并编制了本篇。

# 1  适用范围

本手册给出了全国范围内秸秆理论资源量、可收集资源量系数、农户分散利用比例，用于第二次全国污染源普查秸秆产生量和利用量的核算。

# 2  主要术语与解释

## 2.1  理论资源量

根据播种面积和草谷比等因素计算得到的某一区域农作物秸秆年总产量，表明理论上该地区每年可能产生的秸秆资源数量。

## 2.2  可收集资源量

某一区域利用现有收集方式，收集获得可供实际利用的农作物秸秆数量。

## 2.3  草谷比

某种农作物单位面积秸秆产量与籽粒产量的比值。秸秆和籽粒的重量与含水量密切相关。

## 2.4  可收集系数

某一区域某种农作物秸秆可收集资源量与理论资源量的比值。可通过实地调查作物割茬高度占作物株高的比例和秸秆枝叶损失率计算。

## 2.5  机械收获系数

某种农作物机械收获时，扣除割茬高度秸秆可收集的比例。

## 2.6  人工收获系数

某种农作物人工收获时，扣除割茬高度秸秆可收集的比例。

## 2.7  收集率

秸秆在收割和运输过程中，扣除了部分枝叶脱落而造成损失的比例。

## 2.8　秸秆农户分散利用比例

某一地区可供人们利用的秸秆可收集资源量中，被农户以燃料化、饲料化、肥料化、原料化和基料化等不同形式加以利用的秸秆量所占的比例。

秸秆农户分散利用比例包括农户燃料化、饲料化、肥料化、原料化和基料化利用比例，分别是指某一地区可供人们利用的秸秆可收集资源量中，被农户以燃料、饲料、肥料、原料、基料等方式加以利用的秸秆量占本地区秸秆可收集资源量的比例。其中，农户肥料化利用是指农户通过秸秆腐熟还田、堆沤还田、生物反应堆、生产有机肥、异地覆盖还田等间接还田技术对秸秆加以利用，不包括直接还田部分。农户饲料化利用是指农户通过青（黄）贮、氨化、压块饲料（包括颗粒饲料）、揉搓丝化、蒸汽爆破等技术途径发展秸秆养畜对秸秆加以利用。全株青贮玉米无秸秆产出，不统计。农户燃料化利用是指将秸秆用于农户生活燃用。农户基料化利用是指农户通过生产食用菌基质、育苗基质和其他栽培基质以及作为养畜垫料等对秸秆加以利用。农户原料化利用是指通过编织、建筑等途径对秸秆加以利用。

# 3　系数测算方法

## 3.1　草谷比和可收集系数

### 3.1.1　监测对象

全国范围内的早稻、中稻和一季晚稻、双季晚稻、小麦、玉米、薯类（马铃薯、甘薯）、木薯、花生、油菜籽、大豆、棉花、甘蔗等作物。

### 3.1.2　原位抽样布设

根据全国的耕作制度、经济发展水平等因素，确定了秸秆资源区划的主要区域，参见表 4-7-1。为减少系统误差，在主要区域内分别用随机起点等距抽样的方法，抽取 120 个调查县，其中东北区 16 个、华北区 25 个、黄土高原区 9 个、长江中下游区 30 个、西南区 18 个、华南区 10 个、蒙新区 10 个、青藏区 2 个。每个区域的调查县数由区域主要农作物播种面积确定。

### 3.1.3　抽样调查方法

《秸秆产生量抽样调查与测定技术规定》规定了第二次全国污染源普查有关试点县作物秸秆资源产生量的抽样调查、测试，以及草谷比、可收集系数等的计算方法等。

### 3.1.4　抽样调查数据

累计完成抽样样本为 4080 组，其中，早稻样本共计 219 组、中稻及一季晚稻样本共计 624 组、双季晚稻样本共计 218 组、小麦样本共计 431 组、玉米样本共计 799 组、马铃薯样本共计 221 组、甘薯样本共计 329 组、木薯样本共计 10 组、花生样本共计 322 组、油菜籽样本共计 282 组、大豆样本共计 535 组、棉花样本共计 90 组。

### 3.1.5　数据处理和质量控制

数据采用 SPSS 进行处理，包括采用正态及有关分布检验、箱形图分析等，并进行平均值及方差分析。

对于草谷比，剔除异常值后，分省分别计算每种作物草谷比的平均值，然后以每一作物 2017 年的产量为权重，分区域或全国计算该省市区草谷比平均值进行加权平均，作为该种作物在该区域或全国的草谷比。如果该区域无草谷比系数，则可参考全国草谷比系数的加权平均值计算。

为保证数据质量，农业农村部规划设计研究院对遴选的实验室实验员进行了专门培训，确保做到实验室设备统一、实验方法统一、操作步骤统一、样品处理方法统一等。另外，为确保实验结果的准确性，按照样品数量 10%的比例制备平行样，进行盲送校核。同时，要求各试验室建立标准化的样品储存库，对检测后的样品保存 1 年以上。要求各县也建立样品制备库，对原位采样的秸秆进行标准化样品制备和保存。

## 3.2　秸秆农户分散利用比例

在全国随机抽取 120 个县，每个县抽取 120 户农户，共抽取 14400 户调查农户自种秸秆利用量。农户包括普通小农户，也包括种养大户。主要调查指标包括农户自种秸秆不同利用途径的比例、各类农作物的播种面积、单产等。依据以上指标，结合草谷比、可收集系数等，可计算出某地区的秸秆农户分散利用比例、某种秸秆的农户分散利用比例以及五种利用方式的农户分散利用比例。

（1）某地区秸秆农户分散利用比例

$$f = \frac{\sum\limits_{i=1}^{m}\sum\limits_{j=1}^{n} S_{ij} \times P_{ij} \times \lambda_i \times \eta_i \times (r_{ij1} + r_{ij2} + r_{ij3} + r_{ij4} + r_{ij5})}{\sum\limits_{i=1}^{m}\sum\limits_{j=1}^{n} S_{ij} \times P_{ij} \times \lambda_i \times \eta_i} \qquad (4\text{-}3\text{-}1)$$

（2）第 $i$ 种农作物秸秆农户分散利用比例

$$f_i = \frac{\sum\limits_{j=1}^{n} S_{ij} \times P_{ij} \times \lambda_i \times \eta_i \times (r_{ij1} + r_{ij2} + r_{ij3} + r_{ij4} + r_{ij5})}{\sum\limits_{j=1}^{n} S_{ij} \times P_{ij} \times \lambda_i \times \eta_i} \qquad (4\text{-}3\text{-}2)$$

（3）秸秆肥料化利用农户分散利用比例

$$f_f = \frac{\sum_{i=1}^{m}\sum_{j=1}^{n} S_{ij} \times P_{ij} \times \lambda_i \times \eta_i \times r_{ij1}}{\sum_{i=1}^{m}\sum_{j=1}^{n} S_{ij} \times P_{ij} \times \lambda_i \times \eta_i} \tag{4-3-3}$$

（4）秸秆饲料化利用农户分散利用比例

$$f_s = \frac{\sum_{i=1}^{m}\sum_{j=1}^{n} S_{ij} \times P_{ij} \times \lambda_i \times \eta_i \times r_{ij2}}{\sum_{i=1}^{m}\sum_{j=1}^{n} S_{ij} \times P_{ij} \times \lambda_i \times \eta_i} \tag{4-3-4}$$

（5）秸秆燃料化利用农户分散利用比例

$$f_r = \frac{\sum_{i=1}^{m}\sum_{j=1}^{n} S_{ij} \times P_{ij} \times \lambda_i \times \eta_i \times r_{ij3}}{\sum_{i=1}^{m}\sum_{j=1}^{n} S_{ij} \times P_{ij} \times \lambda_i \times \eta_i} \tag{4-3-5}$$

（6）秸秆原料化利用农户分散利用比例

$$f_y = \frac{\sum_{i=1}^{m}\sum_{j=1}^{n} S_{ij} \times P_{ij} \times \lambda_i \times \eta_i \times r_{ij4}}{\sum_{i=1}^{m}\sum_{j=1}^{n} S_{ij} \times P_{ij} \times \lambda_i \times \eta_i} \tag{4-3-6}$$

（7）秸秆基料化利用农户分散利用比例

$$f_g = \frac{\sum_{i=1}^{m}\sum_{j=1}^{n} S_{ij} \times P_{ij} \times \lambda_i \times \eta_i \times r_{ij5}}{\sum_{i=1}^{m}\sum_{j=1}^{n} S_{ij} \times P_{ij} \times \lambda_i \times \eta_i} \tag{4-3-7}$$

式中，$f$——某一地区秸秆农户分散利用比例，$0 \leqslant f \leqslant 1$；

$f_i$——第 $i$ 种农作物秸秆农户分散利用比例，$0 \leqslant f_i \leqslant 1$；

$f_f$、$f_s$、$f_r$、$f_y$、$f_g$——分别指某一地区农户秸秆肥料化、饲料化、燃料化、原料化、基料化的利用比例，$0 \leqslant f_f \leqslant 1$，$0 \leqslant f_s \leqslant 1$，$0 \leqslant f_r \leqslant 1$，$0 \leqslant f_y \leqslant 1$，$0 \leqslant f_g \leqslant 1$；

$i=1$，2，3，…，$m$，指第 $i$ 种农作物，$m$ 为农作物种类数量；

$j=1$，2，3，…，$n$，指第 $j$ 个农户，$n$ 为抽样农户的户数；

$S_{ij}$——第 $j$ 个农户第 $i$ 种农作物的播种面积，亩；

$P_{ij}$——第 $j$ 个农户第 $i$ 种农作物的单产水平，亩/千克；

$\lambda_i$——第 $i$ 种农作物草谷比；

$\eta_i$——第 $i$ 种农作物可收集系数；

$r_{ij1}$、$r_{ij2}$、$r_{ij3}$、$r_{ij4}$、$r_{ij5}$——分别为第 $j$ 个农户、第 $i$ 种自种农作物秸秆肥料化、饲料化、燃料化、原料化、基料化利用比例，其中 $0 \leqslant r_{ij1} + r_{ij2} + r_{ij3} + r_{ij4} + r_{ij5} \leqslant 1$。

# 4　系数核算方法

## 4.1　理论资源量

秸秆的理论资源量

$$P = \sum_{i=1}^{n} \lambda_i \cdot G_i \qquad (4\text{-}4\text{-}1)$$

式中，$P$ —— 某一地区农作物秸秆的理论资源量，吨/年；

$\quad i$ —— 农作物秸秆的编号，$i=1$，2，…，$n$；

$\quad G_i$ —— 某一地区第 $i$ 种农作物的年产量，吨/年，为普查表 N 201-1 填报数据；

$\quad \lambda_i$ —— 某一地区第 $i$ 种农作物秸秆的草谷比。

注 1：粮食一律按脱粒后的原粮计算；棉花产量按皮棉计算；豆类按去豆荚后的干豆计算；薯类用作粮食的薯芋类作物，2014 年开始按鲜薯计算；花生以带壳干花生计算。

注 2：稻谷按早稻、中稻和一季晚稻，以及双季晚稻分别计算。

## 4.2　可收集资源量

秸秆的可收集资源量

$$P_c = \sum_{i}^{n} \eta_{i,1} \cdot (\lambda_i \cdot G_i) \qquad (4\text{-}4\text{-}2)$$

式中，$P_c$ —— 某一地区农作物秸秆资源可收集量，吨；

$\quad \eta_{i,1}$ —— 某一地区第 $i$ 种农作物秸秆的可收集系数。

## 4.3　可收集系数

考虑到秸秆的收集方式、割茬高度以及运输过程中的损失，可实地调查作物割茬高度占作物株高比例和秸秆枝叶损失率，按下式计算农作物秸秆的可收集系数：

$$\eta_{i,1} = \left[ Z_i \cdot J_i + R_i \cdot (1 - J_i) \right] S_i \qquad (4\text{-}4\text{-}3)$$

式中，$Z_i$ —— 第 $i$ 种农作物机械收获系数；

$\quad R_i$ —— 第 $i$ 种农作物人工收获系数；

$\quad J_i$ —— 第 $i$ 种农作物，机械收获面积占总播种的比例，为普查表 N 201-2 填报数据；

$\quad S_i$ —— 第 $i$ 种农作物的收集率。

## 4.4　秸秆利用量

某地区的秸秆利用量由三部分组成，即农户分散利用量、直接还田量和规模化利用量。

### 4.4.1　秸秆农户分散利用量

秸秆农户分散利用量根据每种农作物的秸秆分散利用比例和秸秆可收集资源量计算得到。

$$F = \sum_{i=1}^{m} f_i \times P_{ci} \qquad (4\text{-}4\text{-}4)$$

式中，$F$ —— 某一地区农作物秸秆的农户分散利用量；

$f_i$ —— 某一地区第 $i$ 种农作物秸秆的农户分散利用比例；

$P_{ci}$ —— 某一地区 $i$ 种农作物秸秆的可收集资源量。

### 4.4.2　秸秆直接还田量

秸秆直接还田量根据《第二次全国污染源普查制度》中的普查表 N201-2 中填报的各类农作物的秸秆还田面积、播种面积计算。

$$H = \sum_{i=1}^{m} \frac{S_{hi}}{S_{bi}} \times P_{ci} \qquad (4\text{-}4\text{-}5)$$

式中，$H$ —— 某一地区 $i$ 种农作物秸秆的直接还田量；

$S_{hi}$ —— 某一地区 $i$ 种农作物秸秆的直接还田面积；

$S_{bi}$ —— 某一地区 $i$ 种农作物秸秆的播种面积。

### 4.4.3　秸秆规模化利用量

可在《第二次全国污染源普查制度》普查表 N201-1、N201-3 中直接查询到秸秆规模化利用量。

# 5　系数手册使用方法

## 5.1　秸秆理论资源量和可收集资源量

（1）地域分区：本手册依据我国耕作制度区划和各地经济发展水平的不同，并保持省界完整性，将我国（不含香港、澳门和台湾）分为八大区域，分别如下：

东北区：黑龙江、吉林、辽宁

华北区：北京、天津、河北、河南、山东

黄土高原区：山西、陕西、甘肃

长江中下游区：上海、江苏、浙江、安徽、江西、湖北、湖南

西南区：重庆、四川、贵州、云南

华南区：福建、广东、广西、海南

蒙新区：内蒙古、宁夏、新疆、新疆生产建设兵团

青藏区：青海、西藏

（2）系数表 4-7-1 和表 4-7-2 中给出全国八个区域中秸秆草谷比、机械收获系数、人工收获系数、收集率、农户分散利用比例。

（3）查找手册时，按该县（区、市、旗）所属省份查找所在的分区，由分区类别确定所对应的系数。各区域对应系数见表 4-7-1 和表 4-7-2。

（4）如果该区域无草谷比等系数，则可参考全国草谷比系数计算。

## 5.2　秸秆利用量

### 5.2.1　秸秆农户分散利用量

（1）地域分区与秸秆产生量相同。其中，新疆生产建设兵团、天津、上海、西藏的秸秆农户分散利用比例单列。

（2）在系数表 4-7-3 中，按照所在区域找出不同农作物的秸秆农户分散利用比例，使用式（4-4-4）计算即可得到不同农作物的秸秆分散利用量。最后，将各类农作物秸秆的分散利用量相加即为该区域农作物秸秆农户分散利用量。

（3）如果需要计算不同农作物不同利用途径的秸秆农户分散利用比例，可在系数表 4-7-3 中查找所在区域不同农作物的秸秆农户"五料化"利用比例，即燃料化利用比例、饲料化利用比例、肥料化利用比例、原料化利用比例、基料化利用比例，然后分别使用式（4-3-3）、式（4-3-4）、式（4-3-5）、式（4-3-6）、式（4-3-7）计算。最后，将各类农作物秸秆的某种利用途径的分散利用量相加，即可分别得出该区域农作物秸秆"五料化"利用方式的农户分散利用量。

### 5.2.2　秸秆直接还田量

首先，在《第二次全国污染源普查制度》的普查表 N201-2 中查询到某种作物的秸秆直接还田面积（指标值 4）；然后，在该表中可查询到此种作物的播种面积（指标值 1）。

### 5.2.3　秸秆规模化利用量

在《第二次全国污染源普查制度》的普查表 N201-1 中可直接查询到某县区秸秆规模化利用量（代码 55）及五种不同利用方式的秸秆规模化利用量（代码 56～60）。

# 6 计算示例

## 6.1 秸秆理论资源量和可收集资源量

以江苏省南通市如东县为例，该县行政区划代码为320623。2017年小麦产量为286146吨，小麦播种面积为757050亩，机械收获面积为734000亩。

首先，确定江苏省属于长江中下游地区。根据上述信息，从表4-7-1中"长江中下游区"查找小麦的草谷比系数为1.19。根据式（4-4-1）可以计算出江苏省南通市如东县一年内小麦秸秆理论资源量如下：

$$286146×1.19=340513.74 吨/年=34.05 万吨/年$$

再从表4-7-2中查出小麦秸秆的机械收获系数、人工收获系数和收集率分别为0.84、0.91和0.96，根据式（4-4-3）可以计算江苏省南通市如东县小麦秸秆的可收集系数如下：

$$[0.84×734000+0.91×（757050-734000）] /757050×0.96=0.808$$

再根据式（4-4-2）计算江苏省南通市如东县一年内小麦秸秆可收集资源量如下：

$$34.05×0.808=27.51 万吨/年$$

## 6.2 秸秆利用量

### 6.2.1 秸秆农户分散利用量

以江苏省南通市如东县为例，该县行政区划代码为320623。在系数表4-7-3中的"长江中下游区"中查得秸秆农户分散利用比例见表4-6-1。

表4-6-1 秸秆农户分散利用比例 单位：%

| 作物种类 | 秸秆分散利用比例 | 其中 | | | | |
| --- | --- | --- | --- | --- | --- | --- |
| | | 肥料化利用比例 | 饲料化利用比例 | 燃料化利用比例 | 原料化利用比例 | 基料化利用比例 |
| 早稻 | 3.46 | 2.58 | 0.53 | 0.00 | 0.34 | 0.00 |
| 中稻和一季晚稻 | 2.56 | 1.07 | 1.07 | 0.24 | 0.11 | 0.07 |
| 双季晚稻 | 2.47 | 0.63 | 1.08 | 0.07 | 0.25 | 0.45 |
| 小麦 | 0.14 | 0.06 | 0.00 | 0.07 | 0.01 | 0.00 |
| 玉米 | 38.49 | 23.59 | 9.09 | 5.78 | 0.00 | 0.03 |
| 甘薯 | 49.97 | 3.48 | 45.67 | 0.81 | 0.00 | 0.01 |
| 马铃薯 | 6.24 | 0.87 | 5.34 | 0.03 | 0.00 | 0.00 |
| 木薯 | 0.00 | 0.00 | 0.00 | 0.00 | 0.00 | 0.00 |
| 花生 | 47.06 | 10.90 | 24.03 | 12.13 | 0.00 | 0.00 |

| 作物种类 | 秸秆分散利用比例 | 其中 | | | | |
|---|---|---|---|---|---|---|
| | | 肥料化利用比例 | 饲料化利用比例 | 燃料化利用比例 | 原料化利用比例 | 基料化利用比例 |
| 油菜籽 | 11.87 | 9.22 | 0.02 | 28.07 | 0.00 | 0.04 |
| 大豆 | 12.19 | 1.43 | 1.19 | 9.58 | 0.00 | 0.00 |
| 棉花 | 50.35 | 0.81 | 0.00 | 49.54 | 0.00 | 0.00 |
| 甘蔗 | 34.35 | 3.02 | 2.53 | 28.79 | 0.00 | 0.00 |

根据第二次全国污染源普查结果，该县作物秸秆可收集资源量见表 4-6-2。

表 4-6-2　秸秆可收集资源量

| 作物名称 | 秸秆可收集资源量/吨 |
|---|---|
| 早稻 | 0 |
| 中稻和一季晚稻 | 373825 |
| 双季晚稻 | 0 |
| 小麦 | 275287 |
| 玉米 | 62626 |
| 甘薯 | 370 |
| 马铃薯 | 0 |
| 木薯 | 0 |
| 花生 | 9696 |
| 油菜籽 | 44762 |
| 大豆 | 33499 |
| 棉花 | 9341 |
| 甘蔗 | 0 |

根据农作物秸秆分散利用量核算式（4-4-4）$F=\sum_{i=1}^{m}f_i \times P_{ci}$ 计算：

秸秆农户分散利用量=$\sum_{i=1}^{m}f_i \times P_{ci}$=（早稻秸秆可收集资源量×早稻秸秆分散利用比例）+（中稻和一季晚稻秸秆可收集资源量×中稻和一季晚稻秸秆分散利用比例）+（双季晚稻秸秆可收集资源量×双季晚稻秸秆分散利用比例）+（小麦秸秆可收集资源量×小麦秸秆分散利用比例）+（玉米秸秆可收集资源量×玉米秸秆分散利用比例）+（甘薯秸秆可收集资源量×甘薯秸秆分散利用比例）+（马铃薯秸秆可收集资源量×马铃薯秸秆分散利用比例）+（木薯秸秆可收集资源量×木薯秸秆分散利用比例）+（花生秸秆可收集资源量×花生秸秆分散利用比例）+（油菜籽秸秆可收集资源量×油菜籽秸秆分散利用比例）+（大豆秸秆可收集资源量×大豆秸秆分散利用比例）+（棉花秸秆可收集资源量×棉花秸秆分散利用比例）+（甘蔗秸秆可收集资源量×甘蔗秸秆分散利用比例）=0+373825×2.56%+0+275287×0.14%+62626×38.49+370×49.97%+0+0+9696×47.06%+44762×11.87%+33499×12.19+9341×50.35%+0=64840 吨/年。

### 6.2.2 秸秆直接还田用量

根据普查表 N201-2 中填报的小麦、玉米、中稻和一季晚稻、甘薯、大豆、油菜、花生、棉花等农作物的秸秆直接还田面积、播种面积见表 4-6-3。

表 4-6-3　秸秆直接还田面积、播种面积　　　　　　　　　　单位：亩

| 作物种类 | 直接还田面积 | 播种面积 |
|---|---|---|
| 早稻 | 0 | 0 |
| 中稻和一季晚稻 | 369200 | 805500 |
| 双季晚稻 | 0 | 0 |
| 小麦 | 604100 | 757050 |
| 玉米 | 0 | 121500 |
| 甘薯 | 0 | 0 |
| 马铃薯 | 0 | 0 |
| 木薯 | 0 | 0 |
| 花生 | 0 | 36000 |
| 油菜籽 | 0 | 159600 |
| 大豆 | 0 | 112350 |
| 棉花 | 0 | 22800 |
| 甘蔗 | 0 | 0 |

结合各种农作物的秸秆可收集资源量，使用式（4-4-5）可计算出江苏如东县的秸秆直接还田量为：

$$秸秆直接还田量 = \sum_{i=1}^{m} \frac{S_{hi}}{S_{bi}} \times P_{ci} = 0 + （369200 \div 805500） \times 373825 + 0 + （604100 \div 757050） \times$$

275287+0+0+0+0+0+0+0+0=171342+219670=391011 吨/年

### 6.2.3 秸秆规模化利用量

根据普查表 N201-1 中填报的秸秆规模化利用量查询到，江苏如东县秸秆规模化利用量为 266447 吨。

综上，江苏如东县秸秆利用量=农户分散利用量+直接还田量+规模化利用量=64840+391011+266447=72.23 万吨/年。

# 7　系数表

表 4-7-1　秸秆产生量分区域草谷比

| 区域 | 作物 | 草谷比 |
| --- | --- | --- |
| 全国 | 早稻 | 0.93 |
| | 中稻及一季晚稻 | 1.00 |
| | 双季晚稻 | 1.06 |
| | 小麦 | 1.22 |
| | 玉米 | 1.01 |
| | 马铃薯 | 0.16 |
| | 甘薯 | 0.26 |
| | 木薯 | 1.81 |
| | 花生 | 1.26 |
| | 油菜籽 | 1.86 |
| | 大豆 | 1.19 |
| | 棉花 | 2.95 |
| | 甘蔗 | 0.06 |
| 东北区<br>（黑龙江、吉林、辽宁） | 中稻及一季晚稻 | 1.10 |
| | 玉米 | 0.91 |
| | 马铃薯 | 0.04 |
| | 花生 | 0.73 |
| | 大豆 | 0.93 |
| 华北区<br>（北京、天津、河北、河南、山东） | 中稻及一季晚稻 | 1.07 |
| | 小麦 | 1.28 |
| | 玉米 | 1.04 |
| | 马铃薯 | 0.13 |
| | 甘薯 | 0.22 |
| | 花生 | 1.27 |
| | 油菜籽 | 1.86 |
| | 大豆 | 1.46 |
| | 棉花 | 4.73 |
| 黄土高原区<br>（山西、陕西、甘肃） | 中稻及一季晚稻 | 0.89 |
| | 小麦 | 1.24 |
| | 玉米 | 0.94 |
| | 马铃薯 | 0.19 |
| | 甘薯 | 0.13 |
| | 油菜籽 | 1.23 |
| | 大豆 | 1.98 |

| 区域 | 作物 | 草谷比 |
|---|---|---|
| 长江中下游区<br>（上海、江苏、浙江、安徽、江西、湖北、湖南） | 早稻 | 0.90 |
| | 中稻及一季晚稻 | 1.01 |
| | 双季晚稻 | 1.05 |
| | 小麦 | 1.19 |
| | 玉米 | 1.41 |
| | 马铃薯 | 0.15 |
| | 甘薯 | 0.14 |
| | 花生 | 1.43 |
| | 油菜籽 | 1.88 |
| | 大豆 | 1.60 |
| | 棉花 | 4.60 |
| 西南区<br>（重庆、四川、贵州、云南） | 早稻 | 1.03 |
| | 中稻及一季晚稻 | 0.84 |
| | 双季晚稻 | 1.49 |
| | 小麦 | 1.14 |
| | 玉米 | 1.00 |
| | 马铃薯 | 0.06 |
| | 甘薯 | 0.17 |
| | 花生 | 1.19 |
| | 油菜籽 | 1.85 |
| | 大豆 | 1.02 |
| 华南区<br>（福建、广东、广西、海南） | 早稻 | 0.98 |
| | 中稻及一季晚稻 | 1.09 |
| | 双季晚稻 | 1.00 |
| | 玉米 | 0.77 |
| | 马铃薯 | 0.20 |
| | 甘薯 | 0.44 |
| | 木薯 | 1.81 |
| | 花生 | 1.61 |
| | 油菜籽 | 1.86 |
| | 大豆 | 1.45 |
| | 甘蔗 | 0.06 |
| 蒙新区<br>（内蒙古、宁夏、新疆、新疆生产建设兵团） | 小麦 | 0.97 |
| | 玉米 | 1.09 |
| | 马铃薯 | 0.42 |
| | 油菜籽 | 2.83 |
| | 棉花 | 2.75 |
| 青藏区<br>（青海、西藏） | 小麦 | 1.67 |
| | 油菜籽 | 2.32 |
| | 马铃薯 | 0.50 |

表 4-7-2　秸秆产生量全国和分区域可收集系数

| 区域 | 作物 | 机械收获系数 | 人工收获系数 | 收集率 |
|---|---|---|---|---|
| 全国 | 早稻 | 0.65 | 0.92 | 0.97 |
| | 中稻及一季晚稻 | 0.78 | 0.85 | 0.96 |
| | 双季晚稻 | 0.70 | 0.88 | 0.96 |
| | 小麦 | 0.81 | 0.91 | 0.96 |
| | 玉米 | 0.95 | 0.97 | 0.98 |
| | 马铃薯 | — | — | 0.98 |
| | 甘薯 | — | — | 0.98 |
| | 木薯 | — | — | 0.98 |
| | 花生 | — | — | 0.98 |
| | 油菜籽 | 0.86 | 0.82 | 0.95 |
| | 大豆 | 0.89 | 0.91 | 0.95 |
| | 棉花 | 1.00 | 0.93 | 0.96 |
| | 甘蔗 | — | — | — |
| 东北区<br>（黑龙江、吉林、辽宁） | 中稻及一季晚稻 | 0.83 | 0.95 | 0.96 |
| | 玉米 | 0.94 | 0.97 | 0.95 |
| | 马铃薯 | — | — | — |
| | 花生 | — | — | — |
| | 大豆 | 0.89 | 0.91 | 0.95 |
| 华北区<br>（北京、天津、河北、<br>河南、山东） | 中稻及一季晚稻 | 0.88 | 0.87 | 0.96 |
| | 小麦 | 0.80 | 0.89 | 0.96 |
| | 玉米 | 0.97 | 0.96 | 0.96 |
| | 马铃薯 | — | — | 0.98 |
| | 甘薯 | — | — | 0.98 |
| | 花生 | — | — | 0.98 |
| | 大豆 | 0.87 | 0.91 | 0.95 |
| | 棉花 | 0.96 | 0.97 | 0.96 |
| 黄土高原区<br>（山西、陕西、甘肃） | 中稻及一季晚稻 | 0.78 | 0.92 | 0.98 |
| | 小麦 | 0.79 | 0.94 | 0.96 |
| | 玉米 | 0.95 | 0.98 | 0.96 |
| | 马铃薯 | — | — | 0.98 |
| | 油菜籽 | 0.86 | 0.88 | 0.95 |
| | 大豆 | 0.89 | 0.98 | 0.96 |
| 长江中下游区<br>（上海、江苏、浙江、<br>安徽、江西、湖北、<br>湖南） | 早稻 | 0.64 | 0.89 | 0.96 |
| | 中稻及一季晚稻 | 0.76 | 0.90 | 0.96 |
| | 双季晚稻 | 0.65 | 0.91 | 0.96 |
| | 小麦 | 0.84 | 0.91 | 0.96 |
| | 玉米 | 0.95 | 0.96 | 0.94 |
| | 马铃薯 | — | — | 0.98 |

| 区域 | 作物 | 机械收获系数 | 人工收获系数 | 收集率 |
|---|---|---|---|---|
| 长江中下游区（上海、江苏、浙江、安徽、江西、湖北、湖南） | 甘薯 | — | — | 0.98 |
| | 花生 | — | — | 0.98 |
| | 油菜籽 | 0.84 | 0.74 | 0.96 |
| | 大豆 | 0.87 | 0.92 | 0.96 |
| | 棉花 | 1.00 | 1.00 | 0.98 |
| 西南区（重庆、四川、贵州、云南） | 早稻 | 0.48 | 0.73 | 0.95 |
| | 中稻及一季晚稻 | 0.78 | 0.83 | 0.96 |
| | 双季晚稻 | 0.70 | 0.82 | 0.96 |
| | 小麦 | 0.87 | 0.92 | 0.95 |
| | 玉米 | 0.95 | 0.96 | 0.95 |
| | 马铃薯 | — | — | 0.98 |
| | 甘薯 | — | — | 0.98 |
| | 花生 | — | — | 0.98 |
| | 油菜籽 | 0.86 | 0.89 | 0.96 |
| | 大豆 | 0.89 | 0.97 | 0.96 |
| 华南区（福建、广东、广西、海南） | 早稻 | 0.69 | 0.94 | 0.98 |
| | 中稻及一季晚稻 | 0.76 | 0.79 | 0.96 |
| | 双季晚稻 | 0.81 | 0.85 | 0.96 |
| | 玉米 | 0.95 | 0.97 | 0.97 |
| | 马铃薯 | — | — | 0.98 |
| | 甘薯 | — | — | 0.98 |
| | 木薯 | — | — | 0.98 |
| | 花生 | — | — | 0.98 |
| | 大豆 | 0.89 | 1.00 | 0.96 |
| | 甘蔗 | — | — | — |
| 蒙新区（内蒙古、宁夏、新疆、新疆生产建设兵团） | 小麦 | 0.83 | 0.95 | 0.99 |
| | 玉米 | 0.95 | 0.96 | 0.96 |
| | 马铃薯 | — | — | 0.98 |
| | 油菜籽 | 0.95 | 0.82 | 0.95 |
| | 棉花 | 1.00 | 0.92 | 0.98 |
| 青藏区（青海、西藏） | 小麦 | 0.83 | 0.91 | 0.95 |
| | 油菜籽 | 0.86 | 0.93 | 0.95 |
| | 马铃薯 | — | — | 0.98 |

表4-7-3　不同区域不同农作物农户秸秆分散利用比例查询

| 区域 | 利用情况 | 早稻 | 中稻和一季晚稻 | 双季晚稻 | 小麦 | 玉米 | 甘薯 | 马铃薯 | 木薯 | 花生 | 油菜籽 | 大豆 | 棉花 | 甘蔗 |
|---|---|---|---|---|---|---|---|---|---|---|---|---|---|---|
| 东北区（黑龙江、吉林、辽宁） | 分散利用比例 | 0.00% | 5.11% | 0.00% | 0.00% | 16.19% | 0.00% | 0.00% | 0.00% | 8.98% | 0.00% | 32.06% | 0.00% | 0.00% |
| | 肥料化 | 0.00% | 0.25% | 0.00% | 0.00% | 0.21% | 0.00% | 0.00% | 0.00% | 0.00% | 0.00% | 0.00% | 0.00% | 0.00% |
| | 饲料化 | 0.00% | 0.99% | 0.00% | 0.00% | 3.85% | 0.00% | 0.00% | 0.00% | 2.14% | 0.00% | 0.48% | 0.00% | 0.00% |
| | 燃料化 | 0.00% | 3.83% | 0.00% | 0.00% | 11.97% | 0.00% | 0.00% | 0.00% | 6.84% | 0.00% | 31.58% | 0.00% | 0.00% |
| | 原料化 | 0.00% | 0.04% | 0.00% | 0.00% | 0.16% | 0.00% | 0.00% | 0.00% | 0.00% | 0.00% | 0.00% | 0.00% | 0.00% |
| | 基料化 | 0.00% | 0.00% | 0.00% | 0.00% | 0.00% | 0.00% | 0.00% | 0.00% | 0.05% | 0.00% | 0.00% | 0.00% | 0.00% |
| 华北区（北京、河北、河南、山东） | 分散利用比例 | 0.00% | 0.00% | 0.00% | 2.46% | 16.92% | 64.58% | 29.20% | 0.00% | 21.60% | 0.00% | 1.00% | 16.57% | 0.00% |
| | 肥料化 | 0.00% | 0.00% | 0.00% | 2.29% | 9.43% | 2.20% | 0.00% | 0.00% | 1.73% | 0.00% | 0.26% | 0.00% | 0.00% |
| | 饲料化 | 0.00% | 0.00% | 0.00% | 24.56% | 6.45% | 32.84% | 25.30% | 0.00% | 18.45% | 0.00% | 0.54% | 0.00% | 0.00% |
| | 燃料化 | 0.00% | 0.00% | 0.00% | 3.09% | 0.97% | 6.57% | 0.00% | 0.00% | 1.31% | 0.00% | 0.21% | 16.57% | 0.00% |
| | 原料化 | 0.00% | 0.00% | 0.00% | 0.09% | 0.06% | 22.97% | 3.90% | 0.00% | 0.07% | 0.00% | 0.00% | 0.00% | 0.00% |
| | 基料化 | 0.00% | 0.00% | 0.00% | 0.00% | 0.00% | 0.00% | 0.00% | 0.00% | 0.05% | 0.00% | 0.00% | 0.00% | 0.00% |
| 黄土高原区（山西、陕西、甘肃） | 分散利用比例 | 0.00% | 0.00% | 0.00% | 28.02% | 54.07% | 96.82% | 48.53% | 0.00% | 0.00% | 66.33% | 89.19% | 0.00% | 0.00% |
| | 肥料化 | 0.00% | 0.00% | 0.00% | 0.37% | 3.10% | 0.00% | 3.90% | 0.00% | 0.00% | 39.04% | 0.00% | 0.00% | 0.00% |
| | 饲料化 | 0.00% | 0.00% | 0.00% | 24.56% | 45.30% | 94.70% | 5.38% | 0.00% | 0.00% | 2.25% | 82.96% | 0.00% | 0.00% |
| | 燃料化 | 0.00% | 0.00% | 0.00% | 3.09% | 5.41% | 1.75% | 39.25% | 0.00% | 0.00% | 25.04% | 6.24% | 0.00% | 0.00% |
| | 原料化 | 0.00% | 0.00% | 0.00% | 0.00% | 0.26% | 0.00% | 0.00% | 0.00% | 0.00% | 0.00% | 0.00% | 0.00% | 0.00% |
| | 基料化 | 0.00% | 0.00% | 0.00% | 0.00% | 0.00% | 0.37% | 0.00% | 0.00% | 0.05% | 0.00% | 0.00% | 0.00% | 0.00% |
| 长江中下游区（江苏、浙江、安徽、江西、湖北、湖南） | 分散利用比例 | 3.46% | 2.56% | 2.47% | 0.14% | 38.49% | 49.97% | 6.24% | 0.00% | 47.06% | 11.87% | 12.19% | 50.35% | 34.35% |
| | 肥料化 | 2.58% | 1.07% | 0.63% | 0.06% | 23.59% | 3.48% | 0.87% | 0.00% | 10.90% | 9.22% | 1.43% | 0.81% | 3.02% |
| | 饲料化 | 0.53% | 1.07% | 1.08% | 0.00% | 9.09% | 45.67% | 5.34% | 0.00% | 24.03% | 0.02% | 1.19% | 0.00% | 2.53% |
| | 燃料化 | 0.00% | 0.24% | 0.07% | 0.07% | 5.78% | 0.81% | 0.03% | 0.00% | 12.13% | 28.07% | 9.58% | 49.54% | 28.79% |
| | 原料化 | 0.34% | 0.11% | 0.25% | 0.01% | 0.00% | 0.00% | 0.00% | 0.00% | 0.00% | 0.00% | 0.00% | 0.00% | 0.00% |
| | 基料化 | 0.00% | 0.07% | 0.45% | 0.00% | 0.03% | 0.01% | 0.00% | 0.00% | 0.00% | 0.04% | 0.00% | 0.00% | 0.00% |

| 区域 | 利用情况 | 早稻 | 中稻和一季晚稻 | 双季晚稻 | 小麦 | 玉米 | 甘薯 | 马铃薯 | 木薯 | 花生 | 油菜籽 | 大豆 | 棉花 | 甘蔗 |
|---|---|---|---|---|---|---|---|---|---|---|---|---|---|---|
| 西南区（重庆、四川、贵州、云南） | 分散利用比例 | 24.26% | 3.40% | 43.44% | 0.82% | 47.40% | 68.07% | 8.49% | 0.00% | 59.84% | 61.02% | 54.41% | 0.00% | 4.55% |
| | 肥料化 | 0.00% | 0.52% | 0.00% | 0.09% | 19.38% | 4.83% | 4.98% | 0.00% | 42.51% | 38.92% | 5.17% | 0.00% | 0.00% |
| | 饲料化 | 24.26% | 1.58% | 43.44% | 0.72% | 17.27% | 59.93% | 3.50% | 0.00% | 1.54% | 0.12% | 0.45% | 0.00% | 4.55% |
| | 燃料化 | 0.00% | 0.83% | 0.00% | 0.01% | 6.70% | 3.02% | 0.00% | 0.00% | 15.64% | 21.77% | 48.38% | 0.00% | 0.00% |
| | 原料化 | 0.00% | 0.21% | 0.00% | 0.00% | 3.91% | 0.29% | 0.00% | 0.00% | 0.14% | 0.00% | 0.00% | 0.00% | 0.00% |
| | 基料化 | 0.00% | 0.27% | 0.00% | 0.00% | 0.13% | 0.00% | 0.00% | 0.00% | 0.00% | 0.21% | 0.40% | 0.00% | 0.00% |
| 华南区（福建、广东、广西、海南） | 分散利用比例 | 10.58% | 30.82% | 35.28% | 0.00% | 38.30% | 54.62% | 0.00% | 0.00% | 3.98% | 0.00% | 33.13% | 0.00% | 7.92% |
| | 肥料化 | 3.59% | 27.91% | 27.91% | 0.00% | 22.26% | 0.00% | 0.00% | 0.00% | 1.71% | 0.00% | 0.00% | 0.00% | 7.51% |
| | 饲料化 | 5.32% | 1.88% | 3.24% | 0.00% | 13.84% | 52.31% | 0.00% | 0.00% | 0.95% | 0.00% | 33.13% | 0.00% | 0.42% |
| | 燃料化 | 0.00% | 0.00% | 2.07% | 0.00% | 0.72% | 2.31% | 0.00% | 0.00% | 1.25% | 0.00% | 0.00% | 0.00% | 0.00% |
| | 原料化 | 0.00% | 1.04% | 0.00% | 0.00% | 1.48% | 0.00% | 0.00% | 0.00% | 0.06% | 0.00% | 0.00% | 0.00% | 0.00% |
| | 基料化 | 1.66% | 0.00% | 2.07% | 0.00% | 0.00% | 0.00% | 0.00% | 0.00% | 0.00% | 0.00% | 0.00% | 0.00% | 0.00% |
| 蒙新区（内蒙古、宁夏、新疆） | 分散利用比例 | 0.00% | 0.00% | 0.00% | 61.71% | 61.60% | 0.00% | 0.00% | 0.00% | 0.00% | 100.00% | 81.00% | 3.46% | 0.00% |
| | 肥料化 | 0.00% | 0.00% | 0.00% | 0.18% | 19.80% | 0.00% | 0.00% | 0.00% | 0.00% | 0.00% | 2.94% | 0.49% | 0.00% |
| | 饲料化 | 0.00% | 0.00% | 0.00% | 61.12% | 40.51% | 0.00% | 0.00% | 0.00% | 0.00% | 92.97% | 78.03% | 2.58% | 0.00% |
| | 燃料化 | 0.00% | 0.00% | 0.00% | 0.11% | 1.07% | 0.00% | 0.00% | 0.00% | 0.00% | 7.03% | 0.04% | 0.39% | 0.00% |
| | 原料化 | 0.00% | 0.00% | 0.00% | 0.23% | 0.22% | 0.00% | 0.00% | 0.00% | 0.00% | 0.00% | 0.00% | 0.00% | 0.00% |
| | 基料化 | 0.00% | 0.00% | 0.00% | 0.06% | 0.00% | 0.00% | 0.00% | 0.00% | 0.00% | 0.00% | 0.00% | 0.00% | 0.00% |
| 青藏区（青海） | 分散利用比例 | 0.00% | 0.00% | 0.00% | 82.95% | 100.00% | 0.00% | 48.04% | 0.00% | 0.00% | 39.36% | 100.00% | 0.00% | 0.00% |
| | 肥料化 | 0.00% | 0.00% | 0.00% | 0.33% | 0.00% | 0.00% | 0.00% | 0.00% | 0.00% | 0.33% | 0.00% | 0.00% | 0.00% |
| | 饲料化 | 0.00% | 0.00% | 0.00% | 77.11% | 100.00% | 0.00% | 25.93% | 0.00% | 0.00% | 27.25% | 100.00% | 0.00% | 0.00% |
| | 燃料化 | 0.00% | 0.00% | 0.00% | 5.51% | 0.00% | 0.00% | 22.11% | 0.00% | 0.00% | 11.38% | 0.00% | 0.00% | 0.00% |
| | 原料化 | 0.00% | 0.00% | 0.00% | 0.00% | 0.00% | 0.00% | 0.00% | 0.00% | 0.00% | 0.41% | 0.00% | 0.00% | 0.00% |
| | 基料化 | 0.00% | 0.00% | 0.00% | 0.00% | 0.00% | 0.00% | 0.00% | 0.00% | 0.00% | 0.00% | 0.00% | 0.00% | 0.00% |

| 区域 | 利用情况 | 早稻 | 中稻和一季晚稻 | 双季晚稻 | 小麦 | 玉米 | 甘薯 | 马铃薯 | 木薯 | 花生 | 油菜籽 | 大豆 | 棉花 | 甘蔗 |
|---|---|---|---|---|---|---|---|---|---|---|---|---|---|---|
| 青藏区（西藏） | 分散利用比例 | 0.00% | 0.00% | 0.00% | 61.71% | 61.60% | 0.00% | 48.04% | 0.00% | 0.00% | 39.36% | 81.00% | 0.00% | 0.00% |
|  | 肥料化 | 0.00% | 0.00% | 0.00% | 0.18% | 0.00% | 0.00% | 0.00% | 0.00% | 0.00% | 0.33% | 0.00% | 0.00% | 0.00% |
|  | 饲料化 | 0.00% | 0.00% | 0.00% | 56.02% | 61.60% | 0.00% | 25.93% | 0.00% | 0.00% | 27.25% | 81.00% | 0.00% | 0.00% |
|  | 燃料化 | 0.00% | 0.00% | 0.00% | 5.51% | 0.00% | 0.00% | 22.11% | 0.00% | 0.00% | 11.38% | 0.00% | 0.00% | 0.00% |
|  | 原料化 | 0.00% | 0.00% | 0.00% | 0.00% | 0.00% | 0.00% | 0.00% | 0.00% | 0.00% | 0.41% | 0.00% | 0.00% | 0.00% |
|  | 基料化 | 0.00% | 0.00% | 0.00% | 0.00% | 0.00% | 0.00% | 0.00% | 0.00% | 0.00% | 0.00% | 0.00% | 0.00% | 0.00% |
| 天津市 | 分散利用比例 | 0.00% | 0.00% | 0.00% | 0.14% | 2.00% | 0.00% | 6.24% | 0.00% | 21.60% | 0.00% | 1.00% | 0.00% | 0.00% |
|  | 肥料化 | 0.00% | 0.00% | 0.00% | 0.13% | 1.11% | 0.00% | 0.00% | 0.00% | 1.73% | 0.00% | 0.26% | 0.00% | 0.00% |
|  | 饲料化 | 0.00% | 0.00% | 0.00% | 0.00% | 0.76% | 0.00% | 5.41% | 0.00% | 18.45% | 0.00% | 0.54% | 0.00% | 0.00% |
|  | 燃料化 | 0.00% | 0.00% | 0.00% | 0.00% | 0.11% | 0.00% | 0.00% | 0.00% | 1.31% | 0.00% | 0.21% | 0.00% | 0.00% |
|  | 原料化 | 0.00% | 0.00% | 0.00% | 0.01% | 0.01% | 0.00% | 0.83% | 0.00% | 0.07% | 0.00% | 0.00% | 0.00% | 0.00% |
|  | 基料化 | 0.00% | 0.00% | 0.00% | 0.00% | 0.00% | 0.00% | 0.00% | 0.00% | 0.05% | 0.00% | 0.00% | 0.00% | 0.00% |
| 上海市 | 分散利用比例 | 0.00% | 0.00% | 0.00% | 0.14% | 16.92% | 0.00% | 6.24% | 0.00% | 21.60% | 0.00% | 1.00% | 0.00% | 34.35% |
|  | 肥料化 | 0.00% | 0.00% | 0.00% | 0.06% | 9.43% | 0.00% | 0.87% | 0.00% | 1.73% | 0.00% | 0.26% | 0.00% | 3.02% |
|  | 饲料化 | 0.00% | 0.00% | 0.00% | 0.00% | 6.45% | 0.00% | 5.34% | 0.00% | 18.45% | 0.00% | 0.54% | 0.00% | 2.53% |
|  | 燃料化 | 0.00% | 0.00% | 0.00% | 0.07% | 0.97% | 0.00% | 0.03% | 0.00% | 1.31% | 0.00% | 0.21% | 0.00% | 28.79% |
|  | 原料化 | 0.00% | 0.00% | 0.00% | 0.01% | 0.06% | 0.00% | 0.00% | 0.00% | 0.07% | 0.00% | 0.00% | 0.00% | 0.00% |
|  | 基料化 | 0.00% | 0.00% | 0.00% | 0.00% | 0.00% | 0.00% | 0.00% | 0.00% | 0.05% | 0.00% | 0.00% | 0.00% | 0.00% |

注：其中新疆不含新疆生产建设兵团。天津、上海的农户分散利用比例单列。新疆生产建设兵团农户分散利用比例均为 0。

第五篇

种植业氮磷流失系数

# 概　述

为保证第二次全国污染源普查工作顺利实施，确保普查数据质量和普查结果的科学性，根据国务院办公厅印发的《第二次全国污染源普查方案》中种植业污染源的要求，第二次全国污染源普查工作在财政部的支持下，由农业农村部和生态环境部委托中国农业科学院农业资源与农业区划研究所负责开展"种植业氮磷流失系数"测算项目。

中国农业科学院农业资源与农业区划研究所组织全国相关地方农业环保站、省级农业科学院、农业大学等单位，在农业农村部科技教育司的指导下，开展并完成了"种植业氮磷流失系数"测算项目。以此为基础，编写了本篇，为第二次全国污染源普查种植业氮磷流失量核算提供了坚实的基础。

本次污染源普查工作中，在全国主要农区建立了涵盖耕地主要类型土壤和主要作物类型的 208 个地表径流原位监测点，开展了定位监测，获得 54 类种植模式的氮磷流失强度；开展了 30 万个典型地块施肥量的抽样调查和涉农县实施减排措施的调查，最后率定出了种植业六大分区 54 类种植模式的氮磷流失系数，该系数是全国种植业氮磷流失量核算的重要依据。

# 1 适用范围

本手册给出的全国范围内主要农区的农田氮磷流失系数,指特定种植模式下以地表径流途径流出农田的氮磷占施用肥料的比例。此系数计算的流失量为农田区域地表径流途径的流失发生量,并不是最终进入周边河流、湖泊或海洋中的量。本系数手册给出的系数是以全国六大分区 54 类种植模式为核算单元的种植业氮磷流失核算系数。本手册给出的种植业氮磷流失系数涉及地表径流途径下总氮、铵态氮和总磷的流失系数。

# 2 主要术语与解释

## 2.1 地表径流氮磷流失量

地表径流氮磷流失量指土壤和肥料中的氮磷在降雨或灌溉水作用下溶解或悬浮于径流水中,随径流迁移出田块而导致的农田氮磷流失的发生量。地表径流是水分的水平运移,通常发生在降雨或灌溉之后。

## 2.2 全国分区

基于农田面源污染发生特征,在系统分析地貌、降水等制约农田面源污染发生的两大自然要素空间分异的基础上,将全国划分为东北半湿润平原区、西北干旱半干旱平原区、黄淮海半湿润平原区、南方湿润平原区、北方高原山地区和南方山地丘陵区六大区域。

北方高原山地区:包括青海中北部、甘肃西南部、内蒙古高原、黄土高原和华北山地。该区域土壤类型主要有草甸土、栗钙土、黄绵土等,粮食作物主要有小麦、玉米、青稞、薯类、豆类,经济作物主要是胡麻、中药材。

南方山地丘陵区:包括西南、江南和华南山地的秦巴山地、川鄂湘黔丘陵山地、云贵高原、川中丘陵、川西高原、浙闽丘陵山地、闽南与南岭山地以南至沿海的粤桂大部、海南岛及云南西双版纳。土壤类型包括红壤、砖红壤、黄壤、紫色土、黄棕壤、水稻土等。粮食作物主要有水稻、玉米、小麦、薯类、豆类,经济作物主要有油菜、柑橘、荔枝、龙眼、甘蔗、茶叶、烤烟等。

东北半湿润平原区:包括三江平原、松辽平原、辽东滨海平原,涉及内蒙古、黑龙江、吉林、辽宁等省区,土壤类型以黑土、黑钙土、草甸土、白浆土、暗棕壤为主。粮食作物以玉米、大豆、水稻为主,经济作物以甜菜、向日葵和苹果为主。种植制度以一年一熟为主,旱作为主。

黄淮海半湿润平原区:包括黄河、淮河、海河流域中下游的京、津、冀、鲁、豫大部以及苏北、皖北、黄河支流的汾渭盆地和长江流域的南阳盆地。土壤类型以潮土、褐土、棕壤为主。粮食作物以小麦、玉米为主，兼有少量水稻、大豆、甘薯；蔬菜作物种类丰富，以日光温室栽培为主；果树作物以苹果、桃、梨、葡萄等较为著名。

南方湿润平原区：包括成都平原、江汉平原、洞庭湖平原、鄱阳湖平原、皖中平原、苏北平原、太湖平原、长江三角洲、杭嘉湖平原、东南沿海平原。土壤类型以水稻土、红壤、潮土、紫色土为主。主要种植水稻、小麦、油菜、棉花、桑、茶、柑橘等。

西北干旱半干旱平原区：包括内蒙古河套灌区、宁夏引黄灌区、甘肃河西走廊灌区和新疆内陆灌区四大灌区，土壤类型以灌淤土为主。粮食作物以小麦、玉米、大豆、马铃薯、水稻五大作物为主；经济作物包括棉花、油菜、葡萄、枸杞、中药材等；蔬菜作物以露地蔬菜为主。除蔬菜以外，种植制度基本为一年一熟制。

## 2.3　种植模式分类

我国作物种类繁多，种植模式多样，根据地形、作物种类和种植制度等差异，将全国主要种植模式划分为 54 类（表 5-2-1）。

## 2.4　地形

地形分为平地（坡度≤5°）、缓坡地（坡度 5°～15°）、陡坡地（坡度＞15°）。其中，缓坡地的坡度 5°～15°是指坡度大于 5°且小于或等于 15°。

## 2.5　梯田/非梯田

梯田是在山地丘陵上沿等高线方向修筑的条状阶台式或波浪式断面的田地，因田面坡度不同分为水平梯田、坡式梯田、复式梯田等。

## 2.6　种植方向

种植方向指在缓坡或陡坡地中，作物种植方向与地块坡度方向垂直的为横坡种植，平行的为顺坡种植。

表 5-2-1 全国种植模式分类说明

| 区域 | 序号 | 模式代码 | 模式名称 | 备注 |
|---|---|---|---|---|
| 北方高原山地区 | 1 | BF01 | 北方高原山地区-缓坡地-非梯田-顺坡-大田作物[1] | 北方高原山地区作物仅分为大田作物和园地作物。<br>[1]大田作物指非园地作物，包括粮食作物、蔬菜作物等。<br>[2]园地指种植以采集果、叶、根、茎、汁为主的多年生木本或草本作物，包括果园、茶园、桑园以及橡胶园等。以下同 |
|  | 2 | BF02 | 北方高原山地区-缓坡地-非梯田-横坡-大田作物 |  |
|  | 3 | BF03 | 北方高原山地区-缓坡地-梯田-大田作物 |  |
|  | 4 | BF04 | 北方高原山地区-缓坡地-非梯田-园地[2] |  |
|  | 5 | BF05 | 北方高原山地区-缓坡地-梯田-园地 |  |
|  | 6 | BF06 | 北方高原山地区-陡坡地-非梯田-顺坡-大田作物 |  |
|  | 7 | BF07 | 北方高原山地区-陡坡地-非梯田-横坡-大田作物 |  |
|  | 8 | BF08 | 北方高原山地区-陡坡地-梯田-大田作物 |  |
|  | 9 | BF09 | 北方高原山地区-陡坡地-非梯田-园地 |  |
|  | 10 | BF10 | 北方高原山地区-陡坡地-梯田-园地 |  |
| 南方山地丘陵区 | 11 | NF01 | 南方山地丘陵区-缓坡地-非梯田-顺坡-大田作物[3]-[4] | [3]将非梯田进一步细分为横坡、顺坡。<br>[4]大田作物指除水旱轮作、其他水田之外的旱地大田作物。<br>[5]水旱轮作包括水稻小麦、水稻油菜、水稻蔬菜、水稻烤烟、水稻蚕豆、水稻绿肥作物等轮作模式。<br>[6]其他水田包括单季稻、双季稻、再生稻、水生蔬菜以及稻鸭、稻蟹等稻渔共生模式 |
|  | 12 | NF02 | 南方山地丘陵区-缓坡地-非梯田-横坡-大田作物 |  |
|  | 13 | NF03 | 南方山地丘陵区-缓坡地-梯田-大田作物 |  |
|  | 14 | NF04 | 南方山地丘陵区-缓坡地-非梯田-园地 |  |
|  | 15 | NF05 | 南方山地丘陵区-缓坡地-梯田-园地 |  |
|  | 16 | NF06 | 南方山地丘陵区-缓坡地-梯田-水旱轮作[5] |  |
|  | 17 | NF07 | 南方山地丘陵区-缓坡地-梯田-其他水田[6] |  |
|  | 18 | NF08 | 南方山地丘陵区-陡坡地-非梯田-顺坡-大田作物 |  |
|  | 19 | NF09 | 南方山地丘陵区-陡坡地-非梯田-横坡-大田作物 |  |
|  | 20 | NF10 | 南方山地丘陵区-陡坡地-梯田-大田作物 |  |
|  | 21 | NF11 | 南方山地丘陵区-陡坡地-非梯田-园地 |  |
|  | 22 | NF12 | 南方山地丘陵区-陡坡地-梯田-园地 |  |
|  | 23 | NF13 | 南方山地丘陵区-陡坡地-梯田-水旱轮作 |  |
|  | 24 | NF14 | 南方山地丘陵区-陡坡地-梯田-其他水田 |  |
| 东北半湿润平原区 | 25 | DB01 | 东北半湿润平原区-露地蔬菜 | [7]保护地指采用保护设备创造适宜的环境条件栽培的蔬菜、瓜果类等高产高值作物的耕地。以下同。<br>[8]其他大田作物指除春玉米、大豆以外的旱地大田作物 |
|  | 26 | DB02 | 东北半湿润平原区-保护地[7] |  |
|  | 27 | DB03 | 东北半湿润平原区-春玉米 |  |
|  | 28 | DB04 | 东北半湿润平原区-大豆 |  |
|  | 29 | DB05 | 东北半湿润平原区-其他大田作物[8] |  |
|  | 30 | DB06 | 东北半湿润平原区-园地 |  |
|  | 31 | DB07 | 东北半湿润平原区-单季稻 |  |
| 黄淮海半湿润平原区 | 32 | HH01 | 黄淮海半湿润平原区-露地蔬菜[9] | [9]露地蔬菜指露地上种植根茎叶类蔬菜、瓜果类蔬菜、水生蔬菜等。<br>[10]其他大田作物指除冬小麦、夏玉米轮作以外的旱地大田作物，如春玉米、棉花、甘薯、花生等作物。<br>[11]单季稻也包括稻鸭、稻蟹、稻虾、稻鱼等稻渔共生模式 |
|  | 33 | HH02 | 黄淮海半湿润平原区-保护地 |  |
|  | 34 | HH03 | 黄淮海半湿润平原区-小麦玉米轮作 |  |
|  | 35 | HH04 | 黄淮海半湿润平原区-其他大田作物[10] |  |
|  | 36 | HH05 | 黄淮海半湿润平原区-单季稻[11] |  |
|  | 37 | HH06 | 黄淮海半湿润平原区-园地 |  |

| 区域 | 序号 | 模式代码 | 模式名称 | 备注 |
|---|---|---|---|---|
| 南方湿润平原区 | 38 | NS01 | 南方湿润平原区-露地蔬菜 | [12]大田作物指除单季稻、水旱轮作、双季稻、其他水田以外的旱地大田作物。<br>[13]其他水旱轮作是指除稻麦、稻油、稻菜轮作模式以外的水旱轮作模式，如水稻烤烟、水稻玉米、水稻蚕豆等。<br>[14]其他水田指水生蔬菜、水稻绿肥以及稻鸭、稻蟹、稻虾、稻鱼等稻渔共生模式 |
| | 39 | NS02 | 南方湿润平原区-保护地 | |
| | 40 | NS03 | 南方湿润平原区-大田作物[12] | |
| | 41 | NS04 | 南方湿润平原区-单季稻 | |
| | 42 | NS05 | 南方湿润平原区-稻麦轮作 | |
| | 43 | NS06 | 南方湿润平原区-稻油轮作 | |
| | 44 | NS07 | 南方湿润平原区-稻菜轮作 | |
| | 45 | NS08 | 南方湿润平原区-其他水旱轮作[13] | |
| | 46 | NS09 | 南方湿润平原区-双季稻 | |
| | 47 | NS10 | 南方湿润平原区-其他水田[14] | |
| | 48 | NS11 | 南方湿润平原区-园地 | |
| 西北干旱半干旱平原区 | 49 | XB01 | 西北干旱半干旱平原区-露地蔬菜 | [15]其他大田作物指除棉花、露地蔬菜、保护地以外的旱地大田作物，如玉米、马铃薯等。<br>[16]单季稻也包括稻鸭、稻蟹、稻虾、稻鱼等稻渔共生模式 |
| | 50 | XB02 | 西北干旱半干旱平原区-保护地 | |
| | 51 | XB03 | 西北干旱半干旱平原区-棉花 | |
| | 52 | XB04 | 西北干旱半干旱平原区-其他大田作物[15] | |
| | 53 | XB05 | 西北干旱半干旱平原区-单季稻[16] | |
| | 54 | XB06 | 西北干旱半干旱平原区-园地 | |

# 3 系数测算方法

通过对监测点地表径流产流量及其氮磷浓度的测定，得到某种植模式下多个监测点的农田地表径流途径下损失的总氮、铵态氮和总磷量。结合抽样调查获取的全国六大分区 54 类种植模式的减排措施面积、监测获得的减排措施的氮磷流失减排效果，得到某种植模式的氮磷流失平均强度。根据抽样调查获取的全国六大分区 54 类种植模式的施肥量，从而率定出种植业氮磷流失系数。

## 3.1 种植业氮磷流失强度

对于各个监测点，以常规施肥处理为例，地表径流途径流失的氮磷流失量等于一个监测周期中（1周年）各次径流水中氮磷的浓度与径流水体积的乘积之和。第 $k$ 类种植模式的氮磷流失强度的计算公式如下：

$$P_{kj} = \frac{1}{A_j} \sum_{i=1}^{m} \left( C_{ij} \times V_{ij} \right) \tag{5-3-1}$$

式中，$P_{kj}$ —— 第 $k$ 类种植模式下第 $j$ 个监测点的氮磷流失强度；

$C_{ij}$ —— 第 $k$ 类种植模式下第 $j$ 个监测点的第 $i$ 次径流水中氮磷的浓度；

$V_i$ —— 第 $k$ 类种植模式下第 $j$ 个监测点的第 $i$ 次径流水的体积；

$A_j$ —— 第 $k$ 类种植模式下第 $j$ 个监测点的小区面积；

$m$ —— 第 $j$ 个监测点产生径流水的次数。

根据全国第 $k$ 类种植模式下多个监测点的氮磷流失强度及减排潜力、第 $k$ 类种植模式的全国农田减排措施实施面积，核算第 $k$ 类种植模式下平均流失强度 $P_{k,av}$。

## 3.2　表观流失系数

第 $k$ 类种植模式的氮磷表观流失系数（%）的计算公式，以总氮为例，公式如下：

$$e_k（\%）= \frac{P_{k,av}}{F_{k,av}} \times 100\% \qquad （5\text{-}3\text{-}2）$$

式中，$e_k$ —— 第 $k$ 类种植模式的氮流失系数；

$P_{k,av}$ —— 第 $k$ 类种植模式的总氮流失平均强度；

$F_{k,av}$ —— 第 $k$ 类种植模式的氮肥区域平均施用量。

# 4　流失量核算方法

以氮为例，某省种植业氮流失总量核算公式如下：

$$L_m = \sum_{k=1}^{n} A_k \times F_{k,av} \times e_k \qquad （5\text{-}3\text{-}3）$$

式中，$L_m$ —— 第 $m$ 个省种植业氮流失量；

$A_k$ —— 第 $m$ 个省第 $k$ 类种植模式的种植面积；

$F_{k,av}$ —— 第 $m$ 个省第 $k$ 类种植模式的氮施肥强度；

$e_k$ —— 第 $k$ 类种植模式氮流失系数；

$n$ —— 第 $m$ 个省种植模式的数量。

以氮为例，全国种植业源氮流失总量核算公式如下：

$$L = \sum_{m=1}^{n} L_m \qquad （5\text{-}3\text{-}4）$$

式中，$L$ —— 全国种植业源氮流失量；

$L_m$ —— 第 $m$ 个省种植业源氮流失量；

$n$ —— 省份的数量。

# 5　系数手册使用方法

## 5.1　流失系数的使用

本手册提供的系数为地表径流途径下农田氮磷流失系数。根据分区、地块地形、土地利用类型、种植方向、种植制度和周年作物种类将核算单元划分为不同的种植模式，每种种植模式对应的是一个监测周年内总氮、铵态氮和总磷的表观流失系数。

在使用种植业氮磷流失系数手册时，查询步骤如下：

第一步：确定核算单元的种植模式名称；

第二步：根据种植模式名称，找到对应种植模式的系数。

## 5.2　注意事项

在地块的种植模式划分时，六大分区中的两个山地丘陵区中的缓坡地和陡坡地指的是地块本身的地形，不是指地块所在地区的地形，而模式名称后面的部分包括是否梯田、种植方向、种植类型，则均是针对地块的信息。

在种植模式划分时，将山地丘陵区旱地露天种植的粮食作物、蔬菜作物、经济作物等统一归并为大田作物；平原区的露地蔬菜包括蔬菜与蔬菜、粮食或经济作物等轮作的模式，即只要种植一季蔬菜，就属于露地蔬菜模式；保护地包括各类设施栽培的蔬菜、果树、经济作物；水旱轮作包括水稻小麦、水稻油菜、水稻蔬菜、水稻烤烟、水稻蚕豆、水稻绿肥作物等轮作模式。

## 5.3　其他说明

农田系统地表径流途径的氮磷输出量的测定方法并不复杂，但耗时，且操作不当时，造成的误差大。另外，受土壤性质、气象、施肥量和土地利用方式等因素的影响，核算结果也存在一定的误差。因此，采用直接测定方法获取农田氮磷流失系数时，需选择有代表性的农田、地形、种植制度和肥料用量等，而在特定区域内应用时不确定性较大。

# 6　流失量计算

以××省总氮流失量为例，在表 5-7-1《全国种植业氮磷流失系数表》中查得××种植模式下总氮流失系数见表 5-6-1。

表 5-6-1　总氮流失系数

| 模式名称 | 总氮流失系数 $e_k$ |
|---|---|
|  |  |
|  |  |
|  |  |

根据第二次全国污染源普查结果，该省××种植模式的面积和施肥强度见表 5-6-2。

表 5-6-2　面积和施肥强度

| 模式名称 $k$ | 模式面积 $A_k$/亩 | 施肥强度 $F_{k,\mathrm{av}}$/（千克 N/亩） |
|---|---|---|
|  |  |  |
|  |  |  |

$m$ 省种植业总氮流失量核算公式计算：

$$L_m = 0.001 \times \sum_{k=1}^{n}(A_k \times F_{k,\mathrm{av}} \times e_k) 吨$$

# 7　系数表

表 5-7-1　全国种植业氮磷流失系数

| 模式名称 | 流失系数 | | | 区域平均施肥量/（千克/亩） | |
|---|---|---|---|---|---|
|  | 总氮 | 氨氮 | 总磷 | 施氮量（N，含有机肥氮和化肥氮） | 施磷量（P$_2$O$_5$，含有机肥磷和化肥磷） |
| 北方高原山地区-缓坡地-非梯田-顺坡-大田作物 | 0.055% | 0.008% | 0.028% | 11.5 | 7.92 |
| 北方高原山地区-缓坡地-非梯田-横坡-大田作物 | 0.040% | 0.006% | 0.017% | 12.9 | 8.09 |
| 北方高原山地区-缓坡地-梯田-大田作物 | 0.077% | 0.005% | 0.004% | 14.2 | 9.88 |
| 北方高原山地区-缓坡地-非梯田-园地 | 0.067% | 0.004% | 0.005% | 21.8 | 19.2 |
| 北方高原山地区-缓坡地-梯田-园地 | 0.046% | 0.003% | 0.002% | 28.3 | 24.1 |
| 北方高原山地区-陡坡地-非梯田-顺坡-大田作物 | 0.039% | 0.004% | 0.017% | 14.0 | 10.7 |
| 北方高原山地区-陡坡地-非梯田-横坡-大田作物 | 0.044% | 0.006% | 0.018% | 11.0 | 8.08 |
| 北方高原山地区-陡坡地-梯田-大田作物 | 0.085% | 0.005% | 0.004% | 13.1 | 9.34 |
| 北方高原山地区-陡坡地-非梯田-园地 | 0.043% | 0.002% | 0.003% | 26.6 | 22.9 |
| 北方高原山地区-陡坡地-梯田-园地 | 0.044% | 0.003% | 0.002% | 27.0 | 20.8 |
| 东北半湿润平原区-露地蔬菜 | 0.159% | 0.008% | 0.025% | 25.8 | 25.5 |
| 东北半湿润平原区-保护地 | — | — | — | 44.2 | 42.3 |
| 东北半湿润平原区-春玉米 | 0.123% | 0.006% | 0.045% | 13.0 | 6.34 |

| 模式名称 | 流失系数 | | | 区域平均施肥量/（千克/亩） | |
|---|---|---|---|---|---|
| | 总氮 | 氨氮 | 总磷 | 施氮量（N，含有机肥氮和化肥氮） | 施磷量（P₂O₅，含有机肥磷和化肥磷） |
| 东北半湿润平原区-大豆 | 0.125% | 0.005% | 0.016% | 3.07 | 4.17 |
| 东北半湿润平原区-其他大田作物 | 0.105% | 0.014% | 0.033% | 6.99 | 6.11 |
| 东北半湿润平原区-园地 | 3.069% | 0.028% | 0.595% | 24.1 | 18.3 |
| 东北半湿润平原区-单季稻 | 1.113% | 0.167% | 0.483% | 11.8 | 5.38 |
| 黄淮海半湿润平原区-露地蔬菜 | 0.948% | 0.011% | 0.064% | 32.1 | 27.7 |
| 黄淮海半湿润平原区-保护地 | — | — | — | 47.5 | 50.0 |
| 黄淮海半湿润平原区-小麦玉米轮作 | 0.389% | 0.034% | 0.080% | 28.7 | 15.6 |
| 黄淮海半湿润平原区-其他大田作物 | 0.406% | 0.039% | 0.083% | 16.6 | 11.3 |
| 黄淮海半湿润平原区-单季稻 | 0.694% | 0.004% | 0.105% | 24.0 | 11.1 |
| 黄淮海半湿润平原区-园地 | 0.692% | 0.006% | 0.038% | 33.0 | 30.5 |
| 南方山地丘陵区-缓坡地-非梯田-顺坡-大田作物 | 2.127% | 0.253% | 1.042% | 19.6 | 10.7 |
| 南方山地丘陵区-缓坡地-非梯田-横坡-大田作物 | 2.364% | 0.327% | 1.656% | 19.1 | 11.1 |
| 南方山地丘陵区-缓坡地-梯田-大田作物 | 3.061% | 0.210% | 0.932% | 18.9 | 11.1 |
| 南方山地丘陵区-缓坡地-非梯田-园地 | 3.197% | 0.436% | 0.784% | 22.4 | 17.1 |
| 南方山地丘陵区-缓坡地-梯田-园地 | 1.687% | 0.098% | 0.673% | 22.9 | 17.5 |
| 南方山地丘陵区-缓坡地-梯田-水旱轮作 | 2.913% | 0.499% | 1.496% | 19.5 | 11.2 |
| 南方山地丘陵区-缓坡地-梯田-其他水田 | 3.395% | 0.586% | 1.921% | 12.6 | 6.60 |
| 南方山地丘陵区-陡坡地-非梯田-顺坡-大田作物 | 1.781% | 0.148% | 0.625% | 19.2 | 10.4 |
| 南方山地丘陵区-陡坡地-非梯田-横坡-大田作物 | 1.567% | 0.137% | 0.551% | 19.5 | 10.2 |
| 南方山地丘陵区-陡坡地-梯田-大田作物 | 1.624% | 0.134% | 0.494% | 18.4 | 10.5 |
| 南方山地丘陵区-陡坡地-非梯田-园地 | 1.631% | 0.192% | 0.477% | 19.2 | 14.3 |
| 南方山地丘陵区-陡坡地-梯田-园地 | 1.043% | 0.099% | 0.319% | 19.4 | 14.6 |
| 南方山地丘陵区-陡坡地-梯田-水旱轮作 | 2.733% | 0.460% | 1.262% | 18.1 | 10.8 |
| 南方山地丘陵区-陡坡地-梯田-其他水田 | 3.519% | 0.784% | 1.541% | 11.4 | 6.44 |
| 南方湿润平原区-露地蔬菜 | 6.736% | 0.582% | 4.100% | 32.1 | 25.3 |
| 南方湿润平原区-保护地 | — | — | — | 36.1 | 30.3 |
| 南方湿润平原区-大田作物 | 5.371% | 0.196% | 1.797% | 21.9 | 13.2 |
| 南方湿润平原区-单季稻 | 4.137% | 0.745% | 2.524% | 12.0 | 5.64 |
| 南方湿润平原区-稻麦轮作 | 2.831% | 0.427% | 1.348% | 30.8 | 11.1 |
| 南方湿润平原区-稻油轮作 | 3.504% | 0.320% | 1.538% | 20.9 | 10.3 |
| 南方湿润平原区-稻菜轮作 | 3.946% | 0.766% | 1.003% | 28.2 | 19.6 |
| 南方湿润平原区-其他水旱轮作 | 4.114% | 0.572% | 1.285% | 21.9 | 12.7 |
| 南方湿润平原区-双季稻 | 5.644% | 1.312% | 2.236% | 22.7 | 10.4 |
| 南方湿润平原区-其他水田 | 3.764% | 0.483% | 1.466% | 19.8 | 12.3 |
| 南方湿润平原区-园地 | 2.778% | 0.156% | 0.131% | 27.1 | 21.4 |
| 西北干旱半干旱平原区-露地蔬菜 | 0.145% | 0.012% | 0.010% | 25.0 | 26.3 |
| 西北干旱半干旱平原区-保护地 | — | — | — | 36.5 | 43.4 |
| 西北干旱半干旱平原区-棉花 | 0.145% | 0.012% | 0.011% | 20.6 | 17.6 |
| 西北干旱半干旱平原区-其他大田作物 | 0.097% | 0.008% | 0.009% | 18.9 | 14.5 |
| 西北干旱半干旱平原区-单季稻 | 0.000% | 0.000% | 0.000% | 15.2 | 9.96 |
| 西北干旱半干旱平原区-园地 | 0.151% | 0.012% | 0.011% | 30.0 | 30.7 |

注：保护地无地表径流，用"—"表示。

表 5-7-2　不同省份单位面积耕地园地地表径流流失量　　　　　　　　单位：千克/公顷

| 代码 | 省份 | 耕地单位面积流失量 | | | 园地单位面积流失量 | | |
|---|---|---|---|---|---|---|---|
| | | 总氮 | 总磷 | 氨氮 | 总氮 | 总磷 | 氨氮 |
| 11 | 北京市 | 0.813 | 0.061 | 0.067 | 1.577 | 0.040 | 0.024 |
| 12 | 天津市 | 1.305 | 0.111 | 0.123 | 1.412 | 0.016 | 0.038 |
| 13 | 河北省 | 1.065 | 0.095 | 0.105 | 1.448 | 0.036 | 0.023 |
| 14 | 山西省 | 0.876 | 0.067 | 0.069 | 2.181 | 0.043 | 0.020 |
| 15 | 内蒙古自治区 | 0.127 | 0.010 | 0.020 | 0.205 | 0.010 | 0.018 |
| 21 | 辽宁省 | 0.722 | 0.064 | 0.141 | 6.466 | 0.383 | 0.069 |
| 22 | 吉林省 | 0.534 | 0.022 | 0.020 | 4.988 | 0.296 | 0.053 |
| 23 | 黑龙江省 | 1.022 | 0.106 | 0.160 | 2.588 | 0.152 | 0.031 |
| 31 | 上海市 | 10.651 | 1.368 | 1.493 | 10.986 | 0.179 | 0.617 |
| 32 | 江苏省 | 11.441 | 1.232 | 1.622 | 6.679 | 0.171 | 0.325 |
| 33 | 浙江省 | 15.207 | 2.475 | 1.824 | 10.147 | 0.620 | 1.049 |
| 34 | 安徽省 | 8.979 | 0.954 | 0.943 | 5.575 | 0.308 | 0.419 |
| 35 | 福建省 | 14.076 | 1.782 | 1.924 | 8.574 | 0.713 | 0.832 |
| 36 | 江西省 | 13.196 | 1.667 | 1.837 | 7.689 | 0.563 | 0.832 |
| 37 | 山东省 | 1.313 | 0.037 | 0.058 | 2.063 | 0.040 | 0.018 |
| 41 | 河南省 | 5.860 | 0.468 | 0.328 | 4.071 | 0.176 | 0.217 |
| 42 | 湖北省 | 13.011 | 1.547 | 1.366 | 5.741 | 0.408 | 0.494 |
| 43 | 湖南省 | 12.466 | 1.142 | 2.721 | 5.003 | 0.454 | 0.448 |
| 44 | 广东省 | 20.011 | 2.804 | 2.538 | 12.995 | 0.822 | 1.403 |
| 45 | 广西壮族自治区 | 18.430 | 2.304 | 2.342 | 13.270 | 0.877 | 1.438 |
| 46 | 海南省 | 18.765 | 2.454 | 2.371 | 9.211 | 0.573 | 0.975 |
| 50 | 重庆市 | 5.622 | 0.608 | 0.696 | 2.133 | 0.321 | 0.265 |
| 51 | 四川省 | 5.559 | 0.609 | 0.549 | 3.359 | 0.300 | 0.309 |
| 52 | 贵州省 | 5.163 | 0.847 | 0.518 | 2.195 | 0.322 | 0.263 |
| 53 | 云南省 | 10.810 | 0.862 | 0.721 | 3.087 | 0.335 | 0.205 |
| 54 | 西藏自治区 | 0.178 | 0.007 | 0.020 | 0.169 | 0.005 | 0.013 |
| 61 | 陕西省 | 2.052 | 0.238 | 0.182 | 1.115 | 0.090 | 0.080 |
| 62 | 甘肃省 | 0.425 | 0.025 | 0.029 | 0.493 | 0.018 | 0.039 |
| 63 | 青海省 | 0.203 | 0.008 | 0.021 | 0.829 | 0.026 | 0.068 |
| 64 | 宁夏回族自治区 | 0.177 | 0.008 | 0.021 | 0.740 | 0.023 | 0.061 |
| 65 | 新疆维吾尔自治区 | 0.351 | 0.011 | 0.030 | 0.496 | 0.016 | 0.041 |

# 后　记

　　《第二次全国污染源普查成果系列丛书》（以下简称《丛书》）是污染源普查工作成果的具体体现。这一成果是在国务院第二次全国污染源普查领导小组统一领导和部署、地方各级人民政府全力支持下，全国生态环境、农业农村、统计及有关部门普查工作人员和几十万普查员、普查指导员，历经三年多时间，不懈努力、辛勤劳动获得的。及时整理相关材料、全面总结实践经验、编辑出版这些成果资料，使政府有关部门、广大人民群众、科研人员及社会各界了解污染源普查情况、开发利用普查成果，是十分必要且非常有意义的一件大事。

　　在《丛书》编纂指导委员会指导下，《丛书》主要由第二次全国污染源普查工作办公室的同志编纂完成，技术支持单位研究人员和地方普查工作人员参与了部分内容的编写。在编纂过程中，得到了生态环境部领导、相关司局的关心和支持。中国环境出版集团许多同志不辞辛苦，作了大量编辑工作。中图地理信息有限公司参与了《第二次全国污染源普查图集》的制作。在此一并表示由衷的感谢！

　　从第二次全国污染源普查启动至《丛书》出版，历时 4 年多时间，相关数据、资料整理过程中会有不尽如人意之处，希望读者谅解指正。

主编

2021 年 6 月